高职高专规划教材

危险品性能检测与评价

梁克瑞　徐广智　主编
初玉霞　主审

化学工业出版社
·北京·

内 容 提 要

本书是国家级示范高职院校重点建设专业立项改革的省级精品课程配套教材，依据最新的国家法律、法规和相关标准，针对危险品安全消防管理岗位及操作岗位，对危险品的生产、储存、使用、经营和运输等典型工作任务进行分析归纳并融入化工行业 HSE 管理体系和生态环保意识，以危险品检测评价为主线，以“校警企”合作为基础编写而成。全书共分 7 章，第 1 章主要介绍了危险品分类及其危险特性；第 2～5 章全面讲述了气体、液体、固体和粉尘等危险品性能的检测参数、检测标准和检测方法；第 6 章主要讲述危险品的安全评价方法，重点介绍了危险品的固有危险性评价、重大危险源评价和职业卫生评价等内容；第 7 章主要介绍危险品的安全管理技术对策措施等。

本书为高职高专院校消防工程技术和安全工程技术以及相关专业的教学用书，亦可用作危险品生产、储存、使用、经营和运输企业或单位的安全管理及相关技术人员的培训教材，还可以作为消防和安全工程技术人员、安全生产监督监察与管理人员的参考用书。

图书在版编目（CIP）数据

危险品性能检测与评价/梁克瑞，徐广智主编. —北京：化学工业出版社，2013.7（2024.3 重印）
高职高专规划教材
ISBN 978-7-122-17694-3

Ⅰ.①危… Ⅱ.①梁…②徐… Ⅲ.①危险品-性能检测②危险品-安全评价 Ⅳ.①TQ086.5

中国版本图书馆 CIP 数据核字（2013）第 137683 号

责任编辑：王文峡　　文字编辑：陈　雨
责任校对：陶燕华　　装帧设计：关　飞

出版发行：化学工业出版社（北京市东城区青年湖南街 13 号　邮政编码 100011）
印　　刷：北京云浩印刷有限责任公司
装　　订：三河市振勇印装有限公司
787mm×1092mm　1/16　印张 18　字数 446 千字　2024 年 3 月北京第 1 版第 9 次印刷

购书咨询：010-64518888　　售后服务：010-64518899
网　　址：http://www.cip.com.cn
凡购买本书，如有缺损质量问题，本社销售中心负责调换。

定　　价：48.00 元

前　言

本书是国家级示范高职院校重点建设专业立项改革的省级精品课程配套教材，依据最新的国家法律、法规和相关标准，针对危险品安全消防管理岗位及操作岗位，对危险品的生产、储存、使用、经营和运输等典型工作任务进行分析归纳并融入化工行业 HSE 管理体系和生态环保意识，以危险品检测评价为主线，以“校警企”合作为基础编写而成。全书共分 7 章，第 1 章系统介绍了危险品分类及其危险特性；第 2～5 章全面讲述了气体、液体、固体和粉尘等危险品性能检测参数、标准和检测评价方法；第 6 章主要讲述了危险品安全评价方法，重点介绍了危险品的固有危险性评价、重大危险源评价和职业卫生评价等内容；第 7 章主要介绍危险品安全管理技术对策措施和安全管理对策措施等内容。

全书力求内容丰富，涵盖面广，层次清晰，语言简练，通俗易懂，注重理论联系实际，实用性和可操作性强。每章编有安全常识和思考与练习，有利拓展学生知识视野并提高其分析问题、解决问题能力。书中编入了适量的选学或选做内容，并用“*”注明，以便各校根据需要灵活安排教学。

本书由吉林工业职业技术学院梁克瑞和徐广智主编。其中第 1 章、第 3 章和第 4 章由梁克瑞编写；第 2 章和第 5 章由徐广智编写；第 6 章由赵志国和严世成编写；第 7 章由于巧丽和吉林毓文学校陆岭编写。全书由初玉霞教授主审，中国石油吉林石化分公司姚传宝工程师和吉林省华光消防工程有限责任公司杨毅伟工程师在教材编写过程中给予了大力支持和指导，并参与教材审阅工作。吉林工业职业技术学院刘姝君、李昌根、徐晓辉和黄跃东等同志参与了大量的文献查阅、文字录入和习题编写工作。全书编写过程中得到中国石油吉林石化分公司、吉林省华光消防工程有限责任公司和化学工业出版社的大力支持、帮助和指导，参考并引用了大量相关文献和标准等资料，在此一并表示衷心感谢！

高等职业教育教学正处于大力改革和发展阶段，教材建设也在不断探索和实践中，特别是本教材内容涉及范围广，专业性强，相应的国家法律、法规和标准还在不断更新，同时由于编者水平所限，书中不当之处，恳请广大读者提出宝贵意见和建议。

编者

2013 年 6 月

目 录

1 危险品分类及危险性分析

知识目标

1. 了解危险品的种类和危险性；
2. 熟悉危险品燃烧和爆炸的特点；
3. 掌握物质燃烧过程的基本特点和熄灭规律；
4. 掌握危险品的使用注意事项。

能力目标

1. 能根据不同类型危险品解释其危险性能；
2. 能根据实验测定数据，计算物质的爆炸极限；
3. 能运用危险品燃烧与爆炸的本质和条件等知识，进行危险品生产、运输和经营过程中的危险性分析。

1.1 危险品的分类

危险品即危险化学品，是指具有易燃、易爆、腐蚀、毒害、放射性等危险性质，并在一定条件下能引起燃烧、爆炸和导致人体受伤、死亡等事故的化学物品及放射性物品。这些物品在使用、运输、装卸和储存保管过程中，容易造成人身伤亡和财产损毁而需要特别防护。据统计，危险化学品约有6000余种，目前常见的、用途较广的有近2000种。危险品分类是安全管理的基础，也是危险化学品固有危险性检测和评价的基本内容。危险化学品的分类是依据其在生产、储存、运输、经营、使用、废弃处理过程所体现出的危险性和有害性而进行的。掌握危险化学品分类特性和鉴别程序与方法是进行危险化学品安全管理的基础。

1.1.1 危险品的分类与特性

1.1.1.1 危险品的大类

依据《危险货物分类和品名编号》（GB 6944—2012）和联合国《关于危险货物运输的建议书 规章范本 第2部分：分类》（第16修订版），针对危险货物运输、储存、经销及相关活动，按危险品具有的危险性或最主要的危险性将危险品分为9大类：

第1大类　爆炸品

第2大类　气体

第3大类　易燃液体

第4大类　易燃固体、易于自燃的物质、遇水放出易燃气体的物质

第5大类　氧化性物质和有机过氧化物

第6大类　毒性物质和感染性物质

第7大类　放射性物质

第 8 大类　腐蚀物质

第 9 大类　杂项危险物质和物品，包括危害环境物质

依据《化学品分类和危险性公示通则》（GB 13690—2009），按照联合国《化学品分类及标记全球协调制度》（GHS）对危险品分类和危险性公示的要求，以及对化学品生产场所和消费品标志的规定，还可将化学品分为理化危险、健康危险和环境危险三大类，如图 1-1 所示。

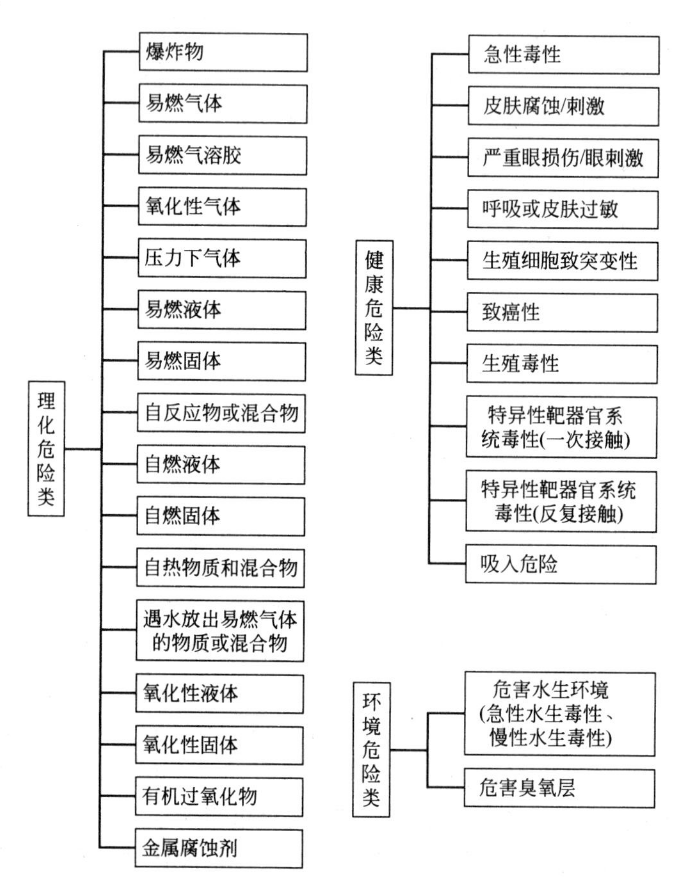

图 1-1　GB 13690—2009 对危险品的分类

1.1.1.2　危险品的分项及特性

结合《危险货物分类和品名编号》（GB 6944—2012）和《化学品分类和危险性公示　通则》（GB 13690—2009）的分类原则与方法，各大类危险品又可分为若干类别和项目，下面将分别介绍各大类危险品的详细分类、分项及特性。

（1）爆炸品的分类、分项及特性

① 爆炸品的分类　本类危险品是指在外界作用下（如受热、受摩擦、受撞击等），能发生剧烈的化学反应，瞬时产生大量的气体和热量，使周围压力急剧上升，发生爆炸，对周围环境造成破坏的物品。既包括无整体爆炸危险，但具有燃烧、抛射及较小爆炸危险的物品，也包括仅产生热、光、音响或烟雾等一种或几种作用的烟火物品。通常可将其分为以下三种：

a. 爆炸性物质　爆炸性物质是指固体或液体物质（或物质混合物），自身能够通过化学

反应产生气体，其温度、压力和速度能对周围环境造成破坏的物质。

b. 爆炸性物品　爆炸性物品是含有一种或多种爆炸性物质或混合物的物品。

c. 烟火物品　烟火物品是包含一种或多种发火物质或混合物的物品。

② 爆炸品的分项　爆炸品按爆炸性大小分项，如表 1-1 所示。

表 1-1　爆炸品/爆炸物分项

序号	GB 6944—2012	GB 13690—2009
1	有整体爆炸危险的物质和物品	具有整体爆炸危险的物质、混合物和物品
2	有迸射危险，但无整体爆炸危险的物质和物品	具有喷射危险，但无整体爆炸危险的物质、混合物和物品
3	有燃烧危险并有局部爆炸危险或局部迸射危险或这两种危险都有，但无整体爆炸危险的物质和物品	具有燃烧危险和较小爆轰危险或较小喷射危险或两者兼有，但无整体爆炸危险的物质、混合物和物品
4	不呈现重大危险的物质和物品	不存在显著爆炸危险的物质、混合物和物品
5	有整体爆炸危险的非常不敏感物质	具有整体爆炸危险，但本身又很不敏感的物质或混合物
6	无整体爆炸危险的极端不敏感物品	极不敏感，且无整体爆炸危险的物品

③ 爆炸品的主要特性

a. 爆炸性强　爆炸性是一切爆炸品的主要特性，爆炸品都具有化学不稳定性，在一定外因作用下，能发生猛烈的化学反应，反应速率极快，一般以万分之一秒的时间完成。因为爆炸能量在极短时间放出，因此具有巨大的破坏力，爆炸时产生大量热量和气体，使周围的温度迅速升高并产生巨大的压力，形成的冲击波对周围建筑物有很大的破坏性。

b. 敏感度高　爆炸品对热、火花、撞击、摩擦、冲击波等敏感，极易发生爆炸。任何一种爆炸品的爆炸都需要外界供给它一定的能量——起爆能。某爆炸品所需的最小起爆能，即为该爆炸品的敏感度。敏感度是确定爆炸品爆炸危险性的一个非常重要的标志，敏感度越高，爆炸危险性越大。

c. 具有毒性和反应性　有的爆炸品还有一定的毒性，例如梯恩梯、消化甘油、雷汞等都具有一定的毒性；有些爆炸品与某些化学品如酸、碱、盐发生化学反应，生成更容易爆炸的化学品，如苦味酸遇某些碳酸盐能反应生成更易爆炸的苦味酸盐，苦味酸受铜、铁等金属撞击，可立即发生爆炸等。

(2) 气体的分类、分项及特性

① 气体的分类　本类化学品包括压缩气体、液化气体、溶解气体、冷冻液化气体、蒸气混合物、充有气体的物品或气雾剂，并满足下列条件之一的物质：在 50℃时，其蒸气压力大于 300kPa 的物质；20℃时，在 101.3kPa 标准压力下完全为气态的物质。通常可将其分为以下几种。

a. 易燃气体　易燃气体是指在 20℃和 101.3kPa 标准压力下，爆炸下限小于等于 13%的气体；或不论其爆炸下限如何，其爆炸极限（燃烧范围）大于等于 12%的气体。

b. 易燃气溶胶　易燃气溶胶是指气溶胶喷雾罐内强制压缩、液化或溶解的易燃气体、液体、膏剂或粉末，喷射出来后，形成在气体中悬浮的固态、液态微粒或泡沫的物质。

c. 氧化性气体　氧化性气体一般是指能够提供氧气，比空气更能导致或促使其他物质燃烧的气体。

d. 加压气体　加压气体是指高压气体在压力等于或大于 200kPa（表压）下装入储器的

气体，包括压缩气体、液化气体、冷冻液化气体。

e. 毒性气体　毒性气体是指毒性或腐蚀性对人类健康造成危害的气体、急性半数致死浓度 LC_{50} 值小于或等于 5000mL/m³ 的毒性或腐蚀性气体。

② 气体的分项　气体按其性质不同分项，如表 1-2 所示。

表 1-2　气体分项

序号	GB 6944—2012	GB 13690—2009
1	易燃气体(如氢气、一氧化碳、甲烷)	易燃气体
2	非易燃无毒气体(如压缩空气、氮气)	易燃气溶胶
3	毒性气体(如一氧化氮、氯气、氨)	氧化性气体
4		加压气体

③ 气体的主要特性

a. 可压缩性　一定量的气体在温度不变时，所加的压力越大其体积就会变得越小，若继续加压会压缩成液态。

b. 膨胀性　当气体受热、撞击或强烈震动时，分子间的热运动加剧，容器内压会急剧增大，致使容器破裂爆炸，或导致气瓶阀门松动漏气，酿成火灾或中毒事故。一般压缩气体和液化气体都盛装在密闭的容器内，如果受高温、日晒，气体极易膨胀产生很大的压力。当压力超过容器的耐压强度时就会造成爆炸事故。

c. 易燃助燃性　可燃气体与空气能形成爆炸性混合物，遇明火极易发生燃烧爆炸。同时有些气体具有助燃性，如氧气等。

d. 毒害性　某些气体除具有易燃性外，同时具有毒性、刺激性、致敏性、腐蚀性、窒息性等特性。

(3) 易燃液体的分类、分项及特性

① 易燃液体的分类　本类危险品包括易燃液体和液态退敏爆炸品。

a. 易燃液体　易燃液体是指在其闪点温度（其闭杯试验闪点不高于 60.5℃，或其开杯试验闪点不高于 65.6℃）时放出易燃蒸气的液体或液体混合物、在溶液或悬浮液中含有固体的液体、在温度等于或高于其闪点的条件下提交运输的液体、以液态在高温条件下运输或提交运输并在温度等于或低于最高运输温度下放出易燃蒸气的物质。

b. 液态退敏爆炸品　液态退敏爆炸品是指为抑制爆炸性物质的爆炸性能，将爆炸性物质溶解或悬浮在水中或其他液态物质后，而形成的均匀液态混合物。

② 易燃液体的分项　易燃液体的分项如表 1-3 所示。

表 1-3　易燃液体分项

序号	GB 6944—2012	GB 13690—2009
1	易燃液体	易燃液体(闪点不高于 93℃的液体)
2	液态退敏爆炸品	自燃液体(在与空气接触后 5min 之内引燃的液体)

③ 易燃液体的主要特性

a. 易燃性　易燃液体的主要特性是具有高度易燃性，遇火、受热以及和氧化剂接触时都有发生燃烧的危险，其危险性的大小与液体的闪点、自燃点有关，闪点和自燃点越低，发生着火燃烧的危险越大。

b. 易爆性 易燃液体大部分属于沸点低、挥发性强的物质。随着温度的升高，蒸发速度加快，挥发出来的蒸气与空气混合后，浓度易达到爆炸极限，遇火源往往发生爆炸。

c. 流动扩散性 易燃液体的黏度一般都很小，易流动，有蔓延和扩大火灾的危险。同时还因渗透、浸润及毛细现象等作用，易燃液体容易发生泄漏而蒸发，蒸发形成的易燃蒸气往往比空气重，能在坑洼地带积聚，从而增加了燃烧爆炸的危险性。

d. 受热膨胀性 易燃液体的膨胀系数比较大，受热后体积膨胀，液体表面蒸气压随之升高，部分液体挥发成蒸气。在密闭容器中储存时，常常会出现鼓桶或挥发现象，如果体积急剧膨胀就会引起爆炸。因此，易燃液体应避热存放，灌装时，容器内应留有5%以上的空隙。

e. 带电性 易燃液体为非极性物质，部分易燃液体，如苯、甲苯、汽油等，电阻率都很大，很容易积聚静电而产生静电火花，在管道、储罐、槽车、油船的输送、灌装、摇晃、搅拌和高速流动过程中，由于摩擦易产生静电，当所带的静电荷聚积到一定程度时，就会产生静电火花，有引起燃烧和爆炸的危险，造成火灾事故。

f. 毒害性 大多数易燃液体及其蒸气均有不同程度的毒性，对人体的内脏器官和系统有毒性作用，因此在操作过程中，应做好劳动保护工作。

（4）易燃固体的分类、分项及特性

① 固体的分类

a. 易于引起和促成火灾的易燃固体、自反应物质和固态退敏爆炸品。

易燃固体是容易燃烧或通过摩擦可能引燃或助燃的固体。对于易燃固体，如红磷、硫黄、镁粉等应特别注意粉尘爆炸。

自反应物质是指即使没有氧气（空气）存在，也容易发生激烈放热分解的热不稳定物质。

固态退敏爆炸品是指为抑制其爆炸性能，用水或酒精湿润爆炸性物质，或用其他物质稀释爆炸性物质后，而形成的均匀固态混合物。

b. 易于自燃的物质。包括发火物质和自热物质，发火物质是指即使只有少量与空气接触，不到5min时间便燃烧的物质。自热物质是指发火物质以外的与空气接触便能自己发热的物质，如白磷等。

c. 遇水放出易燃气体的物质。遇水放出易燃气体，且该气体与空气混合能够形成爆炸性混合物的物质。如钾、钠、铯、锂、碳化钙、磷化镁、磷化钙、硅化镁等。

② 固体的分项 本类危险品按其燃烧特性分项，如表1-4所示。

表1-4 易燃固体、易于自燃的物质、遇水放出易燃气体的物质分项

序号	GB 6944—2012	GB 13690—2009
1	易燃固体、自反应物质和固态退敏爆炸品	易燃固体
2	易于自燃的物质	自反应物质
3	遇水放出易燃气体的物质	自热物质
4		自燃固体
5		遇水放出易燃气体的物质

③ 易燃固体的主要特性

a. 易燃性 易燃固体容易被氧化，受热易分解或升华，遇火种、热源常会引起强烈、连续的燃烧。

b. 可分散性和氧化性　固体具有可分散性。通常物质的颗粒越细，比表面积越大，分散性越强。当固体粒度小于 0.01mm 时，可悬浮于空气中，与空气中的氧气充分接触，发生氧化反应。固体的可分散性是受许多因素影响的，其中主要是物质比表面积的影响。比表面积越大，和空气的接触机会就越多，氧化作用也就越容易，燃烧也就越快，爆炸危险性越强。另外，易燃固体与氧化剂接触，能发生剧烈反应而引起燃烧或爆炸。如赤磷与氯酸钾接触，硫黄粉与氯酸钾或过氧化钠接触，均易立即发生燃烧爆炸。

c. 热分解性　某些易燃固体受热后不熔融，而发生分解现象。有的受热后边熔融边分解，如硝酸铵（NH_4NO_3）在分解过程中，往往放出 NH_3 或 NO_2、NO 等有毒气体。一般来说，热分解的温度高低直接影响危险性的大小，受热分解温度越低的物质，其火灾爆炸危险性就越大。

d. 对撞击、摩擦的敏感性　易燃固体对摩擦、撞击、震动很敏感。例如：赤磷、闪光粉等受摩擦、震动、撞击等也能起火燃烧甚至爆炸。

e. 毒害性　许多易燃固体有毒，或燃烧产物有毒或有腐蚀性。如二硝基苯、二硝基苯酚、硫黄、五硫化二磷等。

④ 自燃物品的主要特性

a. 易氧化　自燃的发生是由于物质的自行发热和散热速度处于不平衡状态而使热量积蓄的结果。自燃物品多具有容易氧化、分解的性质，且燃点较低。在未发生自燃前，一般都经过缓慢的氧化过程，同时产生一定的热量，当产生的热量越来越多，积热使温度达到该物质的自燃点时便会自发地着火燃烧。凡能促进氧化的一切因素均能促进自燃。空气、受热、受潮、氧化剂、强酸、金属粉末等能与自燃物品发生化学反应或对氧化反应有促进作用，它们都是促使自燃物品自燃的因素。

b. 易分解　某些自燃物质的化学性质很不稳定，在空气中会自行分解，积蓄的分解热也会引起自燃，如硝化纤维素、赛璐珞、硝化甘油等。

⑤ 遇湿易燃物品的主要特性

a. 遇水或酸反应性强　遇水、潮湿空气或酸能发生剧烈化学反应，放出易燃气体和热量，极易引起燃烧或爆炸。

b. 腐蚀性或毒性强　某些遇湿易燃物品具有腐蚀性或毒性，如硼氢类化合物、金属磷化物等。

（5）氧化性物质的分类、分项及特性

① 氧化性物质的分类

a. 氧化性物质　是指本身未必燃烧，但通常因放出氧可能引起或促使其他物质燃烧的物质。本类危险品具有强氧化性，易引起燃烧、爆炸。包括氧化性液体和氧化性固体。

b. 有机过氧化物　是指含有二价过氧基（—O—O—）结构的有机物质，是热不稳定物质或混合物，容易放热自加速分解。

c. 氧化剂　氧化剂系指处于高氧化态，具有强氧化性，易分解并放出氧和热量的物质。按其危险性大小，分为一级氧化剂和二级氧化剂。如氯酸钾、高锰酸钾、高氯酸、过硫酸钠。

d. 有机过氧化剂　有机过氧化剂系指分子组成中含有过氧基的有机物，其本身易燃易爆、极易分解，对热、震动和摩擦极为敏感。如过氧乙醚。有些含有过氧基的有机物，其本身不一定可燃，但能导致可燃物的燃烧，与松软的粉末状可燃物能组成爆炸性混合物，对热、震动或摩擦较为敏感。

② 氧化性物质的分项　氧化性物质和有机过氧化物的分项如表1-5所示。

表1-5　氧化性物质和有机过氧化物的分项

序号	GB 6944—2012	GB 13690—2009
1	氧化性物质	氧化性液体
2	有机过氧化物	氧化性固体
3		有机过氧化物

③ 氧化性物质的主要特性

a. 氧化剂中通常含有高价态的氯、溴、氮、硫、锰、铬等元素，这些高价态的元素都有较强的获得电子能力。因此氧化剂最突出的性质是遇易燃物品、可燃物品、有机物、还原剂等会发生剧烈化学反应引起燃烧爆炸。

b. 氧化剂遇高温易分解放出氧和热量，极易引起燃烧爆炸。特别是有机过氧化物分子组成中的过氧基（—O—O—）很不稳定，易分解放出原子氧，而且有机过氧化物本身就是可燃物，易着火燃烧，受热分解的生成物又均为气体，更易引起爆炸。所以，有机过氧化物比无机氧化剂有更大的火灾爆炸危险。

c. 许多氧化剂如氯酸盐类、硝酸盐类、有机过氧化物等对摩擦、撞击、震动极为敏感。储运中要轻装轻卸，以免增加其爆炸性。

d. 大多数氧化剂，特别是碱性氧化剂，遇酸反应剧烈，甚至发生爆炸。例如过氧化钠（钾）、氯酸钾、高锰酸钾、过氧化二苯甲酰等，遇硫酸立即发生爆炸。这些氧化剂不得与酸类接触，也不可用酸碱灭火剂灭火。

e. 有些氧化剂特别是活泼金属的过氧化物如过氧化钠（钾）等，遇水分解出氧气和热量，有助燃作用，使可燃物燃烧，甚至爆炸。这些氧化剂应防止受潮，灭火时严禁用水、酸碱、泡沫、二氧化碳等进行扑救。

f. 有些氧化剂具有不同程度的毒性和腐蚀性。例如铬酸酐、重铬酸盐等既有毒性，又会烧伤皮肤；活性金属的过氧化物有较强的腐蚀性。操作时应做好个人防护。

g. 有些氧化剂与其他氧化剂接触后能发生复分解反应，放出大量热而引起燃烧爆炸。如亚硝酸盐、次亚氯酸盐等遇到比它强的氧化剂时显示还原性，发生剧烈反应而导致危险。所以各种氧化剂亦不可混合储运。

（6）毒性物质和感染性物质的分类、分项及特性

① 毒性物质和感染性物质的分类　毒性物质是指经吞食、吸入或与皮肤接触后可能造成死亡或严重受伤或损害人类健康的物质。毒性物质进入肌体后，累积达一定的量，能与体液和组织发生生物化学作用或生物物理学变化，扰乱或破坏肌体的正常生理功能，引起暂时性或持久性的病理状态，甚至危及生命。

a. 急性毒性　是指在单剂量或在24h内多剂量口服或皮肤接触一种物质，或吸入接触4h之后出现的有害效应。包括满足下列条件之一的固体或液体物质。

急性口服毒性：$LD_{50}\leqslant 300mg/kg$；

急性皮肤接触毒性：$LD_{50}\leqslant 1000mg/kg$；

急性吸入粉尘和烟雾毒性：$LC_{50}\leqslant 4mg/L$；

急性吸入蒸气毒性：$LC_{50} \leqslant 5000mL/m^3$，且在20℃和标准大气压力下的饱和蒸气浓度大于等于$1/5LC_{50}$。

b. 吸入毒性　吸入毒性包括化学性肺炎、不同程度的肺损伤或吸入后死亡等严重急性效应。

吸入开始是在吸气的瞬间，在吸一口气所需的时间内，引起效应的物质停留在咽喉部位的上呼吸道和上消化道交界处时。

c. 生殖毒性　生殖毒性是指对成年雄性或雌性性功能和生育能力的有害影响，以及在后代中的发育毒性。

有些生殖毒性效应不能明确地归因于性功能和生育能力受损害或者发育毒性。尽管如此，具有这些效应的化学品将划为生殖有毒物并附加一般危险说明。

d. 特异性靶器官系统毒性（一次接触）　由于单次接触而产生特异性、非致命性目标器官毒性的物质。

e. 特异性靶器官系统毒性（反复接触）　对由于反复接触而产生特定靶器官毒性的物质。所有可能损害机能的，可逆和不可逆的，即时或延迟的显著健康影响都包括在内。

特定靶器官毒性可能以与人类有关的任何途径发生，即主要以口服、皮肤接触或吸入途径发生。

f. 感染性物质　本项危险品系指含有病原体、致病微生物、能引起病态甚至死亡的物质。

g. 皮肤腐蚀或刺激　皮肤腐蚀是对皮肤造成不可逆损伤，即施用试验物质达到4h后，可观察到表皮和真皮坏死。腐蚀反应的特征是溃疡、出血、有血的结痂，而且在观察期14天结束时，皮肤、完全脱发区域和结痂处由于漂白而褪色。应考虑通过组织病理学来评估可疑的病变。

皮肤刺激是施用试验物质达到4h后对皮肤造成可逆损伤。

h. 严重眼损伤或眼刺激　是指在眼前部表面施加试验物质之后，对眼部造成在施用21天内并不完全可逆的组织损伤，或严重的视觉物理衰退。

眼刺激是在眼前部表面施加试验物质之后，在眼部产生在施用21天内完全可逆的变化。

i. 呼吸或皮肤过敏　是指吸入后会导致气管超敏反应的物质。皮肤过敏物是皮肤接触后会导致过敏反应的物质。

过敏包含两个阶段：第一个阶段是某人因接触某种变应原而引起特定免疫记忆；第二个阶段是引发，即某一致敏个人因接触某种变应原而产生细胞介导或抗体介导的过敏反应。

就呼吸过敏而言，随后为引发阶段的诱发，其形态与皮肤过敏相同。

对于皮肤过敏，需有一个让免疫系统能学会做出反应的诱发阶段；此后，可出现临床症状，这时的接触就足以引发可见的皮肤反应（引发阶段）。因此，预测性的试验通常取这种形态，其中有一个诱发阶段，对该阶段的反应则通过标准的引发阶段加以计量，典型做法是使用斑贴试验。直接计量诱发反应的局部淋巴结试验则是例外做法。人体皮肤过敏的证据通常通过诊断性斑贴试验加以评估。

j. 生殖细胞致突变性　突变指细胞中遗传物质的数量或结构发生永久性改变。本危险类别涉及的主要是可能导致人类生殖细胞发生可传播给后代的突变的化学品。但是，在本危险类别内对物质和混合物进行分类时，也要考虑活体外致突变性/生殖毒性试验和哺乳动物活体内体细胞中的致突变性/生殖毒性试验。

k. 致癌性　致癌物是指可导致癌症或增加癌症发生率的化学物质或化学物质混合物。在实施良好的动物实验性研究中诱发良性和恶性肿瘤的物质也被认为是假定的或可疑的人类致癌物，除非有确凿证据显示该肿瘤形成机制与人类无关。

产生致癌危险的化学品的分类基于该物质的固有性质，并不提供关于该化学品的使用可能产生的人类致癌风险水平的信息。

② 毒性物质和感染性物质的分项　毒性物质和感染性物质的分项如表 1-6 所示。

表 1-6　毒性物质和感染性物质的分项

序号	GB 6944—2012	GB 13690—2009
1	毒性物质	急性毒性;皮肤腐蚀/刺激
2	感染性物质	呼吸或皮肤过敏;致癌性
3		生殖细胞突变性;生殖毒性
4		特定靶器官毒性
5		严重眼睛损伤/眼睛刺激性;吸入性危害

③ 毒性物质和感染性物质主要特性

a. 溶解性　很多毒害品水溶性或脂溶性较强。毒害品在水中溶解度越大，毒性越大。因为易于在水中溶解的物品，更易被人吸收而引起中毒。如氯化钡易溶于水，对人体危害大，而硫酸钡不溶于水和脂肪，故无毒。但有的毒物不溶于水但可溶于脂肪，这类物质也会对人体产生一定危害。

b. 挥发性　大多数有机毒害品挥发性较强，易引起蒸气的吸入中毒。毒物的挥发性越强，导致中毒的机会越多。一般沸点越低的物质，挥发性越强，空气中存在的浓度高，易发生中毒。

c. 分散性　固体毒物颗粒越小，分散性越好，特别是一些悬浮于空气中的毒物颗粒，更易吸入肺泡而中毒。

(7) 放射性物质的分类及特性　放射性物质是指任何含有放射性核素并且其活度浓度和放射性总活度都超过 GB 11806 规定限值的物质。

① 放射源的分类　依据国际原子能机构根据放射源对人体可能的伤害程度和国务院第 449 号令《放射性同位素与射线装置安全和防护条例》规定，将放射源分为 5 类：

Ⅰ类放射源属极危险源　没有防护情况下，接触这类源几分钟到 1h 就可致人死亡。

Ⅱ类放射源属高危险源　没有防护情况下，接触这类源几小时至几天可以致人死亡。

Ⅲ类放射源属中危险源　没有防护情况下，接触这类源几小时就可对人造成永久性损伤，接触几天至几周也可致人死亡。

Ⅳ类放射源属低危险源　基本不会对人造成永久性损伤，但对长时间、近距离接触这些放射源的人可能造成可恢复的临时性损伤。

Ⅴ类放射源属极低危险源　不会对人造成永久性损伤。在我国被盗或失控的放射源多数属于Ⅳ类放射源或Ⅴ类放射源。

② 放射性物质的分类　按照国务院《放射性物品运输安全管理条例》中第三条的规定，根据放射性物品的特性及其对人体健康和环境的潜在危害程度，将放射性物品分为一类、二类和三类。

一类放射性物品　是指Ⅰ类放射源、高水平放射性废物、乏燃料等释放到环境后对人体健康和环境产生重大辐射影响的放射性物品。如反应堆新燃料、反应堆乏燃料、高水平放射性废物、医用强钴源、工业辐照强钴源及锎-252 中子源原料等。

二类放射性物品 是指Ⅱ类和Ⅲ类放射源、中等水平放射性废物等释放到环境后对人体健康和环境产生一般辐射影响的放射性物品。如钼-锝发生器和铯-137 等密封放射源等。

三类放射性物品 是指Ⅳ类和Ⅴ类放射源、低水平放射性废物、放射性药品等释放到环境后对人体健康和环境产生较小辐射影响的放射性物品。如放射性活度小于 7×10^{7}Bq 的碘-131 溶液、骨密度测量仪等。

③ 放射性物质的特性

a. 放射性 能自发、不断地放出人们感觉器官不能觉察到的射线。放射性物质放出的射线分为四种：α 射线（甲种射线）、β 射线（乙种射线）、γ 射线（丙种射线）和中子流。各种放射性物品放出的射线种类和强度不尽一致。放射性射线从外部照射人体时，β、γ 射线和中子流对人的危害很大，达到一定剂量易使人患放射病甚至死亡。放射性物质进入体内时，α 射线的危害最大，其他射线也有较大危害。

b. 毒性 许多放射性物品毒性很大。如 ^{210}Po、^{226}Ra、^{228}Ra、^{230}Th 等都是剧毒的放射性物品；^{22}Na、^{60}Co、^{90}Sr、^{131}I、^{210}Pb 等为高毒的放射性物品。

目前尚不能用化学方法中和或者其他方法使放射性物品不放出射线，而只能设法把放射性物质清除或者用适当的材料予以吸收屏蔽。

（8）腐蚀性物质的分类、分项及特性

① 腐蚀性物质的分类 腐蚀性物质是指通过化学作用使生物组织接触时造成严重损伤，或在渗漏时会严重损害甚至毁坏其他货物或运载工具的物质。包括满足下列条件之一的固体或液体物质：

使完好皮肤组织在暴露超过 1h 但不超过 4h 之后，最多 14 天观察期内全厚度毁损的物质；被判定不引起完好皮肤组织全厚度毁损，但在 55℃ 试验温度下，对钢或铝的表面腐蚀率超过 6.25mm/a 的物质。

本类危险品按化学性质分为以下三类。

a. 酸性腐蚀品 如硫酸、盐酸、硝酸、氢碘酸、高氯酸、五氧化二磷、五氯化磷等。

b. 碱性腐蚀品 如氢氧化钠、甲基锂、氢化锂铝、硼氢化钠等。

c. 其他腐蚀品 如乙酸铀酰锌、氰化钾等。

② 腐蚀性物质的分项 腐蚀性物质的分项如表 1-7 所示。

表 1-7 腐蚀性物质的分项

GB 6944—2012	GB 13690—2009
腐蚀性物质	金属腐蚀剂

③ 腐蚀性物质主要特性

a. 强烈的腐蚀性 它对人体、设备、建筑物、构筑物、车辆、船舶的金属结构都易发生化学反应，而使之腐蚀并遭受破坏。多数腐蚀品有不同程度的毒性，有的还是剧毒品。

b. 氧化性 腐蚀性物质如浓硫酸、硝酸、氯磺酸、漂白粉等都是氧化性很强的物质，与还原剂接触易发生强烈的氧化还原反应，放出大量的热，容易引起燃烧。如甲酸、冰醋酸、苯甲酰氯、丙烯酸等。

c. 稀释放热性 多种腐蚀品遇水会放出大量的热，易燃液体四处飞溅造成人体灼伤。

（9）杂项危险物质 杂项危险品包括危害环境物质、高温物质、经过基因修改的微生物或组织等。其中最主要的是危害环境物质。

危害环境物质主要指危害水生环境的物质，包括急性水生毒性和慢性水生毒性。

急性水生毒性是指物质对短期接触它的生物体造成伤害的固有性质。

慢性水生毒性是指物质在与生物体生命周期相关的接触期间对水生生物产生有害影响的潜在性质或实际性质。

危害水生环境物质的分类如表 1-8 所示。

表 1-8 危害水生环境物质的分类

急性(短期)水生危害①	慢性(长期)水生危害②		
	已掌握充分的慢毒性资料		没有掌握充分的慢毒性资料①
	非快速降解物质③	快速降解物质③	
急性 1	慢性 1	慢性 1	慢性 1
LC_{50}(或 EC_{50})④$\leqslant$1.00	NOEC(或 EC_x)$\leqslant$0.1	NOEC(或 EC_x)$\leqslant$0.01	LC_{50}(或 EC_{50})④$\leqslant$1.00,并且该物质满足下列条件之一：非快速降解物质；BCF$\geqslant$500,或 $\lg K_{ow}\geqslant$4
—	慢性 2	慢性 2	慢性 2
—	0.1<NOEC(或 EC_x)$\leqslant$1	0.01<NOEC(或 EC_x)$\leqslant$0.1	1.00<LC_{50}(或 EC_{50})④$\leqslant$10.0,并且该物质满足下列条件之一：非快速降解物质；BCF$\geqslant$500,或 $\lg K_{ow}\geqslant$4

① 以鱼类、甲壳纲动物，和/或藻类或其他水生植物的 LC_{50}（或 EC_{50}）数值为基础的急性毒性范围。

② 物质按不同的慢毒性分类，除非掌握所有三个营养水平的充分的慢毒性数据，在水溶性以上或 1mg/L。

③ 慢性毒性范围以鱼类或甲壳纲动物的 NOEC 或等效的 EC_x 数值，或其他公认的慢毒性标准为基础。

④ LC_{50}（或 EC_{50}）分别指 96h LC_{50}（对鱼类）、48h EC_{50}（对甲壳纲动物），以及 72h 或 96h E_rC_{50}（对藻类或其他水生植物）。

注：BCF 为生物富集系数。

EC_x 为产生 x%反应的浓度，单位为毫克每升（mg/L）。

EC_{50}为造成 50%最大反应的物质有效浓度，单位为毫克每升（mg/L）。

E_rC_{50}为在减缓增长上的 EC_{50}，单位为毫克每升（mg/L）。

K_{ow}为辛醇溶液分配系数。

LC_{50}（50%致命浓度）为物质在水中造成一组实验动物 50%死亡的浓度，单位为毫克每升（mg/L）。

NOEC（无显见效果浓度）为实验浓度刚好低于产生在统计上有效的有害影响的最低测得浓度。NOEC 不产生在统计上有效的应受管制的有害影响。NOEC 单位为毫克每升（mg/L）。

1.1.2 危险品的标志与编号

1.1.2.1 危险品的标志

（1）标志的种类 根据常用危险品的危险特性和类别，其标志设有主标志 16 种和副标志 11 种。

（2）标志的图形 主标志是由表示危险特性的图案、文字说明、底色和危险品类别号四个部分组成的菱形标志。副标志图形中没有危险品类别号。

（3）标志的尺寸、颜色及印刷 按 GB 190 危险货物包装标志的有关规定执行。

（4）标志的使用

① 标志的使用原则 当一种危险化学品具有一种以上的危险性时，应用主标志表示主要危险性类别，并用副标志表示重要的其他的危险性类别。

② 标志的使用方法　按 GB 190 危险货物包装标志的有关规定执行。

1.1.2.2　危险品的编号

危险品名编号，是指用特定号码来表明某一危险货物的品种、类别及性质的一种符号，这是危险货物识别标记的一种形式。根据国家公布的《危险货物分类和品名编号》（GB 6944—2012）和《危险货物品名表》（GB 12268—2012），我国危险品名编号由 5 位阿拉伯数字组成，表示危险货物所属的类别、项别和顺序号。编号的表示方法如下：

第一位数字表示该危险品的类别；第二位数字表示该危险品的项别；后三位数字表示该危险品在《铁路危险货物品名表》中的排列顺号，顺号 001～500 为一级危险品，顺号501～999 为二级危险品。例如：编号为 43100 的危险品，属第 4 类，第 3 项，顺号 100，此编号表明该危险品属第 4 类第 3 项顺号为 100 的遇湿易燃物品。

根据《危险货物分类与品名编号》（GB 6944—2012）的规定，每一危险货物指定一个编号，但对性质基本相同，运输条件和灭火、急救方法相同的危险货物，也可使用同一编号。

1.2　危险品固有的危险性分析

化学品固有的危险性和有害性包括易燃、易爆、有毒、有害及腐蚀性等，是由其自身特有的物理、化学特性决定的。这些化学品固有的危险和有害性是一切危险化学品事故和危害的根本原因，一旦发生火灾、爆炸事故，就会造成严重的后果。只有正确识别这些特性，充分认识其危害，才有可能采取有效措施，防止损伤事故和环境危害的发生。熟悉危险品燃烧和爆炸的基本原理和火灾、爆炸事故的一般规律，掌握其危险性和危害性，对危险品的生产、使用、运输和储存具有重要意义。

1.2.1　危险品燃烧的危险性

1.2.1.1　燃烧的特征

燃烧是可燃物质与氧发生激烈的氧化反应，其反应伴随有发光效应和放热效应。燃烧是一种特殊的化学反应，它具有三个基本特征：一是燃烧过程发生了剧烈的氧化还原反应；二是反应中放出大量的热；三是反应过程发光。

根据这三个特征，可以把燃烧和其他现象区别开来。一般的燃烧现象，大都是可燃物和空气中的氧进行剧烈的氧化还原反应。但燃烧反应并非都要有氧参加，如铁或氢在氯气中燃烧，此时氯得到电子被还原，而铁和氢失去电子被氧化，在反应过程中同时有光和热发生，故属燃烧反应。

1.2.1.2　燃烧的条件

燃烧必须具备三个基本条件，也称为燃烧的三要素。

（1）可燃物　可燃物可以是固态（如木材、棉纤维、煤等）、液态（如酒精、汽油、苯等），也可以是气态（如氢气、乙炔、一氧化碳等），能与氧或氧化剂起剧烈氧化反应并具备燃烧特点的物质。

（2）助燃物　即氧或氧化剂，常见的氧化剂有空气（其中的氧）、纯氧或其他具有氧化性的物质。如氯酸钾、高锰酸钾、硝酸钾等。可燃物与氧化剂接触即使在没有空气的条件下也能燃烧。

（3）着火源　是指具有一定温度和热量的能源，是用来引起可燃物着火的点燃能源。高温灼热体、撞击或摩擦所产生的热量或火花、电气火花、静电火花、明火、化学反应热、绝热压缩产生的热能等都可作为着火源。

在具备了这三个条件的同时，还需要在可燃物与助燃物达到一定比例的情况下，才能引起燃烧。所以，燃烧三要素必须同时具备，缺一不可，只有它们互相结合，互相作用，燃烧才能发生和继续进行。

1.2.1.3　燃烧的过程

虽然可燃物质可以是固体、液体或气体，但绝大多数可燃物质的燃烧是在气体（或蒸气）状态下进行的，燃烧过程随可燃物质聚集状态的不同而存在差异。

（1）气体的燃烧　只要提供相应气体的最小点火能，便能着火燃烧。其燃烧形式分为以下两类。

① 预混燃烧　预混燃烧是指气态可燃物在燃烧之前预先与空气（或纯氧等助燃气体）混合，形成能够燃烧的混合气体，然后被点燃而进行燃烧的现象。预混燃烧由于燃料分子和氧气分子已充分混合，所以燃烧速度很快，温度也高，通常混合气体的爆炸反应就属于这种类型，因此预混燃烧也称爆炸式燃烧。

如果在容器中或房间内，气态可燃物与空气混合形成爆炸性混合气体，然后被点燃，这时便会发生爆炸式燃烧，当燃烧产物的压力超过了容器或房间的耐压极限，则容器或房间便会遭到破坏。如果可燃气体和空气预先混合形成可燃混合气体，再以一定流速由管口喷出，这时被点燃会发生预混燃烧，在管口形成的火焰称预混火焰。工业生产中的某些燃烧器就属于这种预混燃烧。火焰在预混气中传播，存在两种传播方式：正常火焰传播和爆轰。

预混气体在爆轰区燃烧有以下三个显著特点：一是燃烧后气体压力要增加；二是燃烧后气体密度要增加；三是燃烧波以超音速进行传播。

预混气体在正常火焰传播区燃烧也有三个特点：一是燃烧后气体压力要减小或接近不变；二是燃烧后气体密度要减小；三是燃烧波以亚音速即小于音速进行传播。

火焰在预混气中正常传播时，会产生二氧化碳和水蒸气等燃烧产物，同时放出热量，并使产物受热、升温、体积膨胀。如果受热膨胀的燃烧产物不能及时排走，则会产生爆炸。例如密闭容器中预混气的燃烧，就会产生爆炸。在自由空间预混气较多时，燃烧也会产生爆炸。但由于部分热量向空间散失以及产物能有一定的膨胀，其爆炸压力一般低于密闭容器中发生的爆炸。

可燃气与空气组成的混合气体遇火源能否发生爆炸，与混合气体中可燃气浓度有关。可燃气浓度在一定范围内，才会发生爆炸。例如氢气与空气组成的混合气体，根据实验，当氢气在混气中的浓度为4.1%～74%范围内，混合气遇火源才会发生爆炸。氢气浓度低于4.1%的混合气因氢气浓度太低不会发生爆炸；氢气浓度高于74%的混气遇火源也不会发生爆炸，因为混气中氢气浓度太高，氧气浓度太低。

可燃气与空气组成的混合气体遇火源能发生爆炸的可燃气最低浓度（用体积分数表示），称为爆炸下限；可燃气最高浓度称为爆炸上限。

② 扩散燃烧　将可燃气体（如煤气）直接由管道中放出点燃，在空气中燃烧，这时可燃气体分子与空气中的氧分子通过互相扩散，边混合边燃烧，这种燃烧称为扩散燃烧。例如天然气井井喷火灾时的燃烧以及可燃气体管线或容器在泄漏口上发生的燃烧都属于扩散燃烧。扩散燃烧形成的火焰称为扩散火焰。

扩散燃烧与预混燃烧相比，燃烧的猛烈程度较低，火焰比较稳定，所以也称稳定式燃烧。

另外，根据可燃混合气体的流动状态，预混火焰又分层流预混火焰和湍流预混火焰。根据气态可燃物以及周围空气的流动状态，扩散火焰也有层流扩散火焰与湍流扩散火焰之分。

（2）液体的燃烧　许多情况下并不是液体本身燃烧，而是在热源作用下由液体蒸发所产生的蒸气与氧发生氧化、分解以致着火燃烧，这种燃烧称为蒸发燃烧。

液体危险品的燃烧并不在液体表面上进行，而是在空间的某个位置上进行。这说明在燃烧之前液体可燃物首先蒸发，其后则为可燃物蒸气的扩散，与周围空气掺混形成可燃性混合气，最后才在空间某处进行燃烧反应。此外也可能形成可燃物蒸气的扩散燃烧。液体可燃物的着火过程可以用图 1-2 来表示。

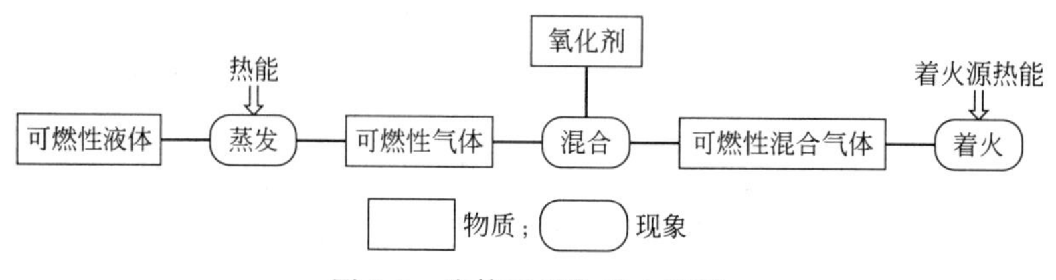

图 1-2　液体可燃物着火过程

燃烧时液体可燃物所处的情况不同，着火条件也不同。但是它们的共同点是：都与可燃性液体的蒸发特性有关。

① 饱和蒸气压　在一个密闭容器中盛装一定容积的某种液体，液面上部空间为真空或原先存有空气。此时液体中某些动能较大的分子便会克服液体分子之间的引力而从液面逸出，这一过程就是蒸发。气相空间的分子不停运动，当撞击到液面时又会被液体俘获，这一过程就是凝结。

在一定温度下，经过一段时间，蒸发和凝结会达到动态平衡，即单位时间内由液面出去的分子数等于返回的分子数。这时液面上的蒸气便为饱和蒸气，饱和蒸气的压力就称饱和蒸气压，可简称蒸气压。如果液体是可燃的，液面上气相空间原先有空气，那么，形成的饱和蒸气就是可燃蒸气-空气混合物。

液体的蒸气压是液体的重要性质，它仅与液体的本质和温度有关，而与液体的数量及液面上方空间的大小无关。液体的饱和蒸气压随着温度的升高而增大。饱和蒸气压由实验测得，不同物质的饱和蒸气压曲线是不同的，液体的蒸气压与温度之间的关系服从克劳修斯-克拉佩龙方程。

$$\lg p^0 = -\frac{L_V}{RT} + C \qquad (1\text{-}1)$$

式中　p^0——平衡压力，Pa；

T——温度，K；

L_V——蒸发热，kJ；

C——常数。

② 蒸发速度　液体或液化气体在敞口容器中或洒落在地面上的时候，液态分子会不断蒸发，变成气态分子扩散到周围空间中。可燃性液体或液化气体失去控制的蒸发，不仅会造成物料的损失，而且会带来火险隐患。

在一个圆柱形容器中恰好装满液体，液面暴露在大气中，这时，液体的蒸发速度可由斯蒂芬给出的经验公式来计算，即：

$$V=4rD\ln\frac{B-p}{B-p_0} \tag{1-2}$$

式中　V——整个圆形液面上每秒钟蒸发出蒸气的体积，cm^3/s；

r——容器的半径，cm；

D——液体蒸气在空气中的扩散系数，cm^3/s；

B——环境空间的大气压，Pa；

p_0——蒸发温度下液体的饱和蒸气压，Pa；

p——环境介质中液体蒸气的分压，Pa。

当液体未装满圆柱形容器时，斯蒂芬也给出了两个经验公式，设液面距容器上口边缘的高度为 h，容器直径为 d，当 $h>d$ 时

公式写为

$$V=\frac{S}{h}D\ln\frac{B-p}{B-p_0} \tag{1-3}$$

当 $h<d$ 时，公式写为

$$V=4(\sqrt{h^2-r^2}-h)D\ln\frac{B-p}{B-p_0} \tag{1-4}$$

式中　S——蒸发面积，cm^2；

h——液面距容器上口边缘的高度，cm。

③ 闪燃与闪点　当液体温度较低时，由于蒸发速度很慢，液面上蒸气浓度小于爆炸下限，蒸气与空气的混合气体遇到火源是点不着的。随着液体温度升高，蒸气分子浓度增大，当蒸气分子浓度增大到爆炸下限时，蒸气与空气的混合气体遇火源就能闪出火花，但随即熄灭。这种在可燃液体的上方，蒸气与空气的混合气体遇火源发生的一闪即灭的瞬间燃烧现象称为闪燃。

在规定的实验条件下，液体表面能够产生闪燃的最低温度称为闪点。液体发生闪燃，是因为其表面温度不高，蒸发速度小于燃烧速度，蒸气来不及补充被烧掉的部分，而仅能维持一瞬间的燃烧。

液体的闪点一般要用专门的开杯式或闭杯式闪点测定仪测得。采用开杯式闪点测定仪时，由于气相空间不能像闭杯式闪点测定仪那样产生饱和蒸气-空气混合物，所以测得的闪点要大于采用闭杯式闪点测定仪测得的闪点。开杯式闪点测定仪一般适用于测定闪点高于100℃的液体，而后者适用于测定闪点低于100℃的液体。

④ 影响闪点的因素　可燃性液体的闪点是用专门仪器测定的，也可由经验公式计算得到，其数值一般是表示压力为101325Pa，点火源为可燃气体小火焰，液体大多为单一组分条件下的闪点值，而实际条件往往与实验条件有所不同，所以实际场合中的液体发生闪燃的温度也会与闪点的实验值有一定差别。也就是说，实际场合中液体的闪点要考虑到一些因素的影响。

a. 压力对闪点的影响　在密闭容器盛装有一定体积的可燃性液体，当气相空间的压力稍高或稍低于正常大气压力（101325Pa）时，可以利用公式求出蒸气的饱和蒸气压，再根据饱和蒸气压求出闪点。例如压力对甲苯闪点的影响见表1-9。

表 1-9 压力对甲苯闪点的影响

总压力/Pa	甲苯的饱和蒸气压/Pa	甲苯闭杯闪点计算值/℃
74078	889	0.1
100000	1200	4.9
197368	2368	16.3

由表 1-9 看出，压力升高，闪点随之增高，压力降低，闪点也随之降低。由于大气压力随着海拔高度的增加而下降，甲苯的闭杯闪点就不是手册中查到的数据（闭杯闪点实验值为 60℃）。由此看来，可燃性液体的闪点在高原地区要比平原地区稍低一些。另外，在密闭容器中有时因容器受热或生产工艺的要求会使压力超过 101325Pa，这时，也要考虑到容器中的可燃性液体会有较高的闪点。

b. 液体中含水量对闪点的影响 在生产、使用或储存过程中，可燃性液体通常会以水溶液的形式存在。在一定的浓度范围内，这种水溶液也有可燃性，但其闪点会随着水浓度的增大或可燃性液体浓度的减小而升高。如甲醇水溶液和乙醇水溶液，当甲醇浓度（质量分数）小于 5%和乙醇浓度（质量分数）小于 3%时，甲醇水溶液和乙醇水溶液均无闪燃现象。可燃性液体水溶液的闪点升高的原因是水蒸气的影响，水蒸气在液面上的可燃蒸气-空气混合物中起着惰性气体的作用。随着溶液温度的升高，水蒸气的浓度会急剧增大。水蒸气的浓度增大到一定程度，可燃性液体水溶液便失去了可燃性，也就测不出闪点了。因此，利用水稀释可燃性液体以及用水蒸气稀释气态可燃混合物可以达到防火和灭火的目的。

c. 点火源强度与点火时间对闪点的影响 闪点测定仪所使用的点火源一般为可燃气体（如丙烷、煤气等）或火柴火焰，点火时间约为 1s。而在实际场合中，往往点火源的强度大于或小于实验时的点火源强度，点火源在液面上停留的时间（即点火时间）也往往是超过 1s 或不足 1s，所以，实际场合中的液体发生闪燃的温度（即闪点）要考虑到点火源强度与点火时间对闪点的影响。

一般来说，在其他条件相同时，液面上的点火源强度越高，液体的闪点就越低，反之，点火源强度越低，液体就越不容易发生闪燃，当点火源强度低于最小点火能量时，则液面上的蒸气-空气混合物便不能发生闪燃现象。例如，在雷电或电焊电弧作用于液体表面时，由于雷电或电弧的能量很高，液体接受大量的热使液面温度瞬间上升，液面上蒸发出的蒸气量增加，所以，液体初温即使低于正常实验条件下的闪点也会发生闪燃。同样，在其他条件相同时，液面上点火源的点火时间越长，液体的闪点越低，反之，点火时间越短，液体越不容易发生闪燃。例如，一个较大的机械零件在油中淬火时，若零件进入淬火油的液面之前，在液面上有一段停留时间，那么，高温零件使液面受热，蒸发出较多的蒸气，这就导致淬火油在较低的初始温度（低于正常实验条件下的闪点）下发生闪燃，甚至着火。

（3）固体的燃烧 可燃固体种类繁多，分布广泛，有很多火灾爆炸事故是因为可燃固体燃烧引起的。因此，可燃固体的燃烧是化工消防领域研究的重要内容之一。根据各类可燃固体的燃烧方式和燃烧特性，固体燃烧的形式大致可分为五种。

① 蒸发燃烧 有些可燃固体，如硫、磷、钾、钠、蜡烛、松香、沥青等，在受到火源加热时，先熔融蒸发，随后蒸气与氧气发生燃烧反应，这种形式的燃烧一般称为蒸发燃烧。樟脑、萘等易升华物质，在燃烧时不经过熔融过程，但其燃烧现象也可看作是一种蒸发燃烧。

② 表面燃烧 有些可燃固体，如木炭、焦炭、铁、铜等的燃烧反应是在其表面由氧和

物质直接作用而发生的，称为表面燃烧。这是一种无火焰的燃烧，有时又称为异相燃烧。

③ 分解燃烧　还有些可燃固体，如木材、煤、合成塑料、钙塑材料等，在受到火源加热时，先发生热分解，随后分解出的可燃挥发成分与氧发生燃烧反应，这种形式的燃烧一般称为分解燃烧。

④ 熏烟燃烧（阴燃）　可燃固体在空气不流通、加热温度较低、分解出的可燃挥发成分较少或逸散较快、含水分较多等条件下，往往发生只冒烟而无火焰的燃烧现象，这就是熏烟燃烧，又称阴燃。

⑤ 动力燃烧（爆炸）　动力燃烧是指可燃固体或其分解析出的可燃挥发成分遇火源所发生的爆炸式燃烧，主要包括可燃粉尘爆炸、炸药爆炸、轰燃等几种情形。

其中，轰燃是指可燃固体由于受热分解或不完全燃烧析出可燃气体，当其以适当比例与空气混合后再遇火源时，发生的爆炸式预混燃烧。例如能析出一氧化碳的赛璐珞、能析出氰化氢的聚氨酯等，在大量堆积燃烧时，常会发生轰燃现象。

不论可燃物是气体、液体或固体，都要依靠气体扩散来进行，均有火焰出现，属火焰型燃烧。而当木材燃烧到只剩下炭时（如焦炭的燃烧），燃烧是在固体炭的表面进行，看不出扩散火焰，这种燃烧称为表面燃烧。木材的燃烧是分解燃烧与表面燃烧交替进行的。金属铝、镁的燃烧属于表面燃烧。

需要指出，上述各种燃烧形式的划分不是绝对的，有些可燃固体的燃烧往往包含着两种或两种以上的形式。例如，在适当的外界条件下，木材、棉、麻、纸张等的燃烧会明显地存在分解燃烧、阴燃、表面燃烧等形式。

绝大多数固体可燃物在着火燃烧之前因受热而发生了热解、气化现象，着火时首先形成的是气相火焰。因此固体可燃物的着火过程可以用图 1-3 表示。

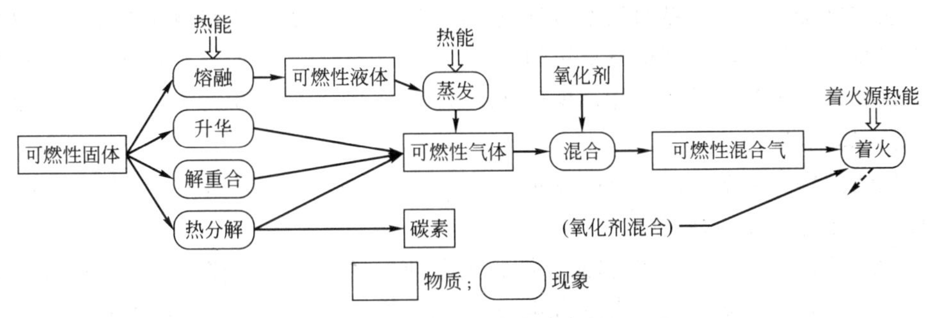

图 1-3　固体可燃物的着火过程

1.2.1.4　燃烧的分类

（1）燃烧的种类　燃烧现象按其发生瞬间的特点，分为着火、闪燃、自燃和爆燃四种。

① 着火　在有空气存在的环境中，可燃物质与明火接触能引起燃烧，并且在火源移去以后仍能保持继续燃烧的现象叫着火。能引起着火的最低温度叫着火点或燃点，如木材的着火点为 295℃。

② 闪燃　任何液体的表面都有蒸气存在，可燃液体表面的蒸气与空气形成的混合可燃气体，遇到明火以后，就会出现瞬间闪火即闪燃。

当易燃液体与不燃液体混合时，由于易燃液体的蒸气压下降，闪点就相应提高。如果要使可燃液体不闪火而加入不燃液体稀释则需要相当高的浓度才能实现。如甲醇中加入四氯化碳可提高甲醇的闪点，但要使甲醇不闪火，四氯化碳的浓度要达到 41%。

③ 自燃　可燃物质在助燃性气体中（如空气），在无外界明火的直接作用下，由于受热或自行发热能引燃并持续燃烧的现象叫自燃。在一定的条件下，可燃物质产生自燃的最低温度叫自燃点，也称引燃温度。自燃是非常广泛的概念，由于热源的不同，自燃又可分为受热自燃和自热自燃两种。

a. 受热自燃　受热自燃是指当有空气或氧存在时，可燃物虽未与明火直接接触，但在外部热源的作用下，由于传热而使可燃物温度上升，达到自燃点而着火燃烧。物质发生受热自燃取决于两个条件：一是要有外部热源；二是有热量积蓄的条件。在化工生产中，由于可燃物料靠近或接触高温设备、烘烤过度、机械转动部件润滑不良而摩擦生热、电气设备过载或使用不当造成温升而加热等，都有可能造成受热自燃的发生。

b. 自热自燃　自热自燃是指某些物质在没有外部热源作用下，由于物质内部发生的物理、化学或生化反应过程而产生热量，这些热量在适当的条件下会逐渐积聚，以致使物质温度升高，达到自燃点而着火燃烧。引起自热自燃也是有一定条件的。其一，必须是比较容易产生反应热的物质，例如，化学上不稳定的容易分解或自聚合并发生放热反应的物质、能与空气中的氧作用而产生氧化热的物质以及由发酵而产生发酵热的物质等。其二，此类物质要具有较大的比表面积或呈多孔隙状，如纤维、粉末或重叠堆积的片状物质，并有良好的绝热和保温性能。其三，则是热量产生的速度必须大于向环境散发的速度。满足了这三个条件，自热自燃才会发生。因此预防自热自燃的措施，也就是要设法防止这三个条件的形成。

④ 爆燃（或称燃爆）　爆燃是火药或燃爆性气体混合物的快速燃烧。一般燃料的燃烧需要外界供给助燃的氧，没有氧，燃烧反应就不能进行，如煤炭在空气中燃烧。某些含氧的化合物（如硝基甲苯等）或混合物，在缺氧的情况下虽然也能燃烧，但由于其含氧不够，隔绝空气后燃烧就不完全或熄灭。而火药或燃爆性气体混合物中含有较丰富的氧元素或氧气、氧化剂等，它们燃烧时无需外界的氧参与反应，所以它们是能够发生自身燃烧反应的物质，燃烧时若非在特定条件下，其燃烧是很快的，会在“轰”的一瞬间而燃尽，甚至会从燃烧转变为爆炸。例如，黑火药的燃烧爆炸，煤矿井下巷道中甲烷气或煤尘与空气混合物发生燃烧爆炸事故等情况就是这样。

（2）燃烧类别　依据可燃物质的性质，燃烧一般可划分为四个基本类别，即 A 类燃烧、B 类燃烧、C 类燃烧和 D 类燃烧。

① A 类燃烧　如木材、纤维织品、纸张等普通可燃物质的燃烧。此类燃烧都生成灼烧余烬，如木炭。容易忽略的是木炭本身也是 A 类物质。需要特别注意，水和基于碳氢盐的干燥化学品并不是有效的灭火剂。还有，橡胶和橡胶类的物质以及塑料，在燃烧的早期更像 B 类物质，而后期肯定是 A 类燃烧。

② B 类燃烧　易燃石油制品或其他易燃液体、油脂等的燃烧。然而，有些固体，比如萘是一个明显的例子，燃烧时熔化并显示出易燃液体燃烧的一切特征，而且无灰烬。近些年来，金属烷基化合物频繁地用于化学工业中，这些易燃液体由于其自燃温度特别低，而且在许多情况下与水剧烈反应，从而提出一个特殊的问题。

工艺上易燃气体不属于任何燃烧类别，但实际上应作为 B 类物质处理。多年来，由于泄漏气体灭火后仍继续流动形成爆炸混合物，随之起火燃烧，对泄漏气体的普通做法是不采取灭火措施。但是，实际经验表明，在某些情况下，必须先灭火方能停止气体泄漏。以液体形式储存的气体，如液化天然气、丙烷、氯乙烯等，液态泄漏比气态泄漏会发生更严重的火灾。

③ C 类燃烧　供电设备的燃烧。对于这类燃烧，首要的是灭火介质的电绝缘性。电器设备一经切断电源，除非含有易燃液体如变压器油等，即可采用适用于 A 类燃烧的灭火器材。对于含有毒性易燃液体的情形，应采用适用于 B 类燃烧的灭火器材。如果含有 A 类和 B 类燃烧物的复合物，应该用水喷雾或多功能干燥化学品作为灭火剂。

④ D 类燃烧　可燃金属的燃烧。对于钠和钾等低熔点金属的燃烧，由于很快会成为低密度液体的燃烧，会使大多数灭火干粉沉没，而液体金属仍继续暴露在空气中，从而给灭火带来困难。这些金属会自发地与水反应，有时甚至很剧烈。

高熔点金属会以各种形式存在：粉末型、薄片型、切削型、浇铸型、挤压型。适用于浇铸型燃烧的灭火剂用于粉末型或切削型燃烧时会有很大危险。常用的金属镁在低熔点和高熔点金属之间，一般总是以固体形式存在，但在燃烧时很容易熔化而成为液体，因而表现得与前述两者都不同。要注意燃烧金属的烟尘吸入危害，如果燃烧的是放射性金属，其烟尘对救火者有着极为严重的危险。对于金属氢化物的燃烧，因为氢和金属两者都在燃烧，被认为与金属燃烧相当。对于此类燃烧，需要应用干粉金属灭火剂。

1.2.1.5　燃烧的特性参数

(1) 氧指数　氧指数又叫临界氧浓度（COC）或极限氧浓度（LOC），它是用来对固体材料可燃性进行评价和分类的一个特性指标。模拟材料在大气中的着火条件，如大气温度、湿度、气流速度等，将材料在不同氧浓度的 O_2-N_2 系混合气中点火燃烧，测出能维持该材料有焰燃烧的以体积分数表示的最低氧气浓度，此最低氧浓度称为氧指数。由此可见，氧指数高的材料不易着火，阻燃性能好；氧指数低的材料容易着火，阻燃性能差。

由于实际的火灾大都发生在大气条件下，大气中含氧量为 21%。所以在实验条件下凡是氧指数大于 21 的固体材料若在空气中点燃后，都会自行熄灭。但是，材料燃烧时所需的最低氧气浓度受环境温度的影响较大，环境温度升高，最低氧气浓度就要降低。由于在实际发生火灾条件下，环境温度都很高，这时材料燃烧所需的最低氧气浓度就比较低。因此，即使较高氧指数的材料在火灾条件下也可能着火燃烧。

一般来说，材料的氧指数越高，阻燃性能越好。在建筑和装置中使用有机材料时，应充分注意其氧指数，并严格按有关规定执行。如消防部门规定有机玻璃钢（瓦）的氧指数必须高于 30；用于冷却塔的玻璃钢，其氧指数需高于 26；硬质聚氨酯泡沫塑料的氧指数也必须高于 26。

材料的氧指数可按规定的测试标准测定，GB/T 2406—80 规定了对材料氧指数的测定方法。

(2) 最小点火能量　在处于爆炸范围内的可燃气体混合物中产生电火花，从而引起着火所必需的最小能量称为最小点火能。它是使一定浓度可燃气（蒸气）与空气混合气燃烧或爆炸所需要的能量临界值。如引燃源的能量低于这个临界值，一般情况下不能引燃。

可燃混合气点火能量的大小取决于该物质的燃烧速度、热传导系数、可燃气在可燃气与空气（或氧）系混合气中的浓度（体积分数）、混合气的温度和压力以及电极间隙和形状。可燃气浓度对点火能量的影响较大，一般在稍高于化学计算量时，其点火能量最小。如乙炔的最小点火能约为 0.02mJ，含量在 9%，略高于化学计算量 7.8%。混合气燃烧速度越快，热传导系数越小，所需点火能量越小。一般在测试系统中，当氧分压上升时，最小点火能下降；加入惰性气体，可使点火能增大。

(3) 燃烧速度　物质的燃烧速度在本质上是由可燃物和氧发生化学反应的能力决定的，

可燃物和氧的反应能力越强，燃烧速度越快。

① 可燃气体的燃烧速度　可燃气体燃烧不需要像可燃固体、可燃液体那样经过熔化、蒸发等过程，所以燃烧速度较快。可燃气体的燃烧速度随其结构和组成的不同而异。简单的可燃气体，如氢气，燃烧只需受热、氧化等过程；而复杂气体，如天然气，则需经过热分解和氧化过程才开始燃烧。因此，构成简单的可燃气比复杂可燃气燃烧速度快。在可燃气体燃烧中，不同的燃烧方式，其燃烧速度也不同。扩散燃烧速度取决于气体的扩散速度；而混合燃烧速度则取决于燃烧的化学反应速度。一般情况下，混合燃烧速度要比扩散燃烧速度快得多。燃气燃烧速度可以用火焰传播速度来衡量，所以火焰的传播速度被称为气体的燃烧速度。

按燃气运动状态的不同，有层流和紊流状态之分。对层流状态的燃气，火焰传播速度可在一根长玻璃管中装入可燃混合气进行测定。在玻璃管一端点火，这时可见火焰薄层（火焰前锋）从点火端移向预混合燃气的另一端，直到可燃气体全部燃烧完毕。

影响可燃混合气体火焰传播速度的因素很多，主要有混合气性质、混合气成分、混合气原始压力和温度等。各种烃类与空气组成的混合气，由于结构和分子量的不同，其火焰传播速度不同。炔烃的火焰传播速度最快，如乙炔可达 141cm/s，其次是烯烃和烷烃。当用氧代替空气时，火焰传播速度将大为提高。

混合气的初始温度高，可以加快反应速度。混合气的压力对火焰传播速度影响不甚明显，当压力增大时，火焰传播速度略有降低。另外，管壁的传热性能与管径的大小都影响燃烧速度。火焰传播速度一般随管径增加而加快，但当达到某一极限值时，速度就不再加快；随管径的减小火焰的传播速度也减小，当管径小到某一程度时，火焰在管中就不能传播，阻火器就是根据这一原理设计的。

② 可燃液体的燃烧速度　易燃液体在常温下蒸气分压就很高，当点火源接近时就容易着火燃烧；而可燃液体，由于液体表面上蒸气分压较低，不易着火燃烧。因此不同液体着火燃烧的程度是各不相同的。

在实际应用中，液体的燃烧速度有两种表示方法：一种是以容器每平方米面积上每小时燃烧掉液体的质量来表示的，称液体燃烧的质量速度，以 $kg/(m^2 \cdot h)$ 表示；另一种是以每小时烧掉容器内液体的高度来表示的，称液体燃烧的直线速度（cm/h）。

液体的燃烧速度与很多因素有关，如液体的初温、储罐的直径大小、液体的热容、蒸发潜热、火焰的辐射强度、液面的高低和液体中水分的含量等。一般是初温越高，燃烧速度越快；液体的蒸发潜热越高，需要吸收较多热量才能维持燃烧时所要求的蒸气浓度；储罐中低液位比高液位的燃烧速度快；不含水的比含水的石油产品燃烧速度快；此外，风速对火焰蔓延的速度也有影响。

③ 可燃固体的燃烧速度　固体物质的燃烧速度，一般小于可燃气体和可燃液体。不同的固体物质其燃烧速度也有很大差别。石蜡、三硫化磷、松香等固体物质，其燃烧过程要经过受热熔化、蒸发、分解、氧化着火燃烧等阶段，一般燃烧速度较慢。硝基化合物、硝化纤维及其制品，因含有不稳定的含氧基团，燃烧速度就较快。固体的比表面积越大，其燃烧速度越快。

（4）燃烧温度　可燃物质燃烧所产生的热量在火焰燃烧区域释放出来，形成很高的温度。火焰温度就是燃烧的温度。一般的燃烧温度都在 1000℃以上。不同的燃烧物质，由于其燃烧性的差别，产生的燃烧温度也不同。如甲烷的燃烧温度可达 1800℃，汽油的燃烧温度可达 1200℃。

1.2.2　危险品爆炸的危险性

系统自一种状态迅速转变为另一种状态，并在瞬间以对外作机械功的形式放出大量能量的现象称为爆炸。爆炸是系统的一种非常迅速的物理的或化学的能量释放过程。爆炸现象一般具有如下特征。

(1) 爆炸过程进行得很快；

(2) 爆炸点附近瞬间压力急剧上升；

(3) 发出声响；

(4) 周围建筑物或装置发生震动或遭到破坏。

1.2.2.1　爆炸的分类

根据爆炸不同的发生原因，可将其分为物理爆炸、化学爆炸和核爆炸三大类。化工、石油化工生产的防火防爆技术中，通常只涉及物理爆炸和化学爆炸。

(1) 物理爆炸　物理爆炸主要是指压缩气体、液化气体和过热液体在压力容器内，由于某种原因使容器承受不住压力而破裂，内部物质迅速膨胀并释放大量能量的过程。物理爆炸由物理变化所致，其特征是爆炸前后系统内物质的化学组成及化学性质均不发生变化。

(2) 化学爆炸　化学爆炸是由化学变化造成的，其特征是爆炸前后物质的化学组成及化学性质都发生了变化。化学爆炸按爆炸时所发生的化学变化的不同又可分为三类：

① 简单分解爆炸　引起简单分解爆炸的爆炸物，在爆炸时并不一定发生燃烧反应。爆炸能量是由爆炸物分解时产生的。属于这一类的爆炸物有叠氮类化合物（如叠氮铅、叠氮银)、乙炔类化合物（如乙炔铜、乙炔银）等。这类物质是非常危险的，受轻微震动即能起爆。如叠氮铅受震动起爆，其爆速可达 5123m/s。

② 复杂分解爆炸　这类物质爆炸时有燃烧现象，燃烧所需的氧由自身供给，如硝化甘油的爆炸就属这种。

这类爆炸物品大都具有硝酸盐类、氯酸盐类、叠氮化合物、氮卤化物、乙炔类、重氮类物质及芳香族硝基化合物等结构。

③ 爆炸性混合物爆炸　爆炸性混合物是至少由两种化学上不相联系的组分所构成的系统。混合物之一通常为含氧相当多的物质；另一组分则相反，是根本不含氧的或含氧量不足以发生分子完全氧化的可燃物质。

爆炸性混合物可以是气态、液态、固态或是多相系统。气相爆炸包括混合气体爆炸、粉尘爆炸、气体的分解爆炸、喷雾爆炸。液相爆炸包括聚合爆炸及不同液体混合引起的爆炸。固相爆炸包括爆炸性物质的爆炸、固体物质混合引起的爆炸和电流过载所引起的电缆爆炸等。

1.2.2.2　爆炸的极限

(1) 爆炸极限　可燃性气体或蒸气预先按一定比例与空气均匀混合后点燃，较缓慢的扩散过程已经在燃烧以前完成，燃烧速度仅取决于化学反应速度。在这样的条件下，气体的燃烧就有可能达到爆炸的程度。这种可燃气体或蒸气与空气的混合物，称为爆炸性混合气。这种混合气并不是在任何混合比例下都是可燃烧或爆炸的，而且混合的比例不同，燃烧的速度也不同。由实验可知，当混合物中可燃气体的含量接近化学当量时，燃烧最快或最剧烈；若含量减小或增加，火焰传播速度均下降；当浓度高于或低于某一极限值时，火焰便不再蔓延。所以可燃气体或蒸气与空气（或氧）组成的混合物在点火后可以使火焰蔓延的最低浓度，称为该气体或蒸气的爆炸下限（也称燃烧下限）；同理，能使火焰蔓延的最高浓度称为爆炸上限（燃烧上限）。浓度在下限以下或上限以上的混合物是不会着火或爆炸的。浓度在下限以下时，体系内含有过量的空气，由于空气的冷却作用，阻止了火焰的蔓延，此时活化中心的销毁数大于产生数。同样，当浓度在上限以上时，含有过量的可燃性物质。空气（氧）不足，火焰也不能蔓延，但此时若补充空气，是有火灾或爆炸危险的。故对上限以上的可燃气（蒸气）-空气混合气不能认为是安全的。

可燃性气体（蒸气）的爆炸极限可按 GB/T 12474—90 规定的方法测定。

爆炸极限一般用可燃性气体（蒸气）在混合物中的体积分数（%）来表示，有时也用单位体积中可燃物含量来表示（g/m^3 或 mg/L），如表 1-10 所示。

表 1-10 常见工业化学品的闪点、可燃极限和自动燃烧温度

化学物	闪点/℃	可燃极限(空气中)/%		自动燃烧温度/℃
		下限(LEL/LFL)	上限(UEL/UFL)	
乙醛	−37.8	4.0	60.0	175
丙酮	−17.8	2.6	12.8	465
乙炔	−18.0	2.5	82.0	306
氨		16.0	25.0	651
苯	−11.1	1.2	7.1	498
丁烷	−60.0	1.8	8.4	287
乙酸叔丁酯	15.5	1.4	7.5	425
二硫化碳	−30.0	1.3	50.0	90
一氧化碳		12.5	74.0	607
环己烷	−20.0	1.3	8.3	245
1,1-二氯乙烯	−18.0	7.3	16.0	570
二乙基醚	−45.0	1.7	36.0	170
乙胺		3.2	12.5	472
乙酸乙酯	−4.4	2.0	11.5	427
乙醇	13.0	3.5	19.0	365
乙基乙醚	12.8	1.85	36.5	160
乙烯		2.7	36.0	49.0
二氯化乙烯	13.0	6.2	16.0	413
环氧乙烷	−20.0	3.0	100	429
正庚烷	−4.0	1.1	6.7	204
正己烷	−21.7	1.1	7.5	225
氢气		4.0	76.0	400
硫化氢		4.3	44.0	260
异丁烷	−82.7	1.8	8.4	462
异丙醇	11.7	2.0	12.0	399
甲烷		5.0	15.4	537
甲醇	−46.7	5.5	36.5	385

续表

化学物	闪点/℃	可燃极限(空气中)/%		自动燃烧温度/℃
		下限(LEL/LFL)	上限(UEL/UFL)	
氯(代)甲烷	−45.6	8.1	17.4	632
甲基环己烷	−4.0	1.2	6.7	250
甲基乙基酮(丁酮)	−6.0	1.8	10.0	515
正辛烷	13.3	1.0	6.5	206
戊烷	−49.4	1.4	7.8	260
丙烷	−104.4	2.2	9.5	450
乙酸丙酯	13.0	1.7	8.0	450
丙烯		2.0	11.1	455
氧化丙烯	−37.2	2.1	37.0	465
苯乙烯	31.0	1.1	6.1	490
甲苯	4.4	1.2	7.0	480
氯乙烯	−78.0	3.6	33.0	472
二甲苯(邻/间/对)	17.0/25.0/25.0	0.9/1.1/1.1	6.7/7.0/7.0	463/527/528

(2) 爆炸极限的影响因素　爆炸的极限值是随多种不同条件影响而变化的，但如掌握了外界条件变化对爆炸极限的影响规律，那么在一定条件下测得的爆炸极限就有普遍的参考价值，其主要的影响因素有以下几方面。

① 原始温度　爆炸性气体混合物的原始温度越高，则爆炸极限范围越宽，即下限降低而上限增高。因为系统温度升高，其分子内能增加，这时活性分子也就相应增加，使原来不燃不爆的混合物变为可燃可爆，所以温度升高使爆炸的危险性增加。

② 原始压力　一般压力增加，爆炸极限范围扩大，且上限随压力增加较为显著。这是因为系统压力增加，物质分子间距缩小，碰撞概率增加，使燃烧的最初反应和反应的进行更为容易。压力降低，则气体分子间距拉大，爆炸极限范围会变小。当压力降到某一数值时，其上限与下限重合，出现一个临界值；若压力再下降，系统便成为不燃不爆。因此，在密闭容器内进行负压操作，对安全生产是有利的。

③ 惰性介质　若混合物中加入惰性气体，则爆炸极限范围缩小，惰性气体的浓度提高到某数值时，可使混合物不燃不爆。对有些可燃物质，随惰性气体的增加对上限的影响较之对下限的影响更显著。

④ 容器　容器的大小对爆炸极限亦有影响。实验证明，容器直径越小，爆炸范围越窄。这可从传热和器壁效应得到解释。从传热来说，随容器或管道直径的减小，单位体积的气体就有更多的热量消耗在管壁上。有文献报道，当散出热量等于火焰放出能量的23%时，火焰即会熄灭，所以热损失的增加必然降低火焰的传播速率并影响爆炸极限。

器壁效应可用连锁反应理论说明。燃烧之所以能持续下去，其条件是新生的自由基数量必须等于或大于消失的自由基数。可是，随着管径的缩小，自由基与反应分子间的碰撞概率也不断减小，而自由基与器壁碰撞的概率反而不断增大。当器壁间距小到某一数值时，这种器壁效应就会使火焰无法继续。其临界直径可按下式计算。

$$d=2.48\sqrt{\frac{E}{2.35\times10^{-2}}} \tag{1-5}$$

式中 d——临界直径，cm；

E——某一物质的最小点火能量，J。

⑤ 点火能源 爆炸性混合物的点火能源，如电火花的能量，炽热表面的面积，火源与混合物接触时间长短等，对爆炸极限都有一定影响。随着点火能量的加大，爆炸范围变宽。

⑥ 火焰的传播方向（点火位置） 当在爆炸极限测试管中进行爆炸极限测定时，可发现在垂直的测试管中于下部点火，火焰由下向上传播时，爆炸下限值最小，上限值最大；当于上部点火时，火焰向下传播，爆炸下限值最大，上限值最小；在水平管中测试时，爆炸上下限值介于前两者之间。

⑦ 含氧量 空气中的氧（O_2）含量为21%，当混合气中氧增加时，爆炸极限范围变宽。由于当处于空气中爆炸的下限时，其组分中氧含量已很高，故增加氧对爆炸下限影响不大；而增加氧使上限显著增加，是由于氧取代了空气中的氮，使反应更易进行。

（3）爆炸极限的计算 具有爆炸危险性的气体或蒸气与空气或氧气混合物的爆炸极限，在应用时一般可查阅文献或直接测定以获得数据，也可以通过其他数据及某些经验公式计算来获得。由于生产条件与测试条件的差异，这类数据只能作为参考。

① 闪点法 易燃液体的爆炸下限与该液体的闪点是互相联系的。可燃液体在闪点时的饱和蒸气分压正好对应着火的最低体积分数。利用这种关系依下式可互相推算可燃液体的闪点或爆炸下限。

$$L_{下}=\frac{p_{闪}}{p_{总}}\times100\% \tag{1-6}$$

式中 $p_{总}$——混合气的总压力，常压时为1.013×10^5Pa；

$p_{闪}$——闪点时该液体的蒸气分压，Pa。

在爆炸上限之上（上部闪点之上），可燃液体所生成的蒸气的体积分数在上限以上是不会燃烧或爆炸的。爆炸上限（上部闪点）也可用上式计算。

② 按可燃气体完全燃烧时的化学当量浓度计算 可燃气（液）体完全燃烧时的化学当量浓度可用来确定链烷烃类的爆炸下限，其计算公式如下。

$$L_{下}=0.55c_0 \tag{1-7}$$

式中，c_0为气体在完全燃烧时的物质的量浓度。

例如丙烷在空气中燃烧，其值由下列反应式确定：

$$C_3H_8+5O_2\longrightarrow3CO_2+4H_2O$$

空气中氧（O_2）的体积分数为21%，则

$$c_0=\frac{1}{1+\frac{n_0}{0.21}}\times100\%=4.03\%$$

n_0为完全燃烧时所需氧分子数，所以$n_0=5$。

$$L_{下}=0.55c_0=0.55\times4.03\%=2.1\%$$

上式也可用于估算链烷烃类以外的其他有机可燃性气（液）体的爆炸下限，但当计算H_2、C_2H_2以及含氮、氯等有机物时出入较大，不可应用。

利用算出的爆炸下限计算爆炸上限。对碳氢化合物，在常压和25℃条件下，在空气中的爆炸上限与下限有如下关系。

$$L_{上}=6.5\sqrt{L_{下}}$$
$$L_{上}=4.8\sqrt{c_0} \quad (1-8)$$
$$L_{上}=3.5c_0$$

③ 根据含碳原子数计算爆炸极限　脂肪族碳氢化合物爆炸极限的计算可以根据脂肪族碳氢化合物含碳原子数用下式计算。

$$L_{下}=\frac{1}{0.1347n_C+0.04343} \quad (1-9)$$

$$L_{上}=\frac{1}{0.1337n_C+0.05151} \quad (1-10)$$

式中，n_C 为脂肪族碳氢化合物含碳原子数。

④ 复杂组成的可燃性气体混合物的爆炸极限　复杂组成的可燃性气体混合物的爆炸极限可根据 Le Chatelier 方程来进行计算。

$$L_m=\frac{1}{\sum_{i=1}^{n}\frac{y_i}{L_i}}\times 100\% \quad (1-11)$$

式中　L_m——混合气的爆炸上限或下限；

L_i——混合气中某一组分的爆炸上限或下限；

y_i——某一可燃组分的摩尔分数或体积分数；

n——可燃组分数量。

该公式是一个经验公式，并不普遍适用，只适用于混合气中各组分气体的活化能量、摩尔燃烧热、活化概率的比例常数近似相等的混合气。故在计算其他可燃性气体混合物时会出现一些偏差，但仍有一定参考价值。

1.2.2.3　爆炸温度与压力的计算

从理论上讲，爆炸性气体混合物的爆炸温度和压力可以根据燃烧反应热或内能来进行计算。由于爆炸的速率极快，可以设定爆炸是在绝热系统内进行，则爆炸后系统的热力学能量应等于爆炸前系统的热力学能加上燃烧热，用公式表示为

$$\sum U_{后}=\sum U_{前}+nQ_{燃} \quad (1-12)$$

在应用上式时，应根据不同的反应情况而采用不同的处理方式，下面用实例加以说明。

【例 1-1】 乙醚在空气中爆炸。试求爆炸时的最高温度和压力。

解： 首先写出乙醚在空气中燃烧的反应方程式，并将空气中的氮气也加以考虑。

$$C_4H_{10}O+6O_2+22.6N_2 = 4CO_2+5H_2O+22.6N_2$$

由反应方程式可以看出，爆炸前系统的分子数为29.6，爆炸后系统的分子数增加为31.6。查有关资料得各物质的热容［单位 kcal/(kg·K)］(1kcal=4185.85J) 为

N_2 的分子热容为：$4.8+0.00045t$

H_2O 的分子热容为：$4.0+0.00215t$

CO_2 的分子热容为：$9.0+0.00058t$

燃烧产物的热容为

$$22.6(4.8+0.00045t)=108.48+0.01017t$$

$$5(4.0+0.00215t)=20.0+0.01075t$$
$$4(9.0+0.00058t)=36.0+0.00232t$$
$$\overline{\qquad 164.48+0.02324t \qquad}$$

所以燃烧产物的热容为：$164.48+0.02324t$。这里的热容是用定体积热容，符合密闭容器中爆炸情况。

已知乙醚的燃烧热为650300kcal/(kg·K)。由于爆炸的速度很快，基本上是在绝热情况下进行，故燃烧热全部用于提高燃烧产物的温度。于是得

$$650300=(164.48+0.02324t)t$$

解上式可得爆炸最高温度为：

$$t_{高}=\frac{-168.48+\sqrt{(164.48)^2+4\times0.02324\times650300}}{2\times0.02324}=2826$$

爆炸的最大压力可根据上述计算的温度进行计算：

$$p_{高}=\frac{T_{高}}{T_0}\times p_0\times\frac{n}{m}=\frac{2827+273}{273}\times1\times\frac{31.6}{29.6}=12.1(\text{atm}^{❶}) \tag{1-13}$$

式中 p_0，$p_{高}$——原始压力与爆炸最大压力，atm；

T_0，$T_{高}$——原始温度与爆炸最高温度，℃；

m，n——爆炸前、后的气体分子数。

爆炸性气体混合物的爆炸温度和压力也可以根据燃烧反应方程式和气体的内能进行计算。

【例 1-2】 已知甲烷的燃烧热为799.14kJ/mol，原始温度300K时，在空气中爆炸，试求爆炸时的最高温度和压力。

解： 先写出燃烧方程式为

$$CH_4+2O_2+2\times\frac{79}{21}N_2 = CO_2+2H_2O+7.52N_2$$

求出爆炸前（300K）系统的各物质的热力学能之和（热力学能查有关资料）

$$\sum U_{前}=1\times U_{CH_4}+2\times U_{O_2}+7.52\times U_{N_2}$$
$$=1\times7.61+2\times6.23+7.52\times6.23=66.92\ (\text{kJ})$$

系统内爆炸（燃烧）产生的总能量为

$$\sum U_{前}+bQ_{燃}=66.92+799.14=866.06(\text{kJ})$$

下面用试差法求爆炸后的最高温度，根据上面求得的总能量，先假设爆炸后的温度为2800K，根据温度2800K在有关资料上查取各产物的热力学能，再根据反应方程式的产物计算总热力学能，将此数据与866.06kJ比较，如相差较大，再重新假设爆炸温度进行计算，直至达到所需的精度为止。

$$\sum U_{后}=1\times U_{CO_2}+2\times U_{H_2O}+7.52\times U_{N_2}$$
$$=1\times127.07+2\times100.32+7.52\times70.64=858.9\ (\text{kJ})$$

由于所设2800K时爆炸产物的热力学能之和858.9kJ＜866.06kJ，故爆炸的实际理论温度应大于2800K。所以再设爆炸后温度为3000K，则

$$\sum U_{后}=1\times U_{CO_2}+2\times U_{H_2O}+7.52\times U_{N_2}$$
$$=1\times137.94+2\times109.52+7.52\times70.494=887.09\ (\text{kJ})$$

❶ 1atm＝101325Pa，1大气压，以下同。

这个值大于866.06kJ，所以爆炸后的温度应在2800～3000K。

用内插法求出理论上的最高温度：

$$T_{高}=2800+\frac{866.06-858.9}{887.09-858.9}\times(3000-2800)=2850.8(K)$$

爆炸的最大压力为

$$p_{高}=\frac{T_{高}}{T_0}\times p_0\times\frac{n}{m}=\frac{2850.8}{300}\times 1\times\frac{50.52}{10.52}=45.6(atm)=4623913.6Pa$$

1.2.3 危险品的毒害性

1.2.3.1 毒害品的毒害途径

有毒与有害物品（包括燃烧和爆炸过程中产生的大量烟气）的主要危险性是毒害性，毒害性则主要表现为对人体及其他动物的伤害，引起人体及其他动物中毒的主要途径是呼吸道、消化道和皮肤三个方面。

（1）呼吸中毒　在有毒与有害物品中，挥发性液体的蒸气和固体的粉尘最容易通过呼吸器官进入人体。如氢氰酸、溴甲烷、苯胺、西力生、赛力散、三氧化二砷等的蒸气和粉尘，都能经过人的呼吸道进入肺部，被肺泡表面所吸收，随着血液循环引起中毒。此外，呼吸道的鼻、喉、气管黏膜等，也具有相当大的吸收能力，很易吸收这些有毒物而引起中毒。呼吸中毒比较快，而且严重。

（2）消化中毒　指有毒与有害物品侵入人体消化器官引起的中毒。此种中毒通常是在进行毒品操作后，未经漱口、洗手就饮食、吸烟，或在操作中误将毒品服入消化器官，进入胃肠引起中毒。由于人的肝脏对某些毒物具有解毒功能，所以消化中毒较呼吸中毒缓慢。有些毒品如砷和它的化合物，在水中不溶或溶解度很低，但通过胃液后会变为可溶物被人体吸收而引起人身中毒。

（3）皮肤中毒　一些能溶于水或脂肪的毒物接触皮肤后，容易侵入皮肤引起中毒。如芳香族的衍生物硝基苯、苯胺、联苯胺，农药中的有机磷、有机汞、西力生、赛力散等毒物，都能通过皮肤破裂的地方侵入人体，并随着血液循环而迅速扩散。特别是氰化物的血液中毒，能极其迅速地导致死亡。此外，氯苯乙酮等毒物对眼角膜等人体的戮膜有较大的危害。

1.2.3.2 毒害品的火灾危险性

从列入有毒与有害物品管理的物品分析可以看到，约90%都具有火灾危险性。其特性表现如下：

（1）遇湿易燃性　无机毒害品中金属的氰化物和硒化物大都本身不燃，但都有遇湿易燃性。如钾、钠、钙、锌、银、汞、钡、铜、铅、镍等金属的氰化物（如氰化钠、氰化钾），遇水或受潮都能放出极毒且易燃的氰化氢气体。硒化镉、硒化铁、硒化锌、硒化铅、硒粉等硒的化合物类，遇酸、高热、酸雾或水解能放出易燃且有毒的硒化氢气体；硒酸、氧氯化硒还能与磷、钾猛烈反应。

（2）氧化性　在无机有毒与有害物品中，锑、汞和铅等金属的氧化物大都本身不燃，但都具有氧化性。如五氧化二锑（锑酸酐）本身不燃，但氧化性很强，380℃时即分解，当与可燃物接触后，易引起着火或爆炸，并产生毒性极强的气体。

（3）易燃性　在《危险货物品名表》所列的有毒与有害物品中，有很多是透明或油状的易燃液体，有的是低闪点或中闪点液体，遇明火都能够燃烧，遇高热分解出有毒气体。

（4）易爆性　有毒与有害物品当中的叠氮化钠，芳香族含2、4位两个硝基的氯化物，遇高热、撞击等都可引起爆炸，并分解出有毒气体。

（5）烟气毒性　燃烧和爆炸过程中会产生大量的烟气，其成分非常复杂，主要由三种类型的物质组成：①气相燃烧产物；②未燃烧的气态可燃物；③未完全燃烧的液、固相分解物和冷凝物微小颗粒。火灾烟气中含有众多的有毒、有害成分、腐蚀性成分以及颗粒物等，火灾环境高温缺氧，必然对生命财产和生态环境都造成很大的危害。表 1-11 列出了一些主要有害气体的可能来源及致死浓度。

表 1-11　一些主要有害气体的可能来源及致死浓度

有害气体	可能来源	短期(10min)估计致死浓度/1×10^{-6}
HCN	木材，纺织品，聚丙烯腈尼龙，聚氨酯以及纸张等物质热分解及燃烧产物	350
NO_2 及其他氮的氧化物	硝化纤维素等含氮有机化合物的热分解和燃烧产物；纺织品燃烧时也会少量产生	>200
NH_3	木材、丝织品、尼龙以及三聚氰胺的热分解和燃烧产物	>1000
HCl	PVC 电绝缘材料，其他含氯高分子材料及阻燃处理物	>500
HF HBr	氟化树脂类或薄膜类以及某些含溴阻燃材料的热分解或燃烧产物	HF 约 400 COF_3 约 100 HBr>500
SO_2	含硫化合物(如橡胶)热解和燃烧释放的产物	>500
异氰酸酯类	由异氰酸酯的聚合物热解产生	约 100(TDI)
丙醛	由聚烯烃和纤维素在低温热解而产生	30～100

缺氧是气体毒性的特殊情况。有数据表明，若仅仅考虑缺氧而不考虑其他气体影响时，当含氧量降至 10%时就可对人构成危险。然而，在火灾中仅仅由含氧量减小造成危害是不大可能出现的，其危害往往伴随着 CO、CO_2 和其他有毒成分的生成。

火灾烟气的毒性不仅仅来自气体，还可来自悬浮固体颗粒或吸附于烟尘颗粒上的物质，尸检大多数烟气中毒死者，发现在气管和支气管中有大量烟灰沉积物、高浓度的无机金属物等。

烟气中的不完全燃烧产物，如 CO、H_2S、HCN、NH_3、苯、烃类等，一般都是易燃物质，而且这些物质的爆炸下限都不高，极易与空气形成爆炸性的混合气体，使火场有发生爆炸的危险，室内火灾中的轰燃现象就是这一危险性的体现。

一些恶性火灾由于持续时间长，燃烧面积大，不仅难以扑救，造成的损失大，而且燃烧产生的烟气会造成滞后的影响。

1.3　危险品生产的危险性分析

危险化学品的生产过程随着原料、产品、工艺流程、控制参数等的变化而变化，其危险性也呈现不同的水平。做好危险化学品生产的安全管理，必须了解危险化学品生产工艺过程的危险性，以便有针对性地采取对策措施。

1.3.1 危险品生产过程的危险性

1.3.1.1 生产工艺过程分类

在危险化学品生产中其危险的工艺过程一般可以分成如下几类。

(1) 有本质上不稳定物质存在的工艺过程 这些不稳定物质可能是原料、中间产物、成品、副产品、添加物或杂质;

(2) 放热的化学反应过程;

(3) 含有易燃物料且在高温、高压下运行的工艺过程;

(4) 含有易燃物料且在冷冻状况下运行的工艺过程;

(5) 在爆炸极限内或接近爆炸极限反应的工艺过程;

(6) 有可能形成尘雾爆炸性混合物的工艺过程;

(7) 有高毒物料存在的工艺过程;

(8) 储有压力能量较大的工艺过程。

1.3.1.2 化工单元过程分类

在危险化学品生产过程中,比较危险的化工单元过程主要有燃烧、氧化、加氢、还原、聚合、卤化、硝化、烷基化、胺化、芳化、缩合、重氮化、电解、催化、裂化、氯化、磺化、酯化、中和、闭环、酸化、盐析、脱溶、水解、偶合等。对于这些危险的化工单元过程,按其放热反应的危险程度增加的次序可分为四类。

(1) 第一类化工单元过程

① 加氢 将氢原子加到双键或三键的两侧。

② 水解 化合物和水反应,如从硫或磷的氧化物生产硫酸或磷酸。

③ 异构化 在一个有机物分子中原子的重新排列,如直链分子变为支链分子。

④ 磺化 通过与硫酸反应将磺酸基($-SO_3H$)导入有机物分子。

⑤ 中和 酸与碱反应生成盐和水。

(2) 第二类化工单元过程

① 烷基化 将烷基原子团引入到化合物中。

② 酯化 酸与醇或不饱和烃反应,当酸是强活性物料时,危险性增加。

③ 氧化 某些物质与氧化合,反应控制在不生成 CO_2 及 H_2O 的阶段,采用强氧化剂如氯酸盐、硝酸、次氯酸及其盐时,危险性较大。

④ 聚合 较小分子互相连接在一起形成链状或其他连接方式的大分子。

⑤ 缩聚 连接两种或更多的有机物分子,析出水、HCl或其他化合物。

(3) 第三类化工单元过程

卤化 将卤族原子(氟、氯、溴或碘)引入有机分子。

(4) 第四类化工单元过程

硝化 用硝基取代有机化合物中的氢原子。

危险反应过程的识别,不仅应考虑主反应还需考虑可能发生的副反应、杂质或杂质积累引起的反应,以及对构造材料腐蚀产生的腐蚀产物引起的反应等。

1.3.1.3 单元操作过程的危险与预防

(1) 单元操作的危险性是由所处理物料的危险性所决定的,主要是指处理易燃物料或含有不稳定物质物料的单元操作。常见的有下列情况。

① 不稳定物质减压蒸馏时,若温度超过某一极限值,有可能发生分解爆炸。

② 粉末过筛时容易产生静电，特别是干燥的不稳定物质过筛时，微细粉末飞扬，可能在某些地区积聚而发生危险。

③ 反应物料循环使用时，可能造成不稳定物质的积聚而使危险性增大。

④ 反应液静置中，以不稳定物质为主的相，可能分离而形成分层积聚。不分层时，所含不稳定的物质也有可能在局部地点相对集中。在搅拌含有有机过氧化物等不稳定物质的反应混合物时，如果搅拌停止而处于静置状态，那么，所含不稳定物质的溶液就附在壁上，若溶剂蒸发了，不稳定物质被浓缩，往往会成为自燃的火源。

⑤ 在大型设备里进行反应，如果含有回流操作时，危险物在回流操作中有可能被浓缩。

⑥ 在不稳定物质的合成反应中，搅拌是个重要因素。在采用间歇式的反应操作过程中，化学反应速率很快。大多数情况下，加料速度与设备的冷却能力是相适应的，这时反应是扩散控制，应使加入的物料马上反应掉，如果搅拌能力差，反应速率慢，加进的原料过剩，未反应的部分积蓄在反应系统中，若再强力搅拌，所积存的物料一起反应，使体系的温度上升，往往造成反应无法控制。

⑦ 在对含不稳定物质的物料升温时，控制不当有可能引起突发性反应或热爆炸。如果在低温下将两种能发生放热反应的液体混合，然后再升温引起反应将是特别危险的。

（2）鉴于上述情况，在进行危险单元操作过程中要注意以下方面。

① 防止易燃气体物料形成爆炸性混合体系。在处理易燃气体物料时要防止与空气或其他氧化剂形成爆炸性混合体系。特别是负压状态下的操作，要防止空气进入系统而形成系统内爆炸性混合体系。同时也要注意在正压状态下操作易燃气体物料的泄漏，与环境空气混合，形成系统外爆炸性混合体系。

② 防止易燃固体或可燃固体物料形成爆炸性粉尘混合体系。在处理易燃固体或可燃固体物料时，要防止形成爆炸性粉尘混合体系。

③ 防止不稳定物质的积聚或浓缩。在蒸馏、过滤、蒸发、过筛、萃取、结晶、再循环、旋转、回流、凝结、搅拌、升温等单元操作过程中，有可能使不稳定物质发生积聚或浓缩，进而产生危险。在生产过程中，一般将一种液体保持在能起反应的温度下，边搅拌边加入另一种物料，边反应。一般的原则是搅拌停止的时候应停止加料。

1.3.1.4 设备与装置的危险

在危险品的生产过程中，工艺设备和装置存在的危险主要有以下几个方面。

（1）设备本身不能满足工艺的要求，强度不够、密封不可靠；

（2）工艺设备不具备相应的安全附件或安全防护装置；

（3）不具备指示性安全技术措施；

（4）设备中不具备紧急停车的装置；

（5）设备中不具备检修时不能自动投入、不能自动反向运转的安全装置。

1.3.2 危险品生产中的火灾危险性

1.3.2.1 生产中火灾危险性分类

根据《建筑设计防火规范》（GB 50016—2006）和《石油化工企业设计防火规范》（GB 50160—2008）的规定，对于生产火灾危险性的分类主要是依据生产中所使用的原料、中间产品、产品的物理化学性质、数量及工艺技术条件等综合考虑而决定的。其分类原则参见表1-12。

表 1-12 生产中火灾危险性分类

类别	火灾危险性特征
甲类	生产中使用或产生下列物质 闪点＜28℃的易燃液体 爆炸下限＜10%的可燃气体 常温下能自行分解或在空气中氧化即能导致迅速自燃或爆炸的物质 常温下受到水或空气中水蒸气的作用,能产生可燃气体并引起燃烧或爆炸的物质 遇酸、受热、撞击、摩擦及遇有机物或硫黄等易燃无机物,极易引起燃烧或爆炸的强氧化剂 受撞击、摩擦或与氧化剂、有机物接触时能引起燃烧或爆炸的物质 在压力容器内物质本身温度超过自燃点的情况
乙类	生产中使用或产生下列物质 28℃≤闪点＜60℃的易燃、可燃液体 爆炸下限≥10%的可燃气体 助燃气体 不属于甲类的氧化剂 不属于甲类的化学易燃危险固体 排出浮游状态的可燃纤维或粉尘,并能与空气形成爆炸性混合物
丙类	生产中使用或产生下列物质 闪点≥60℃的可燃液体 可燃固体
丁类	具有下列情况的生产 对非燃烧物质进行加工,并在高热或熔化状态下经常产生辐射热、火花或火焰的生产 利用气体、液体、固体作为燃料或将气体、液体进行燃烧做其他用途的各种生产 常温下使用或加工难燃烧物质的生产
戊类	常温下使用或加工非燃烧物质的生产

以上的生产火灾危险性分类，适用于露天生产设备区以及敞开或半敞开式建筑物构筑物和厂房。需要指出的是，在实际生产中，还要根据具体情况灵活进行分类，例如下列情况：

(1) 在生产过程中，如使用或产生易燃、可燃物质的量较少，不足以构成爆炸或火灾危险时，可以按实际情况确定其火灾危险性的类别。

(2) 一座厂房内或其防火分区内有不同性质的生产时，其类别应按火灾危险性较大的部分确定，但火灾危险性较大的部分占本层面积的比例小于5%（丁、戊类生产厂房的油漆工段小于10%），且发生事故时不足以蔓延到其他部分，或采取防火措施能防止火灾蔓延时，其类别可按火灾危险性较小的部分确定。

(3) 生产设备区内有不同性质的生产时，其类别应按火灾危险性较大的部分确定；但火灾危险性较大的部分占本区占地面积的比例小于10%，且发生事故时不足以蔓延到其他部分或采取防火措施能防止火灾蔓延时，其类别可按火灾危险性较小的部分确定。

1.3.2.2 影响生产火灾危险性的因素

生产火灾危险性的大小，除了受物料本身的易燃性、氧化性及与其所兼有的毒害性、放射性、腐蚀性等危险性的影响和物料与水等灭火剂的抵触程度的影响之外，还受以下因素的影响。

(1) 生产工艺条件的影响　生产工艺条件的影响因素主要包括压力、氧含量和所用的催化剂、容器设备及装置的导热性和几何尺寸等因素。如酒精的自燃点，在铁管中为742℃，而在石英管中为641℃，在玻璃烧瓶中为421℃，在钢杯中为391℃。同时，有的产品的生产工艺条件需要在接近原料爆炸浓度下限或在爆炸浓度范围之内生产，有的则需要在接近或高于物料自燃点或闪点的温度下生产。这样，就更增加了物料本身的火灾危险性。所以物料在这种工艺条件下的火灾危险性就大于本身的火灾危险性。物料的易燃性、氧化性及生产工艺条件，是决定生产工艺火险类别的最重要的因素。

(2) 生产场所可燃物料存在量的影响 在生产场所如果存在的可燃物料多，那么，其火灾危险性就大。反之，如果可燃性物料的量特别少，少至当气体全部放出或液体全部气化也不能在装置内或整个厂房内达到爆炸极限范围，可燃物全部燃烧也不能使建筑物起火造成灾害，那么其火灾危险性就小。如机械修理厂或修理车间，虽然经常要使用少量的汽油等易燃溶剂清洗零件，但不致因此而引起整个厂房的爆炸。

(3) 物料所处状态的影响 在通常条件下，生产中的原料、成品并不都是十分危险的。但若生产中的条件和状态改变了，就可能变成十分危险的生产。如可燃的纤维粉尘在静置时并不危险，但在生产时，若粉尘悬浮在空中与空气形成了爆炸性混合体系，遇火源便会着火或爆炸。其原因就是由于这些细小的纤维、粉尘表面吸附包围了大量的氧气，当遇激发能源时，便会发生爆燃。

可燃液体的雾滴也是非常危险的存在状态。特别是可燃液体的雾滴呈悬浮状态时，其危险性更大。

此外，有些金属，如铝、锌、镁等，在块状时并不易燃，但在粉尘状态时则能爆炸起火。如某厂磨光车间因通风吸尘设备的风机制造不良，叶轮不平衡，使叶轮上的螺母与进风管摩擦发生火花，引燃吸尘管道内的铝粉发生了猛烈爆炸，损坏了车间及邻近的厂房，并造成了人员伤亡。

1.4 危险品经营的危险性分析

危险品的经营是指企业、单位、个体工商户、百货商店（场）、企业分支机构、化工生产企业在厂外设立的销售网点、经过审批的批发零售爆炸品、压缩气体和液化气体、易燃液体、易燃固体、自燃物品和遇湿易燃物品、氧化剂和有机过氧化物、有毒品和腐蚀品等危险化学品的商业行为。在经营环节中，由于环境条件变化以及管理不善极易引起燃烧、爆炸、灼伤、中毒等恶性事故，给人民生命财产造成严重损失。

1.4.1 危险品经营中的危险性表现

从危险品经营中的典型事故和管理中存在的问题可知，危险品经营的危险性主要表现为以下几个方面。

(1) 无证经营 企业没有经营许可证，操作人员没有上岗证是大多数危险品经营事故共同的特点。危险品经营企业量大面广，没有严格的申报、审查、许可程序擅自经营，难以避免各类事故的发生。

(2) 不具备经营条件 从事危险品经营必须具备相应的装备条件、技术条件和管理条件，其地理位置、建筑等级等应达到基本要求，仓储、运输、废弃物处理以及安全组织、安全操作等都有严格的规定。不具备条件的企业从事危险品经营必将成为危险源。

(3) 经营者和操作者没有经过严格的培训和考核 对主要负责人和主管人员、安全管理人员以及操作人员要进行相关法律法规、安全管理、安全技术理论培训和实际安全管理能力训练，没经过考核者不能从事危险品经营的相关工作。大量事故都说明，人为失误既是造成事故隐患的直接原因，也是事故危害扩大化的直接原因。

（4）企业没有健全的管理制度 根据《中华人民共和国安全生产法》和《危险化学品安全管理条例》规定，危险品经营单位应建立健全安全管理制度，以确保危险品经营单位达到基本的安全标准。危险品经营单位应根据各自的经营特点和实际情况，确定适合本单位的具体安全管理制度种类和内容。结合实际将各项安全管理制度的要点加以细化，充实和完善具体内容。完善的制度是安全工作不断提高的保证，也是使各类事故隐患消灭在萌芽阶段的最有力措施。

1.4.2 危险品经营中的危险性根源

从大量的危险品事故中可以看出，目前我国危险品经营的危险性主要是由以下原因导致的：

（1）国家相关法律标准规范尚不完善 我国目前已经建立了一系列与危险品经营相关的法律法规、标准规范。如《中华人民共和国安全生产法》、《危险化学品安全管理条例》、《危险化学品经营许可证管理办法》、《关于（危险化学品经营许可证管理办法）的实施意见》以及各类危险化学品的标准规范等，具有一定的强制性和指导性。但是对危险化学品经营的场所与数量尚缺乏相应的量化要求，尤其是企业经营中允许储存和一次性销售的数量没有法规标准进行规范，使得对经营危险化学品企业管理的可操作性不强。

（2）经营安全管理制度不健全 当前一些危险品经营企业只重经济效益而不顾安全管理，对建立健全安全管理制度的认识不足，仅仅流于形式或应付检查，敷衍塞责。甚至有的经营企业没有任何安全管理制度，对企业各类岗位没有确定操作规程，导致无规操作和发生误操作的现象，也是企业经营活动中的重大事故隐患。

（3）经营单位建筑简陋、设备设施老化，缺乏更新和维护 经营单位的建筑、设备设施陈旧是不能确保安全经营的关键因素之一。如一些加油站本就年久，站内管线和储罐等设备缺少必要的检测和维护，加油机软管老化，是造成油品跑、冒、滴、漏的重要来源；消防设施或数量不足，或不按照物性要求配置，或过期失效，所有这些都不能有效预防和消除火灾事故。

（4）从业人员素质参差不齐，思想认识不够 国家对经营危险品从业人员实行上岗培训制度，需取得相应的资质后方能持证上岗。然而，部分危险品经营企业上岗人员无证上岗作业，或操作人员虽然经过专门的培训，但对经营物质物性认识不足，麻痹大意，随心所欲，为事故的发生埋下了重大隐患。

1.5 危险品储运的危险性分析

1.5.1 危险品储存的危险性

危险品储存是指企业、单位、个体工商户、百货商店（场）等储存爆炸品、压缩气体和液化气体、易燃液体、易燃固体、自燃物品和遇湿易燃物品、氧化剂和有机过氧化物、有毒品和腐蚀品等危险化学品的行为。除了混合储存具有的危险性外，仓库选址及库区布置不合理、库区存储量过大以及人员的违章操作等也是重要的危险因素。国家标准《危险化学品重大危险源辨识》（GB 18218—2009）根据储存物质的品种和临界量来确定是否属于重大危险源。

1.5.1.1 危险品正常储存的危险性

（1）着火源控制不严 着火源是指可燃物燃烧的一切热能源，包括明火焰、赤热体、火星和火花、物理和化学能等。危险品在储存过程中的着火源主要有两个方面：一是外来火种，如烟囱飞火、汽车排气管的火星、库房周围的明火作业、吸烟的烟头等；二是内部设备不良，操作不当引起的电火花、撞击火花和太阳能、化学能等，如电器设备不防爆或防爆等级不够，装卸作业使钢铁质工具碰击打火，露天存放时太阳的暴晒等。

(2) 产品变质　有些危险品已经长期不用，仍废置在仓库中，又不及时处理，往往因变质而引起事故。如硝化甘油安全储存期为8个月，逾期后自燃的可能性很大，而且在低温时容易析出结晶，当固液两相共存时灵敏性特别高，微小的外力作用就会使其分解而爆炸。

(3) 养护管理不善　仓库建筑条件差，不适应所存物品的要求，如不采取隔热措施，使物品受热；因保管不善，仓库漏雨进水使物品受潮；盛装的容器破漏，使物品接触空气等均会引起着火或爆炸。

(4) 包装损坏或不符合要求　危险化学品容器包装损坏，或者出厂的包装不符合安全要求，都会引起事故。

(5) 违反操作规程　搬运危险品没有轻装轻卸；或者堆垛过高不稳，发生倒桩；或在库内改装打包，封焊修理等违反安全操作规程造成事故。

(6) 建筑物不符合存放要求　危险品库房的建筑设施不符合要求，造成库内温度过高，通风不良，湿度过大，漏雨进水，阳光直射，有的缺少保温设施，使物品达不到安全储存的要求而发生事故。

(7) 雷击　危险品仓库一般都设在城镇郊外空旷地带，通常为独立的建筑物、露天的储罐或堆垛区，十分容易遭雷击。

(8) 着火扑救不当　着火时因不熟悉危险化学品的性能，灭火方法和灭火器材使用不当而使事故扩大，造成更大的损失。

1.5.1.2　危险品混合储存的危险性

如果将性质相互抵触的危险品混存、混放，就会造成性质抵触的危险品因包装容器渗漏等原因发生化学反应而起火。

出现混存性质抵触的危险品，往往是由于保管人员缺乏知识，或者是有些危险品出厂时缺少鉴定，没有安全说明书而造成的。也有的是因储存单位缺少场地，而任意临时混放。只有认识到危险品混合储存的危险性，才能从根本上杜绝危险化学品混存、混放的现象。

(1) 危险品混合接触的危险性

① 两种或两种以上的危险品混合存放时无意的接触，在室温条件下，就有可能立即或经过一个短时间发生急剧化学反应而产生危险。

② 两种或两种以上危险品混合存放接触后，可能形成爆炸性混合物或比原来物质敏感性强的混合物而产生危险。

(2) 不宜混合储存的危险品

① 具有强氧化性的物质和具有还原性的物质不宜混合储存　具有氧化性的物质如硝酸盐、氯酸盐、过氯酸盐、高锰酸盐、过氧化物，发烟硝酸、浓硫酸、氧、氯、溴等，与还原性的物质如烃类、胺类、醇类、有机酸、油脂、硫、磷、炭、金属粉等混合存放接触后可形成爆炸性混合物，如黑火药（硝酸钾、硫黄、炭粉）、液氧炸药（液氧、炭粉）、硝铵燃料油炸药（硝酸铵＋矿物油）等。有些物质混合接触后能立即引起燃烧，如将甲醇或乙醇浇在铬酸上、将甘油或乙二醇浇在高锰酸钾上、将亚氯酸钠粉末和草酸或硫代硫酸钠的粉末混合、发烟硝酸和苯胺混合以及润滑油接触氧气时均会立即着火燃烧。

② 化学性盐类和强酸不宜混合储存 某些盐类，如氯酸盐、亚氯酸盐、过氯酸盐、高锰酸盐等，如与浓硫酸等强酸混合存放，容易发生接触产生强烈反应而引起燃烧或爆炸。

1.5.2 危险品运输的危险性

危险品运输是流通过程中的重要环节。危险品运输是将危险源从相对密闭的工厂、车间、仓库带到敞开的、可能与公众密切接触的空间，使事故的危害程度大大增加；同时也由于运输过程中多变的状态和环境而使事故的概率大大增加。危险品运输是危险性较大的作业，其危险性应该被人们普遍重视。

1.5.2.1 危险品运输安全隐患的主要因素

(1) 疏于管理 一些地方政府和有关主管部门对危险品运输车辆、船舶及其相关码头和仓库安全管理问题重视不够，尚未把危险品运输安全管理工作提到重要议事日程上来。

(2) 监管不力 在危险品生产、经营、运输、储存和使用等方面没有统一协调管理的部门。运输分属公路、水路、铁路和民航等几大部门管理，存在多头管理、职能交叉或职责不清的问题，甚至在同一个部门也不统一。

(3) 法规和制度建设不够完善 《危险化学品安全管理条例》已经修订颁布，但从总体上看，危险品立法体系尚不健全，不仅缺少相关法律，而且现有的危险货物运输规章存在层次低、修订不及时以及部门之间规章相互矛盾等问题。技术规范、技术标准体系不健全，影响相关法律制度的落实。有关国际国内危险物品运输法规和规章的宣传贯彻执行力度也不够。

(4) 教育培训制度不健全 一些危险品运输企业缺少培训，无证上岗；由于从业人员业务技术素质差，对危险品性质、特点、鉴别方法和应急防护措施不了解、不掌握，造成事故频发；一些货主对危险货物危险性认识不足，在托运时，为图省钱、省事，存在不报、瞒报情况，甚至将危险货物冒充普通货物。

(5) 消防应急能力弱 一些城市从事危险化学品作业的码头、车站和库场的建设缺乏通盘考虑，布局分散零乱，对城市和港口安全构成威胁。从事国内危险化学品运输的车辆和船舶，大部分是改装而来的，又由乡镇、个体经营，安全技术状况较差。相当一部分专用危险化学品船舶是从国外购进的老龄船或超龄船，安全技术状况也比较差。在危险化学品运输消防方面，公共消防力量薄弱，特别是水上消防力量贫乏，消防设施配备不到位，不能应对特大恶性事故发生时的需要。一部分老旧船舶消防设备失修、失养或形同虚设；一部分散装危险化学品码头和仓库系在普通码头或在简陋条件基础上改建，消防设施不足，存在隐患。人身防护和应急设施也存在不足和缺损。

(6) 包装质量差 由于包装不符合安全运输标准的要求，加之包装检验工作刚刚起步，管理工作没有完全到位，导致各种危险货物泄漏、污染、燃烧等事故频频发生。这些事故不仅造成经济上的重大损失，也影响了对外声誉。每天穿梭往返于城市、工厂或港口的大量危险化学品运输车辆，有的是整车缺少标志或标志不清，有的是载运的危险化学品外包装标志不清、包装质量也较差。

1.5.2.2 危险品包装的检验要求

(1) 包装的结构是否合理，是否有一定的强度，防护性能如何。

(2) 包装的构造和封闭形式是否能承受正常运输条件下的各种作业风险，不应因温度、湿度或压力的变化而发生任何渗（撒）漏，包装表面不允许附着有害的危险物质。

(3) 包装与内装物直接接触部分，是否有内涂层或进行防护处理，包装材质是否与内装物发生化学反应而形成危险产物或导致削弱包装强度。内容器是否固定。

(4) 盛装液体的容器是否能经受在正常运输条件下产生的内部压力。灌装时是否留有足够的膨胀余量(预留容积),除另有规定外,能否保证在温度55℃时,内装液体不致完全充满容器。

(5) 包装封口是否根据内装物性质采用严密封口、液密封口或气密封口。

(6) 盛装需浸湿或加有稳定剂的物质时,其容器封闭形式是否能有效地保证内装液体(水、溶剂和稳定剂)的百分比,在储运期间保持在规定的范围以内。

(7) 有降压装置的包装,其排气孔设计和安装是否能防止内装物泄漏和外界杂质进入,排出的气体量不得造成危险和污染环境。

(8) 复合包装的内容器和外包装是否紧密贴合,外包装是否有擦伤内容器的凸出物。

(9) 盛装爆炸品包装是否有附加危险。

安全常识　安全色与安全标志

根据《安全色》(GB 2893—2008)、《安全标志及其使用导则》(GB 2894—2008),安全色是指充分利用红(禁止、危险)、黄(警告、注意)、蓝(指令、遵守)、绿(通行、安全)四种传递安全信息含义的颜色,正确使用安全色,使人员能够迅速发现或分辨安全标志,对周围存在的不安全的环境、设备引起注意,在紧急情况下,借助所熟悉的安全色含义,识别危险部位,尽快采取措施,提高自控能力,防止发生事故。

1. 安全色

安全色是指传递安全信息含义的颜色,分为红、蓝、黄、绿四种颜色,分别表示禁止、警告、指令、提示。

红色:表示禁止、停止、危险以及消防设备的意思。

凡是禁止、停止、消防和有危险的器件或环境均应涂以红色的标记作为警示的信号。

各种禁止标志;交通禁令标志;消防设备标志;机械的停止按钮、刹车及停车装置的操纵手柄;机器转动部件的裸露部分,如飞轮、齿轮、皮带轮等轮辐部分;指示器上各种表头的极限位置的刻度;各种危险信号旗。

蓝色:表示指令、必须遵守的规定。

各种警告标志;道路交通标志和标线;警戒标记,如危险机器和坑池周围的警戒线等;各种飞轮、皮带轮及防护罩的内壁;警告信号旗等。

黄色:表示提醒、注意警告。

凡是警告人们注意的器件、设备及环境都应以黄色表示。

各种指令标志;交通指示车辆和行人行驶方向的各种标线标志。

绿色:表示通行、安全和提示信息。

各种提示标志;安全通道、行人和车辆的通行标志、急救站和救护站等;消防疏散通道和其他安全防护设备标志;机器启动按钮及安全信号旗。

2. 对比色

对比色是使安全色更加醒目的反衬色,包括黑、白两种颜色。

黑色:黑色用于安全标志的文字、图形符号和警告标志的几何边框。

白色:白色作为安全标志红、蓝、绿的背景色,也可用于安全标志的文字和图形符号。

安全色与对比色同时使用时,应按表1-13规定搭配使用。

表 1-13 安全色与对比色搭配使用示例

安全色	对比色
红色	白色
蓝色	白色
黄色	黑色
绿色	白色

注：黑色与白色互为对比色

3. 安全色与对比色的相间条纹

红色与白色相间条纹：表示禁止人们进入危险的环境。公路交通所使用防护栏杆及隔离墩表示禁止跨越；液化石油气汽车槽车的条纹；固定禁止标志的标志杆下面的色带等。

黄色与黑色相间条纹：表示提示人们特别注意的意思。各种机械在工作或移动时容易碰撞的部位，如移动式起重机的外伸腿、起重机的吊钩滑轮侧板、起重臂的顶端、四轮配重；平顶拖车的排障器及侧面栏杆。

蓝色与白色相间条纹：表示必须遵守规定的信息。应用于道路交通的指示性导向标志，固定指令标志的标志杆下部的色带。

绿色与白色相间的条纹：与提示标志牌同时使用，更为醒目地提示人们。

4. 安全标志

安全标志是由安全色、边框、以图像为主要特征的图形符号或文字构成的标志，用以表达特定安全信息的标志。指导人们的行动，提醒人们应做什么，怎样去做以及要注意什么。

安全标志分为禁止标志、警告标志、指令标志和提示标志四大类型。

禁止标志：禁止人们不安全行为的图形标志。

几何图形为白底黑色图案加带斜杆的红色圆环，并在正下方用文字补充说明禁止的行为模式。禁止吸烟、禁止烟火、禁止带火种、禁止明火作业、禁止放易燃物、禁止用水灭火、禁止启动、禁止合闸、修理时禁止转动、运转时禁止加油、禁止触摸、禁止通行、禁止跨越、禁止攀登、禁止跳下、禁止入内、禁止停留、禁止靠近、禁止吊篮乘人、禁止堆放、禁止架梯、禁止抛物、禁止戴手套、禁止穿化纤服装、禁止穿带钉鞋、禁止饮用、禁止燃放鞭炮、禁止拍照等。

警告标志：提醒人们对周围环境引起注意，以避免可能发生危险的图形标志。

几何图形为黄底黑色图案加三角形黑边，并在正下方用文字补充说明当心的行为模式。注意安全、当心火灾、当心爆炸、当心腐蚀、当心中毒、当心化学反应、当心感染、当心触电、当心电缆、当心机械伤人、当心伤手、当心吊物、当心坠落、当心落物、当心扎脚、当心车辆、当心冒顶、当心瓦斯、当心塌方、当心坑洞、当心烫伤、当心弧光、当心电离辐射、当心裂变物质、当心激光、当心微波、当心易碎屋顶、当心滑跌、当心绊倒、当心火车等。

指令标志：表示必须遵守，用来强制或限制人们的行为，是强制人们必须做出某种动作或采用防范措施的图形标志。

几何图形为圆形，以蓝底白线条的圆形图案加文字说明。必须戴防护眼镜、必须戴防毒面具、必须戴防尘口罩、必须戴安全帽、必须戴防护帽、必须戴护耳器、必须戴防护手套、必须穿防护鞋、必须系安全带、必须穿工作服、必须穿救生衣、必须穿防护服、必须用防护装置、必须用防护屏、必须加锁等。

提示标志：示意目标地点或方向，向人们提供某种信息（如标明安全设施或场所等）的图形标志。

图形以长方形、绿底（防火为红底）白线条加文字说明。太平门、安全通道、紧急出口、安全楼梯、可动火区、避难处、火情报警按钮、火警电话、灭火器、消防水带、地下消防栓、地上消防栓、消防水泵接合器等。

5. 安全标志应遵守的原则

醒目清晰：一目了然，易从复杂背景中识别；符号的细节、线条之间易于区分。

简单易辨：由尽可能少的关键要素构成，符号与符号之间易分辨，不致混淆。

易懂易记：容易被人理解（即使是外国人或不识字的人），牢记不忘。

思考与练习

1. 填空题

（1）《危险货物分类和品名编号》中，将危险化学品分为________，压缩气体和液化气体，________，易燃固体、自燃物品和遇湿易燃物品，________，有毒品，________，腐蚀品和杂项危险物质9类。

（2）爆炸物品按爆炸性大小分为________项。

（3）易燃液体不同运输方式可确定本运输方式适用的闪点，但不低于________℃。

（4）编号为12120的危险品，编号表明该危险品属________________。

（5）燃烧反应必须具有以下三个基本特征：________；________；________。

（6）燃烧的条件包括________，________，________。

（7）燃烧种类包括________；________；________。

（8）可燃混合气点火能量的大小取决于该物质的________、________、________、________。

（9）着火源是指可燃物燃烧的一切热能源，包括________、________、________和________等。

（10）安全色有红、蓝、黄及________四种，其中：红色代表________，蓝色代表________，黄色代表________，绿色代表________。

2. 选择题

（1）GB 13690—2009《化学品分类和危险性公示　通则》分类为（　　）。

A. 理化危险　　B. 健康危险　　C. 环境危险　　D. 生命危险

（2）压缩空气是否属于第二类危险品（　　）。

A. 是　　B. 不是　　C. 不一定　　D. 可能

（3）下列不能在空气中直接存放的物品有（　　）。

A. 白磷　　B. 钠　　C. 钾　　D. 硫黄

（4）遇水燃烧物质是指与水或酸接触会产生可燃气体，同时放出高热，该热量就能引起可燃气体着火爆炸的物质。下列物质属于遇水燃烧的是（　　）。

A. 碳化钙（电石）B. 碳酸钙　　C. 锌　　D. 硝化棉

（5）氧化剂就是指氧气（　　）。

A. 是　　B. 不是　　C. 不一定　　D. 可能

（6）皮肤接触化学品伤害时所需采取的急救措施指现场作业人员意外地受到自救和互救的简要处理办法。下列叙述中正确的是：（　　）。

A. 剧毒品：立即脱去衣着，用推荐的清洗介质冲洗，就医

B. 中等毒品：脱去衣着，用推荐的清洗介质冲洗，就医

C. 有害品：脱去污染的衣着，按所推荐的介质冲洗皮肤

D. 腐蚀品：按所推荐的介质冲洗，若有灼伤，就医

（7）浓硫酸属于（　　）化学品。

A. 爆炸品　　B. 腐蚀品　　C. 易燃液体　　D. 有毒品

(8) 物质的燃烧速率在本质上是由（　　）决定的。

A. 理化性质

B. 化学性质

C. 点火能量

D. 可燃物和氧发生化学反应的能力

(9) 火灾按照 GB 4988—85 分类，下列属于 A 类火灾的是（　　）。

A. 木材　B. 汽油　C. 煤气　D. 镁

(10) 下列不属于火灾按照爆炸原理分类的是（　　）。

A. 混合气体爆炸　B. 分解爆炸　C. 粉尘爆炸　D. 核爆炸

(11) 工业毒物进入人体的最主要途径是（　　）。

A. 呼吸道吸入　B. 皮肤或黏膜侵入

C. 消化道吸收　D. 眼睛

(12) 单元操作的危险性是由（　　）的危险性所决定的。

A. 原材料　B. 半成品　C. 所处理物料　D. 成品

(13) 为了保证检修动火和罐内作业的安全，检修前要对设备内的易燃易爆、有毒气体进行（　　）。

A. 置换　B. 吹扫　C. 清理　D. 冲洗

(14) 下列储存物品的火灾危险性属于戊类的是（　　）。

A. 钢材　B. 自熄性塑料　C. 动物油　D. 次氯酸

(15) 危险化学品单位从事生产、经营、储存、运输、使用危险化学品或者处置废弃危险活动的人员，必须接受有关法律、法规、规章和安全知识、专业技术、职业卫生防护救援知识的培训，并经（　　），方可上岗作业。

A. 培训　B. 教育　C. 考核合格　D. 评议

(16) 危险化学品的储存设施必须与以下（　　）场所、区域之间要符合国家规定的距离标准。

A. 居民区、商业中心、公园等人口密集地区

B. 学校、医院、影剧院、体育场（馆）等公共设施

C. 风景名胜区、自然保护区

D. 军事禁区、军事管理区

(17) 危险化学品的（　　）和标志必须符合国家规定。

A. 商标　B. 包装　C. 颜色　D. 大小

(18) 下面（　　）是化学品标签中的警示词。

A. 危险、警告、注意　B. 火灾、爆炸、自燃

C. 毒性、还原性、氧化性　D. 燃点、闪点、自燃点

(19) 储存危险化学品的仓库可以使用（　　）采暖。

A. 蒸汽　B. 热水　C. 机械　D. 电器

(20) 生产、经营、储存、运输、使用危险化学品和处置废弃危险化学品的单位，其（　　）必须保证本单位危险化学品的安全管理符合有关法律、法规、规章的规定和国家标准，并对本单位危险化学品的安全负责。

A. 主要负责人　B. 技术人员　C. 从业人员　D. 安全管理人员

3. 简答题

(1) 什么叫做化学危险物质，危险化学品的分类有哪些?

(2) 化学品固有的危险性和有害性有哪些?

(3) 什么叫做闪点，影响闪点的因素有哪些?

(4) 什么叫做爆炸极限，爆炸极限的影响因素有哪些?

(5) 火灾爆炸危险性如何分类?

2 气体危险品性能检测与评价

知识目标

1. 了解气体的检测参数和标准；
2. 熟悉毒害气体的检测方法；
3. 熟悉可燃气体的检测方法；
4. 掌握气体燃烧爆炸性能的检测方法。

能力目标

1. 能根据需要正确选择检测设备；
2. 能操作检测仪器的安装、使用和简单故障排除；
3. 能对气体危险品进行准确的检测；
4. 能根据检测数据对气体危险性进行评价。

工具设备

气体燃烧、爆炸及毒害性能系列检测仪；试验安全防护设施；仪器维护工具。

2.1 气体危险品性能的检测

气体危险品在生产、储运和使用过程中，如果出现设备、管线或容器的泄漏，在特定条件下就会产生气体的燃烧爆炸现象。因此熟悉气体危险品性能，掌握其检测方法，对火灾爆炸事故的预防具有重要意义。

2.1.1 气体危险品检测参数与标准

气体危险品检测项目和方法应按照国家标准的相关规定执行。根据联合国《关于危险货物运输的建议书，试验和标准手册》(2009 年第五修订版)、ISO 系列标准、《化学品测试导则》(HJ/T 153-2004)、国家环保部《化学品测试方法》和国家有关技术标准，气体危险品检测项目主要有气体的毒性和可燃性检测、气体的爆炸极限测试、最小点火能量测试、可燃气体燃烧速度测试、燃烧温度测试、气雾剂易燃性判断和健康危害性测试等。气体检测的主要参数和依据的相关标准如表 2-1 所示。

表 2-1 气体检测的主要参数和标准

检测参数	检测依据的相关标准
健康危害	JJG 693—2011 可燃气体检测报警器检定规程 HG/T 23006—1992 有毒气体检测报警仪技术条件及检验方法 GBZ/T 223—2009 工作场所有毒气体检测报警装置设置规范 TB/T 2946—1999 材料高温分解气体毒性分析

续表

检测参数	检测依据的相关标准
健康危害	JJG 1022—2007 甲醛气体检测仪检定规程 GB/T 20285—2006 材料产烟毒性危险分级
燃烧性能	GB/T 14288—1993 可燃气体与易燃液体蒸气最小静电点火能测定方法 GB/T 21859—2008 气体和蒸气点燃温度的测定方法 GA/T 536.4—2005 易燃易爆危险品 火灾危险性分级 试验方法 GB/T 21630—2008 危险品 喷雾剂点燃距离试验方法
爆炸性能	GB/T 12474—2008 空气中可燃气体爆炸极限测定方法 GB/T 803—2008 空气中可燃气体爆炸指数测定方法

2.1.2 气体危害性的检测

2.1.2.1 有毒有害气体的检测

(1) 检测目的

① 熟悉检测仪器的使用和维护。

② 掌握有毒有害气体的检测方法。

③ 能根据不同环境和场所正确选择使用检测仪。

(2) 检测仪的选择 为预防燃烧爆炸事故的发生，防止有毒有害气体对人体健康的危害，需要对生产、储运和使用各类气体危险品的环境和场所进行检测，选择合适的气体检测仪是检测工作的关键。目前，可供我们选择的气体检测仪包括：固定式/便携式检测仪、扩散式/泵吸式检测仪、单气体/多气体检测仪、无机气体/有机气体检测仪等多种多样组合形式的检测仪。

不同的生产部门或场所产生的气体种类可能不同，所以，在选择使用气体检测仪时就要考虑到不同环境或场所的具体情况，如果被检测的环境包含几类气体，则选择一个复合式气体检测仪可能会达到事半功倍的效果。

① 固定式气体检测仪 固定式气体检测仪是一种在生产过程中和工业装置上使用较多的检测仪，它可以安装在特定的检测点上对特定气体的泄漏进行检测。固定式检测仪由两部分组成：一部分由传感器和变送器组成的检测头为一体，安装在检测现场；另一部分由电路、电源和显示报警装置组成的仪表为一体，安装在安全场所，便于监视。它的工艺和技术适合于固定检测所要求的连续性和长时间稳定性等特点。当然，它也同样要根据现场气体的种类和浓度加以选择，同时还要注意将它们安装在特定气体最可能泄漏的部位，比如要根据气体的密度选择传感器安装的最有效高度等。

② 便携式气体检测仪 便携式气体检测仪操作方便，体积小，可以携带至不同的生产场所和环境。不同配置的检测仪可以配备有氧气传感器、可燃气传感器、任选两种有毒气体传感器、任选四种有毒气体传感器或任选单种气体传感器，它可以对可燃气体或毒性气体泄漏浓度或环境中的含量进行检测，最大限度地保证工作人员的生命安全不受侵害，生产设备不受损失。

便携式气体检测仪又可分为电化学检测仪、新型 LEL 检测仪和复合式检测仪。其中电化学检测仪采用碱性电池供电，可连续使用 1000h；新型 LEL 检测仪和复合式检测仪采用可充电电池，一般可以连续工作近 12h，所以，便携式气体检测仪在各类工厂和卫生部门得到广泛应用。

③ 扩散式气体检测仪 扩散式气体检测仪主要适用于开放的场合，比如敞开的工作车

间。这类检测仪可以作为随身佩戴的安全报警仪，它可以连续、实时、准确地显示现场的有毒有害气体的浓度。这类新型仪器有的还配有振动警报附件，避免在嘈杂环境中听不到声音报警，并安装计算机芯片来记录峰值 STEL（15min 短期暴露水平）和 TWA（8h 统计权重平均值），以保护人员的健康和安全。

④ 带有内置采样泵的多气体检测仪　该类检测仪适用于密闭空间，比如反应罐、储料罐或容器、下水道或其他地下管道、地下设施、农业密闭粮仓、铁路罐车、船运货舱、隧道等工作场合，在人员进入密闭空间之前，必须对气体进行检测，且要在密闭空间外进行检测。进入密闭空间后，还要对其中的气体成分进行连续不断的检测，以免人员进入后由于突发泄漏、温度变化等原因引起挥发性有毒有害气体的浓度变化而造成健康损害。

⑤ 其他气体检测仪　对用于应急事故、检漏和巡检的仪器，应当选用泵吸式、响应时间短、灵敏度和分辨率较高的检测仪，这样可以很容易地快速判断泄漏点的方位。

在用于工业卫生检测和健康调查检测时，具备数据记录、统计计算和连接计算机等功能的检测仪应用起来更方便快捷。

随着科技的发展，便携式多气体（复合式）检测仪成为检测仪器的主要发展方向。这种检测仪可以在一台主机上配备所需的多个气体检测传感器，具有体积小、重量轻、响应快、同时多气体浓度显示的特点。而且单台复合式检测仪的价格比多个单气体检测仪便宜得多，使用起来也更加方便。需要注意的是在选择这类检测仪时，最好选择具有单独开关各个传感器功能的仪器，以防止由于一个传感器损害而影响其他传感器使用。

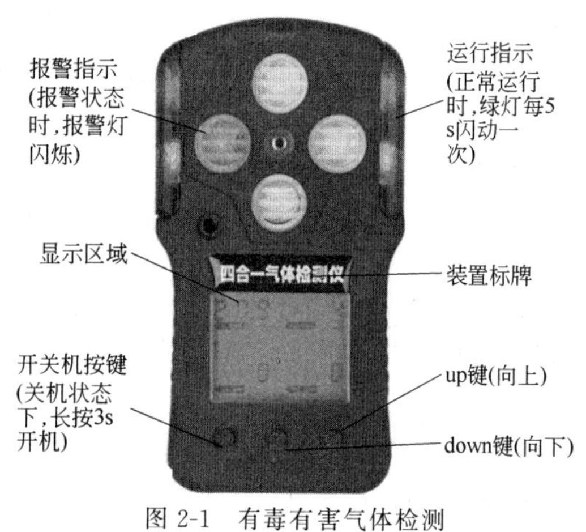

图 2-1　有毒有害气体检测报警仪外观图

（3）有毒有害气体的检测

① 检测仪器　本试验采用 BX626 型便携式有毒有害气体检测报警仪（如图 2-1 所示），对有毒有害气体进行检测。

该检测仪是一种可以灵活配置的单种气体或多种气体检测报警仪，它可以配备氧气传感器、可燃气传感器和任选单种、任选两种或任选四种有毒气体传感器。它具有声光报警及振动提示，适用于气体防爆、有毒气泄漏、地下管道或矿井等场所的易燃毒性气体的检测。

a. 操作键的功能　见表 2-2。

表 2-2　检测仪的操作键功能

按键	功　　能
Ⓘ	开关机(长按 3s 开机,长按 5s 关机) 退出查看模式、保存配置值
▼	时钟配置、“翻页”功能、配置模式下的移位功能
▲	浏览、“翻页”功能、数据修改功能
Ⓘ+▼	长按 3s 进入灵敏度标定
Ⓘ+▲	长按 3s 进入零点标定
▼+▲	长按 3s 进入设置菜单
Ⓘ+▼+▲	长按 3s 进入恢复设置菜单

b. 显示区功能 检测仪显示区功能如图 2-2 所示。

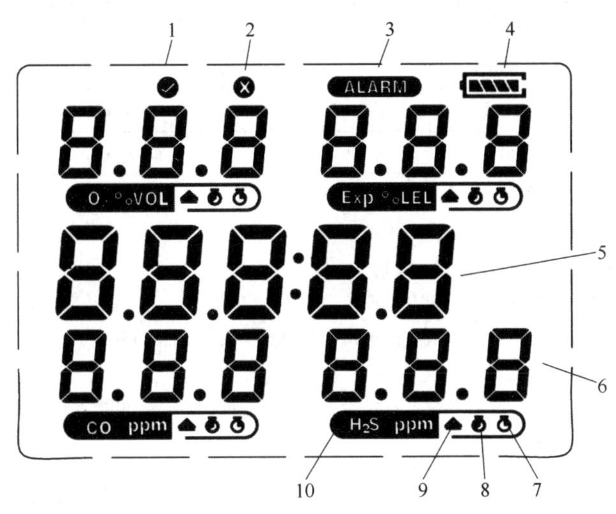

图 2-2 气体检测仪显示区功能图

1—正常运行状态指示；2—异常错误标志；3—报警状态指示；4—电池电量标识；5—菜单区（包含时钟功能时，在非菜单状态下显示时钟）；6—气体浓度数值；7—TWA 状态指示（8h 允许的平均暴露浓度超限指示）；8—STEL 状态指示（15min 允许的平均暴露浓度超限指示）；9—“▲”表示一级报警（低报），“△”表示二级报警（高报）；10—显示区间的气体类型和浓度单位

c. 传感器工作原理 氧气及有毒气体工作原理为电化学式，可燃性气体为催化燃烧式。

② 检测气体类型和指标 见表 2-3。

表 2-3 检测气体的类型和指标

检测气体	量程	精 度	最小读数	响应时间
氧气(O_2)	0～30%vol	<±5%F.S	0.1%vol	≤15s
甲烷(CH_4)	0～100%LEL	<±5%F.S	1%LEL	≤5s
一氧化碳(CO)	0～999ppm	<±5%F.S	1ppm	≤25s
硫化氢(H_2S)	0～100ppm	<±5%F.S	1ppm	≤30s
二氧化硫(SO_2)	0～100ppm	<±5%F.S	0.1ppm	≤30s
一氧化氮(NO)	0～250ppm	<±5%F.S	1ppm	≤35s
二氧化氮(NO_2)	0～20ppm	<±5%F.S	0.1ppm	≤25s
氯气(Cl_2)	0～20ppm	<±5%F.S	0.1ppm	≤30s
氨气(NH_3)	0～100ppm	<±5%F.S	1ppm	≤50s
氢气(H_2)	0～1000ppm	<±5%F.S	1ppm	≤60s
氰化氢(HCN)	0～50ppm	<±5%F.S	0.1ppm	≤150s
氯化氢(HCl)	0～30.0ppm	<±5%F.S	0.1ppm	≤60s
磷化氢(PH_3)	0～5～1000ppm	<±5%F.S	0.01/1ppm	≤25s
臭氧(O_3)	0～5～50ppm	<±5%F.S	0.01ppm	≤50s
氟化氢(HF)	0～10ppm	<±5%F.S	0.1ppm	≤50s

续表

检测气体	量程	精　度	最小读数	响应时间
硅烷(SiH_4)	0～50ppm	<±5%F. S	0. 1ppm	≤50s
环氧乙烷(ETO)	0～100ppm	<±5%F. S	0. 1ppm	≤120s
甲醛	0～20ppm	<±5%F. S	0. 01ppm	≤60s

注：ppm 表示百万分之（几）或称百万分率。

%F. S 是指精度和满量程的百分比。

%vol 指测量 100 次中最大读数和最小读数的差别。

%LEL 是指可燃气体爆炸（爆炸下限）浓度。

精度是指观测结果、计算值或估计值与真值（或被认为是真值）之间的接近程度，常用三种方式来表征，即最大误差占真实值的百分比、最大误差、误差正态分布等。

响应时间即反应时间，是指液晶显示器各像素点对输入信号反应的速率，即像素由暗转亮或由亮转暗所需要的时间。

③ 检测步骤

a. 开机　按“Ⓘ”键开机，仪器自检。仪器自检完成后，将显示正常的测量状态。

b. 设置报警点　报警点是指根据检测环境设置的检测仪要检测的浓度限值。检测仪具有两个瞬时的气体报警等级，一级报警指可燃气、有毒气低浓度报警和氧气高浓度报警点；二级报警指可燃气、有毒气高浓度报警和氧气低浓度报警点。对于有毒气体还有 15min 允许的平均暴露浓度（STEL）报警点和 8h 允许的平均暴露浓度（TWA）报警点，根据要检测的气体种类，设置一级报警点、二级报警点、STEL 报警点和 TWA 报警点。

对于可燃气体、有毒气体，一级报警点设定值不能超过二级报警点设定值，如果两者设定值相同，仪器将执行二级报警功能。报警点的设置方法如表 2-4 所示。

表 2-4　报警点的设置

设置类型	说　　明
报警方式	按键“▲”:上翻状态;按键“▼”:下翻状态; 按键“Ⓘ”确认数据已修改好。 选择“OFF”表示仪器超过报警时不会报警,处于检测功能,没有报警功能;如果选择“ON”表示有检测及报警功能
安全提示	选择“ON”表示蜂鸣器开,选择“OFF”表示蜂鸣器关
一级报警	按键“▲”:增加数值或上翻状态; 按键“▼”:移动焦点或下翻状态, 按键“Ⓘ”:确认数据已修改好
二级报警	按键“▲”:增加数值或上翻状态; 按键“▼”:移动焦点或下翻状态, 按键“Ⓘ”:确认数据已修改好
STEL 报警	按键“▲”:增加数值或上翻状态; 按键“▼”:移动焦点或下翻状态, 按键“Ⓘ”:确认数据已修改好
TWA 报警	按键“▲”:增加数值或上翻状态; 按键“▼”:移动焦点或下翻状态, 按键“Ⓘ”:确认数据已修改好
设置保存	按键“▲”:上翻状态; 按键“▼”:下翻状态; 按键“Ⓘ”:保存所有修改并返回测量模式
退出设置	设置完成后在此页面下,按键“Ⓘ”:放弃所有修改,并返回测量模式

c. 检测过程　检测仪在检测过程中，空气的流动可以将测量目标气体直接送入传感器，传感器就会对气体的浓度有反应并给出测量结果，显示在检测仪屏幕上。

d. 仪器报警　可燃气体和有毒气体达到报警点浓度，检测仪可采取声、光、振动等方式开始报警，并显示气体类型、浓度和相应等级，特别是达到二级报警点的气体，需要紧急处理，对于氧气浓度过高或过低的情况也需及时处理。检测时视具体情况采取适当的处理措施。

如果检测气体的浓度超过测量范围，在报警的同时，满量程值将会闪烁。

e. 检测完毕，关闭电源，收好检测仪。

④ 注意事项

a. 注意经常性的仪器校准　有毒有害气体检测仪同其他的分析检测仪器一样，都是用相对比较的方法进行测定的：先用一个零气体和一个标准浓度的气体对仪器进行标定，得到标准曲线储存于仪器之中，测定时，仪器会将待测气体浓度产生的电信号同标准浓度的电信号进行比较，计算得到准确的气体浓度值。因此，随时对仪器进行校零、经常对仪器进行校准是保证检测仪测量准确性的必要工作。

b. 注意各种不同传感器间的检测干扰　一般而言，每种传感器都对应一种特定的检测气体，但任何一种气体检测仪也不可能是绝对特效的。因此，在选择一种气体传感器时，都应当尽可能了解其他气体对该传感器的检测干扰，以保证它对特定气体的准确检测。

c. 注意各类传感器的使用寿命　各类气体传感器都具有一定的使用年限，即使用寿命。便携式检测仪一般可以使用三年左右；光离子化检测仪的寿命为四年或更长一些；电化学特定气体传感器的寿命相对短一些，一般在一年到两年；氧气传感器的寿命最短，大约在一年左右。电化学传感器的寿命取决于其中电解液的干涸，所以如果长时间不用，则将其密封存放在较低温度的环境中，可以延长一定的使用寿命。固定式检测仪由于体积相对较大，传感器的寿命也较长。因此，要随时对传感器进行检测，尽可能在传感器的有效期内使用，一旦失效，及时更换。

d. 注意检测仪器的浓度测量范围　各类有毒有害气体检测器都有其固定的检测范围。只有在其测定范围内进行测量，才能保证测定结果的准确性。而长时间超出测定范围进行测量，就可能对传感器造成永久性的破坏。

思　考　题

① 进行有毒有害气体检测时如何选择检测仪器？

② 使用气体检测仪需要注意哪些事项？

2.1.2.2　可燃气体的检测

(1) 检测目的。

① 掌握可燃气体的检测方法。

② 熟悉可燃气体检测仪的使用和维护。

③ 能根据检测气体的浓度判定气体燃烧的危险性。

(2) 检测原理　可燃气体通过检测仪探测器时，探测器可以把采集到的气体种类和浓度等信息通过气体传感器元件以电信号的方式传送到控制电路，经放大运算后以数字方式或文字形式显示出来，以便查看和记录。

气体传感器是由铂丝和多孔陶瓷催化珠制成。其原理是利用了铂丝在不同温度下电阻有

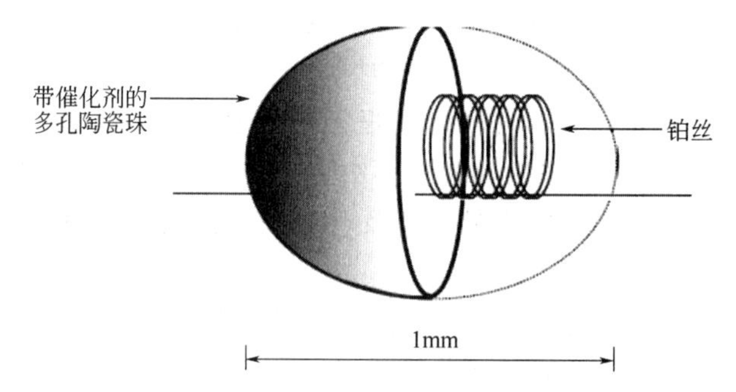

图 2-3　气体传感器结构示意图

规律变化的特性来测量环境中可燃气体的浓度。当可燃气体进入催化燃烧元件时，在催化剂的作用下，陶瓷催化珠的温度升高，带动铂丝温度升高，从而导致电阻升高，是一种应用化学原理来测试接触信号的电解液化学变化的过程。检测时，检测元件所分到的电压也相应升高。通过用纯净空气和测量点气体标定仪器，就能比较准确地得到可燃气体的浓度。气体传感器结构如图 2-3 所示。

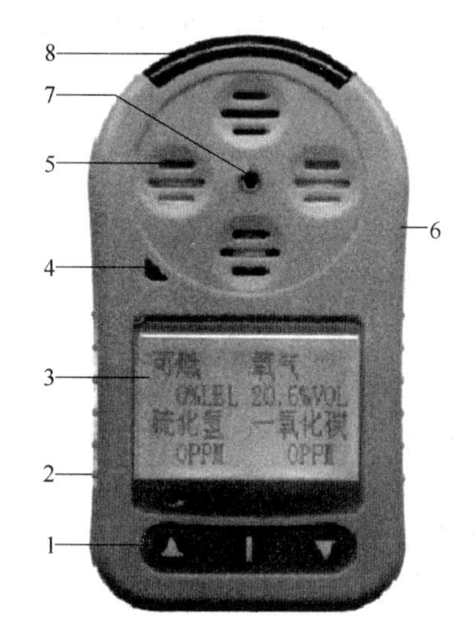

图 2-4　可燃气体检测仪结构功能外观图

1—按键；2—充电座；3—显示屏；4—蜂鸣器；5—传感器；6—挂板（仪器背部）；7—标定固定孔；8—报警指示窗口

（3）检测仪器　本试验采用 KP826 便携式可燃气体检测仪（如图 2-4 所示），对可燃气体进行检测。检测仪主要由壳体、线路板、电池、挂板、显示屏、传感器、充电器等部件组成。

该检测仪是一种可连续检测可燃气体泄漏浓度的设备，适用于防爆、地下管道或矿井等场所可燃气体泄漏抢险报警。采用自然扩散方式检测气体，敏感元件采用优质气体传感器，具有极好的灵敏度和出色的重复性；内部采用嵌入式微机控制，操作简单，具有多种自适应能力，使用点阵液晶显示器，直观清晰。

检测时显示误差≤±5%F.S，响应时间 $T<30s$，LCD 显示实时数据及系统状态，以发光二极管、声音、振动指示报警及故障。

（4）检测气体类型和指标　见表 2-5。

表 2-5　可燃气体检测仪检测气体的类型和指标

气体种类	量程	低报警点	高报警点	分辨率
可燃气体	0～100%LEL	20%LEL	50%LEL	1%LEL
H_2S	0～100ppm	10ppm	15ppm	1ppm
CO	0～999ppm	35ppm	200ppm	1ppm
O_2	0～30%vol	19.5%vol	23.5%vol	0.1%vol

注：分辨率是屏幕图像的精密度，是指显示器所能显示的点数的多少。

（5）检测步骤

① 开机自检预热　按开机按钮，探测器由关机进入开机状态，并进行自检，此时探测器自动打开声、光和振动报警信号。

② 检测过程　检测仪进入开机状态后，便进入正常检测状态，可以对当前环境的可燃气体进行检测。

检测仪具有报警记录查看功能、低报设置、高报设置、零点平移、零点微调、标定等功能。检测仪在正常检测状态下可以进行如下操作。

a. 按任意键即可打开背光（无任何操作屏幕在约 10s 之后自动关闭背光）。

b. 点按“Ⓘ”键进入设置菜单。

检测仪对可燃气体的高、低报警功能设置如下：

在正常监控界面下按下Ⓘ键，进入菜单功能设置，按下▼选择到低报设置时，按下Ⓘ键，此时界面显示需要设置低报警点被测气体类型，此时按照提示，选择所要修改的气体种类，按下Ⓘ确认键，即可进入可燃气体的低报警点设置，按增加或减小键选择所需要的低报警值，按下保存确认设置成功后，检测仪将自动进入正常监控界面。如果按否键设置将取消，同时也将直接进入正常监控界面。高报警功能设置与此相同。

零点功能设置操作请确保是在洁净的空气中进行操作，否则环境中反应气体浓度会不同程度地影响气体探测器的精度，设置方法如下：

在菜单功能界面下按下▼键，界面显示零点功能设置，此时按下Ⓘ键进入零点设置页面，在此设置界面下按下▲键代表可进行零点平移，如按下Ⓘ键代表取消此平移操作，仪器直接进入菜单设置页面，如按下确定键代表保存平移后的数据值保存成功，再次按下Ⓘ键，仪器进入正常检测界面。

标定设置功能如下：

按下▼键，选择标定功能菜单后，按下Ⓘ键进入需要标定的气体通道选择菜单，按下Ⓘ键确认操作，按▲或▼键增加或减小数值，选择合适的标准气体对应浓度值，此时按下Ⓘ键确认保存数值，气体检测仪提示正在保存数值请稍后，然后进入通气界面，此时请将预备好的标准气体打开阀门，流量调到 500mL/min，对准便携式气体检测仪检测孔通气 3min 左右，直到气体浓度值稳定，此时按下▼键保存数值，气体检测仪保存数据后自动关机，标定结束。

再次正常打开气体检测仪，将流量调到 500mL/min 的标准气体对准便携式气体探测器检测孔通气 2～3min。气体检测仪显示浓度值应在标准气体值的±5%误差范围内。反之则再标定一次。

c. 按“▲”键进入电池电量指示状态；第二次按下此“▲”键进入正常监控界面。

d. 按“▼”键进入查询状态，可以查询各通道的报警点、各通道的报警记录浓度等，这些查询项目为循环显示，可以通过上下箭头进行选择。

③ 检测仪的报警

a. 当检测仪探测器检测到可燃气体浓度低于预先设置的低限报警值（或当氧气的浓度高于低限报警值而低于高限报警值）时，探测器处于正常状态，此时不发生任何报警信息。

b. 当探测器检测到的可燃气体浓度高于预先设置的低限报警值而小于高限报警值时（或当氧气的浓度低于低限报警值时），探测器处于低报警状态，此时蜂鸣器每间隔 2s 发出缓慢的变调滴滴报警音，红色指示灯同步闪烁，同时屏幕上显示气体浓度变化，背光灯和振动器也同时打开，表示低限报警；当探测器检测到的可燃气体浓度值恢复到低限报警值以下时，报警信号会自动解除。

报警时可以按“▼”键解除声音报警，显示的报警信息依然存在。

c. 当检测仪探测器检测到的可燃气体浓度高于预先设置的高限报警值时，探测器处于高限报警状态，此时蜂鸣器每间隔 2s 发出异常急促的变调滴滴报警音，红色指示灯同步闪烁，同时显示气体浓度变化，背光灯和振动器也同时打开，表示高限报警；报警时也可以按“▼”键解除声音报警，不影响显示的报警信息。

d. 当检测到的气体浓度高于测试量程时，探测器的蜂鸣器发出急促的“嘀嘀嘀嘀、…嘀嘀嘀嘀”变调报警音，背光点亮，振动器开启，同时屏幕上显示被测气体最大范围值，表示超量程。报警时可以按“▼”键解除声音报警，此时振动、光和显示的报警信息依然存在。

e. 正常监控界面下按下▲会出现电量多少的实时显示，当电量减少到 20%电量时，探测器自动关机，此时还可以再次打开机器，界面会有提示电量不足、请充电。再次按下▲，仪器将重新回到正常监控状态。

（6）注意事项

① 检测仪使用中避免从高处跌落或受剧烈震动。

② 不得在含有腐蚀性气体（如较高浓度的氯气等）的环境中存放或使用检测仪。

③ 为保证检测精度，应定期对检测仪进行检定，检定周期不得超过一年。

④ 在爆炸性气体环境不能拆卸或更换电池组，也不能对电池组进行充电。

思 考 题

① 简述可燃气体检测仪的工作原理。

② 可燃气体检测仪的报警方式和检测浓度是什么关系？

2.1.2.3 气体检测仪的检定

依据《工作场所有毒气体检测报警装置设置规范》（GBZ/T 223—2009）和《可燃气体检测报警器检定规程》（JJG 693—2011），气体检测报警器需要进行定期检定，以保障检测仪器的正常安全使用。

（1）检定范围 检测仪器的检定规程适用于气体检测报警器、气体检测仪（矿井作业环境中使用的除外）的首次检定、后续检定和使用中检查。

（2）检定计量性能的要求 检测仪器的检定计量性能要求如表 2-6 所示。

表 2-6 检测仪器的检定计量性能要求

项目	要求	
示值误差	±5%F. S	
重复性	≤2%	
响应时间	扩散式	≤60s
	吸入式	≤30s
漂移	零点漂移	±3%F. S
	量程漂移	±2%F. S

注：示值是指在读数时，由测量仪器的指示装置所提供（给出）的、以被测量单位表示的被测量值；示值误差是指计量器具指示的测量值与被测量值的实际值之差，是由于计量器具本身的各种误差所引起的。

重复性是用本方法在正常和正确操作情况下，由同一操作人员，在同一实验室内，使用同一仪器，并在短期内，对相同试样所做多个单次测试结果，在 95%概率水平两个独立测试结果的最大差值。

零点漂移，对于实际放大器，当放大电路没有外加信号时，输出端有缓慢变化电压输出。

量程漂移，由于零点漂移导致的量程变化，影响测量的精确度。

（3）检定技术要求　检测仪器的外观损伤不能影响其正常工作，新制造仪器的表面应光洁平整，漆色镀层均匀，无剥落锈蚀现象。仪器连接可靠，各旋钮或按键能正常操作和控制。

检测仪器名称、型号、制造厂名称、出厂时间、编号、防爆标志及编号和国产仪器的制造计量器具许可证标志及编号等应齐全、清楚。

检测仪器通电后能正常工作，显示部分清晰、完整。仪器的声光报警正常。对使用交流电源的仪器，绝缘电阻不应小于20MΩ。

（4）检定条件要求

① 检定环境条件　环境温度为0～40℃；相对湿度应<85%；通风良好，被测气体无干扰。

② 检定用气体标准物质　采用与仪器所测气体种类相同的气体标准物质，如氢、乙炔、甲烷、异丁烷、丙烷、苯、甲醇、乙醇等。若仪器未注明所测气体种类，可以采用异丁烷或者丙烷气体标准物质。标准气体的浓度约为满量程的10%、40%、60%及大于报警设定点浓度的气体标准物质。

气体标准物质的扩展不确定度不大于2%（$k=2$）。也可采用标准气体稀释装置稀释高浓度的气体标准物质，稀释装置的流量示值误差应不大于±1%，重复性应不大于0.5%。气体标准物质的浓度单位在使用时应换算成与被检仪器的表示单位一致。

③ 检定气体流量控制器　流量控制器由检定用流量计和旁通流量计组成，如图2-5所示，流量范围应不小于500mL/min，流量计的准确度级别不低于4级。

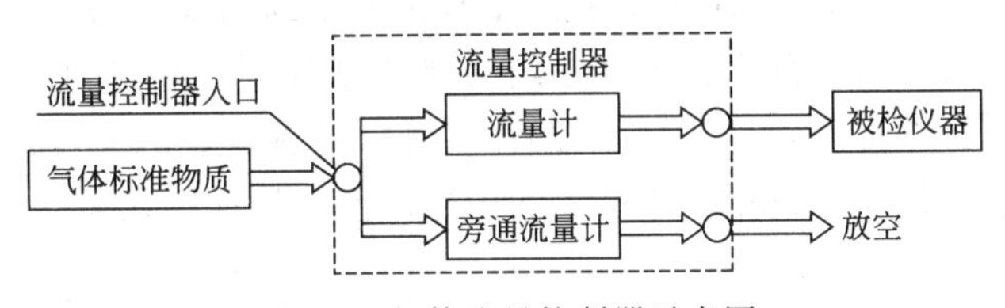

图2-5　气体流量控制器示意图

④ 检定零点控制用气体　检定时零点控制调节所用气体为清洁空气或氮气（氮气纯度不低于99.99%）。

⑤ 检定计时器——秒表　检定用秒表分度值不大于0.1s。

⑥ 减压阀和气路要求　使用与气体标准物质钢瓶配套的减压阀和不影响气体浓度的管路材料，例如聚四氟乙烯等。

⑦ 标定罩　扩散式仪器应有专用标定罩。

⑧ 绝缘电阻表　绝缘电阻是绝缘物在规定条件下的直流电阻，是电气设备和电气线路最基本的绝缘指标。检定绝缘电阻表要求输出电压500V，准确度级别10级。

（5）检定项目　见表2-7。

表2-7　气体检测仪检定项目一览表

检定项目	首次检定	后续检定	使用中检查
外观及结构	+	+	+
标志和标识	+	+	+
通电检查	+	+	+
报警功能及报警动作值的检查	+	+	+

续表

检定项目	首次检定	后续检定	使用中检查
绝缘电阻	+	−	−
示值误差	+	+	+
响应时间	+	+	+
重复性	+	+	−
漂移	+	−	−

注："＋"为需要检定项目；"－"为不需要检定项目。经安装及维修后对仪器计量性能有较大影响的，其后续检定按首次检定要求进行。

(6) 检定方法

① 报警功能及报警动作值的检查　通入大于报警设定点浓度的气体标准物质，使仪器出现报警动作（如声、光或振动），观察仪器报警是否正常，并记录仪器报警时的示值。重复测量3次，3次浓度的算术平均值为仪器的报警动作值。

② 绝缘电阻的测量　仪器不连接供电电源，但接通仪器电源开关。将绝缘电阻表的一个接线端接到电源插头的相、中联线上，另一接线端接到仪器的接地端上，施加500V直流电压持续5s，用绝缘电阻表测量仪器的绝缘电阻值。

③ 示值误差的测量　仪器通电预热稳定后，按照图2-5所示连接气路。根据被检仪器的采样方式使用流量控制器，控制被检仪器所需要的流量。检定扩散式仪器时，流量的大小依据使用说明书要求的流量。检定吸入式仪器时，一定要保证流量控制器的旁通流量计有气体放出。按照上述通气方法，分别通入零点气体和浓度约为满量程60%的气体标准物质，调整仪器的零点和示值。然后分别通入浓度约为满量程10%、40%和60%的气体标准物质，记录仪器稳定示值。每点重复测量3次。按式(2-1)计算每点Δc，取绝对值最大的Δc为示值误差。对多量程的仪器，根据仪器量程选用相应的气体标准物质。

$$\Delta c=\frac{\bar{c}-c_0}{R}\times 100\% \tag{2-1}$$

式中　$\bar{c}$——仪器示值的算术平均值；

c_0——通入仪器气体标准物质的浓度值；

R——仪器满量程。

④ 重复性的测量　仪器预热稳定后，通入约为满量程40%的气体标准物质，记录仪器稳定示值c_i，撤去气体标准物质。在相同条件下重复上述操作6次。按式(2-2)计算的相对标准偏差为重复性。

$$S_r=\frac{1}{\bar{c}}\sqrt{\frac{\sum_{i=1}^{6}(c_i-\bar{c})^2}{5}}\times 100\% \tag{2-2}$$

式中　S_r——单次测量的相对标准偏差；

$\bar{c}$——6次测量的平均值；

c_i——第i次的示值。

⑤ 响应时间的测量　通入零点气体调整仪器零点后，再通入浓度约为满量程40%的气体标准物质，读取稳定示值，停止通气，让仪器回到零点。再通入上述气体标准物质，同时启动秒表，待示值升至上述稳定值的90%时，停止秒表，记下秒表显示的时间。按上述操

作方法重复测量 3 次，3 次测量结果的算术平均值为仪器的响应时间。

⑥ 漂移的检测　仪器的漂移包括零点漂移和量程漂移。

通入零点气至仪器示值稳定后（对指针式的仪器应将示值调到满量程 5%处），记录仪器显示值 Z_0，然后通入浓度约为满量程 60%的气体标准物质，待读数稳定后，记录仪器示值 S_0，撤去标准气体。便携式仪器连续运行 1h，每间隔 10min 重复上述步骤一次，固定式仪器连续运行 6h，每间隔 1h 重复上述步骤一次；同时记录仪器显示值 Z_i 及 S_i（$i=1$，2，3，4，5，6）。按式（2-3）计算零点漂移。

$$\Delta Z_i=\frac{Z_i-Z_0}{R}\times 100\% \tag{2-3}$$

取绝对值最大的 ΔZ_i，作为仪器的零点漂移。

按式（2-4）计算量程漂移：

$$\Delta S_i=\frac{(S_i-Z_i)-(S_0-Z_0)}{R}\times 100\% \tag{2-4}$$

取绝对值最大的 ΔS_i 为仪器的量程漂移。

思　考　题

① 检定计量性能有哪些要求？

② 检定用气体标准物质需满足哪些要求？

2.1.3　气体燃烧性能的检测

2.1.3.1　气体可燃性的测试

（1）检测目的

① 掌握气体可燃性的检测方法。

② 熟悉检测仪器的使用和维护。

③ 能根据检测结果评估气体的可燃性能。

（2）检测准备　本试验使用 HCR-H004 易燃气体危险货物危险特性试验仪（如图 2-6 所示），对易燃气体的燃烧性进行检测，用来评价气体是否易燃及易燃性能的强弱。

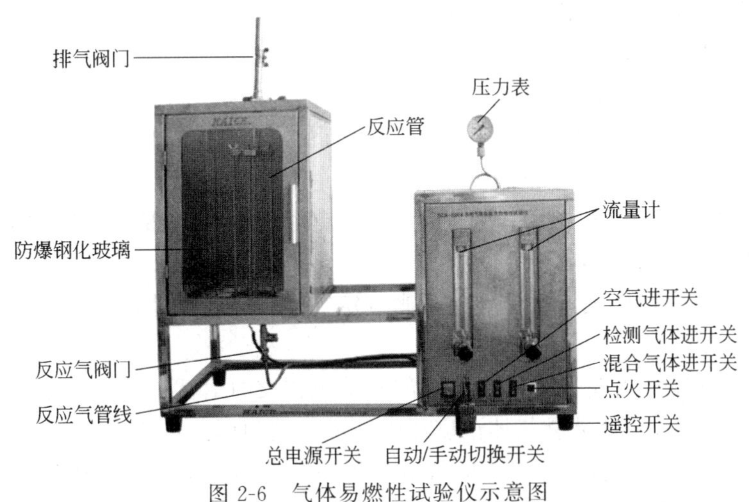

图 2-6　气体易燃性试验仪示意图

① 检查仪器结构、各仪表开关等是否完好，螺丝是否松动。

② 将仪器安放在平坦、结实并带防爆性能的通风柜内环境中，离墙面至少300mm。

③ 避免将仪器安装在高温、高湿度、高粉尘，有盐成分或其他腐蚀性物质的地方，亦不能安装在有冲击或剧烈振动的地方及化学药品和易燃气体的附近。

④ 对仪器进行自动和手动操作设置。

（3）检测步骤

① 连接仪器的供电、空气管线和被检测气体管线（仪器背面）。

② 打开空气源和检测气体源的总阀门，并打开仪器的总电源开关。试验者根据操作情况，选择自动或手动方式，打开选择切换开关。

a. 选择手动时，在仪器上先打开“空气进”开关；再打开“检测气体进”开关；等空气与检测气体达到充分混合后，关闭反应管排气口的阀门；再打开“混合气体进”开关，让混合罐内的气体与反应管气体压力平衡后（压力表指针不再摆动），这时再关闭“混合气体进”开关，接着打开反应管排气口的阀门；然后再打开“混合气体进”开关，等反应管与混合罐压力平衡后（压力表指针指示为大气压力值），关闭“混合气体进”开关，再按“点火”开关（不得长时间按此开关，点火时间不能超过30s，以免损坏点火器）。

b. 选择遥控自动控制时，遥控器版面设有A、B、C、D四个开关，先打开遥控器上的空气进开关“A”，再按气体进开关“B”，接着按上述步骤打开混合气体进开关“C”，再按点火开关“D”。

③ 用流量计分别控制空气和检测气体流速，实现两种气体的混合比例的调配。对每种气体反复改变混合比例，观察试验燃烧情况，并得出试验结果。

④ 试验全部结束后，用空气对混合罐、反应管进行反复清洗，以免残留在混合罐和反应管中的气体影响下次检测结果。然后，依次关闭切换开关、电源总开关、空气总阀门、检测气体总阀门等。

（4）检测结果记录　在上述试验中，可能出现以下几种现象，试验中及时做好记录。

① 不燃烧　在空气中，此浓度的试验气体与空气的混合物不燃烧。则需在更高浓度下重复试验过程进行验证。

② 部分燃烧　混合气火焰在火花塞周围开始燃烧，然后熄灭。该现象表明试验气体浓度接近易燃极限，则需重复试验至少5次。

③ 火焰在管中以10cm/s至50cm/s的速率缓慢升起。

④ 火焰在管中以很快的速率升起。

（5）检测结果的评估　在（4）①中，如气体混合物一直未燃烧，则判定气体是非易燃气体。

在（4）②中，如在重复试验中有一次火焰升起，可认为该混合气达到被测气体的易燃极限，则判定气体为易燃气体。

在（4）③、④中，出现该试验现象，则判定气体是易燃气体。

（6）注意事项

① 试验前应确保易燃气体试验在气体的爆炸范围之外，可以先由较低的安全浓度进行试验，然后控制流量计，使易燃气体浓度逐渐增大，直到调至点燃为止。

② 此试验为危险性试验，在操作时最好选用遥控自动控制，做好必要的防护措施！

③ 试验仪器需采用单相220V交流为主电源，使用时必须接地良好，禁止带电拔插电缆，内部接线不要随便改动。

④ 定期检查仪器的工作情况，进行无试样情况下的模拟试验，以便检测设备各部件的性能是否正常。

⑤ 试验完毕后，应断开电源开关，经常用纱布擦拭仪器表面，以保持清洁，仔细检查气源总阀是否关闭。

思 考 题

① 试验过程中，要求操作人员注意哪些事项？
② 试验完毕后，对气源的管理应采取什么措施？
③ 如果频繁开关点火器开关，对点火系统寿命有什么影响，在使用过程中对点火时间有什么要求？

2.1.3.2 气体燃烧参数的检测

(1) 检测目的

① 了解可燃气体爆炸极限浓度和可燃气体火焰传播速度等基本概念。

② 了解可燃气体火焰的结构、预混气火焰传播的机理和特点以及金属网阻火器的阻火隔爆原理。

③ 掌握气体燃烧爆炸极限和火焰传播速度等参数的测定方法。

(2) 检测原理 可燃气体与空气的混合气体遇火源发生燃烧时，会产生大量的热，由于系统受热升温导致体积膨胀，剧烈燃烧时将会产生爆炸。混合气体的燃烧能否发生爆炸，与混合气体中可燃气体的浓度密切相关。只有浓度处于爆炸极限范围之内的可燃气体，燃烧时才会爆炸。

爆炸极限是指可燃气体与空气组成的混合气体遇火源能发生爆炸的可燃气体的最高或最低浓度（用体积分数表示），其中最低浓度称为爆炸下限，最高浓度称为爆炸上限。如果可燃气体的浓度低于爆炸下限浓度，过量的空气具有较强的冷却和销毁自由基作用，使爆炸反应难以进行；如果可燃气体的浓度高于爆炸上限浓度，由于空气不足而使爆炸反应受到抑制。当可燃气体的浓度处于爆炸极限浓度范围之内时，爆炸反应的作用效应最大，爆炸最容易发生且最剧烈。

可燃混合气体的爆炸极限可以用经验公式进行近似计算，也可以用试验的方法测定。

火焰（即燃烧波）在预混气体中的传播，根据气体动力学理论，可以证明存在两种传播方式：正常火焰传播（爆燃）和爆轰。正常火焰传播主要依靠传热（导热）的作用，将火焰中的燃烧热传递给未燃气体，使之升温着火，从而使燃烧波在未燃气体中传播；爆轰则主要依靠激波的高压作用，使未燃气在近似绝热压缩的条件下升温着火，从而使燃烧波在未燃气体中传播。两种火焰传播方式的主要特点比较如表 2-8 所示。

表 2-8 预混气体中火焰传播的主要特点

主要特点 \ 火焰传播方式	正常火焰传播	爆 轰
燃烧后气体压力变化	减小或接近不变	增大
燃烧后气体密度变化	减小	增大
燃烧波传播速度大小	亚音速	超音速

通过试验发现，试验点火后，管道中的可燃混合气体发生的是正常火焰传播还是爆炸（爆轰）取决于很多因素。在燃爆管内点火容易实现爆炸，而在燃爆管开口处点火可得到正

常火焰传播；短管道中的可燃混合气体不容易实现爆轰，而如果管道足够长，其中的可燃混合气体会实现爆轰；在较短的管道中加设挡板等，加强可燃混合气体的湍流强度，也可以实现爆轰。

火焰在充满可燃混合气体的管道中传播时，火焰传播速度会受到管壁的散热作用和火焰中自由基在管壁上的销毁作用的影响。所以在可能发生燃烧或爆炸的可燃气体流通管路中加设阻火器，可以增强管壁的散热作用和自由基在固相上的销毁速度，以切断燃烧或爆炸火焰的传播途径，起到阻火隔爆的作用。一般在高热设备（燃烧室、高温氧化炉、高温反应器）与输送可燃气体（或易燃液体蒸气）的管线之间，以及可燃气体（或易燃液体）的容器、管道和设备的排气管上，多用阻火器进行阻火。

阻火器主要由壳体和滤芯两部分组成。壳体应具有足够的强度，以承受爆炸产生的冲击压力。滤芯是阻止火焰传播的主要构件，常用的有金属网滤芯和波纹型滤芯两种。金属网型滤芯用直径0.23～0.315mm的不锈钢或铜网，多层重叠组成。目前国内的阻火器通常采用16～22目金属网，为4～12层。

金属网阻火器一般用多层金属网作为消焰元件，又称阻火片。消焰元件也可用多孔板、波纹金属板和细粒填充层等组成。在使用阻火器时，应经常检修，防止孔眼被堵而造成输气不畅，或受腐蚀使消焰元件损坏。

金属网阻火器的阻火隔爆效果受很多因素影响，主要包括：金属网材料、目数和层数等。试验发现：热导率大的金属网阻火隔爆效果比热导率小的金属网阻火隔爆效果好；目数大的金属网阻火隔爆效果比相同材料目数小的金属网阻火隔爆效果好；多层金属网阻火隔爆效果比单层金属网阻火隔爆效果好，但目数大的金属网和多层金属网会显著增大气流的流动阻力。

火焰传播速度可以通过测定火焰在单位距离传播所需要的时间后，通过计算得到。

气体火焰根据可燃气与空气混合的时间分为预混火焰（预混燃烧产生的火焰）和扩散火焰（扩散燃烧产生的火焰）。扩散火焰与预混火焰的结构不同，在扩散火焰中由于空气相对不足，燃烧不充分会产生碳粒子，它在高温下辐射出黄色光而使整个火焰呈黄色。空气充足时，典型的预混火焰由两部分组成，即内区火焰和外区火焰。内区火焰呈绿色，是可燃气体与氧气燃烧时的气体辐射所致，外区火焰呈紫红色，是燃烧产物在高温下发生微弱的可见光辐射形成的。如果空气相对不足，则在内区未燃烧的可燃气体会继续向外扩散，与大气中的氧发生扩散燃烧产生黄色火焰区，这时火焰由三部分构成：绿色内区、紫红色外区和黄色中间区，但黄色区的位置会随着预混气的流动情况而改变。

（3）检测仪器设备

① 可燃气体爆炸与阻火装置　可燃气体爆炸与阻火装置如图2-7所示，用来测定可燃气体的爆炸极限浓度、火焰传播速度以及观察气体火焰结构和金属网阻火器的阻火隔爆演示试验。试验装置主要包括：

a. 气源　包括可燃气源（液化石油气）和助燃气源（空压机供给的压缩空气）。

b. 起爆箱　由4.5V蓄电池供电，高压发生包将电压转换为高压后输出。

c. 流量计台　由管路和玻璃转子流量计等组成。

d. 试验台　由测试管、混合系统、分压阻火系统和台架等组成。其中测试管由激爆管、激爆盖、传爆管、燃爆管和阻火试验箱组成。

e. 混合系统　由第一、第二两个混合器组成。

f. 分压阻火系统　由垂直分压管和两套阻火装置组成。

g. 起爆装置　以电容充放电产生足够能量的电火花引燃可燃混气。

h. 流量计　玻璃转子流量计，共有三个，分别是空气、可燃气、氧气的流量计，当助燃气是空气时，氧气流量计示数为0。

i. 玻璃管路　由水平玻璃管路和垂直玻璃管路组成。

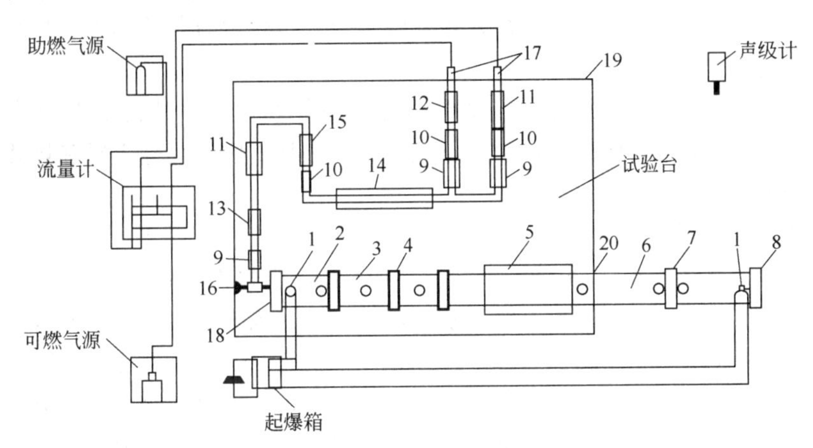

图 2-7　可燃气体爆炸与阻火装置结构示意图

1—火花塞；2—激爆管；3—传爆管；4—控制箱；5—阻火试验箱；6—燃爆管；7—接箍；8—消声器；9—止逆阀；10—球阀开关；11—第一阻爆器；12—第二阻爆器；13—第三阻爆器；14—第一混合器；15—第二混合器；16—分压装置；17—接嘴；18—端盖；19—台架；20—堵孔螺丝

② 空气压缩机　空气压缩机为试验提供助燃压缩空气。

③ 声级计　用来测定可燃气体爆炸噪声级。

④ 秒表　秒表的精确度一般要求在0.1～0.2s，是试验中的计时工具。

⑤ 米尺　用于试验测定时确定某些距离。

(4) 检测步骤

① 检测准备

a. 检查试验台、流量计台、起爆装置、可燃气源和助燃气源是否分开放置，保证间隔距离达到5m以上。

b. 启动空压机，让具有一定压力的空气在管路和试验装置元件中流通，以检查管路和各元件的连接和密封情况，发现连接不紧或密封性差时，应及时处理，在确定无漏气现象存在时，关闭空压机。

c. 接通起爆箱电源，在确保周围环境没有可燃气体的情况下操纵起爆箱，以检查火花塞的工作情况，确保其工作准确无误。

d. 断开电源开关，将火花塞固定在激爆管上。认真检查试验装置的整体情况，确保燃烧、爆炸安全可靠。在距燃爆管管口6m处放置声级计。

② 可燃气体爆炸极限浓度的测定

a. 根据被测可燃气体的爆炸极限计算值（或经验估算值），先选定助燃气（空气）的流量，再选定可燃气流量，使二者达到一定的比例，然后，可燃气体和空气进入试验台，经阻火装置和两个混合器进入测试管。

b. 开启秒表，当混合气稳定供气10s后，操纵起爆箱，点燃可燃的混合气体。

c. 如果可燃气体的浓度处于爆炸极限范围内，爆炸就会发生，具有一定爆压的激波和爆炸产物冲出管口，在其周围空气中形成相应的响声，记录声级计测出的爆炸噪声级和相应的流量值。

d. 通过不断改变可燃气体的流量来调节空气和可燃气的混合比，重复上述操作过程，点火后观察是否能发生爆炸，可得一系列爆炸噪声级和可燃混合气体的混合比数据。

e. 停止供气。

f. 根据测定的数据，以爆炸噪声级为纵坐标，空气和可燃气体的混合比为横坐标，绘制爆炸噪声级随混合比的变化曲线，确定可燃气体的爆炸下限、爆炸上限和爆炸噪声级最大的混合比例（最佳混合比）。

③ 金属网阻火隔爆试验

a. 阻火器对爆轰的作用（防爆阻火试验） 将火花塞接在激爆管上，打开阻火试验箱盖，插入金属网阻火器，盖上箱盖，并上紧螺钉。根据②确定的最佳气体混合比，向系统连续输送接近最佳混合比的可燃混合气体，经10s后操纵起爆箱点火使可燃气爆炸，爆炸的冲击波和爆炸产物冲向阻火试验箱内的阻火片。注意观察管口喷火情况。若不能使燃爆管内的可燃气体爆炸，管口无喷火现象，则说明阻火片能有压阻火；否则，说明不能有压阻火，停止供气。

b. 阻火器对正常火焰传播的作用（常压阻火试验） 将火花塞移至燃爆管开口处，向系统连续输送混合比接近最佳混合比的可燃混气，并计时，经10s后操纵起爆箱点火使可燃气燃烧，火焰将向阻火试验箱传播直至阻火片。若阻火器能阻火，则火焰即停留在阻火片外侧，使阻火片升温，并可听到嗡嗡声；若阻火片不能阻火，则火焰立即或少待片刻后即穿过阻火片向激爆管传播，停止供气。

④ 火焰传播速度的测定 正确连接水平管路，检查管路有无漏气现象，在确定无漏气现象存在时，开始试验。用米尺测量两个铁支架的夹子之间的距离，调整为1m，而且要保证这一段恰好处于玻璃管路的正中间位置。调节空气流量和可燃气流量，并计时，通气30s后用火柴在玻璃管的出口端点燃可燃的混合气体，此时的火焰有黄色区存在，燃烧不充分，调节可燃气与助燃气的流量计至最佳比例位置（即缓慢调小可燃气流量），此时火焰中的黄色区消失，燃烧出现全部蓝火，燃烧最完全，迅速关闭防爆开关停止供气（注意关闭防爆开关速度一定要快），玻璃管中燃气处于静止位置，此时开始出现蓝火由管口向管内快速燃烧现象（即回火现象）。在火焰回传过程中，火焰传播较稳定，此时测定火焰在两个夹子之间（即距离为1m）传播的时间，并记录数据。打开防爆开关，调节可燃气和助燃气流量，重复上述试验，做完该试验后关闭气体阀门。要求测三次时间，取其平均值，并计算可燃气体的平均火焰传播速度。

⑤ 气体火焰结构的观察 连接垂直管路，检查管路有无漏气现象，在确定无漏气现象存在时，开始试验。关闭助燃气流量计，开启并调节可燃气流量，通气30s后用火柴在玻璃管的出口端点燃燃气，注意观察液化石油气在扩散燃烧时的火焰形状、颜色、亮度、有否烟气等现象，记录观察到的火焰结构。然后降低可燃气流量，同时开启助燃气流量计，缓慢增大空气流量，观察液化石油气在预混燃烧时的火焰结构形状和亮度等变化，说明预混燃烧在不同燃气供应量时，燃烧完全程度，并记录空气不足时的预混火焰和空气充足时的预混火焰结构。

试验完毕，关闭气体阀门，切断电源，整理试验仪器和设备。

（5）检测数据记录与结果处理

① 可燃气体爆炸极限测定的数据记录与处理　见表2-9。

表2-9　可燃气体爆炸极限的测定数据记录表

可燃气流量/(L/h)				……	备　注
是否爆炸				……	空气流量/(L/h)
声级1				……	
声级2				……	

根据试验数据计算可燃气体爆炸极限浓度，并绘制爆炸噪声级随可燃混气混合比变化的曲线。

② 阻火试验　了解可燃预混气在管道中如何实现正常火焰传播和爆轰，在管道中插入金属网阻火器后，注意观察管口喷火情况及声音变化，并记录试验现象，说明阻火器对正常火焰传播和爆轰是否起作用。

③ 火焰传播速率测定的数据记录　如表2-10所示。

表2-10　可燃气体火焰传播速率的测定数据记录表

试验次数	1	2	3	时间平均值	火焰传播速率平均值
距　离					
时　间					

④ 气体火焰结构的观察　记录观察到的火焰结构。

（6）注意事项　可燃气体的燃烧爆炸有一定的危险性，因此在做本试验时应注意如下问题：

① 试验前必须认真预习，对试验做整体性的了解；

② 本试验应先由教员演示操作，学员未经许可不得擅自动手；

③ 应站在教员规定的、离开爆炸装置一定距离的地方，不准拥挤，不准大声喧哗；

④ 试验中常有可燃气体排出，为防止中毒现象，室内应适当打开窗户通风；

⑤ 在玻璃管内做燃烧试验时，应严格避免与水接触，以免发生玻璃管碎裂。

思　考　题

① 预混燃烧与非预混燃烧的主要区别是什么？

② 如何保证预混气体高效燃烧？

③ 火焰在可燃预混气体中的传播主要有哪两种方式？它们有什么不同？在管道内的可燃预混气体中，分别如何实现这两种火焰传播？

④ 金属网阻火器为什么能阻火隔爆？其阻火隔爆效果主要受哪些因素的影响？这些因素分别是如何发生影响的？

2.1.3.3　危险品喷雾剂封闭空间点燃检测

（1）检测目的

① 熟悉喷雾剂类别和物质的危险性；

② 掌握在封闭的空间内产品易燃性的测定方法；

③ 熟悉危险品喷雾剂封闭空间点燃试验仪的使用和维护方法。

（2）检测原理　根据联合国关于危险货物运输的建议书有关第九类的分类程序和试验方法的规定，将喷雾器的内装物喷洒到放有一支点燃蜡烛的圆柱形试验器内，对喷雾器喷出的产品，测定其在封闭的空间内的易燃性。

（3）仪器设备　试验采用的 HCR-H024 型危险品喷雾剂封闭空间点燃试验仪（如图 2-8 所示）主要包括：圆柱形器皿、试样台底座、燃烧器座、蜡烛点火器和喷雾器等。

图 2-8　危险品喷雾剂点燃试验仪示意图

其他辅助仪器主要有：恒温水浴（精度±1℃）、天平（精度±0.1g）、米尺、秒表（精度±0.2s）、温度计（精度±1℃）、湿度计（精度±5%）和压力表（精度±0.1Pa）等。

（4）检测准备

① 检查仪器有无破损，螺钉是否松动，装置、按键是否正常。

② 每种试验样品至少准备三个满装的喷雾器（罐），在每项试验前，将喷雾器至少 95% 的部分浸入到预先设定的 20℃±1℃的恒温水浴中 30min 以上（如果喷雾器完全浸入水中，30min 即可），使之达到试验状态要求。

③ 试验前挤压喷雾器开关按钮排放大约 1s，以排除喷雾器吸管中不均匀的物质。

④ 试验用蜡烛为直径在 20～40mm、高 100mm 的固体石蜡蜡烛，当蜡烛高度低于 80mm 时，应更换新的。

⑤ 用米尺测量圆桶的直径、长度和厚度，并计算实际容积（dm^3）。

⑥ 用电子天平称量所试验喷雾器的质量并记录。

（5）检测步骤

① 手动操作

a. 打开“电源”开关，在功能按钮区将调节阀调至手动。

b. 将所要试验的喷雾剂瓶放到试验台上，通过功能按钮区的“上”、“下”开关调节其高度，使喷雾器喷嘴按钮刚好接触到仪器上的按钮。调节仪器后面的压紧旋钮将喷雾瓶固定。调节仪器升降装置手柄，将喷雾器喷嘴放在距离圆桶洞口中心 35mm 的位置（调节至圆桶边缘即为 35mm），将其锁紧。

c. 打开圆柱形器皿盖，将点燃的蜡烛插入燃烧器座上，放在与圆桶两端等距离的中间位置，将盖子盖好。

d. 打开“启动”开关，此时喷雾器开始自动喷雾，计时装置开始计时。

e. 当圆桶内发生点火，立即按下“停止”开关，此时计时器同时停止计时，记录所用的时间。

f. 再次用电子天平称量喷雾器的质量。

g. 打开圆柱形器皿并对其进行通风和清理，清除任何可能影响以下试验的残留物质。必要时等待圆桶冷却。

h. 对同一产品的另外两罐喷雾器重复如上试验步骤（每个喷雾器只能试验一次）。

② 自动操作

a. 打开“电源”开关，将调节阀调至自动。使用遥控器进行操作。遥控器版面：A 表示启动，B 表示停止，C 表示下，D 表示上。

b. 试验步骤与手动步骤一样，可按以上操作步骤操作。

③ 试验结束，熄灭燃烧的蜡烛，关闭电源开关，并清理试验仪器。

（6）检测结果的评估

① 在 $1m^3$ 内实现点火所需的时间当量（t_{eg}），可用下式计算。

$$t_{eg}=\frac{1000t}{V} \tag{2-5}$$

式中　t_{eg}——时间当量；

t——喷雾时间，s；

V——圆桶实际容积，dm^3。

② 试验中实现点火所需的燃烧密度（D_{def}），可用以下公式计算：

$$D_{def}=\frac{1000m}{V} \tag{2-6}$$

式中　D_{def}——燃烧密度；

m——产品喷射的质量，g；

V——圆桶实际容积，dm^3。

③ 将三次测试数字计算平均值。

④ 根据燃烧所需的时间当量或燃烧所需的燃烧密度的平均值和气雾剂的化学燃烧热，判定其可燃性。

⑤ 判定标准：化学燃烧热低于 20kJ/g 的气雾剂，在点火距离试验中未发生点火，如时间当量低于或等于 $300s/m^3$，或燃烧密度低于或等于 $300g/m^3$，则该气雾剂列为易燃，否则气雾剂列为不易燃。

（7）注意事项

① 仪器需使用单相 220V 交流为主电源，使用时必须接地良好。

② 仪器不要安装在高温、高湿度、高粉尘，有盐成分或其他腐蚀性物质的地方，亦不能安装在有冲击或剧烈振动的地方及化学药品和易燃气体的附近。

③ 仪器须安装在通风但无气流的环境中，温度控制在 20℃±5℃，相对湿度在30%～80%。

④ 禁止带电拔插电缆和内部接线，内部接线不要随便改动。

⑤ 停止工作时，应断开电源开关。经常用纱布擦拭仪器表面，以保清洁。

⑥ 定期检查仪器的工作情况是否良好，在没有放入试样的情况下模拟试验，以便检测设备各个部件的性能。

思 考 题

① 判定气雾剂可燃性的依据和标准是什么?

② 重复试验时为什么要对圆桶进行通风和清理?

2.1.3.4 喷雾剂点燃距离的检测

(1) 检测目的

① 掌握确定喷雾剂的点火距离的测定方法；

② 熟悉喷雾剂点燃距离试验仪的使用和维护；

③ 掌握喷雾剂燃烧性能的评估方法。

(2) 仪器设备 本试验使用CR-H023型喷雾剂点燃距离试验仪确定喷雾剂的点火距离，对喷雾剂喷洒距离在15cm或以上的气雾剂产品，评估其相关的燃烧危险。试验仪由试样台底座、燃烧器座等主要部分构成（如图2-9所示）。

其他辅助仪器设备主要有：燃烧器（酒精灯）、恒温水浴（精度±1℃）、天平（精度±0.1g）、米尺、秒表（精度±0.2s）、温度计（精度±1℃）、湿度计（精度±5%）、压力表（精度±0.1Pa）和弹式量热器等。

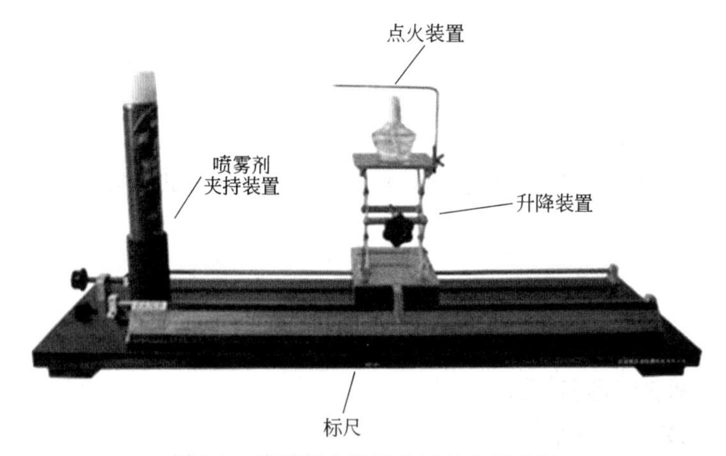

图2-9 喷雾剂点燃距离试验仪示意图

(3) 检测准备

① 检查仪器有无破损，螺钉是否松动，各旋钮开关是否使用正常。

② 将燃烧器及喷雾试样放在相应的位置上，燃烧器放在支架红心圆中，调整位置，使喷雾器喷嘴及燃烧器火焰放在同等高度上。使喷嘴适当朝向火苗并与之看齐。喷嘴应通过火苗的上半部。

③ 调节燃烧器支架下标尺指针的位置，使指针指向11.5cm处，根据喷雾罐喷嘴的大小，适当调整喷雾罐的位置，使燃烧器上指针的位置对准喷雾罐喷嘴，即喷雾器的位置为0cm。

(4) 检测步骤

① 检测样品至少有三个满装的喷雾器，在每项试验前，将喷雾器至少 95%的部分浸入 20℃±1℃的水中至少 30min（如果喷雾器完全浸入水中，30min 即可）。

② 记录环境温度和相对湿度。用压力表确定上述温度下的喷雾器内压（以排除次品或未完全装满的喷雾器）。

③ 点燃燃烧器，火焰应不发光，火焰高度大约 4～5cm。

④ 当测试达到标示量（即满罐）的喷雾器样品时，燃烧器火焰与喷雾器喷嘴的距离范围是 15～90cm。燃烧器火焰与喷雾器喷嘴的测试距离最好从 60cm 开始。当 60cm 距离处喷雾点燃的情况下，燃烧器火焰和喷雾器喷嘴之间距离按 15cm 间距增加；当燃烧器火焰和喷雾器喷嘴 60cm 距离处不发生点火的情况下，距离按 15cm 间隔缩短。目的是为了测试燃烧器火焰与喷雾剂能产生喷雾持续燃烧时的最大距离，或确定燃烧器火焰和喷雾剂之间在 15cm 的距离上不能获得点燃。

⑤ 打开喷雾器的启动阀，释放内装物，如果发生点火，继续释放，并从点火开始记录火焰燃烧时间 5s。

⑥ 如未发生点火，则调整喷雾器位置进行试验，如将垂直使用的产品颠倒过来，检查是否发生点火。如果发生燃烧，继续释放，并从点火开始记录火焰时间 5s。

⑦ 记录下燃烧器与喷雾器之间发生点火的距离情况，并记录在表 2-11 中。

⑧ 每个样品测试三次。

⑨ 对喷雾剂装有量是标示量 10%～12%的样品进行测试。

a. 测试距离：如果该产品满罐时在 15cm 处不点燃，则测试距离从 15cm 处开始测试；当满罐时可点燃的，则在点燃距离上再加 15cm 开始测试。

b. 每个样品做一次。并记录各步骤的测试情况，记录见表 2-11。

⑩ 试验结束，熄灭燃烧器。

表 2-11　喷雾剂点燃距离检测记录表

日期	温度　℃					湿度　%				
产品名称										
净容量		样品 1			样品 2			样品 3		
初始装量		%			%			%		
喷雾剂距离	测试次数									
15cm	是否燃烧									
30cm	是否燃烧									
45cm	是否燃烧									
60cm	是否燃烧									
75cm	是否燃烧									
90cm	是否燃烧									
结论(位置)										

（5）检测结果的评估　根据测试结果和燃烧值的平均值，喷雾器按以下标准划分为易燃、极易燃和不易燃等几类：

① 喷雾剂的化学燃烧热大于或等于 20kJ/g，且点火发生距离大于或等于 75cm，则该气雾剂划为极易燃，否则划为易燃。

② 喷雾剂的化学燃烧热小于20kJ/g，点火发生距离大于或等于75cm，则该气雾剂划为极易燃。

③ 喷雾剂的化学燃烧热小于20kJ/g，点火发生距离大于或等于15cm且小于75cm，则该气雾剂划为易燃。

④ 喷雾剂的化学燃烧热小于20kJ/g，且在点火发生距离测试中未发生点燃，应参照GB/T 21631—2008《危险品喷雾剂封闭空间点燃实验方法》判定其可燃性。

（6）注意事项

① 设备不能安装在高温、高湿度、高粉尘，有盐成分或其他腐蚀性物质的地方，亦不能安装在有冲击或剧烈振动的地方及化学药品和易燃气体的附近。须安装在通风但无气流的环境中，温度控制在20℃±5℃，相对湿度在30%～80%。

② 设备采用单相220V交流为主电源，使用时必须接地良好。

③ 禁止带电拔插电缆和内部接线，内部接线不要随便改动。停止工作时，应断开电源开关。经常用纱布擦拭仪器表面，以保清洁。

④ 定期检查仪器的工作情况是否良好，在没有放入试样的情况下模拟试验，以便检测设备各个部件的性能，在关闭时，一定将调压旋钮调至最小，以免影响下次使用。

思 考 题

① 喷雾剂划分为极易燃和易燃的标准是什么？

② 如何确定喷雾气雾剂的点火距离？

2.1.4 气体爆炸极限的检测

（1）检测目的

① 了解可燃气体种类及主要物理化学性质；

② 掌握测试气体的温度和大气压力对爆炸极限的影响；

③ 掌握气体爆炸极限的测试和修正方法。

（2）检测设备 该试验采用可燃气体爆炸极限测定装置（如图2-10所示），测定常温常压下可燃气体在空气中的爆炸极限值，即爆炸范围（可燃气体与空气混合时，可燃气体的爆炸下限与爆炸上限之间的浓度范围称为爆炸范围）。主要用于对存在爆炸性危险工艺设备内可燃气体的浓度、爆炸性气体环境的通风、供热系统的计算和动火作业时安全浓度的确定等爆炸参数的确定。

检测装置主要由反应管、点火装置、搅拌装置、真空泵、压力计、电磁阀等组成。装置的主要部分是一个用硬质玻璃为材质的反应管，管长1400mm±50mm，管内径ϕ60mm±5mm，管壁厚不小于2mm，管底部装有通径不小于ϕ25mm泄压阀。装置安放在可升温至50℃的恒温箱内。恒温箱前后各有双层门，一层为普通玻璃，另一层为有机玻璃，用于观察试验并起保护作用。

试验时，可燃气体和空气的混合气体利用电火花点燃，电火花能量应大于混合气的点燃能量。放电电极距反应管底部不小于100mm，位于管的横截面中心，电极间距离为3～4mm［最好采用300V·A电压互感器作为点火电源，产生高压为10kV（有效值），火花持续时间为0.5s左右］。

（3）检测步骤

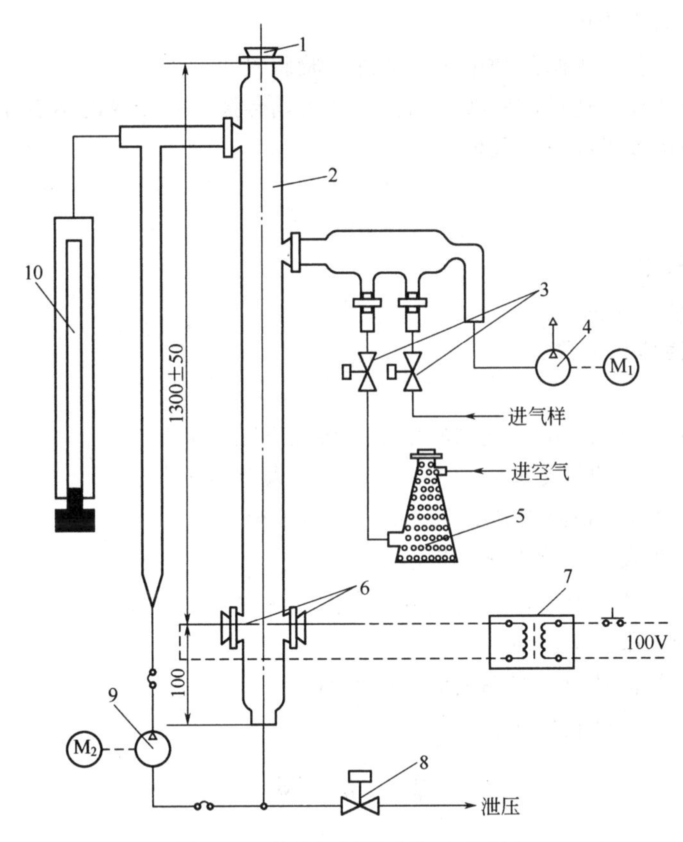

图 2-10　爆炸极限测试装置示意图

1—安全塞；2—反应管；3—电磁阀；4—真空泵；5—干燥瓶；
6—放电电极；7—电压互感器；8—泄压电磁阀；9—搅拌泵；
10—压力计；M_1、M_2—电动机

① 装置的检查　装置安装完后，用真空泵抽至真空度不大于 668Pa（5mmHg），停泵后，经 5min 压力计压力下降不大于 267Pa（2mmHg），认为真空度符合要求。

测定前，用纯度不低于 99.9%的乙烯检定（乙烯的爆炸下限值为 0.0315，爆炸上限值为 0.345），以保证检测数据的准确性。

② 混合气配制　调节空气和检测气体压力表，按分压法进行混合气配制，为使反应管内可燃气在空气中均匀分布，配好气后利用无油搅拌泵搅拌 5～10min，停止搅拌。

③ 点火试验　打开反应管底部泄压阀进行点火，并观察火焰是否传至管顶。点火时恒温箱的有机玻璃门应处于关闭状态。

④ 重复试验　每次试验后关闭进气阀，打开泄压阀和真空泵，用湿度低于 30%的清洁空气流冲洗试验装置，反应管壁及点火电极若有污染应清洗。用渐近法（空气分压由大逐渐减小，同时可燃气体分压逐渐增大）测试分别寻找可燃气体爆炸极限上、下限值，如果在同样条件下进行三次试验，点火后火焰均未传至管顶，则改变进样量，进行下一个浓度的试验。

测爆炸下限时样品增加量每次小于 10%，测爆炸上限时样品减少量，每次不小于 2%。新组装的测定装置应做 10 次左右的试验再进行正式测定。

反应管内可燃气与空气混合后被电火花点燃，形成火焰面并燃烧至管顶定为火焰传播，

如未燃烧至管顶定为不传播。

试验完毕，关闭各气体阀门和电源，清理试验装置。

（4）检测结果计算　通过试验找到最接近的火焰传播和不传播的两点体积分数，并按下式计算可燃气体的爆炸下限或上限值。

$$\varphi=\frac{1}{2}(\varphi_1+\varphi_2) \tag{2-7}$$

式中　φ——爆炸极限；

φ_1——传播体积分数；

φ_2——不传播体积分数。

需要注意的是：

① 同一个测试人员测得的重复试验结果，误差不应大于5%。

② 不同实验室测得的重复试验结果的平均值，误差不应大于10%。

（5）检测报告要求　检测报告的书写应包括以下内容：

① 可燃气体种类及主要物理化学性质；

② 试验时可燃气体和空气混合气的温度和大气压力；

③ 爆炸极限的上限和下限值；

④ 若试验操作与标准规定有偏离应加以说明；

⑤ 注明试验人员和试验日期。

思　考　题

① 什么是可燃气体的爆炸极限？

② 影响可燃气体和空气混合气体的爆炸极限因素有哪些？

2.2　气体危险品的评价

2.2.1　气体危险品的危险特性及其影响因素

2.2.1.1　燃烧爆炸特性分析

在列入《危险货物品名表》（GB 12268—2012）的气体危险品当中，约有一半以上是可燃气体，有61%的气体具有火灾危险。可燃气体的主要危险性是易燃易爆性，所有处于燃烧浓度范围之内的可燃气体，遇火源都可能发生着火或爆炸，有的可燃气体遇到极微小能量着火源的作用即可引爆。一些可燃气体在空气中的最小点火能量如表2-12所示。

表2-12　一些可燃气体在空气中的最小引燃能量　　单位：mJ

可燃气体	最小引燃能量	可燃气体	最小引燃能量
甲烷	0.28	丙炔	0.152
乙烷	0.25	1,3-丁二烯	0.013
丙烷	0.26	丙烯	0.28
戊烷	0.51	环氧丙烷	0.19
乙炔	0.019	环丙烷	0.17
乙烯基乙炔	0.082	氢	0.019
乙烯	0.096	硫化氢	0.068
正丁烷	0.25	环氧乙烷	0.087
异戊烷	0.70	氨	1000

可燃气体燃烧或爆炸的难易程度，除受着火源能量大小的影响外，主要取决于其化学组成，而其化学组成又决定着可燃气体燃烧浓度范围的大小、自燃点的高低、燃烧的快慢和发热量的多少。综合可燃气体的燃烧现象，其易燃易爆特性具有以下3个特点：

（1）易燃，且燃速快，这是因为一般气体分子间引力小，容易断键，无需熔化分解过程，也无需用于熔化、分解所消耗的热量。

（2）由简单成分组成的气体比复杂成分组成的气体易燃，燃速快，火焰温度高，着火爆炸危险性大。如氢气比甲烷、一氧化碳等组成复杂的可燃气体易燃，且爆炸浓度范围大。因为单一成分气体不需受热分解的过程和分解所消耗的热量。简单成分气体和复杂成分气体的火灾危险性比较如表2-13所示。

表2-13 简单成分气体和复杂成分气体火灾危险性比较

气体名称	化学组成	最大直线燃烧速率/(cm/s)	最高火焰温度/℃	爆炸浓度范围/%
氢气	H_2	210	2130	4～75
一氧化碳	CO	39	1680	12.5～74
甲烷	CH_4	33.8	1800	5～15

（3）含不饱和键的可燃气体比相对应含饱和键的可燃气体的火灾危险性大。因为不饱和的可燃气体的分子结构中有双键或三键存在，化学活性强，在通常条件下，即能与氯、氧等氧化性气体起反应而发生着火或爆炸。

2.2.1.2 毒害特性分析

气体危险品大都具有一定的毒害性、腐蚀性、窒息性和氧化性等毒害作用。

氰化氢、硫化氢、硒化氢、锑化氢、二甲胺、氨、二硼烷、二氯硅烷、锗烷、三氟氯乙烯等气体，除具有相当的毒害性外，还具有一定的燃烧爆炸性；一些含氢、硫元素的气体还具有腐蚀性，如硫化氢、氨等，都能腐蚀设备，削弱设备的耐压强度，严重时可导致设备系统裂隙、漏气，引起火灾等事故。

相对来说，气体危险品的易燃易爆性和毒害性比较容易引起人们的注意，而对其窒息性则往往容易被忽视，尤其是那些不燃无毒的气体，如氮气、二氧化碳及氦、氖、氩等惰性气体，虽然它们无毒不燃，但是一旦泄漏于房间或大型设备或装置内时，往往会使现场人员窒息死亡。

氧化性也被称为助燃性，除极易自燃的物质外，通常可燃性物质只有和氧化性物质作用，遇着火源时才能发生燃烧。所以，氧化性气体是物质燃烧的最重要的要素之一。气体危险品的火灾危险性和毒害性分别如表2-14和表2-15所示。

表2-14 一些有毒气体的火灾危险性

物品名称	闪点/℃	自燃点/℃	爆炸极限/%
氨	—	651	15.7～27.4
磷化氢	—	100	2.12～15.3
氰化氢	－17.78	537.78	5.60～40.0
溴甲烷	—	536	8.60～20.0
氯甲烷	0	632	8.00～20.0
煤气	—	648.89	4.5～40.0
水煤气	—	600	6.0～70.0
砷化氢	—	—	3.9～77.8
氰	—	—	6.6～43.0
羰基硫	—	—	11.9～28.5

表 2-15 一些可燃气体的毒害性

气体名称	容许浓度/(mg/m^3)	短期暴露时对健康的相对危害	超过容许浓度时吸入对人体的主要影响
磷化氢	0.4(0.3)	中毒	剧毒
硫化氢	15(10)	中毒	—
氰化氢	15(10SC)	中毒	吸入或渗入皮肤，剧毒
氯乙烯	1300C(500C)	麻醉中毒	—
氯甲烷	210C(100C)	中毒	慢性中毒
一氧化碳	55T(50T)	中毒	化学窒息
氨	35(50)	刺激	—
环氧乙烷	90(50)	刺激中毒	—
液化石油气	1800(1000)	麻醉	—
甲醛	3(2)	刺激	皮肤、呼吸道过敏

注：C 表示容许浓度的上限值；S 表示该物质可由皮肤、黏膜和眼睛浸入；T 表示是试验值。

2.2.2 气体危险品的火灾应急措施

2.2.2.1 泄漏处理

气体泄漏时，首先了解泄漏气体的种类，并根据气体性质做好相应的人身防护，及时设法关闭气体阀门。

处理泄漏事故时，操作人员应佩戴防毒面具。处理受热钢瓶，人员应站在上风向对气瓶喷洒冷水，使之降低温度，然后将阀门旋紧；如气瓶阀门失控，最好浸入石灰水中，因为石灰水不仅可以冷却降温、降压，还可以溶解大量有毒气体，如氰化氢、氟化氢、二氧化硫、氯气等都是酸性物质，能与碱性的石灰水起中和作用。如果现场没有石灰水，也可将气瓶浸入清水中，使之被水吸收，以降低对作业环境的污染。

2.2.2.2 着火处理

当泄漏气体着火时，在设法阻止泄漏的同时，如周围有其他气瓶，应将毗邻的气瓶移至安全距离以外，向气瓶大量喷水冷却，防止瓶内压力升高，导致爆裂的发生。必须注意的是，若漏出的气体已着火，在没能有效停止气体逸漏之前，不得将火扑灭，否则泄漏出的可燃气体将会聚集，与空气形成爆炸性或毒性、窒息性混合气体，此时遇火源会导致爆炸，从而带来更大的灾害。因此，在停止逸漏之前，应首先对容器进行有效的冷却，在条件成熟，能够设法有效停止逸漏时才能将火扑灭。当其他物质着火威胁气瓶的安全时，应用大量水喷洒气瓶，使其保持冷却，如有可能，应将气瓶从火场或危险区移走；对已受热的气瓶，即使在冷却之后，也有可能发生爆炸，故应长时间冷却，直至气瓶达到常温下的允许压力，且不再升高时止。

安全常识　常用气瓶的颜色标志及使用安全

根据《气瓶颜色标志》(GB 7144—1999) 的规定，要给充装气体的气瓶外表面涂色作为识别标志，该标准适用于公称工作压力不大于 30MPa、公称容积不大于 1000L 和移动式可重复使用的气瓶，不适用于灭火用的气瓶、车辆燃料气瓶和机器设备上附属的气瓶。进口气瓶应按本标准的要求涂敷（或改涂、复涂）颜色标志。

气瓶颜色标志是指把气瓶外表面涂敷的文字内容、色环数目和涂膜颜色按充装气体的特性而做的组合规定，是识别充装气体类型的标志。

色环是指公称工作压力不同的气瓶充装同一种气体而具有不同充装压力或不同充装系数

的识别标志。色卡表示一定颜色的标准样品卡。气瓶的漆膜颜色编号、名称见表2-16。

表2-16 气瓶的漆膜颜色编号、名称

编号	P 01	PB 06	B 04	G 02	G 05	Y 06	Y 09	YR 05	R 01	R 03	RP 01			
名称	淡紫	淡(酞)蓝	银灰	淡绿	深绿	淡黄	铁黄	棕	铁红	大红	粉红	铝白	黑	白

1. 气瓶的字样和色环

气瓶的字样、色环彼此间应避免叠合，不占防震圈的位置。

(1) 字样　字样是指气瓶充装气体的名称（也可含气瓶所属单位名称和其他内容，如溶解乙炔气瓶的“不可近火”等）。

充装气体的名称一般用汉字表示。凡属液化气体，气体名称应冠以“液”或“液化”字样；凡属医用呼吸用气体，在气体名称前应分别加注“医用”或“呼吸用”字样。对于小容积气瓶，充装气体名称可用化学式表示。

汉字字样采用仿宋体。公称容积40L的气瓶，字体高度为80～100mm；其他规格的气瓶，字体大小宜适当调整。

立式气瓶的充装气体名称应按瓶的环向横列于瓶高3/4处；单位名称应按瓶的轴向竖列于气体名称居中的下方或转向180°的瓶面。

卧式气瓶的充装气体名称和单位名称应以瓶的轴向从瓶阀端向右（瓶阀在视者左方）分行横列于瓶中部；单位名称应位于气体名称之下，行间距为筒体周长的1/4或1/2。

(2) 色环　公称工作压力比规定起始级高一级的气瓶涂一道色环（简称单环，下同），高两级的涂两道色环（简称双环，下同）。

充装同一种气体的气瓶，其公称工作压力分级按《气瓶安全监察规程》执行。

公称容积40L的气瓶，单环宽度为40mm，双环的各环宽度为30mm。其他规格的气瓶，色环宽度宜适当调整。双环的环间距等于环宽度。

色环应于气瓶环向涂成连续一圈、边缘整齐且等宽的色带，不应呈现螺旋状、锯齿状或波状，双环应平行。

立式气瓶的色环应位于瓶高约2/3处，且介于气体名称和单位名称之间。卧式气瓶的色环应位于距瓶阀端约筒体长度的1/4处。

2. 气瓶颜色标志

充装常用气体的气瓶颜色标志见表2-17。

表2-17 气瓶颜色标志一览表

序号	气体名称	化学式	瓶色	字样	字色	色环
1	乙炔	C_2H_2	白	乙炔不可近火	大红	
2	氢	H_2	淡绿	氢	大红	$p=20$,淡黄色单环 $p=30$,淡黄色双环
3	氧	O_2	淡蓝	氧	黑	$p=20$,白色单环 $p=30$,白色双环
4	氮	N_2	黑	氮	淡黄	$p=20$,白色单环 $p=30$,白色双环
5	空气		黑	空气	白	$p=20$,白色单环 $p=30$,白色双环
6	二氧化碳	CO_2	铝白	液化二氧化碳	黑	$p=20$,黑色单环

续表

序号	气体名称	化学式	瓶色	字样	字色	色环
7	氨	NH_3	淡黄	液化氨	黑	
8	氯	Cl_2	深绿	液化氯	白	
9	氟	F_2	白	氟	黑	
10	一氧化氮	NO	白	一氧化氮	黑	
11	二氧化氮	NO_2	白	液化二氧化氮	黑	
12	碳酰氯	$COCl_2$	白	液化光气	黑	
13	砷化氢	AsH_3	白	液化砷化氢	大红	
14	磷化氢	PH_3	白	液化磷化氢	大红	
15	乙硼烷	B_2H_6	白	液化乙硼烷	大红	
16	四氟甲烷	CF_4	铝白	氟氯烷 14	黑	
17	氟氯甲烷	CCl_2F_2	铝白	液化氟氯烷 12	黑	
18	氟溴氯甲烷	$CBrClF_2$	铝白	液氟氯烷 12B1	黑	
19	三氟氯甲烷	$CClF_3$	铝白	液化氟氯烷 13	黑	$p=12.5$,深绿色单环
20	三氟溴甲烷	$CBrF_3$	铝白	液化氟氯烷 B1	黑	
21	六氟乙烷	CF_3CF_3	铝白	液化氟氯烷 116	黑	
22	氟二氯甲烷	$CHCl_2F$	铝白	液化氟氯烷 21	黑	
23	二氟氯甲烷	$CHClF_2$	铝白	液化氟氯烷 22	黑	
24	三氟甲烷	CHF_3	铝白	液化氟氯烷 23	黑	
25	氟氯乙烷	$C_2Cl_2F_4$	铝白	液化氟氯烷 114	黑	
26	五氟氯乙烷	C_2ClF_5	铝白	液化氟氯烷 115	黑	
27	三氟氯乙烷	$C_2H_2ClF_3$	铝白	氟氯烷 133a	黑	
28	八氟环丁烷	C_4F_8	铝白	氟氯烷 C318	黑	
29	二氟氯乙烷	CH_3CClF_2	铝白	氟氯烷 142b	大红	
30	三氟乙烷	CH_3CF_3	铝白	氟氯烷 143a	大红	
31	二氟乙烷	CH_3CHF_2	铝白	氟氯烷 152a	大红	
32	甲烷	CH_4	棕	甲烷	白	$p=20$,淡黄色单环 $p=30$,淡黄色双环
33	天然气		棕	天然气	白	
34	乙烷	CH_3CH_3	棕	液化乙烷	白	$p=15$,淡黄色单环 $p=20$,淡黄色双环
35	丙烷	C_3H_8	棕	液化丙烷	白	
36	环丙烷	C_3H_6	棕	液化环丙烷	白	
37	丁烷	C_4H_{10}	棕	液化丁烷	白	
38	异丁烷	$(CH_3)_3CH$	棕	液化异丁烷	白	
39	液化石油气 工		棕	液化石油气	白	
	液化石油气 民		银灰	液化石油气	大红	
40	乙烯	$CH_2=CH_2$	棕	液化乙烯	淡黄	$p=15$,白色单环 $p=20$,白色双环

续表

序号	气体名称	化学式	瓶色	字样	字色	色环
41	丙烯	C_3H_6	棕	液化丙烯	淡黄	
42	1-丁烯	C_4H_8	棕	液化丁烯	淡黄	
43	2-顺丁烯	C_4H_8	棕	液化顺丁烯	淡黄	
44	2-反丁烯	C_4H_8	棕	液化反丁烯	淡黄	
45	异丁烯	C_4H_8	棕	液化异丁烯	淡黄	
46	1,3-丁二烯	C_4H_6	棕	液化丁二烯	淡黄	
47	氩	Ar	银灰	氩	深绿	$p=20$,白色单环 $p=30$,白色双环
48	氦	He	银灰	氦	深绿	
49	氖	Ne	银灰	氖	深绿	
50	氪	Kr	银灰	氪	深绿	
51	氙	Xe	银灰	液氙	深绿	
52	三氟化硼	BF_3	银灰	氟化硼	黑	
53	一氧化二氮	N_2O	银灰	液化笑气	黑	$p=15$,深绿色单环
54	六氟化硫	SF_6	银灰	液化六氟化硫	黑	$p=12.5$,深绿色单环
55	二氧化硫	SO_2	银灰	液化二氧化硫	黑	
56	三氯化硼	BCl_3	银灰	液化氯化硼	黑	
57	氟化氢	HF	银灰	液化氟化氢	黑	
58	氯化氢	HCl	银灰	液化氯化氢	黑	
59	溴化氢	HBr	银灰	液化溴化氢	黑	
60	六氟丙烯	C_3F_6	银灰	液化全氟丙烯	黑	
61	硫酰氟	SO_2F_2	银灰	液化硫酰氟	黑	
62	氘	D_2	银灰	氘	大红	
63	一氧化碳	CO	银灰	一氧化碳	大红	
64	氟乙烯	$CH_2=CHF$	银灰	液化氟乙烯	大红	$p=12.5$,深黄色单环
65	二氟乙烯	$CH_2=CF_2$	银灰	偏二氟乙烯	大红	
66	甲硅烷	SiH_4	银灰	液化甲硅烷	大红	
67	氯甲烷	CH_3Cl	银灰	液化氯甲烷	大红	
68	溴甲烷	CH_3Br	银灰	液化溴甲烷	大红	
69	氯乙烷	C_2H_5Cl	银灰	液化氯乙烷	大红	
70	氯乙烯	$CH_2=CHCl$	银灰	液化氯乙烯	大红	
71	三氟氯乙烯	$CF_2=CClF$	银灰	三氟氯乙烯	大红	
72	溴乙烯	$CH_2=CHBr$	银灰	液化溴乙烯	大红	
73	甲胺	CH_3NH_2	银灰	液化甲胺	大红	
74	二甲胺	$(CH_3)_2NH$	银灰	液化二甲胺	大红	
75	三甲胺	$(CH_3)_3N$	银灰	液化三甲胺	大红	
76	乙胺	$C_2H_5NH_2$	银灰	液化乙胺	大红	

续表

序号	气体名称	化学式	瓶色	字样	字色	色环
77	二甲醚	CH_3OCH_3	银灰	液化甲醚	大红	
78	甲乙烯基醚	$C_2H_3OCH_3$	银灰	乙烯基甲醚	大红	
79	环氧乙烷	C_2H_4O	银灰	液化环氧乙烷	大红	
80	甲硫醇	CH_3SH	银灰	液化甲硫醇	大红	
81	硫化氢	H_2S	银灰	液化硫化氢	大红	

注：1. 色环栏内的 p 是气瓶的公称工作压力，MPa。

2. 序号 39，民用液化石油气瓶上的字样应排成两行，“家用燃料”居中的下方为“（LPG）”。

充装表 2-17 以外的气体，其气瓶的涂膜配色见表 2-18，再赋予相应的字样和色环即为某气体的气瓶颜色标志。瓶帽、护罩、瓶耳、底座等的涂膜颜色应与瓶色一致。

表 2-18　气瓶涂膜配色类型

充装气体类别		气瓶涂膜配色类型		
		瓶色	字色	环色
烃类	烷烃	棕	白	淡黄
	烯烃		淡黄	白
稀有气体类		银灰	深绿	
氟氯烷类		铝白	可燃气体：大红 不燃气体：黑	深绿
剧毒类		白		无机气体：深绿 有机气体：淡黄
其他气体		银灰		

气瓶检验色标是在气瓶检验钢印标志上应按检验年份涂检验色标，10 年一循环。检验色标的式样见表 2-19。

小容积气瓶和检验标志环的检验钢印标志上可以不涂检验色标。公称容积 40L 气瓶的检验色标，矩形约为 80mm×40mm；椭圆形的长短轴分别约为 80mm 和 40mm。其他规格的气瓶，检验色标的大小宜适当调整。

表 2-19　气瓶检验色标的涂膜颜色和形状

检验年份	颜色	形状
1999	深绿	矩形
2000	粉红	椭圆形
2001	铁红	
2002	铁黄	
2003	淡紫	
2004	深绿	
2005	粉红	矩形
2006	铁红	
2007	铁黄	
2008	淡紫	
2009	深绿	

3. 气瓶的安全使用

根据《气瓶使用安全管理规范》（Q/SY 1365—2011），气瓶的使用安全应注意以下几点：

（1）气瓶检查 企业应委托具有气瓶检验资质的机构对气瓶进行定期检验，检验周期如下：

盛装腐蚀性气体的气瓶（如二氧化硫、硫化氢等），每两年检验一次；盛装一般气体的气瓶（如空气、氧气、氮气、氢气、乙炔等），每三年检验一次；盛装惰性气体的气瓶（氩、氖、氦等），每五年检验一次。

气瓶在使用过程中，发现有严重腐蚀、损伤或对其安全可靠性有怀疑时，应提前进行检验。超过检验期限的气瓶，启用前应进行检验。库存和停用时间超过一个检验周期的气瓶，启用前应进行检验。

（2）气瓶运输 装运气瓶的车辆应有“危险品”的安全标志。

气瓶必须配好气瓶帽、防震圈，当装有减压器时应拆下，气瓶帽要拧紧，防止摔断瓶阀造成事故；气瓶应直立向上装在车上，妥善固定，防止倾斜、摔倒或跌落，车厢高度应在瓶高的2/3以上；运输气瓶的车辆停靠时，驾驶员与押运人员不得同时离开。运输气瓶的车不得在繁华市区、人员密集区附近停靠；不应长途运输乙炔气瓶；运输可燃气体气瓶的车辆必须备有灭火器材；运输有毒气体气瓶的车辆必须备有防毒面具；夏季运输时应有遮阳设施，适当覆盖，避免暴晒；所装介质接触能引燃爆炸、产生毒气的气瓶，不得同车运输；易燃品、油脂和带有油污的物品，不得与氧气瓶或强氧化剂气瓶同车运输；车辆上除司机、押运人员外，严禁无关人员搭乘；司乘人员严禁吸烟或携带火种。

（3）气瓶搬运 搬运气瓶时，要旋紧瓶帽，以直立向上的位置来移动，注意轻装轻卸，禁止从瓶帽处提升气瓶。

近距离（5m内）移动气瓶，应手扶瓶肩转动瓶底，并且要使用手套。移动距离较远时，应使用专用小车搬运，特殊情况下可采用适当的安全方式搬运；禁止用身体搬运高度超过1.5m的气瓶到手推车或专用吊篮等里面，可采用手扶瓶肩转动瓶底的滚动方式；卸车时应在气瓶落地点铺上软垫或橡胶皮垫，逐个卸车，严禁溜放；装卸氧气瓶时，工作服、手套和装卸工具、机具上不得沾有油脂；当提升气瓶时，应使用专用吊篮或装物架。不得使用钢丝绳或链条吊索。严禁使用电磁起重机和链绳。

（4）气瓶使用 使用气瓶前使用者应对气瓶进行安全状况检查，检查重点如下：

盛装气体是否符合作业要求；瓶体是否完好；减压器、流量表、软管、防回火装置是否有泄漏、磨损及接头松懈等现象；气瓶应在通风良好的场所使用。

如果在通风条件差或狭窄的场地里使用气瓶，应采取相应的安全措施，以防止出现氧气不足，或危险气体浓度加大的现象。安全措施主要包括强制通风、氧气监测和气体检测等。

气瓶的放置地点不得靠近热源，应与办公、居住区域保持10m以上；气瓶应防止暴晒、雨淋、水浸，环境温度超过40℃时，应采取遮阳等措施降温；氧气瓶和乙炔气瓶使用时应分开放置，至少保持5m间距，且距明火10m以外。盛装易发生聚合反应或分解反应气体的气瓶，如乙炔气瓶，应避开放射源；气瓶应立放使用，严禁卧放，并应采取防止倾倒的措施；乙炔气瓶使用前，必须先直立20min后，然后连接减压阀使用；气瓶及附件应保持清洁、干燥，防止沾染腐蚀性介质、灰尘等；氧气瓶阀不得沾有油脂，焊工不得用沾有油脂的工具、手套或油污工作服去接触氧气瓶阀、减压器等。

禁止将气瓶与电气设备及电路接触，与气瓶接触的管道和设备要有接地装置。在气、电焊混合作业的场地，要防止氧气瓶带电，如地面是铁板，要垫木板或胶垫加以绝缘，乙炔气瓶不得放在橡胶等绝缘体上；气瓶瓶阀或减压器有冻结、结霜现象时，不得用火烤，可将气瓶移入室内或气温较高的地方，或用40℃以下的温水冲浇，再缓慢地打开瓶阀；严禁用温度超过40℃的热源对气瓶加热；开启或关闭瓶阀时，应用手或专用扳手，不准使用其他工具，以防损坏阀件。装有手轮的阀门不能使用扳手。如果阀门损坏，应将气瓶隔离并及时维修；开启或关闭瓶阀应缓慢，特别是盛装可燃气体的气瓶，以防止产生摩擦热或静电火花；打开气瓶阀门时，人要站在气瓶出气口侧面。

气瓶使用完毕后应关闭阀门，释放减压器压力，并配好瓶帽；严禁敲击、碰撞气瓶；严禁在气瓶上进行电焊引弧。瓶内气体不得用尽，必须留有剩余压力。压缩气体气瓶的剩余压力应不小于0.05MPa，液化气体气瓶应留有不少于0.5%～1.0%规定充装量的剩余气体；关紧阀门，防止漏气，使气压保持正压；禁止自行处理气瓶内的残液；在可能造成回流的使用场合，使用设备上必须配置防止回流的装置，如单向阀、止回阀、缓冲器等；气瓶投入使用后，不得对瓶体进行挖补、焊接修理。严禁将气瓶用作支架等其他用途；气瓶使用完毕，要妥善保管。气瓶上应有状态标签（“空瓶”、“使用中”、“满瓶”标签）；严禁在泄漏的情况下使用气瓶；使用过程中发现气瓶泄漏，要查找原因，及时采取整改措施。

气瓶使用安全要求可归纳为：

人员合格、安全检查、附件完好；直立放置、安全距离、防止暴晒。

避免冻结、严禁撞击、远离热源；保持清洁、安全操作、留有余压。

思考与练习

1. 填空题

（1）我国《建筑设计防火规范》将易燃液体划分为甲、乙、丙三类。甲类是指________；乙类是指________；丙类是指________。

（2）可燃性气体由管中喷出的燃烧属________，可燃液体燃烧属________，木材和煤的燃烧属________，金属的燃烧属________。

（3）一级可燃气体是指________，低闪点液体是指________。

（4）最小点火能指的是能引起爆炸件混合物燃烧爆炸时所需的________。最小点火能数值________，说明该物质愈易被引燃。

（5）隔爆型防爆电气设备是根据________原理设计的。

（6）有毒害气体检测中________是指根据检测环境设置的检测仪要检测的浓度限值。

（7）检测仪器检定时，零点控制调节所用气体为________或纯度不低于99.99%氮气。

（8）________是指可燃气体与空气组成的混合气体遇火源能发生爆炸的可燃气体的最高或最低浓度（用体积分数表示）。

（9）________是指把气瓶外表面涂敷的文字内容、色环数目和涂膜颜色按充装气体的特性而做的组合规定，是识别充装气体类型的标志。

（10）________气体检测仪是一种在生产过程中和工业装置上使用较多的检测仪，它可以安装在特定的检测点上对特定气体的泄漏进行检测。

2. 选择题

（1）燃烧过程中的氧化剂主要是氧。空气中氧的含量大约为（　　）。

A. 14%　　B. 21%　　C. 78%　　D. 87%

（2）爆炸极限是评定可燃气体、蒸气或粉尘爆炸危险性大小的主要依据。下列说法正确的是（　　）。

A. 爆炸下限愈低，爆炸极限范围愈宽，发生爆炸的危险性就越大

B. 爆炸下限愈高，爆炸极限范围愈宽，发生爆炸的危险性就越大

C. 爆炸下限愈低，爆炸极限范围愈窄，发生爆炸的危险性就越大

D. 爆炸下限愈高，爆炸极限范围愈窄，发生爆炸的危险性就越大

(3) 烟气的危害性有多种，(　　) 不属于烟气的危害性。

A. 毒害性　B. 减光性　C. 扩散性　D. 恐怖性

(4) 可燃物质在空气中与火源接触，达到某一温度时，开始产生有火焰的燃烧，并在火源移去后仍能持续并不断扩大的燃烧现象称为 (　　)。

A. 燃点　B. 闪燃　C. 着火　D. 爆燃

(5) 在规定的试验条件下，液体挥发的蒸气与空气形成混合物，遇火源能够产生闪燃的液体最低温度称为 (　　)。

A. 自燃点　B. 闪点　C. 自燃　D. 燃点

(6) 在规定的试验条件下，应用外部热源使物质表面起火并持续燃烧一定时间所需的最低温度，称为 (　　)。

A. 自燃点　B. 闪点　C. 自燃　D. 燃点

(7) 生产和储存火灾危险性为甲类的液体，其闪点 (　　)。

A. $>28℃$　B. $<28℃$　C. $\geqslant 28℃$　D. $\leqslant 28℃$

(8) 天然气井口发生的井喷燃烧等均属于 (　　)。

A. 分解燃烧　B. 扩散燃烧　C. 喷溅燃烧　D. 动力燃烧

(9) 在火灾过程中，(　　) 是造成烟气向上蔓延的主要因素。

A. 烟囱效应　B. 火风压　C. 孔洞蔓延　D. 水平蔓延

(10) 充装爆炸性气体混合物的容器管径越小，爆炸极限 (　　)。

A. 上下限之间范围越小　B. 上下限之间范围越大

C. 上限越高　D. 下限越低

(11) 可燃气体和有毒气体达到报警点浓度，检测仪可采取声、光、振动等方式开始报警，并显示气体类型、浓度和相应等级，特别是达到 (　　) 的气体，需要紧急处理，对于氧气浓度过高或过低的情况也需及时处理。

A. 一级报警点　B. 二级报警点　C. 三级报警点　D. 四级报警点

(12) 气体燃烧性能检测中，试验前应确保易燃气体试验在气体的爆炸范围之外，可以先由 (　　) 进行试验，然后控制流量计，使易燃气体浓度逐渐增大，直到调至点燃为止。

A. 较低的安全浓度　B. 较高的浓度　C. 任一浓度　D. 点燃浓度

(13) 混合气体的燃烧能否发生爆炸，与混合气体中可燃气体的浓度密切相关。只有浓度处于 (　　) 的可燃气体，燃烧时才会爆炸。

A. 处于爆炸极限范围之内　B. 高于爆炸上限浓度

C. 低于爆炸下限浓度　D. 任一浓度

(14) 金属网阻火器的阻火隔爆效果受很多因素影响，试验发现：热导率 (　　) 的金属网阻火隔爆效果比热导率 (　　) 的金属网阻火隔爆效果好。

A. 小；大　B. 大；小　C. 大；中　D. 中；小

(15) 搬运气瓶时，要旋紧瓶帽，以 (　　) 的位置来移动，注意轻装轻卸，禁止从瓶帽处提升气瓶。

A. 水平　B. 倾斜　C. 直立向上　D. 直立向下

3. 简答题

(1) 可燃气体的火灾危险性是如何分类的?

(2) 什么叫做预混燃烧?

(3) 简述闪燃、着火、自燃和爆炸的定义。

3 液体危险品性能检测与评价

知识目标

1. 了解液体危险品的检测参数和标准；
2. 熟悉检测仪器的检测原理和检测方法；
3. 掌握液体危险品检测和评价方法。

能力目标

1. 熟悉液体危险品的种类和检测参数；
2. 能熟练使用检测仪并能排除仪器简单故障；
3. 能根据检测结果评价液体危险品的危险性能。

工具设备

液体危险品系列检测仪器设备、检测试验安全防护设施。

3.1 液体危险品性能的检测

3.1.1 液体危险品检测参数与标准

依据联合国《关于危险货物运输的建议书，试验和标准手册》（2009年第五修订版）、ISO系列标准、《化学品测试导则》（HJ/T 153—2004）、国家环保总局《化学品测试方法》和国家有关技术标准，液体危险品的检测项目主要有：物性检测（沸点/沸程饱和蒸气压、密度、pH值、表面张力、运动黏度/动力黏度）、液体闪点（闭杯闪点、开杯闪点）和燃点测试、液体自燃温度测试、易燃液体持续燃烧测试、可燃液体燃烧速率测试、液体点火能测定、液体燃烧温度测试、金属腐蚀性测试和液体氧化特性测试等。

液体危险品性能检测的主要参数和标准如表3-1所示。

表3-1 液体危险品性能检测的主要参数和标准

检测参数	检测标准
物理性能	GB/T 21623—2008；GB/T 22235—2008 液体黏度试验方法 GB/T 21782.3—2008；GB/T 22230—2008；GB/T 21862.2—2008 液体密度的测定 GB/T 22229—2008 液体蒸气压的测定
燃烧性能	GB/T 21860—2008 液体化学品自燃温度的试验方法 GB/T 21622—2008 危险品 易燃液体持续燃烧试验方法 GB/T 21775—2008 闪点的测定 闭杯平衡法 GB/T 21792—2008 闪燃和非闪燃测定 闭杯平衡法
爆炸性能	GB/T 21848—2008 工业用化学品 爆炸危险性的确定

续表

检测参数	检测标准
氧化性能	GB/T 21620—2008 危险品 液体氧化性试验方法 GA/T 536.6—2010 易燃易爆危险品 火灾危险性分级及试验方法
金属腐蚀性	GB/T 21621—2008 危险品 金属腐蚀性试验方法

3.1.2 液体物性参数的检测

3.1.2.1 液体密度的测定

(1) 测定目的

① 了解密度对液体危险品性质的影响；

② 熟悉检测原理和检测仪器的维护；

③ 掌握液体密度测定方法及操作技能。

(2) 测定原理 密度是指在一定温度下，每单位体积物质的质量。以符号 ρ 表示，单位：g/cm^3。密度是液态化工产品重要的物理参数之一，测定密度可以区分化学组成相似而密度不同的液体物质，鉴定液体产品的纯度以及某些溶液的浓度。因此，化工产品密度的测定是许多液体产品的质量控制指标之一。测定液体的密度，可用密度瓶法、韦氏天平法和密度计法。本试验采用密度计法测定液体的密度。

密度计是根据阿基米德原理制成的，其种类很多，但结构和形式基本相同，都是由玻璃外壳制成，头部呈球形或圆锥形，里面灌有铅珠、水银或其他重金属，使其能立于溶液中，中部是胖肚空腔，内有空气故能浮起，尾部是一细长管，内附有刻度标记，刻度是利用各种不同密度的液体标定的。

将试样倒入密度计量筒中，再将装有试样的密度计量筒放在一定温度的恒温浴中，将密度计放入密度计量筒的试样中，静置。当密度计内外温度达到平衡后，记录密度计读数和试样温度。根据石油计量表（GB/T 1885—1998）把观察到的密度计读数换算成标准密度。

(3) 仪器与试剂

① 仪器设备 密度计量筒（250mL，两支，其内径至少比密度计外径大 25mm）；密度计（符合 SH/T 0136 条件）；恒温浴（其尺寸大小应能容纳密度计量筒，使试样完全浸没在恒温浴液体液面以下，在试验期间，能保持试验温度差在±0.25℃以内）；温度计（－1～38℃，精度为 0.1℃，－20～120℃，精度为 0.2℃）；搅拌棒（长约 450mm）。

② 试剂 蒸馏水、溶剂油。

(4) 测定步骤

① 准备工作

a. 取样 取样按 GB/T 4756—1998 采取。当使用自动取样法取挥发性液体时，必须使用体积可变的取样器并移至实验室，否则会造成轻组分损失，而影响到密度测定的准确度。

b. 试样混合 试样混合是为使试验的样品尽可能代表整个样品所采取的必要步骤，在试样的混合操作中，对黏稠或含蜡较多的试样，需要在保证样品中无蜡析出的情况下，把样品加热到能充分流动，但要注意温度不能高到引起轻组分的损失。对原油样品要加热到 20℃，或高于倾点（油品在规定的试验条件下，试样能够流动的最低温度）9℃以上，或高于浊点（透明样品在规定条件下刚出现浑浊的温度）3℃以上。

c. 检查密度计 密度计刻度是否处于管内的正确位置，如果刻度已移动，应换取符合标准的密度计。

d. 注入试样　在试验温度下把试样转移到温度稳定、清洁的密度计量筒中（避免试样飞溅和生成气泡，并要减少轻组分的挥发），注入量为量筒容积的70%，用一片清洁的滤纸除去试样表面产生的气泡。把装有试样的量筒垂直放在没有空气流动的地方。在整个试验期间，环境温度变化应不大于±2℃。当环境温度变化大于±2℃时，应使用恒温浴，以免温度变化过大。

e. 测量试样的温度　用搅拌棒搅拌试样，使整个量筒中试样达到均匀状态。用温度计测量试样温度，并记录下温度计读数（精确到0.1℃）。

② 液体密度的测定

a. 测定密度范围　选择适合的不同规格的密度计放入搅拌均匀的试样中（密度计底端与量筒底端至少保持25mm距离，否则需向量筒中添加试样至达到要求），测定试样的密度，根据不同规格得到密度计读数，测定出试样的密度范围。

b. 调试密度计　根据密度范围，选择测定值在密度范围中间的密度计慢慢放入试液中，达到平衡位置时放开，让密度计自由漂浮在试样中，要注意避免弄湿液面以上的干管。把密度计按到平衡点以下1mm或2mm，并让它回至平衡位置，观察试样弯月面形状，如果弯月面形状改变，应清洗密度计干管，重复此项操作直到弯月面形状保持不变。

③ 读取试液密度　测定透明液体，先使眼睛稍低于液面的位置［图3-1(a)］，慢慢地升到表面，先看到一个不正的椭圆，然后变成一条与密度计刻度相切的直线。密度计读数为液体下弯月面与密度计刻度相切的那一点，见图3-1(b)。测定不透明液体，使眼睛稍高于液面的位置观察［见图3-2(a)］。密度计读数为液体上弯月面与密度计刻度相切的那一点［见图3-2(b)］，记录试液密度。

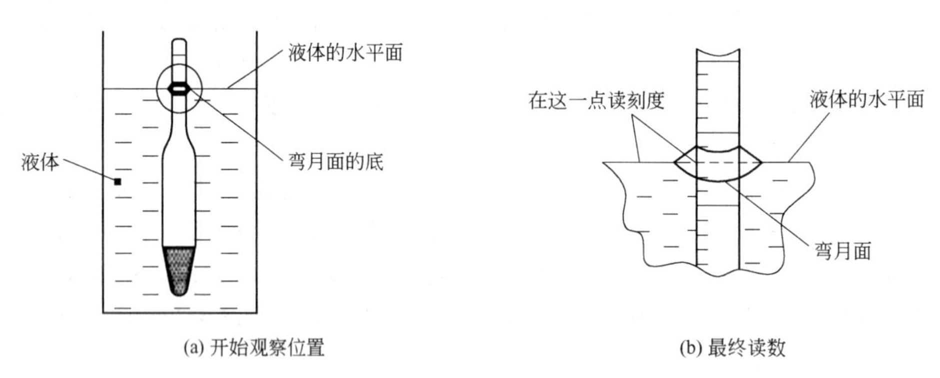

(a) 开始观察位置　　(b) 最终读数

图3-1　透明液体的密度计刻度读数

④ 再次测定温度　记录密度计读数后，立即小心地取出密度计，并用温度计测定试样温度。记录温度准确到0.1℃，如这个温度与开始试验温度相差大于0.5℃，应重新读取密度计和温度计读数，直到温度变化稳定在±0.5℃以内。如果不能得到稳定的温度，则需把盛有试样的密度计量筒放在恒温浴内，再重新测定。

(5) 测定结果的处理

① 测定结果的记录　如表3-2所示。

② 测定结果的处理　对温度计读数做有关修正，记录值精确到近0.1℃。一般密度计读数是按液体下弯月缘检定的，对不透明液体，应采用YS-Ⅰ、YS-Ⅱ密度计，这两种密度计是按弯月面上缘检定的。对观察到的密度计读数做有关修正后，记录值精确到0.1kg/m^3。

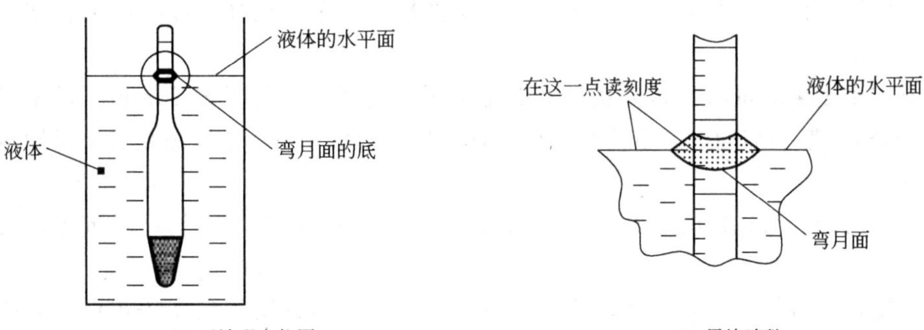

图 3-2 不透明液体的密度计刻度读数

表 3-2 液体危险品密度测定记录表

试样名称			采样地点	
采样时间	年 月 日		测定时间	月 日
密度计号			校正值/(kg/m³)	
温度计号		测定温度/℃		校正后温度/℃	
(1)示值		校正后值		标 准 值	
(2)示值		校正后值		标 准 值	

平均结果__________ kg/m³
检验人__________ 复核人__________ 审核人__________

按不同的试验样品，用 GB/T 1885—1998 石油计量表把修正后的密度计读数换算到20℃的标准密度。

③ 允差（允许公差）

a. 重复性 重复性是指同一操作者用同一仪器在恒定的操作条件下对同一种测定试样，按试验方法正确的操作所得连续测定结果之间的差。在长期操作实践中，超过表 3-3 所示数值的可能性只有 1/20。

表 3-3 检测结果的重复性

石油产品	温度范围/℃	单位	重复性
透明低黏度	−2～24.5	kg/m³	0.5
不透明	−2～24.5	kg/m³	0.6

b. 再现性 再现性是指不同操作者，在不同实验室对同一种测定试样，按试验方法正确操作所得的两个独立结果之间的差。在长期操作实践中，超过表 3-4 所示数值的可能性只有 1/20。

表 3-4 检测结果的再现性

石油产品	温度范围/℃	单位	再现性
透明低黏度	−2～24.5	kg/m³	1.2
不透明	−2～24.5	kg/m³	1.5

(6) 注意事项

① 密度计在使用前必须全部擦拭干净，擦拭后不要再握最高分度线以下各部，以免影响读数。

② 测定密度用的量筒，其直径应至少比所用的密度计的外径大 25mm。以免密度计与量筒内壁擦碰，影响准确度；量筒高度应能使密度计漂浮在试样中，密度计底部距量筒底部至少 25mm。

③ 将密度计浸入试样时，不能用手把密度计向下推，应轻轻缓放，以防止密度计沉到量筒底部，碰破密度计。

④ 测定透明液体密度，密度计读数为液体下弯月面与密度计刻度相切点的数值。测定不透明液体密度，密度计读数为液体上弯月面与密度计刻度相切点的数值。

⑤ 对含水或沉淀物的挥发性原油和石油产品或含蜡挥发性原油和石油产品要注意在对样品均化或加热时，可能会发生轻组分的损失。

⑥ 用密度计法测定密度在标准温度 20℃或接近 20℃时最准确。当密度值用于散装石油计量时，在散装石油温度或接近散装石油±3℃下测定密度可以减小石油体积修正的误差。

⑦ 当使用塑料量筒时，要用湿布擦拭量筒外壁，以除去静电。汽油等轻质油不允许使用塑料量筒。

⑧ 铅弹蜡封型密度计在高于 38℃时使用后，要垂直晾干和冷却。

⑨ 试样内或其表面存在气泡时，会影响读数，在测定前应用滤纸消除气泡。

思 考 题

① 测定密度时试样为什么要混匀？

② 在对密度计读数时应注意哪些事项？

3.1.2.2 液体凝点的测定

(1) 测定目的

① 了解液体凝点测定的意义；

② 熟悉凝点测定仪器的使用和维护；

③ 掌握液体凝点的测定方法。

(2) 测定原理 凝点指油品在规定的试验条件下，被冷却的试样液面不再移动时的最高温度（凝点温度加 3℃，即为试样倾点温度）。将试样装在规定的试管中，并冷却到预期的温度，再将试管倾斜 45°经过 1min，通过观察液面是否移动来确定凝点。

(3) 仪器

① 凝点测定仪（SYD-510C 石油产品凝点试验器）或符合要求的其他凝点测定装置。

② 实验室测定时也可使用下列装置：圆底试管（高度 160mm±10mm，内径 20mm±1mm，在距管底 30mm 的外壁处有一环形标线）；圆底的玻璃套管（高度 130mm±10mm，内径 40mm±2mm）；装冷却剂用的广口保温瓶或筒形容器（高度不小于 160mm，内径不小于 120mm，可以用陶瓷、玻璃、木材，或带有绝缘层的铁片制成）；水银温度计（符合 GB/T 514—2005《石油产品试验用玻璃液体温度计技术条件》的规定，供测定凝点高于－35℃的石油产品使用）；液体温度计（符合 GB/T 514—2005 的规定，供测定凝点低于－35℃的石油产品使用）；支架（有能固定套管、冷却剂容器和温度计的装置）；水浴。

(4) 测定步骤

① 测定准备

a. 加入制冷剂 制冷剂的制备按试验要求而定。试验温度要求在0℃时用水和冰；在－20～0℃时用食盐和碎冰；在－20℃以下时用工业乙醇和干冰（干冰即固体二氧化碳，无干冰时，可以使用液态氮气或液态空气或其他适当的制冷剂，并需注意安全）。

b. 试样处理 无水的试样直接测定，试样的水分超过产品标准允许范围时，试验前需要进行脱水处理（脱水处理是在试样中加入新煅烧并冷却的食盐、硫酸钠或无水氯化钙作为脱水剂进行脱水）。

② 凝点测定

a. 注入试样 在干燥、清洁的试管中注入试样，使液面到环形标线处。用胶塞将温度计固定在试管中央，使水银球距管底8～10mm。

b. 预热 将装有试样和温度计的试管，垂直地浸在50℃±1℃的水浴中，直至试样的温度达到50℃±1℃为止。

c. 冷却试样 从水浴中取出装有试样和温度计的试管，擦干外壁，用胶塞将试管固定在盛有少量（高度为1～2mm）乙醇的套管中央，并把套管垂直固定在支架上，在室温条件下静置，直至冷却到35℃±5℃。

d. 测定试样凝点 将冷却到35℃±5℃的试管和套管一起浸在装好制冷剂的凝点测定仪中（制冷剂的温度要比试样的预期凝点低7～8℃，外套管浸入制冷剂的深度应不小于70mm）。

当试样温度冷却到预期的凝点时，将浸在制冷剂中的套管倾斜成为45°，并将这样的倾斜状态保持1min（试样部分仍要浸没在制冷剂内）。从制冷剂中小心取出装有试样的套管，迅速用工业乙醇擦拭套管外壁，垂直放置并透过套管观察试管里面的液面是否有过移动的迹象。

e. 当液面位置有移动时，从套管中取出试管，并将试管重新预热至试样达50℃±1℃，然后用比上次试验温度低4℃的试样重新进行测定，直至某试验温度能使液面位置停止移动为止。

试验温度低于－20℃时，重新测定前应将装有试样和温度计的试管放在室温中，待试样温度升到室温，再将试管浸在水浴中加热。

f. 当液面的位置没有移动时，从套管中取出试管，并将试管重新预热至试样达50℃±1℃，然后比上次试验温度高4℃重新进行测定。直至某试验温度能使液面位置有了移动为止。

③ 试样凝点的确定 找出凝点的温度范围（液面位置从移动到不移动或从不移动到移动的温度范围）之后，采用比移动的温度低2℃，或采用比不移动的温度高2℃的方式，重新进行试验。如此重复试验。直至试验温度处在使试样液面不动和液面移动的±2℃范围，则取使液面不动的温度，作为试样的凝点。

（5）测定结果的处理

① 数据记录 如表3-5所示。

② 允差 凝点测定结果的可靠性，可以用以下数值判断：

a. 重复性 由同一操作者重复测定两个结果之差，不应超过2℃。

b. 再现性 不同操作者使用不同仪器，测定相同试样，测定结果之差不应超过4℃。

c. 确定结果 取重复测定两个结果的算术平均值，作为试样的凝点。

（6）注意事项

表 3-5 凝点测定原始记录表

试样名称			采样地点	
采样日期	年 月 日		测定时间	日 时
冷却浴温度/℃			温度计号	
测定次数	1		2	
第一次观察	温度/℃	现象	温度/℃	现象
第二次观察				
第三次观察				
凝点/℃				
校正值/℃				
凝点/℃				
平均凝点/℃				
检验人		复核人		

① 试验所用的试管、套管、温度计应符合标准要求，温度计应定期检定。

② 注意温度计插放位置，并要固定好。

③ 试样含水时，测定凝点前要进行脱水处理。

④ 试样在冷却过程中要防止人为的破坏结晶网络，一旦破坏要按规定重新预热和冷却。

思 考 题

① 石油产品在低温时为什么会失去流动性?

② 制冷剂的温度对液体凝点的测定有什么影响?

③ 为什么测定石油产品凝点时在试管外再套玻璃套管?

④ 测定石油产品凝点时，每观察一次液面是否移动后，试样要重新预热的原因是什么?

附：凝点测定仪法测定液体凝点

(1) 仪器设备 GDND-801 型石油产品凝点测定仪如图 3-3 所示。

(2) 仪器键盘控制 主控机键盘上有六个薄膜按键，如图 3-4 所示。其功能如下：

① 复位键，按此键主控机热启动（重新上电为冷启动），内部自检后重新工作；

② 上移键，按此键项目光标上移或改动数据增加；

③ 下移键，按此键项目光标下移或改动数据减小；

④ 左移键，按此键项目光标左移；

⑤ 右移键，按此键项目光标右移；

⑥ 确认键，此键存入数据或执行某项操作。

(3) 检测准备

① 检查仪器 将仪器放在离水源近的试验台上，将仪器后面上盖的电源连接线插到机箱上，保证电源接地良好。

② 连接好冷却循环水（试样前让水先循环一段时间，试验完成后，过十几分钟后再撤掉循环水，没有循环水仪器不能工作）。

③ 安装打印纸 翻下打印机前盖，捏住固定机头的机头拉板两侧的弹性卡条，将机头拉板拉出约 2mm，接通打印机电源，打印机走纸三行后，进入待命状态，此时指示灯亮。

(4) 检测步骤

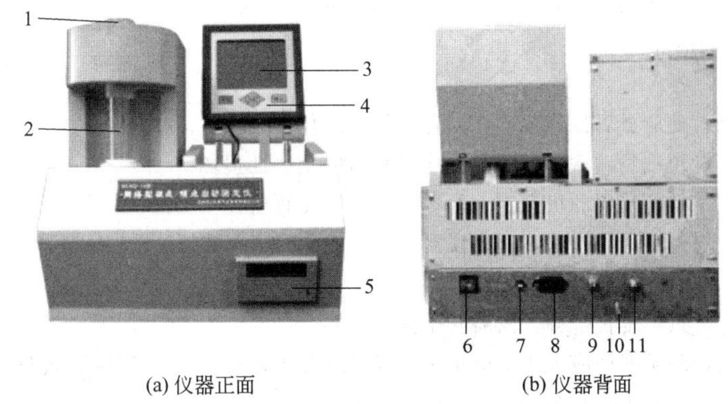

(a) 仪器正面　　(b) 仪器背面

图 3-3　石油产品凝点测定仪示意图

1—油杯；2—注油管；3—液晶显示屏；4—键盘；5—打印机；
6—电源开关；7—保险丝座；8—电源插座；9—出水管；10—放油管；
11—进水管

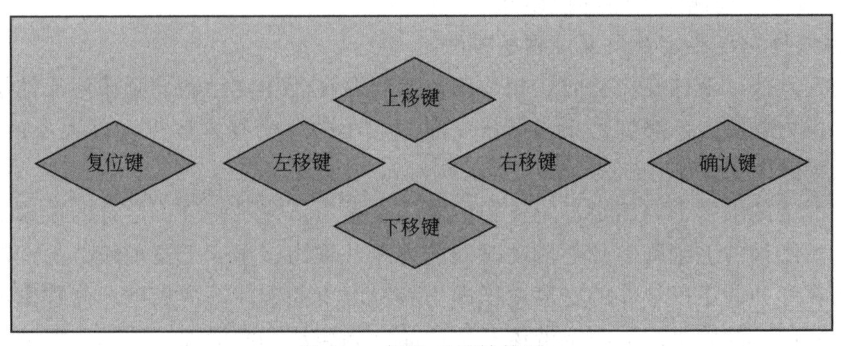

图 3-4　仪器面板结构图

① 打开电源　电源打开后几秒钟显示屏自动转入“主菜单”页，显示可选择的设置项目有“设定温度”、“设定时钟”、“主机控制”和“油阀状态”等。

② 设定时钟　屏幕显示时钟如有误，将光标移到“设定时钟”项，通过“上下左右”键使光标移动到所需修改的数据处，用“上”（或“下”）键使显示数据增加（或减小）到期望值，然后按“右”键修改下一位，直至光标移出最后一位，按确认键即完成时钟设定。

③ 注入油样　打开注油盖，在主菜单页将光标移到“油阀状态”项目，按上下键使该项目显示“油阀打开”，再按“确认”键，则自动打开油阀。然后注油直到排油管排出的油无气泡为止，此时按“复位”键油阀自动关闭，注油完成（放油操作过程与上述相同）。油杯中的油不要高于气压口，以免油倒流损坏气泵。注油后将油杯盖拧紧。

④ 设定温度　进入“主菜单”页，用左右键将黑色光标移到“设定温度”项目，使用上下键根据油样的种类和性质等情况设定一个预置温度，仪器会在预置温度前 10℃开始检测。设置温度不能高于－10℃。

⑤ 凝点测定　把光标移到“设定温度”项对应的确认处按“确认”键，仪器自动转入测定页，仪器自动制冷、显示温度、检测凝点直至试验完成。屏幕显示如图 3-5 所示。

试验结果可通过仪器键盘，直接传送给实验室监控计算机，并自动进入汇总表格。

主 菜 单

设定温度	−15	确认
测定方法	凝点	确认
油阀状态	关闭	确认
主机控制		确认

2012 年 12 月 25 日 09：58

图 3-5　屏幕显示示意图

⑥ 结果打印　试验完成会自动打印结果。屏幕显示回升温度，当温度回升到10℃时，仪器会少量放油，以保证下次试验的准确。

（5）注意事项

① 仪器后面放油管处应放置接油容器，因每次做样后仪器会排油。

② 液晶显示器不能用硬物磕碰，否则会造成显示器的永久性损坏。

③ 仪器应放置在平整、稳固的机台上，并尽量避免阳光直射在仪器上。

④ 在检测凝点之前先接通循环水，否则仪器不能工作。循环水的温度应在20℃以下，否则应加制冷头给循环水降温。

⑤ 如有误操作，可按“复位”键，重新开始操作。

⑥ 两次制冷测定的间歇时间应大于30min（冷冻腔温度回升到20℃以后再做试验），使油样恢复到室温后再进行测定，以保证测定的准确度。

3.1.2.3 液体黏度的测定

（1）测定目的

① 了解液态黏度测定的意义；

② 熟悉液体黏度测定仪器的使用和维护；

③ 掌握液体黏度测定及数据处理的方法。

（2）测定方法　液体在流动时，相邻流体层间存在着相对运动，则该两流体层间会产生摩擦阻力，称为黏滞力。黏度是用来衡量黏滞力大小的一个物性数据，其大小由物质种类、温度、浓度等因素决定。

在某一恒定的温度下，测定一定体积的液体在重力下流过一个标定好的玻璃毛细管黏度计的时间，黏度计的毛细管常数与流动时间的乘积，称为该温度下被测液体的运动黏度；该温度下运动黏度和同温度液体的密度之积即为该温度下的液体动力黏度，简称黏度。

本试验采用毛细管黏度计测定液体石油产品（如柴油、润滑油、渣油、原油等）的运动黏度。

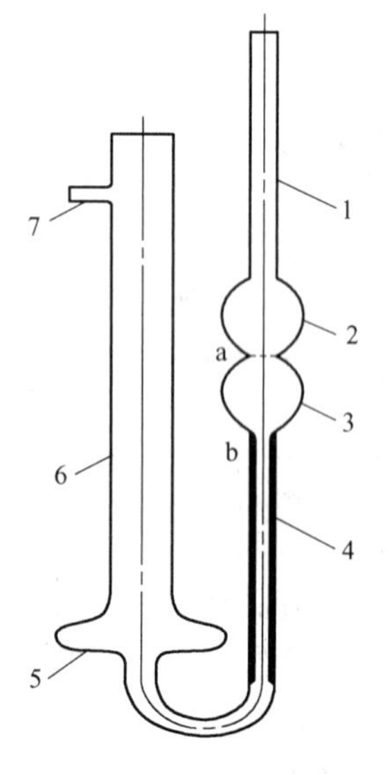

图3-6　毛细管黏度计

1,6—管身；2,3,5—扩张部分；4—毛细管；7—支管；a,b—标线

（3）仪器与试剂

① 仪器

a. 黏度计　玻璃毛细管黏度计应符合SH/T 0173—1992《玻璃毛细管黏度计技术条件》的要求。应根据试验的温度选用适当的黏度计，必须使试样的流动时间不少于200s，内径0.4mm的黏度计流动时间不少于350s。毛细管黏度计见图3-6，毛细管内径分别有0.4，0.6，0.8，1.0，1.2，1.5，2.0，2.5，3.0，3.5，4.0，5.0和6.0，单位为mm。

b. 恒温浴　带有透明壁或装有观察孔的恒温浴，其高度不小于180mm，容积不小于2L，并且附有自动搅拌装置和能够准确调节温度的电热装置。在20～50℃温度条件下测定黏度可以选用水浴。

c. 温度计　符合GB/T 514—2005《石油产品试验用玻璃液体温度计技术条件》，精度为0.1℃。

d. 秒表　精度为0.1s。用于黏度测定计时。

② 试剂与试样

a. 试剂　溶剂油应符合SH 0004—1990《橡胶工业用溶剂

油》要求，铬酸洗液，95％乙醇。

b. 试样　车用柴油或普通柴油。

（4）测定步骤

① 测定准备

a. 试样处理　若试样含有水或固体杂质时，在试验前必须经过脱水处理或用过滤法除去杂质。

b. 清洗黏度计　测定黏度前必须将黏度计用溶剂油或石油醚洗涤，如果黏度计沾有污垢，可以用铬酸洗液、蒸馏水或95％乙醇依次洗涤，然后放入烘箱中烘干。

c. 吸入试样　在装试样之前，将橡皮管套在支管7上，并用手指堵住管身6的管口，同时倒置黏度计，然后将管身1插入装有试样的容器中；这时利用橡皮球将液体吸到标线b，同时注意不要使管身1、扩张部分2和3中的液体产生气泡。当液面达到标线b时，就从容器里提起黏度计，并迅速恢复其正常状态，同时将管身1的管端外壁所附着的多余试样擦去，并从支管7取下橡皮管套在管身1上。

d. 安装仪器　将装有试样的黏度计浸入事先准备好的恒温浴中，并用夹子将黏度计固定在支架上，在固定位置时，必须把毛细管黏度计的扩张部分2浸入一半。用另一只夹子将温度计固定，务必使水银球的位置接近毛细管中央点的水平面，并使温度计上要测温的刻度位于恒温浴的液面以上10mm处。

② 黏度测定

a. 调整黏度计位置　将黏度计调整成为垂直状态，要利用铅垂线从两个相互垂直的方向去检查毛细管的垂直情况。将恒温浴调整到规定的温度，把装好试样的黏度计浸在恒温浴内，按表3-6规定的时间恒温。试验温度变化须保持在±0.1℃范围。

表3-6　黏度计在恒温浴中的恒温时间

试验温度/℃	恒温时间/min	试验温度/℃	恒温时间/min
80～100	20	20	10
40～50	15	0～－50	15

b. 调试试样液面高度　利用毛细管黏度计管身1口所套着的橡皮管将试样吸入扩张部分3，使试样液面稍高于标线a，并且注意不要让毛细管和扩张部分3的液体产生气泡。

c. 记录流动时间　观察试样在管身中的流动情况，液面正好到达标线a时，开动秒表计时；液面正好流到标线b时，停止秒表，记录试样流动时间。

试样的液面在扩张部分3中流动时，注意恒温浴要保持恒定温度，而且扩张部分中不应出现气泡。

d. 重复测定四次以上，然后，取不少于三次的流动时间的算术平均值，作为试样的平均流动时间。其中各次流动时间与其算术平均值的误差应符合表3-7的要求。

表3-7　不同温度下，允许单次测定流动时间与算术平均值的相对误差

测定温度范围/℃	允许测定相对误差/％	测定温度范围/℃	允许测定相对误差/％
＜－30	2.5	15～100	0.5
－30～15	1.5		

（5）测定结果处理

① 数据记录和处理　按表3-8格式记录和处理数据。

表 3-8 石油产品运动黏度数据记录与处理

试样名称			取样地点		
取样时间	年 月 日	测定时间	日 时	试验温度/℃	
黏度计号			黏度计规格/mm		
测定次数		1	2	3	4
黏度计常数(C)/(mm^2/s^2)					
流动时间 τ/s		$\tau_1=$	$\tau_2=$	$\tau_3=$	$\tau_4=$
黏度结果(η)/(mm^2/s)					
平均结果($\bar{\eta}$)/(mm^2/s)					
计算:$\eta=C\tau$ $\bar{\eta}=C\bar{\tau}$					
检验人:		复核人:		审核人:	

② 允差

a. 重复性　同一操作者，用同一试样的重复测定的两个结果之差，不应超过表 3-9 规定。

表 3-9 黏度测定允差

测定黏度的温度/℃	重复性/%
100～15	算术平均值的 1.0
<15～-30	算术平均值的 3.0

b. 再现性　由不同操作者，在 15～100℃的不同实验室测定的两个结果之差，不应超过 2.2%。

c. 结果确定　取重复测定两个结果的算术平均值（保留四位有效数字），作为试样的运动黏度。

（6）注意事项

① 黏度大小与试样在黏度计内流动的时间有关，需按规定根据试验温度，选用使试样流动时间在 200s 以上相当直径的黏度计。

② 黏度大小与测量时间的准确度有关，在测定黏度时，应选用精度为 0.1s 的秒表，放在水平的位置上进行计时。

③ 试样中存在气泡时会影响装样体积，而且进入毛细管后可能形成气塞，增大了液体流动阻力，使流动时间拖长，测定结果偏高。

④ 黏度计必须干燥透明、无油污、无水垢。

思 考 题

① 测定温度对黏度测定结果有什么影响？

② 毛细管黏度计浸入恒温浴时为什么要垂直放置？

③ 试样中含有杂质、水分对测定结果有何影响？

3.1.3 液体燃烧性能的检测

3.1.3.1 可燃液体闪点和燃点的检测（开口杯法）

（1）检测目的

① 了解可燃液体闪点、燃点的概念及液体存在闪燃现象的原因；

② 熟悉闪点和燃点测定原理以及测定仪器的使用和维护；

③ 掌握用开口杯闪点测定仪测量可燃液体的闪点和燃点的方法。

（2）检测原理和方法　当液体温度比较低时，由于蒸发速率慢，液面上方形成的蒸气分子浓度比较小，可能小于爆炸下限，此时蒸气分子与空气形成的混合气体遇到火源是不能被点燃的。随着温度的不断升高，蒸气分子浓度增大，当蒸气分子浓度增大到爆炸下限的时候，可燃液体的饱和蒸气与空气形成的混合气体遇到火源会发生一闪即熄灭的现象，这种一闪即灭的瞬时燃烧现象称为闪燃。在规定的试验条件下，液体表面发生闪燃时所对应的最低温度称为该液体的闪点。在闪点温度下，液体只能发生闪燃而不能出现持续燃烧。这是因为在闪点温度下，可燃液体的蒸发速度小于其燃烧速度，液面上方的蒸气烧光后蒸气来不及补充，导致火焰自行熄灭。

继续升高温度，液面上方蒸气浓度逐渐增加，当蒸气分子与空气形成的混合物遇到火源能够燃烧且持续时间不少于 5s 时，此时液体被点燃，它所对应的最低温度称为该液体的燃点。

可以说，闪燃是火险的警告，是着火的前奏。掌握液体的闪燃原理，便可以很好地预防火灾发生或减小火灾造成的危害。

（3）检测仪器与试剂

① 仪器

a. 克利夫兰开口闪点测定仪　如图 3-7 所示，包括试验杯、加热板、试验点火器和加热器等部分。

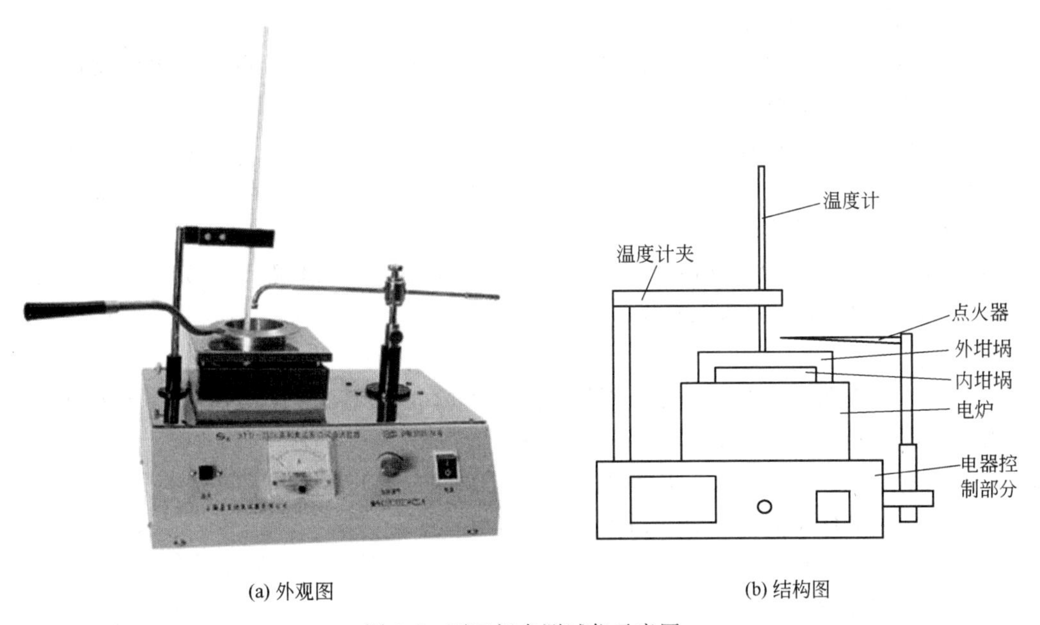

(a) 外观图　　(b) 结构图

图 3-7　开口闪点测试仪示意图

b. 温度计　符合 GB/T 514—2005《石油产品试验用玻璃液体温度计技术条件》。

c. 防护屏　用镀锌铁皮制成，高度 610mm、460mm×460mm，一面开口，屏身内壁涂成黑色。

② 试剂与耗材　试样：煤油、柴油和润滑油；清洗剂：车用汽油或溶剂油；钢丝绒：

除去炭沉积物。

（4）检测步骤

① 检测准备

a. 将仪器放在无空气流的平稳实验台上，在仪器顶部放一个遮光板。

b. 清洗油杯　油杯要用车用汽油或溶剂油洗涤，再用空气吹干。如果油杯留有碳的沉积物，可用钢丝绒擦掉再用溶剂油清洗。

c. 安装温度计　将温度计垂直安装在油杯上，距杯底 6mm，并位于油杯中心且在点火器的对面。

② 检测步骤

a. 注入试样　将试样装入试验油杯中，使试样弯液面的顶部恰好到油杯的环状标记处。如果试样沾在仪器的外边，倒出试样，清洗后重新装样。油杯中试样表面应该无气泡。

b. 调试火焰　打开点火器，并将点火器火焰调整到接近球形，其直径为 3.2～4.8mm。如果仪器安装有金属比较小球，则与该小球直径相同。

c. 加热升温　开始对试样加热时，要控制升温速度为 14～17℃/min，根据被测试样类别，预测其闪点，当距预期闪点 56℃时减慢升温速度，当到达预期闪点前 23℃±5℃时控制升温速度为 5～6℃/min。

d. 点火试验　从距预期闪点 23℃±5℃时，温度每升高 2℃，开始用平稳、连续的试验火焰扫划试样液面一次。试样火焰每次通过油杯时间为 1s。试验火焰的中心必须在距试验杯上边缘面上方 2mm 以内的平面上移动。先向一个方向，下次再向相反方向扫划。如果表面形成一层油膜，应把油膜用玻璃棒拨到一边再继续试验。未知闪点的试样，从高于起始加热温度 5℃开始第一次点火。

e. 测定闪点　在试样液面上方最初出现蓝色火焰时，立即从温度计读出温度作为闪点的测定结果（注意不要把火焰周围淡蓝色光轮视为闪点）。

f. 燃点测定　继续以每分钟 5～6℃的速度加热试样，温度每上升 2℃扫划试样液面一次，直到试样着火且连续燃烧时间不少于 5s，此时温度计的温度就是该液体的燃点。

（5）检测数据的记录与处理

① 数据记录　将试验数据填入表 3-10，并计算结果（体积准确到 0.5mL，温度精确到 0.5℃，大气压力精确至 0.1kPa）。

② 数据处理

a. 大气压力对闪点影响的修正　根据国家有关标准的规定，以 101.3kPa 为闪点测定的基准压力，若有偏离，需按式（3-1）进行修正。

$$T_c = T_0 + 0.25(101.3 - p) \tag{3-1}$$

式中　T_c——压力修正后的闪点，℃；

T_0——测定闪点，℃；

p——实际大气压力，kPa。

b. 允差　可燃液体闪点测定结果的可靠性，按下述规定（95%置信水平）判别精密度是否合格。

重复性：由同一操作者，使用同一仪器，用同一方法，测定同一试样，重复测定两个结果之差，对于闪点和燃点均不应超过 8℃。

再现性：由不同操作者，使用不同仪器，用同一方法，测定同一试样，重复测定两个结果之差，对于闪点不应超过 17℃，对于燃点不应超过 14℃。

表 3-10 石油产品闪点（开口杯）测定记录

<table>
<tr><td colspan="2">试样名称</td><td colspan="2"></td><td colspan="2">采样地点</td><td colspan="2"></td></tr>
<tr><td colspan="2">采样日期</td><td colspan="2">年 月 日</td><td colspan="2">测定时间</td><td colspan="2">年 月 日</td></tr>
<tr><td colspan="2">大气压/kPa</td><td colspan="2"></td><td colspan="2">校正值/℃</td><td colspan="2"></td></tr>
<tr><td>温度计号</td><td></td><td>校正值/℃</td><td></td><td>温度计号</td><td></td><td>校正值/℃</td><td></td></tr>
<tr><td colspan="2">测定次数</td><td colspan="3">1</td><td colspan="3">2</td></tr>
<tr><td colspan="2" rowspan="10">上升温度/℃</td><td>时</td><td>分</td><td>℃</td><td>时</td><td>分</td><td>℃</td></tr>
<tr><td></td><td></td><td></td><td></td><td></td><td></td></tr>
<tr><td></td><td></td><td></td><td></td><td></td><td></td></tr>
<tr><td></td><td></td><td></td><td></td><td></td><td></td></tr>
<tr><td></td><td></td><td></td><td></td><td></td><td></td></tr>
<tr><td></td><td></td><td></td><td></td><td></td><td></td></tr>
<tr><td></td><td></td><td></td><td></td><td></td><td></td></tr>
<tr><td></td><td></td><td></td><td></td><td></td><td></td></tr>
<tr><td></td><td></td><td></td><td></td><td></td><td></td></tr>
<tr><td></td><td></td><td></td><td></td><td></td><td></td></tr>
<tr><td colspan="2">测定值/℃</td><td colspan="3"></td><td colspan="3"></td></tr>
<tr><td colspan="2">校正后结果/℃</td><td colspan="3"></td><td colspan="3"></td></tr>
<tr><td colspan="2">平均值/℃</td><td colspan="6"></td></tr>
<tr><td colspan="2">精密度</td><td colspan="6"></td></tr>
</table>

结果确定：测定结果应符合精密度要求，取重复测定两个结果的算术平均值，修约为整数作为试样的闪点。

(6) 注意事项

① 实验室易燃液体要严格按照要求存放和使用，注意安全。

② 试验完成后按要求将试验样品倒回指定废油罐。

③ 试验后关闭电源，将仪器擦洗干净。

思 考 题

① 为什么试验时试样每次都要取新鲜样？

② 影响闪点和燃点测定结果准确程度的因素有哪些？

③ 闪点测定仪为什么要用防护屏？

3.1.3.2 可燃液体的闪点和燃点的检测（闭口杯法）

(1) 检测目的

① 熟悉闭口闪点测定仪器的使用和维护；

② 掌握闭口杯法测定闪点和燃点的方法；

③ 掌握闭口杯法闪点测定结果的计算与修正。

(2) 检测方法 按 GB/T 261—2008 宾斯基-马丁闭口杯测定法，将试样在连续搅拌下缓慢、稳定加热。在规定的温度间隔并停止搅拌的情况下，将一小火焰引入试样杯内，测定试验火焰引起试样蒸气着火，并使火焰蔓延至液体表面的最低温度，经修正到 101.3kPa 大气压下的温度后，即为该液体的闪点，以℃表示。

（3）仪器与试剂

① 仪器

a. 闭口闪点测定仪（符合 SH/T 0315—1992《闭口闪点测定器技术条件》），如图 3-8 所示。

(a) 外观图

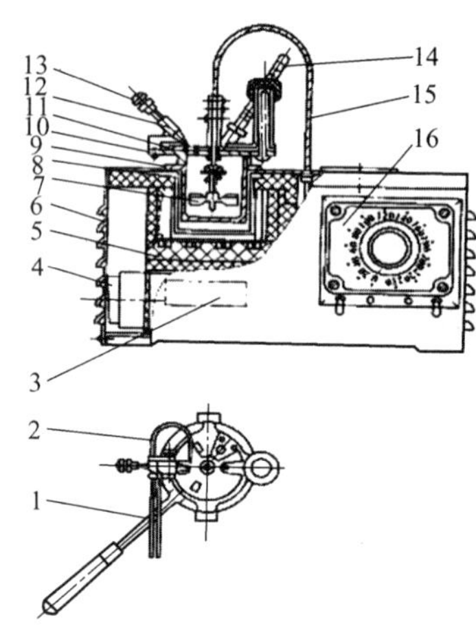

(b) 结构图

图 3-8 闭口闪点测试仪示意图

1—油杯手柄；2—点火管；3—铭牌；4—电动机；5—电炉盘；6—壳体；7—搅拌桨；8—浴套；9—油杯；10—油杯盖；11—滑板；12—点火器；13—点火器调节螺钉；14—温度计；15—传动软轴；16—开关箱

b. 温度计 符合 GB/T 514—2005《石油产品试验用玻璃液体温度计技术条件》。

c. 防护屏 用镀锌铁皮制成，高度 550～650mm，宽度以适用为宜，屏身内壁涂成黑色。

② 材料与试剂 试样：普通柴油或车用柴油；试剂：车用汽油或溶剂油。

（4）闪点和燃点的测定

① 检测准备

a. 试样脱水 试样的水分超过 0.05%时，必须脱水。脱水处理是在试样中加入新煅烧并冷却的食盐、硫酸钠或无水氯化钙作为脱水剂进行脱水（闪点高于 100℃时，需加热到 50～80℃进行脱水处理）。脱水后，取试样的上层澄清部分供试验使用。

b. 清洗油杯 油杯要用车用汽油或溶剂油洗涤，再用空气吹干。

c. 注入试样 试样和油杯的温度都不应高于试样脱水的温度。试样要装满到油杯的环状标记处，然后盖上清洁、干燥的杯盖，插入温度计，并将油杯放在空气浴中。测定试验闪点低于 50℃的试样时，应预先将空气浴冷却到室温（20℃±5℃）。

d. 引燃点火器 将点火器点燃，将火焰调整到接近球形，直径为 3～4mm。

e. 围好防护屏 闪点测定器要放在避风和较暗的地方，利于观察火焰。为了更有效地避免气流和光线的影响，闪点测定器应围上防护屏。

f. 测定大气压 用检定过的气压计，测定试验时的实际大气压力（Pa）。

② 检测步骤

a. 控制升温和搅拌速率　试验开始到结束应以 5～6℃/min 速率升温，且搅拌速率为 90～120r/min。

b. 点火试验　对闪点不高于 110℃的试样，从预期闪点 23℃±5℃以下开始点火试验，试样每升高 1℃点火一次。对闪点高于 110℃的试样，从预期闪点 23℃±5℃以下开始点火试验，试样每升高 2℃点火一次。未知闪点的试样，从高于起始加热温度 5℃开始第一次点火。

试样在试验期间都要转动搅拌器进行搅拌；只有在点火时才停止搅拌。点火时，使火焰在 0.5s 内降到杯上含试样蒸气的空间中，停留在这一位置 1s，迅速回到原位。如果观察不到闪火，继续搅拌试样，并按上述要求重复进行点火试验。

c. 测定闪点　在试样液面上方最初出现蓝火焰时，立即从温度计读出温度作为闪点的测定结果（不要把火焰周围淡蓝色光轮视为闪点）。观察到闪点与最初点火温度的差值应在 18～28℃范围之内，否则认为此结果无效，应更换新试样重新试验。

d. 燃点测定　测定闪点后继续加热试样，温度每上升 2℃进行点火试验，能够出现蓝色火焰并持续 5s 即为该液体的燃点。

（5）检测数据记录与处理

① 数据记录　检测试验结果记录按表 3-11 填写（温度精确到 0.5℃，大气压力精确至 0.1kPa）。

表 3-11　液体石油产品闪点、燃点（闭口杯）测定记录表

试样名称				采样地点		
采样日期	年　月　日			测定时间	年　月　日	
大气压/kPa				校正值/℃		
温度计号		校正值/℃		温度计号		校正值/℃
测定次数	1			2		
上升温度/℃	时	分	℃	时	分	℃
闪点测定值/℃						
闪点校正后结果/℃						
闪点平均值/℃						
精密度						
燃点测定值/℃						
燃点校正后结果/℃						
精密度						
检验人			复核人			

② 数据处理

a. 大气压力对闪点影响的修正　根据国家标准的规定，以 101.3kPa 为闪点测定的基准压力，若实际试验压力有偏离，需按公式（3-1）进行压力修正。

b. 精密度（允差）　易燃液体闪点测定结果的可靠性，按下述规定（95%置信水平）判别精密度是否合格。

重复性：闪点范围在 40～250℃，由同一操作者重复测定两个结果之差，不应超过两次测定结果的平均值 0.029 倍。

再现性：闪点范围在 40～250℃，由两个实验室测定结果之差，不应超过两个实验室测定结果的平均值 0.017 倍（本精密度的再现性不适用于 20 号航空润滑油）。

结果确定：测定结果符合精密度要求，取重复测定两个结果的算术平均值，作为试样的闪点。

（6）注意事项

① 油杯用无铅汽油清洗并用空气吹干，试样含水时必须进行脱水处理。

② 闪点测定仪器应放在避风较暗的地方，按规定控制试样和油杯的温度。

③ 试样要按规定装到油杯刻度，控制加热速度，测定过程要注意需不断搅拌，仅在点火时停止搅拌。

思　考　题

① 测定液体闪点时，如何控制点火时间？

② 闪点测定过程中出现突然偏高或偏低现象原因可能是什么？

3.1.3.3　液体自燃温度的测定

（1）测定目的

① 了解液体性质与自燃的关系；

② 熟悉自燃温度测定仪的使用和维护；

③ 掌握液体自燃温度的测定方法。

（2）测定原理　液体的自燃温度是指在没有火花和火焰的条件下，液体能够在空气中自燃的最低温度。它通常高于液体燃烧上限对应的温度。液体自燃温度测定过程，是在常压下将液态化学品放在一个均匀被加热的容器内，测定其自燃时的最低温度。

（3）测定仪器　试验采用 HCR-H058 型液体危险品自燃温度测定仪，如图 3-9 所示。该仪器为整体结构，加热功率采用计算机程序控制升温，控制精度高。

其他仪器：热空气枪（或电吹风）、秒表（精度 0.1s）。

（4）测定步骤

① 放置测定用烧瓶　在试样入口处将炉盖取下，松开入口处夹子螺钉，将洁净的测试用圆底烧瓶放入炉内，再把螺钉拧紧固定住烧瓶。盖上盖子。将温度传感器通过盖子上的小孔插入烧瓶内。

② 线路连接　通过仪器后面板的传感器插孔、计算机插孔和电源插孔，连接传感器、电源和计算机。

③ 打开仪器面板上的“电源”开关，根据被测试样的种类和性质通过计算机控制系统预设加热温度。按下“启动”开关，“启动”开关指示灯亮并闪烁表示正在加热。仪器版面的控制系统 A、B 温控仪开始显示加热温度（温控仪 A 显示加热炉内温度，温控仪 B 显示

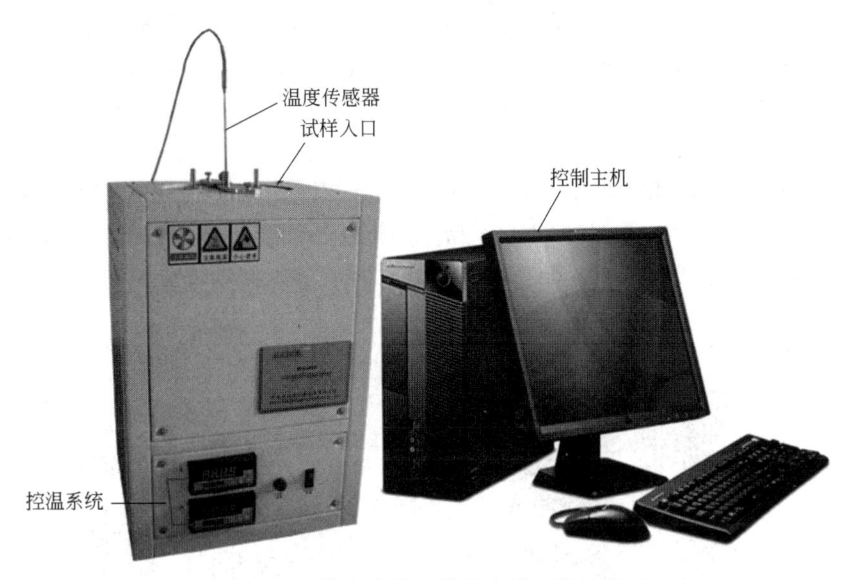

图 3-9 液体危险品自燃温度测定仪示意图

烧瓶内温度)。

④ 注入试样 当仪器温度达到预设温度并恒定时，用专用注射器向烧瓶内注入 100μL 液体样品，注入完毕收回注射器（如测试固态试样，用玻璃漏斗向烧瓶内加入 100mg 样品，加入完毕后收回漏斗)。

(5) 自燃温度的确定

① 若试验系统在 10min 内传感器未显示发生着火，则认为待测样品在该预设温度条件下不会着火，使用热空气枪（或电吹风）将试验系统吹扫干净、停留 10min 后，在原设温度的基础上升高温度 30℃，进行下一组试验。

② 若传感器显示试验系统在 10min 内发生着火，则记录从样品加入至着火的时间间隔作为试样着火的延迟时间。使用热空气枪（或电吹风）将试验系统吹扫干净、停留 10min 后，降低试验温度（如降低 30℃）再重新进行试验，直至不发生自燃止。

自不发生自燃的温度开始，温度每升高 3℃进行一次试验，至系统发生自燃时止，此温度即为该液体发生自燃的最低温度（自燃温度)。

(6) 注意事项

① 每次试验时，试验系统都必须用热空气吹扫干净，以免影响测试结果的准确性。

② 试验结束后，烧瓶内会附着反应残渣，因此每种产品的测试都应使用新烧瓶。

思 考 题

① 影响液体自燃温度测定结果的因素有哪些?

② 试验中如何确定液体的自燃温度?

3.1.3.4 液体持续燃烧性的检测

(1) 检测目的

① 掌握易燃液体持续燃烧的判断方法;

② 熟悉易燃液体持续燃烧试验仪操作和维护方法;

③ 掌握试验用气瓶的使用方法。

(2) 检测原理　持续燃烧是指物质在试验条件下加热并施加火焰时被点燃且能够继续燃烧的现象。将具有凹槽（试样槽）的金属块加热到规定温度，把一定数量（体积或质量）的试验物质放在试样槽中，再施加规定条件下的标准火焰，观察并判断试样物质是否能够持续燃烧。

该试验适用于闭杯闪点不高于60.5℃或开口闪点不高于65.5℃的液体的检测。

(3) 检测仪器　试验采用HCR-H006型易燃液体持续燃烧试验仪（如图3-10所示）进行测试，该试验仪为整机结构，主要由控制器、试样台和气路等部分组成。

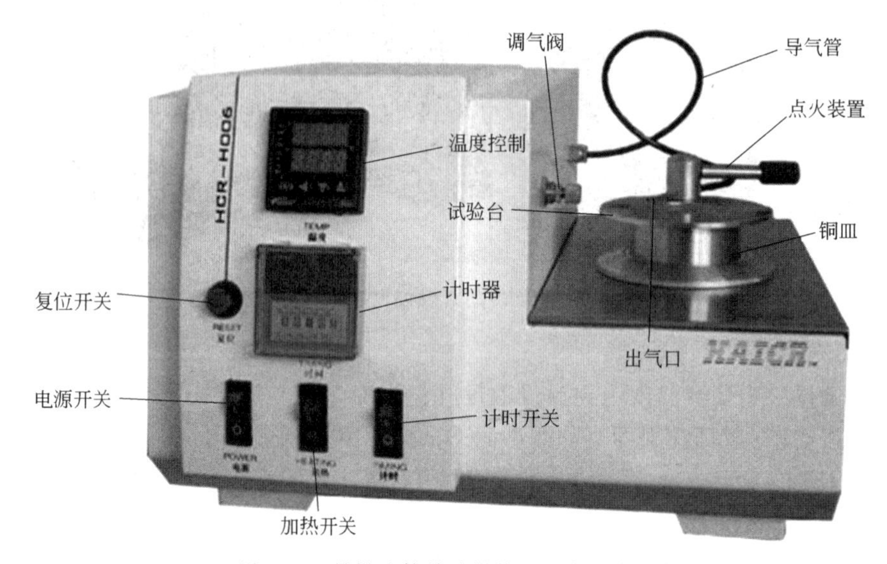

图3-10　易燃液体持续燃烧试验仪示意图

① 复位开关：计时器计时，按下此开关，计时器计时归零。

② 数显计时器：打开计时开关，计时器开始显示，即开始工作。

③ 数显温控仪：打开电源开关、加热开关，温控仪开始工作。

④ 出气口：连接外接气体，即点火器口。

⑤ 点火装置手柄：通过调节此手柄，用点火火焰点燃试样。

⑥ 试验台：加热及试样放置位置，上边有试样盖。

⑦ 调节阀：调节气体流量大小，进而调节火焰大小。

⑧ 温度计：温度计插在试样台后温度计孔内，校验温控仪温度。

⑨ 导气管：连接丁烷瓶与仪器、仪器与点火装置之间的气路。

⑩ 后面板：电源插座；进气孔（连接气罐）。

其他仪器：丁烷气瓶、标准温度计（精度0.1℃）和专用注射器等。

(4) 检测准备

① 检查仪器　查看各结构是否异常，螺丝是否松动，仪器放置要求稳定妥当。

② 试样准备　在试验之前提取试样并存放在密闭的容器内。在每次取出试样后，应马上密闭容器以免液体挥发；如果试样容器没达到封闭条件，应全部重新提取样品。

③ 用专用导气管将丁烷瓶与仪器之间气路连接好。

(5) 检测步骤

① 温度设置　打开仪器电源开关、加热开关，温控仪开始工作。温控仪设定操作方法

如下：

a. 温控仪面板的上排数字显示加热浴的实际温度（测量值 PV），下排数字显示设定温度（设定值 SV）。

b. 按温控仪 SET 键进行各项参数的修改和调整：按移位键“◀”，加数键“▲”和减数键“▼”可快速设定检测温度。当浴内温度达到设定温度时，会在设定温度附近上下摇摆几次，然后趋于稳定。

c. 当温控仪上显示的浴内温度与标准温度计有差别时，以标准温度计为参照，可通过温控系统设置“SC”（测量值修正量）参数来进行调整。若实际温度比仪器测量温度高 2℃，则 SC 在原来基础上加 2℃；反之则减 2℃。

d. 当温控仪及温度计读数达到试验温度时，恒温 5min。如试验时大气压力与标准大气压力不同，试验温度应做如下调整：压力每高或低 4kPa 即将试验温度调高或调低 1.0℃，即压力较高时温度调高，压力较低时温度调低。

② 计时调节　取下计时器盖子，可调时、分、秒，H 为时，M 为分，S 为秒。当字母下方无横杠时，计时为正计时，当字母下方有横杠时，为倒计时。

计时器上排四位数码管显示设定时间，下排四位数码管显示运行时间，下排“■”键为清零再启动。调节“＋”、“－”，即可调节数字大小。

③ 打开点火器　打开丁烷气瓶阀门和仪器上的针形调气阀，在燃气喷嘴（点火器口）离开试验台样品槽位置时，点燃丁烷。通过调气阀调整火焰大小，使其长度为 8～9mm，宽度约 5mm。

④ 加样测试　均匀搅拌样品，用注射器抽取 2.0mL±0.1mL 样品，迅速将样品移入样品槽中，马上开动计时开关。开始显示计时（计时结束，会自动发出报警声音，关闭计时开关即可取消）。

⑤ 加热时间达到 60s 后，在丁烷火焰划过试样的情况下，如果试样没有点燃，则将丁烷火焰转到试样位置，使火焰保持在这个位置 15s，然后将其移开，同时观察试验火焰在整个过程中是否一直保持点燃状态。

⑥ 试验应进行三次，每次应观察和记录下列现象：

a. 在丁烷火焰移到试验位置之前，试样是否点燃并持续燃烧，或是出现火花，或是两者都没有；

b. 丁烷火焰在试验位置时试样是否点燃，如果是，在试验火焰移开后燃烧持续了多久。

⑦ 如果没有观察到持续燃烧现象，那么用新的试样重复试验，加热时间改为 30s。

⑧ 如果在试验设定温度没有观察到持续燃烧现象，那么用新的试样在试验温度提高 5℃下重复试验。

（6）注意事项

① 仪器需安放在平坦、结实并带防爆性能的通风柜内，安放地点离墙面至少 300mm。不要安装在高温、高湿度、高粉尘，有盐成分或其他腐蚀性物质的地方，亦不能安装在有冲击或剧烈振动的地方及化学药品和易燃气体的附近。

② 采用单相 220V 交流为主电源，使用时必须接地良好，保证仪器和操作人员使用安全。禁止带电拔插电缆和内部接线，仪器停止工作时，应断开电源开关。

③ 定期检查仪器的工作情况是否良好，在没有放入试样的情况下模拟试验，以便检测设备各个部件的性能。

④ 在试验完毕后，应仔细检查气源总阀是否关闭。

思 考 题

① 如何根据液体的性质设定检测温度的大小？
② 如何判断液体是否能发生持续燃烧过程？

3.1.4 液体高热敏感度的检测*

（1）检测目的

① 掌握液体物质对高热作用敏感度的测定方法；

② 熟悉荷兰压力容器试验仪的使用与维护；

③ 熟悉丙烷气瓶的使用和安全注意事项。

（2）检测方法 液体的敏感度是指在高热条件下，测试液体危险品的燃爆性能，以观察液体的物理化学变化行为，分析液体在特定条件下的危险性情况。敏感度的检测和评估有助于降低和预防液体危险品存在的风险。

本试验采用 HCR-H002 型荷兰压力容器试验仪（如图 3-11 所示）确定液体物质在规定的封闭条件下对高热作用的敏感度，从而评估液体危险品在特定条件下的危险性大小。

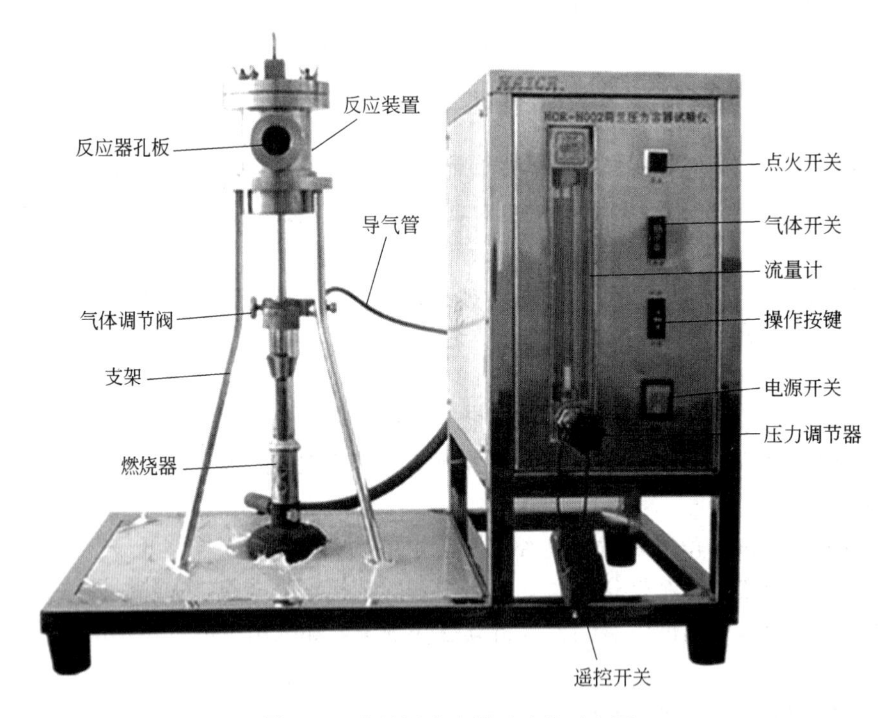

图 3-11 荷兰压力容器试验仪示意图

（3）检测仪器 荷兰压力容器试验仪结构主要包括：

① 燃烧器 特克卢燃烧器（丙烷加热），加热率为 3.5K/s±0.3K/s。

② 压力调节器 精密压力减压阀调节。

③ 流量计 专用丙烷气体流量计。

④ 导气管 导入丙烷气体。

⑤ 孔板 AISI 316 型号的不锈钢制孔圆板，圆板厚 2.0mm±0.2mm，孔径分别为

1.0mm、2.0mm、3.5mm、6.0mm、9.0mm、12.0mm、16.0mm 和 24.0mm。

⑥ 燃气控制阀　电磁阀控制。

⑦ 点火器　电子点火器，远距离点火。

⑧ 防爆盘　直径 38mm 的铝圆板。

⑨ 不锈钢三脚支架，耐热防腐蚀。

其他仪器：丙烷气瓶、电子天平等。

(4) 检测准备

① 检查仪器无异常后，将仪器安放在平坦、结实并防爆的通风柜内，离墙面至少 300mm。避免安装在高温、高湿度、高粉尘、有盐成分或其他腐蚀性物质的地方，亦不能安装在有冲击或剧烈振动的地方及化学药品和易燃气体的附近。

② 连接丙烷气瓶与仪器的导气管和仪器电源，打开丙烷气瓶的阀门和仪器总电源开关，再根据需要在仪器面板上选用手动或者遥控自动控制。选择手动时，在仪器上先打开气体开关，再按点火开关（不得超过 30s）；选择遥控自动控制时，先打开遥控器上的气体开关“A”，再按点火开关“B”，不得长时间按（不得超过 30s）（注：此试验为危险性试验，在操作时请尽量选用遥控自动控制!）。

③ 设定标准加热速率

a. 将 10g 酞酸二丁酯放入反应容器内，打开升温速率检测仪的电源开关，按“START/STOP”（启动与停止）键，启动检测程序（再按一下，检测程序停止）。

b. 根据显示窗口的“MENU”（时间修正菜单键）菜单设定测试日期，按“RST”键复位，“∧”键为数字加，“∨”键为数字减。

c. 点燃燃烧器，用气瓶压力调节装置和流量计调节阀调节丙烷流量，记录液体温度从 50℃上升至 200℃所用时间并计算加热速率。直至加热速率为 3.3K/s±0.3 K/s。在仪器调试校验升温速率后，气瓶压力调节阀及流量计的调节阀位置不要随意调动。

d. 调整空气流量以使火焰颜色呈蓝色，火焰内层呈淡蓝色。调整三脚架的高度，使火焰内层刚好接触到容器底部。然后关闭气体开关。

e. 将燃烧器清洗后通过保护圆筒的开口处置于容器下面。

(5) 检测步骤

① 使用电子天平称取 10.0g 被测试样放入清理干净的容器中，使试样均匀地覆盖容器底部。

② 安放孔径为 16.0mm 的孔板，然后把防爆盘、中心孔板和扣环装好。用手把翼形螺帽拧紧，用扳手把外套螺帽拧紧。防爆盘用足够的水覆盖着以使其保持低温。将容器放在三脚架上。打开气体开关并点燃燃烧器，观察试验现象（试验区应当通风良好，并且在试验期间禁止人员入内，在试验区外面用通过安有装甲玻璃的壁孔观察容器）。

③ 如果用 16.0mm 的孔板防爆盘没有发生破裂，应依次用直径为 6.0mm、2.0mm 和 1.0mm 的孔板进行试验（每种直径只进行一次试验），直到防爆盘破裂。

如果用 1.0mm 的孔板仍然没有观察到防爆盘破裂，则把试样的量增加到 50.0g，再用 1.0mm 孔板进行一次试验。如果仍然没有观察到防爆盘破裂，则重复进行三次试验加以确认防爆盘不能破裂。

如果防爆盘破裂，则选用一个更大直径的孔板重复进行试验，直到连续三次试验都没有破裂。

④ 试验完毕后，关闭气体开关“A”，并关闭气瓶总开关。在试验操作完后，按复位切换开关，再关掉总电源开关，清洗试验容器。

（6）检测结果的评估　液体物质对在压力容器中加热的相对敏感度用极限直径表示，极限直径是用毫米表示的孔板的最大直径：在用该孔板进行的三次试验中，防爆盘至少破裂一次，而在用下一个更大直径的孔板进行的三次试验中防爆盘都没有破裂。

检测标准用“激烈”、“中等”、“微弱”和“无”表示物质的相对敏感度，即：

①“激烈”　用 9.0mm 或更大的孔板和 10.0g 试样进行试验时防爆盘破裂。

②“中等”　用 9.0mm 的孔板进行试验时防爆盘没有破裂，但用 3.5mm 或 6.0mm 的孔板和 10.0g 试样进行试验时防爆盘破裂。

③“微弱”　用 3.5mm 的孔板和 10.0g 试样进行试验时防爆盘没有破裂，但用 1.0mm 或 2.0mm 的孔板和 10.0g 试样进行试验时防爆盘破裂，或者用 1.0mm 的孔板和 50.0g 试样进行试验时防爆盘破裂。

④“无”　用 1.0mm 的孔板和 50.0g 试样进行试验时防爆盘没有破裂。

（7）注意事项

① 仪器需采用单相 220V 交流电为主电源，使用时必须接地良好，保证仪器和操作人员使用安全。停止工作时，应断开电源开关。

② 定期检查仪器的工作情况是否良好，在没有放入试样的情况下模拟试验，以便检测设备各个部件的性能。

③ 本试验装置采用易燃气体丙烷作为燃烧气源，在试验完毕后，应仔细检查气源是否关闭。

思　考　题

① 试验点火时，随意频繁开关点火器开关，对仪器有什么影响？

② 如何根据试验现象判断液体的高热敏感度？

3.1.5　液体氧化性的检测

（1）检测目的

① 掌握液体的氧化性的检测方法；

② 熟悉液体氧化性检测仪的操作和维护；

③ 能根据检测结果评估液体的氧化性。

（2）检测原理　氧化性一般是指物质得电子的能力，处于高价态的物质一般具有氧化性。液体的氧化性是指液体本身未必燃烧，但通常因放出氧气可能引起或促使其他物质燃烧的性质。

液体氧化性的检测是把液体物质与某种可燃物质完全混合，测试该液体对可燃物质的燃烧速度或燃烧强度的影响，或者测试形成的混合物自发着火的潜力。通常是将待测液体和纤维素丝以质量比为 1∶1 的混合物放在压力容器中加热至少 60s 以上，通过计算机软件自动记录压力的增加时间，根据压力上升的时间对氧化性液体的危险性和氧化性液体的包装进行分类分级。

（3）检测仪器　本试验采用 HCR-H003 型液体氧化性与压力/时间试验仪，对液体危险品的氧化性进行检测，仪器主要结构如图 3-12 所示。

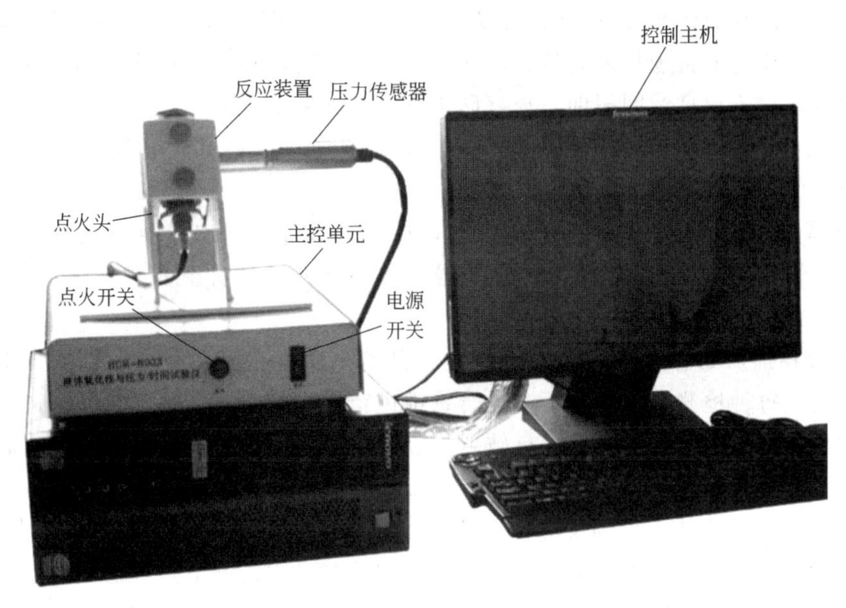

图 3-12 液体氧化性与压力/时间试验仪示意图

① 压力容器 带压力传感器的长 89mm、外径 60mm 的圆柱形钢压力容器。

② 反应装置 即压力测量装置，能在小于或等于 5ms 时间内，不受高温气体或分解产物的影响，对压力从 690kPa 升到 2070kPa 的压力上升速率做出反应。

③ 防爆盘 由 0.2mm 厚的铝制成，爆裂压力约为 2200kPa。

④ 支撑架 软钢底板、方形空心型材，固定压力容器。

⑤ 垫圈 点火塞、压力容器侧臂用于密封。

⑥ 计算机控制系统 控制反应过程和数据采集。

⑦ 点火系统 时间/压力试验液体、固体样品两用电子点火系统。

试验点火系统包括一根长 25cm、直径 0.6mm、电阻 3.85Ω/m 的镍/铬金属丝和线圈状金属线，远距离计算机控制点火。

其他仪器：电子天平、烘箱、干燥器和秒表等。

(4) 检测准备

① 检查仪器后，将仪器安放在平坦、结实并防爆的通风柜内。安放地点离墙面至少 300mm。避免高温、高湿度、高粉尘、有盐成分或其他腐蚀性物质对仪器的影响。

② 从待测液体中随机抽取代表性物质，用电子天平称取 50g 作为测试样品。

③ 制备厚度小于 25mm 的干纤维素丝层，在 105℃下干燥至恒定质量（至少 4h）后放入干燥器（带干燥剂）内直到冷却至室温后待用。

④ 配制 50%高氯酸水溶液、40%氯酸钠水溶液和 65%硝酸水溶液作为标准溶液，分别与干纤维丝按质量比为 1∶1 的比例，在 20℃条件下配制成三种标准检测混合物试样。为了安全，搅拌时应在操作员和混合物之间放置一个安全屏蔽（如果混合物在搅拌或装填时着火，则重新制备）。

(5) 检测步骤

① 液体氧化性试验

a. 将装有压力传感器的反应装置（无防爆盘）以点火塞朝下安装在支架上。

b. 将 2.5g 待测液体与 2.5g 干纤维素丝放在玻璃烧杯里，用玻璃棒搅拌混合作为检测试样。把混合物少量分批地加入容器并轻压，确保混合物堆积在点火线圈四周并与之接触良好。在装填过程中不得把线圈扭曲。放好防爆盘，将夹持塞拧紧。

c. 将装完混合物的容器移到点火支撑架上，防爆盘朝上，并置于适当的防爆盘通风柜或点火室中。

d. 接通试验主机、计算机和打印机电源，在计算机程序中选择液体试验，按计算机指示的步骤操作，再在试验主机上打开点火器开关，从开始搅拌到接通电源的时间控制在 10min 左右。

e. 将混合物加热到防爆盘破裂，记录压力从 690kPa（表压）上升到 2070kPa（表压）所需要的时间，每种检测混合物和标准混合物都进行 5 次试验，以平均时间来进行分类。

如果加热时间超过 60s 防爆盘没有破裂，应待混合物冷却后小心地拆卸反应器，并采取预防着火或爆炸的措施。

f. 计算机自动采集从点火到反应完毕的压力上升及时间，自动绘制时间-压力曲线。

② 时间-压力试验　时间-压力试验用于检测物质在封闭条件下点火的效应，以便确定物质在正常商业包件中可能达到的压力下点火，判断是否能导致具有猛烈性的爆燃。以便对试验样品爆燃性进行分级。

a. 将装有压力传感器的反应装置（无防爆盘）以点火塞朝下安装在支架上。将 5.0g 试样放进设备中并使之与点火系统接触。

在将试样装入容器时，如果轻轻压实无法将 5.0g 试样全部装入，则以装满容器为止，并记录所用试样质量。

b. 装上铅质垫圈和铝质防爆盘并将夹持塞拧紧。将装了试样的容器移到点火支撑架上，防爆盘朝上。打开点火器开关。

试验进行三次，记录表压由 690kPa 上升至 2070kPa 所需的最短时间。

压力传感器产生的信号传输到计算机的时间-压力图形系统上，计算机自动绘制时间-压力曲线。

（6）检测结果的评估

① 根据试验结果，评判物质和纤维丝的混合物是否自发着火，对氧化性液体的包装分级。国家标准《危险货物运输包装通用技术条件》（GB 12463—2009）规定，除了爆炸品、气体、感染性物品和放射性物品外，其他危险货物按其呈现的危险程度，按包装结构强度和防护性能，将危险品包装分成以下三类。Ⅰ类包装：货物具有较大危险性，包装强度要求高；Ⅱ类包装：货物具有中等危险性，包装强度要求较高；Ⅲ类包装：货物具有的危险性小，包装强度要求一般。

氧化性液体的包装分级实例如表 3-12 所示。

表 3-12　氧化性液体试验的结果实例

物质	与纤维丝质量比为 1∶1 的混合物平均压力上升时间/s	结果
重铬酸铵，饱和水溶液	20800	非氧化性物质
硝酸钙，饱和水溶液	6700	非氧化性物质
硝酸铁，饱和水溶液	4133	Ⅲ类包装

续表

物质	与纤维丝质量比为1∶1的混合物平均压力上升时间/s	结果
高氯酸锂，饱和水溶液	1686	Ⅱ类包装
高氯酸镁，饱和水溶液	777	Ⅱ类包装
硝酸镍，饱和水溶液	6250	非氧化性物质
硝酸，65%水溶液	4767	Ⅲ类包装
高氯酸，50%水溶液	121	Ⅱ类包装
高氯酸，55%水溶液	59	Ⅰ类包装
硝酸钾，30%水溶液	26690	非氧化性物质
硝酸银，饱和水溶液	—	非氧化性物质
氯酸钠，40%水溶液	2555	Ⅰ类包装
硝酸钠，45%水溶液	4133	Ⅲ类包装

② 将被测试样压力从690kPa上升到2070kPa所需的平均时间与标准物质在此压力范围内的时间进行比较，说明被测物质的氧化能力强弱。

③ 如果在试验中压力由690kPa上升至2070kPa时间小于30ms，则试验结果描述为“+”，否则为“—”。物质的时间-压力试验检测结果实例如表3-13、表3-14所示。

表3-13 爆炸品的时间-压力试验检测实例

物质	最大压力/kPa	690kPa至2070kPa时间/ms	结果
硝酸铵(高密度颗粒)	<2070	—	—
硝酸铵(低密度颗粒)	<2070	—	—
高氯酸铵(2μm)	>2070	5	+
高氯酸铵(30μm)	>2070	15	+
叠氮化钡	>2070	<5	+
硝酸胍	>2070	606	+
亚硝酸异丁酯	>2070	80	+
硝酸异丙酯	>2070	10	+
硝基胍	>2070	400	+
苦胺酸	>2070	500	+
苦胺酸钠	>2070	15	+
硝酸脲	>2070	400	+

表3-14 氧化性物质和有机过氧化物的时间-压力试验检测实例

物质	最大压力/kPa	690kPa至2070kPa的时间/ms	结果(自发着火)
偶氮甲酰胺	>2070	63	是，很慢
偶氮甲酰胺，67%，含氧化锌	>2070	21	是，很快
异丁腈	>2070	68	是，很慢

续表

物质	最大压力/kPa	690kPa至2070kPa的时间/ms	结果(自发着火)
2-甲基丁腈	>2070	384	是,很慢
叔丁基过氧化氢,70%,含水	1380	—	否
过氧苯甲酸叔丁酯	>2070	2500	是,很慢
叔丁基过氧-2-乙基己酸酯	>2070	4000	是,很慢
枯基过氧氢,80%,含枯烯	<690	—	否
2-重氮-1-萘酚-5-磺酰氯	>2070	14	是,很快
过氧化二苯甲酰	>2070	1	是,很快
二叔丁基过氧化物	>2070	100	是,很慢
联十六烷基过氧重碳酸酯	<690	—	否
二枯基过氧化物	<690	—	否
二枯基过氧化物,含60%惰性固体	<690	—	否
氟硼酸-2,5-二乙氧基-4-吗啉代重氮苯,97%	>2070	308	是,很慢
过氧化二月桂酰	990	—	否
2,5-二甲基-2,5-二(叔丁基过氧)-3-己炔	>2070	70	是,很慢
单过氧化邻苯二甲酸镁六水合物,85%,含邻苯二甲酸镁	900	—	否
4-亚硝基苯酚	>2070	498	是,很慢

(7) 注意事项

① 试验采用单相220V交流电为主电源，使用时必须接地良好，停止工作时，应断开电源开关。

② 定期检查仪器的工作情况是否良好，在没有放入试样的情况下模拟试验，以便检测设备各个部件的性能。

③ 本仪器由计算机控制工作，不得随意删除计算机的驱动程序和随意上网，以免操作程序中毒，影响试验操作。

④ 不得随意频繁开关点火器开关，以免损坏多功能点火头。

3.1.6 金属腐蚀性的检测

(1) 检测目的

① 掌握金属腐蚀性的检测方法；

② 熟悉金属腐蚀试验仪的操作和维护；

③ 掌握金属腐蚀性的评估方法。

(2) 检测原理　金属腐蚀是指金属材料受周围介质的作用而损坏的现象。将被测液体(或其他物质)与规定的标准金属试片放入标准玻璃容器中，在不同的位置、规定的温度和规定的时间内，检测被测液体(或其他物质)对标准金属试片的腐蚀程度。用于液态物质或在运输过程中可能会变成液态的固体物质对金属的腐蚀性检测。

(3) 检测仪器　本试验采用HCR-H019型金属腐蚀试验仪(如图3-13所示)检测液体

物质对金属的腐蚀性。该仪器的主要结构包括以下几个部分：

① 温控仪 数显高精度PID温控仪控温，调节和设定检测温度。

② 搅拌机 电机搅拌，使试样混合均匀。

③ 不锈钢电热管，用于试验温度调节。

④ 浴体 全不锈钢防腐浴体。

⑤ 反应装置 耐温玻璃制专用四口反应容器。

其他仪器：温度计（精确度±0.1℃）、酒精超声波浴、电子天平等。

（4）检测准备

① 检查安装仪器 将仪器安放在平坦、结实并具有防爆功能的通风柜内，安放地点离墙面至少300mm。

② 金属试片的制备 用120号砂粒的砂纸打磨金属片（20号钢、不锈钢、黄铜、紫铜、铝、铸铁等），用酒精超声波浴清除残留的砂粒后，再用丙酮去除油渍（不得对金属试片表面做化学处理，以防止对表面的钝化），用电子天平称量金属试片的质量，误差在±0.0002g。把金属试片用聚四氟乙烯线固定在容器内（不得使用金属线）。经过如上处理的金属应在当天进行试验，以防止形成氧化层。

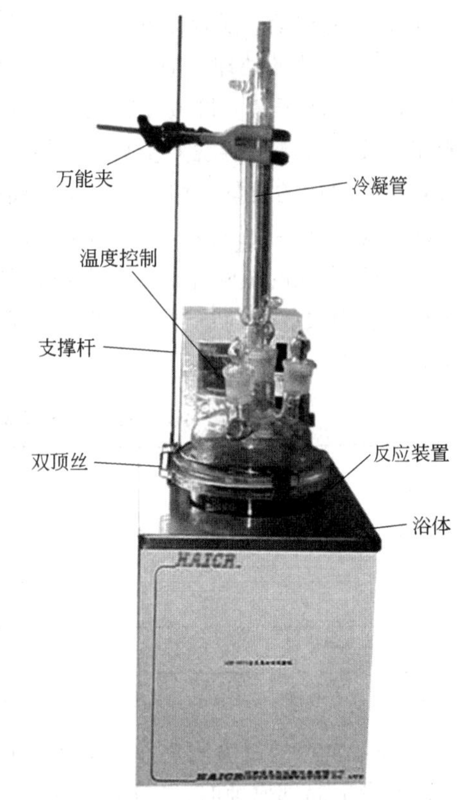

图3-13 金属腐蚀试验仪

每项试验，应将一件金属试样浸入反应器液体中，其上缘与液体表面之间的距离应为10mm，另一件只浸入一半，第三件悬挂于反应器气相中。

（5）检测步骤

① 安装仪器 装好仪器的支撑杆、万能夹、双顶丝和循环冷凝水管。

② 加入介质油 将闪点大于200℃的硅油或导热油加入不锈钢浴体内（闪点过低导热油会自燃或产生大量油烟），加入介质油的数量，应以放入玻璃反应器和加热膨胀后油不溢出浴体为宜。

③ 设定温控仪 接通仪器电源，温控仪开始显示和工作，将温控仪设定到试验所需温度。温控仪面板的上排数字显示浴内的实际温度（测量值PV），下排数字显示设定温度（设定值SV）。按温控仪SET键进行各项参数的修改和调整，按移位键“◀”、加数键“▲”和减数键“▼”可快速设定温度参数。当浴内温度达到设定温度时，温度值会在设定温度上下波动几次，然后趋于稳定。

当温控仪上显示的浴内温度与标准温度计有差别时，可通过温控仪设置“SC”（测量值修正量）参数来进行调整。若实际温度比仪器测量温度高2℃，则SC在原来基础上加2℃；反之则减2℃。

④ 开始试验 待油浴温度达到试验温度后，将装好液体试样和挂好金属试片的反应器放入油浴中，并用双顶丝固牢，用万能夹固定冷凝管，连接冷却水水管，接通循环冷却水，

并打开计时开关，开始记录时间，到了预设试验时间，蜂鸣报警，试验结束。

⑤ 试验完成后，关闭加热和电源开关，同时也关闭冷却水龙头。

⑥ 金属试片的处理　应对反应后的金属试片进行冲洗，并用合成或天然鬃毛刷（不得用金属刷）刷洗干净。机械方法无法清除的残留物（黏着腐蚀产品或沉淀物），再用酒精和丙酮超声波浴做最后清洗并干燥后，用电子天平称量金属试样的质量，误差在±0.0002g。由试验结果测得的质量，即可得到金属腐蚀率。

（6）检测结果的评估　液体对金属的两类腐蚀作用评估如下：

① 均匀腐蚀的试验评估　在金属试片发生均匀腐蚀的情况下，应使用腐蚀最严重的金属试片质量损失。任何试样，如果金属试样的质量损失高于表 3-15 所列的数额，则试验结果应为“正”：

表 3-15　不同暴露时间后试样的最低质量损失

暴露时间	质量损失
7 天	13.5%
14 天	26.5%
21 天	39.2%
28 天	51.5%

注：上述数值是根据 6.25mm/a 腐蚀率计算出来的。

② 局部腐蚀的试验测定　当金属试片表面除了受到均匀腐蚀之外，金属试片由于腐蚀不均匀而发生局部腐蚀时，腐蚀产生的最大洞深或减小的最大厚度应加入计算结果，或单独用来确定侵蚀程度，如果最深的侵蚀（以金相学方法确定）超过表 3-16 中所列的值，则结果应为“正”。

表 3-16　定时暴露后的最低侵蚀深度

暴露时间	侵蚀深度
7 天	120μm
14 天	240μm
21 天	360μm
28 天	480μm

（7）注意事项

① 仪器在使用时，不能安装在高温、高湿、高粉尘，有盐成分或其他腐蚀性物质的地方，亦不能安装在有冲击或剧烈振动的地方及化学药品和易燃气体的附近。

② 为了满足试验需要，待测液体试样的容量应至少有 1.5L，以保证整个试验过程有足够的反应剂。试验时间过长而不更换溶剂，有时会产生负结果。

③ 被测液体试样量要足够大，以避免试验期间其腐蚀性发生明显变化。

思　考　题

① 试验时，能否用金属线把金属试片固定在容器内？

② 试验过程中没有添加新的液体试样，对测试结果有何影响？

3.2　液体危险品的评价

3.2.1　液体危险品的危险特性及其影响因素

3.2.1.1　易燃易爆性

液体的燃烧是通过其挥发出的蒸气与空气形成可燃性混合物，在一定的比例范围内遇火源点燃而实现的，因而液体的燃烧是液体蒸气与空气中的氧进行的剧烈反应。所谓易燃液体实质上就是指其蒸气极易被引燃。易燃液体的沸点都很低，易挥发出易燃蒸气，且液体表面的蒸气压较大，加之着火所需的能量极小，故易燃液体都具有高度的易燃性。几种常见易燃液体蒸气在空气中的最小引燃能量如表3-17所示。

表3-17　几种常见易燃液体蒸气在空气中的最小引燃能量

液体名称	最小引燃能量/mJ	液体名称	最小引燃能量/mJ
2-戊烯	0.51	二异丁烯	0.96
1-庚烯	0.56	乙酸甲酯	0.40
正戊烷	0.28	乙酸乙烯酯	0.70
庚烷	0.70	乙酸乙酯	1.42
三甲基丁烷	1.0	甲醇	0.215
异辛烷	1.35	异丙基硫醇	0.53
二甲基丙烷	1.57	异丙醇	0.65
二甲基戊烷	1.64	丙烯醛	0.137
二氢吡喃	0.365	乙醛	0.376
1,2-亚乙基亚胺	0.48	丙醛	0.325
环己烯	0.525	丁酮	0.68
丙基氯	1.08	丙酮	1.15
丁基氯	1.24	环戊烷	0.54
异丙基氯	1.55	四氢呋喃	0.54
丙基溴	1000不着火	环戊二烯	0.67
呋喃	0.225	四氢吡喃	0.54

易燃液体的蒸发会产生大量的易燃蒸气，并常常在作业场所或储存场地弥漫，当挥发出的易燃蒸气与空气混合，达到爆炸浓度范围时，遇火源就会发生爆炸。易燃液体的挥发性越强，这种爆炸危险就越大；同时，这些易燃蒸气可以任意飘散，或在低洼处聚积，使得易燃液体的储存更具有火灾危险性。

影响易燃液体燃烧爆炸性的因素主要有以下几点。

（1）分子量　一般来说，分子量越小，闪点越低，燃烧范围越大，燃烧爆炸的危险性也就越大；分子量越大，自燃点越低，受热时越容易自燃起火。这是因为分子量小，分子间隔大，易蒸发，沸点、闪点低，易达到爆炸极限范围；但自燃点则不同，因为物质的分子量大，分子间隔小，黏度大，蓄热条件好，所以易自燃。

（2）分子结构　从各种烃类液体的分子结构看，其燃烧爆炸性大致有如下规律。

① 烃的含氧衍生物燃烧的难易程度，一般是：醚＞醛＞酮＞酯＞醇＞羧酸。

② 不饱和的有机液体比饱和的有机液体的火灾危险大。这是因为不饱和的烃类的相对密度小，分子量小，分子间作用力小，沸点低，闪点低，所以不饱和烃类的火灾危险性大于饱和烃类。不饱和烃类与饱和烃类液体的火灾危险性比较，见表3-18。

表 3-18　不饱和烃类与饱和烃类液体的火灾危险性比较

液体名称	分子结构简式	闪点/℃	自燃点/℃	爆炸极限/%
丙醇	C_3H_7OH	23.5	404	2.55～9.2
丙烯醇	$CH_3CH=CHOH$	21.0	378	2.5～18
丙醛	C_2H_5CHO	−12.5	221	2.9～17
丙烯醛	$CH_2=CHCHO$	−19	278	2.8～31
乙酸乙酯	$CH_3COOC_2H_5$	−5	481	2.2～11.4
乙酸乙烯酯	$CH_3COOCH=CH_2$	−5	361	2.9～12.5
二氯乙烷	$C_2H_4Cl_2$	13.0	413	6.2～16
二氯乙烯	$ClHC=CHCl$	<10	456	9.7～12.8
己烷	C_6H_{14}	−20	247	1.2～7.5
己烯	$CH_3CH_2CH_2CH_2CH=CH_2$	−29	—	—

③ 在同系物中，异构体比正构体的火灾危险性大，受热自燃危险性则小。这是因为正构体链长，受热时易断，而异构体的氧化初温高，链短，受热不易断的缘故。

（3）蒸发量　液体的燃烧爆炸性与其蒸发性紧密相关，液体的蒸发随着温度的升高而加快。即温度越高，蒸发速度越快，反之则越慢；液体的暴露面越大，蒸发量越大，所以汽油等挥发性强的液体应在口小、深度大的容器中盛装；液体的相对密度与蒸发速度的关系是：相对密度越小，蒸发得越快，反之则越慢；液面上的压力越大，蒸发越慢，反之则越快，产生火灾危险性就越大。

在《石油化工企业设计防火规范》（GB 50160—2008）中，火灾危险性分类如表 3-19 所示。

表 3-19　火灾危险性分类

序号	类别	名称	特　征
1	甲 A	液化烃	15℃时的蒸气压大于 0.1MPa 的烃类液体及其他类似液体
2	甲 B	可燃液体	甲 A 类以外，闪点<28℃
3	乙 A	可燃液体	闪点在 28～45℃
4	乙 B	可燃液体	闪点在 45～60℃

3.2.1.2　毒害性

易燃液体大都本身或其蒸气具有毒害性，有的还有刺激性和腐蚀性。其毒性的大小与其本身化学结构、蒸发的快慢有关。不饱和碳氢化合物、芳香族碳氢化合物和易蒸发的石油产品比饱和的碳氢化合物、不易蒸发的石油产品的毒性要大。易燃液体对人体的毒害性主要表现在蒸发气体上，它能通过人体的呼吸道、消化道、皮肤三个途径进入体内，造成人身中毒。中毒的程度与蒸气浓度、作用时间的长短有关。浓度小、时间短则轻，反之则重。

掌握易燃液体的毒害性和腐蚀性，在于能充分认识其危害，知道怎样采取相应的防毒和防腐蚀措施，特别是在火灾条件下和平时的消防安全检查时怎样注意防止人员的灼伤和中毒。

3.2.2　液体危险品的火灾应急措施

易燃液体一旦着火，发展迅速而猛烈，有时甚至发生爆炸且不易扑救，所以平时要做好充分的灭火准备，根据不同液体的特性、易燃程度和灭火方法，配备足够、相应的消防器材，并加强对操作人员的消防知识教育。

灭火方法主要根据易燃液体密度的大小、能否溶于水和灭火剂来确定。一般来说，对于石油、汽油、煤油、柴油、苯、乙醚、石油醚等比水轻且又不溶于水或微溶于水的烃基化合物的液体火灾，可用泡沫、干粉和卤代烷等灭火剂扑救；当火势初燃，面积不大或可燃物又不多时，也可用二氧化碳扑救。对重质油品，有蒸汽源的还可选择蒸汽扑救。对于能溶于水或部分溶于水的甲醇、乙醇等醇类，乙酸乙酯、乙酸戊酯等酯类，丙酮、丁酮等酮类的易燃液体着火时，可用雾状水或抗溶性泡沫、干粉等灭火剂进行扑救。对于二硫化碳等不溶于水，且比水重的易燃液体着火时可用水扑救，因为水能覆盖在这些易燃液体的表面上使之与空气隔绝，但水层必须要有一定的厚度。易燃液体大多具有麻醉性和毒害性，灭火时应站在上风头和利用现场的掩体，穿戴必要的防护用具，采用正确的灭火方法和战术。救火中如有头晕、恶心、发冷等症状，应立即离开现场，安静休息，严重者速送往医院诊治。

安全常识　灭火器的使用及注意事项

1. 灭火器的分类

灭火器的种类很多，按其移动方式可分为：手提式和推车式；按驱动灭火剂的动力来源可分为：储气瓶式、储压式、化学反应式；按所充装的灭火剂则又可分为：泡沫、干粉、卤代烷、二氧化碳、酸碱、清水等。我们常用的是干粉（BC和ABC两类）、二氧化碳、1211、泡沫灭火器。

2. 灭火器的选用

灭火器的选择，根据火灾类型不同而选择使用。按燃烧物的性质划分，火灾有六种类型，故各类火灾所适用的灭火器选择如下。

A类：指固体物质火灾。这种物质往往具有有机物性质，一般在燃烧时产生灼热的余烬。如木材、煤、棉、毛、麻、纸张等火灾。

可选用清水灭火器，泡沫灭火器，磷酸铵干粉灭火器（ABC干粉灭火器）。

B类：指液体火灾和可熔化的固体物质火灾。如汽油、煤油、柴油、原油、甲醇、乙醇、沥青、石蜡等火灾。

可选用干粉灭火器（ABC干粉灭火器）、二氧化碳灭火器，泡沫灭火器只适用于油类火灾，而不适用于极性溶剂火灾。

C类：指气体火灾。如煤气、天然气、甲烷、乙烷、丙烷、氢气等火灾。

可选用干粉灭火器（ABC干粉灭火器）、二氧化碳灭火器。

易发生上述三类火灾部位一般配备ABC干粉灭火器，配备数量可根据部位面积而定。一般危险性场所按每75m^{2}一具计算，每具质量为4kg。4具为一组，配有一个器材架。重危险性地区或轻危险性地区可适量增减。

D类：指金属火灾，如钾、钠、镁、铝镁合金等火灾。

目前尚无有效灭火器，一般可用砂土。

E类：指带电物体和精密仪器等物质的火灾。

可选用干粉灭火器（ABC干粉灭火器）、二氧化碳灭火器。

F类：烹饪器具内的烹饪物（如动植物油脂）火灾。如在锅等常压烹饪器具内发生，则立即用锅盖扑灭。如引起大面积火灾，则用泡沫灭火器扑灭。

3. 灭火器的适用范围与使用方法

(1) 泡沫灭火器

① 适用范围　适用于扑救一般B类火灾，如油制品、油脂等火灾，也可适用于A类火

灾，但不能扑救B类火灾中的水溶性可燃、易燃液体的火灾，如醇、酯、醚、酮等物质火灾；也不能扑救带电设备及C类和D类火灾。

② 使用方法　可手提筒体上部的提环，迅速奔赴火场。这时应注意不得使灭火器过分倾斜，更不可横拿或颠倒，以免两种药剂混合而提前喷出。当距离着火点10m左右，即可将筒体颠倒过来，一只手紧握提环，另一只手扶住筒体的底圈，将射流对准燃烧物。在扑救可燃液体火灾时，如已呈流淌状燃烧，则将泡沫由远而近喷射，使泡沫完全覆盖在燃烧液面上。切忌直接对准液面喷射，以免由于射流的冲击，反而将燃烧的液体冲散或冲出容器，扩大燃烧范围。在扑救固体物质火灾时，应将射流对准燃烧最猛烈处。使用时，灭火器应始终保持倒置状态，否则会中断喷射。

(2) 推车式泡沫灭火器

① 适用范围　其适应火灾与手提式化学泡沫灭火器相同。

② 使用方法　使用时，一般由两人操作，先将灭火器迅速推拉到火场，在距离着火点10m左右处停下，由一人施放喷射软管后，双手紧握喷枪并对准燃烧处；另一人则先逆时针方向转动手轮，将螺杆升到最高位置，使瓶盖开足，然后将筒体向后倾倒，使拉杆触地，并将阀门手柄旋转90°，即可喷射泡沫进行灭火。如阀门装在喷枪处，则由负责操作喷枪者打开阀门。

(3) 空气泡沫灭火器

① 适用范围　适用范围基本上与化学泡沫灭火器相同。抗溶泡沫灭火器还能扑救水溶性易燃、可燃液体的火灾如醇、醚、酮等溶剂燃烧的初起火灾。

② 使用方法　使用时可手提或肩扛迅速奔到火场，在距燃烧物6m左右，拔出保险销，一手握住开启压把，另一手紧握喷枪；用力捏紧开启压把，打开密封或刺穿储气瓶密封片，空气泡沫即可从喷枪口喷出。空气泡沫灭火器使用时，应使灭火器始终保持直立状态、切勿颠倒或横卧使用，否则会中断喷射。

(4) 酸碱灭火器

① 适应范围　适用于扑救A类物质燃烧的初起火灾，如木、织物、纸张等燃烧的火灾。它不能用于扑救B类物质燃烧的火灾，也不能用于扑救C类可燃性气体或D类轻金属火灾。同时也不能用于带电物体火灾的扑救。

② 使用方法　使用时应手提筒体上部提环，迅速奔到着火地点。绝不能将灭火器扛在背上，也不能过分倾斜，以防两种药液混合而提前喷射。在距离燃烧物6m左右，即可将灭火器颠倒过来，并摇晃几次，使两种药液加快混合；一只手握住提环，另一只手抓住筒体下的底圈将喷出的射流对准燃烧最猛烈处喷射。同时随着喷射距离的缩减，使用人应向燃烧处推进。

(5) 二氧化碳灭火器

① 适用范围　具有流动性好、喷射率高、不腐蚀容器和不易变质等优良性能，用来扑灭图书、档案、贵重设备、精密仪器、600V以下电气设备及油类的初起火灾。适用于扑救一般B类火灾，如油制品、油脂等火灾，也可适用于A类火灾，但不能扑救B类火灾中的水溶性可燃、易燃液体的火灾，如醇、酯、醚、酮等物质火灾；也不能扑救带电设备及C类和D类火灾。

② 使用方法　灭火时只要将灭火器提到或扛到火场，在距燃烧物5m左右，放下灭火器拔出保险销，一手握住喇叭筒根部的手柄，另一只手紧握启闭阀的压把。对没有喷射软管

的二氧化碳灭火器，应把喇叭筒往上扳70°～90°。使用时，不能直接用手抓住喇叭筒外壁或金属连线管，防止手被冻伤。

(6) 推车式二氧化碳灭火器

① 适用范围　同手提二氧化碳灭火器。

② 使用方法　一般由两人操作，使用时两人一起将灭火器推或拉到燃烧处，在离燃烧物10m左右停下，一人快速取下喇叭筒并展开喷射软管后，握住喇叭筒根部的手柄，另一人快速按逆时针方向旋动手轮，并开到最大位置。灭火方法与手提式的方法一样。

使用二氧化碳灭火器时，在室外使用的，应选择在上风方向喷射。在室内窄小空间使用的，灭火后操作者应迅速离开，以防窒息。

(7) 1211手提式灭火器

① 适用范围　扑救易燃、可燃液体、气体及带电设备的初起火灾；扑救精密仪器、仪表、贵重的物资、珍贵文物、图书档案等初起火灾；扑救飞机、船舶、车辆、油库、宾馆等场所固体物质的表面初起火灾。

② 使用方法　使用时，应将手提灭火器的提把或肩扛灭火器带到火场。在距燃烧处5m左右，放下灭火器，先拔出保险销，一手握住开启把，另一手握在喷射软管前端的喷嘴处。如灭火器无喷射软管，可一手握住开启压把，另一手扶住灭火器底部的底圈部分。先将喷嘴对准燃烧处，用力握紧开启压把，使灭火器喷射。

(8) 推车式1211灭火器

① 适用范围　同1211手提式灭火器。

② 使用方法　灭火时一般由两人操作，先将灭火器推或拉到火场，在距燃烧处10m左右停下，一人快速放开喷射软管，紧握喷枪，对准燃烧处；另一人则快速打开灭火器阀门。灭火方法与1211手提式灭火器相同。

(9) 1301灭火器的使用　1301灭火器的使用方法和适用范围与1211灭火器相同。但由于1301灭火剂喷出呈雾状，在室外有风状态下使用时，其灭火能力没1211灭火器高，因此更应在上风方向喷射。

(10) 干粉灭火器适应火灾和使用方法

① 适用范围　碳酸氢钠干粉灭火器适用于易燃、可燃液体、气体及带电设备的初起火灾；磷酸铵盐干粉灭火器除可用于上述几类火灾外，还可扑救固体类物质的初起火灾。但都不能扑救金属燃烧火灾。

② 使用方法　使用手提式干粉灭火器时，应手提灭火器的提把，迅速赶到着火处。在距离起火点5m左右处，放下灭火器。在室外使用时，应占据上风方向。使用前，先把灭火器上下颠倒几次，使筒内干粉松动。使用内装式或储压式干粉灭火器时，应先拔下保险销，一只手握住喷嘴，另一只手用力压下压把，干粉便会从喷嘴喷射出来。

4. 灭火器材的维护保养

(1) 灭火器存放地点的环境温度一般在－5～45℃，以防气温过低而冻结，更要防止气温过高会对灭火剂产生凝固、分解或爆炸等危险。

(2) 灭火器应放置在通风、干燥、清洁并取用方便的地点，以防喷嘴堵塞以及因受潮或受化学腐蚀药品的影响而发生锈蚀。

(3) 经常进行外观检查，检查内容如下：

① 检查灭火器的喷嘴是否畅通，如有堵塞应及时疏通；

② 检查灭火器的压力表指针是否在绿色区域，如指针在红色区域，表明二氧化碳气体储气瓶的压力不足，已影响灭火器的正常使用，所以，应查明压力不足的原因，检修后重新灌装二氧化碳气体；

③ 检查灭火器有无锈蚀或损坏，表面涂漆有无脱落，轻度脱落的应及时补好，有明显腐蚀的，应送专业维修部门进行检查。

(4) 灭火器一经开启使用，必须按规定要求进行再充装，以备下次使用。

思考与练习

1. 填空题

(1) 液体密度的测定中试样混合对原油样品要加热到________℃，或高于倾点________℃以上，或高于浊点________℃以上。

(2) 液体密度的测定中注入试样把装有试样的量筒________放在没有空气流动的地方。

(3) 用密度计法测定密度在标准温度________℃或接近________℃时最准确。

(4) 试样含水时，测定凝点前要进行________处理。

(5) 黏度是用来衡量________大小的一个物性数据，其大小由物质________、________、________等因素决定。

(6) 黏度大小与测量时间的准确度有关，在测定黏度时，应选用精度为________s 的秒表，放在________的位置上进行计时。

(7) 黏度计的毛细管常数与流动时间的乘积，称为该温度下测定液体的________。

(8) 可燃液体的饱和蒸气与空气形成的混合气体遇到火源会发生一闪即熄灭的现象，这种一闪即灭的瞬时燃烧现象称为________。

(9) 测定试验闪点低于 50℃的试样时，应预先将空气浴冷却到________________________。

(10) 液体的自燃温度是指在没有火花和火焰的条件下，液体能够在空气中自燃的________。

(11) 在闪点温度下，液体只能发生闪燃而不能出现持续燃烧是因为在闪点温度下，可燃液体的蒸发速度________其燃烧速度。

(12) 液体持续燃烧性的检测试验适用于闭杯闪点不高于________℃或开口闪点不高于________℃的液体的检测。

(13) 液体的敏感度是指在高热条件下，测试液体危险品的燃爆性能，以观察液体的物理化学变化行为，分析液体在特定条件下的________情况。

(14) 不饱和的有机液体比饱和的有机液体的火灾危险________。

(15) 灭火的基本作用原理可以归纳为四个方面，即冷却、窒息、隔离和________。

(16) 采用冷却方式灭火时，对于可燃液体应将其冷却到其________以下，燃烧反应就会终止。

(17) 易燃液体灭火方法主要根据________________、________________和________________来确定。

(18) 灭火器按其移动方式可分为手提式和____________。

(19) 灭火器按驱动灭火剂的动力来源可分为：储气瓶式、储压式、________。

(20) 酸碱灭火器适用于扑救________________物质燃烧的初起火灾。

2. 选择题

(1) 液体密度的测定取样当使用自动取样法取挥发性液体时，必须使用体积（　　）的取样器并移至实验室，否则会造成轻组分损失，而影响到密度测定的准确度。

A. 可变　　B. 不变　　C. 不一定　　D. 大

(2) 液体密度的测定中测定密度用的量筒，其直径应至少比所用的密度计的外径大（　　）mm。

A. 15　　B. 20　　C. 25　　D. 30

(3) 测定透明液体密度，密度计读数为液体（　　）弯月面与密度计刻度相切点的数值。测定不透明液体密度，密度计读数为液体（ ）弯月面与密度计刻度相切点的数值。

A. 上，上　B. 下，上　C. 上，下　D. 下，下

(4) 凝点指油品在规定的试验条件下，被冷却的试样液面不再移动时的（ ）。

A. 最低温度　B. 较高温度　C. 较低温度　D. 最高温度

(5) 黏度大小与试样在黏度计内流动的时间有关，需按规定根据试验温度，选用使试样流动时间在（ ）s 以上相当直径的黏度计。

A. 100　B. 150　C. 200　D. 250

(6) 继续升高温度，液面上方蒸气浓度逐渐增加，当蒸气分子与空气形成的混合物遇到火源能够燃烧且持续时间不少于（ ）s 时，此时液体被点燃，它所对应的最低温度称为该液体的燃点。

A. 5　B. 3　C. 4　D. 10

(7) 可燃液体是以闪点作为评价液体的火灾危险性。闪点越低，危险性（ ）。

A. 越小　B. 越大　C. 相同　D. 不一定

(8) 在规定的试验条件下，液体或固体表面发生闪燃的最低温度称为（ ）。

A. 闪点　B. 燃点　C. 沸点　D. 自燃点

(9) 一切可燃液体的燃点都（ ）其闪点。

A. 低于　B. 等于　C. 高于　D. 不一定

(10) 易燃液体的相对分子质量越小，闪点越低，燃烧范围越大，燃烧爆炸的危险性也（ ）。

A. 越小　B. 越大　C. 相同　D. 不一定

(11) 液体持续燃烧性的检测中每次试验时，试验系统都必须用（ ）空气吹扫干净，以免影响测试结果的准确性。

A. 冷　B. 热　C. 湿　D. 干

(12) 液体持续燃烧性的检测中仪器需安放在平坦、结实并带防爆性能的通风柜内，安放地点离墙面至少（ ）mm。

A. 50　B. 100　C. 200　D. 300

(13) 液体高热敏感度的检测中调整空气流量以使火焰颜色呈（ ），火焰内层呈（ ）。

A. 蓝色，淡蓝色　B. 蓝色，蓝色　C. 淡蓝色，淡蓝色　D. 淡蓝色，蓝色

(14) 液体的氧化性是指液体本身（ ）燃烧，但通常因放出氧气可能引起或促使其他物质燃烧的性质。

A. 一定　B. 未必　C. 一定不　D. 可能

(15) 根据国家标准 GB/T 4968—2008《火灾分类》的规定，将火灾分为（ ）。

A. 甲、乙、丙、丁、戊五个类别

B. A、B、C、D、E、F 六类

C. 特大火灾、重大火灾、一般火灾三类

D. 重度，轻度，中度，低度

(16) 按照 GB/T 4968—2008《火灾分类》，石蜡的火灾属于（ ）火灾。

A. A 类　B. B 类　C. C 类　D. D 类

(17) 泡沫灭火器可扑救（ ）火灾。

A. 醇　B. 酯　C. 油脂　D. 书籍

(18) 易燃液体大多具有麻醉性和毒害性，灭火时应站在（ ）和利用现场的掩体，穿戴必要的防护用具，采用正确的灭火方法和战术。

A. 上风向　B. 下风向　C. 对面　D. 高处

(19) 灭火器的压力表指针应在（ ）区域。

A. 红色　B. 黄色　C. 蓝色　D. 绿色

(20) 下列不能用干粉灭火器扑救的是（ ）。

A. 易燃、可燃液体的初起火灾　　B. 气体的初起火灾

C. 带电设备的初起火灾　　D. 金属的初起火灾

3. 简答题

(1) 常见液体危险品的检测参数和标准有哪些?

(2) 简要说明液体密度测定的基本原理。

(3) 可燃液体闪点和燃点的检测应注意哪些事项?

(4) 如何确定和评估液体的自燃温度?

(5) 液体高热敏感度和液体氧化性检测应做好哪方面的防护工作?

4　固体危险品性能检测与评价

知识目标

1. 了解固体危险品性能的检测参数和标准；
2. 熟悉检测仪器的安装使用和维护；
3. 掌握固体危险品性能的检测和评价方法。

能力目标

1. 能根据需要正确选择检测设备；
2. 能熟练掌握检测仪器的安装和使用；
3. 能对固体危险品性能进行准确的检测；
4. 能根据检测数据对固体的危险性进行评价；
5. 具备检测仪器的维护和简单故障的排除能力。

工具设备

固体危险品性能系列检测仪、辅助检测仪器和设备、试验安全防护设施。

4.1　固体危险品性能的检测

4.1.1　固体危险品检测参数与标准

根据联合国《关于危险货物运输的建议书，试验和标准手册》(2009 年第五修订版)、ISO 系列标准、《化学品测试导则》(HJ/T 153—2004)、国家环保部《化学品测试方法》和国家有关技术标准，固体危险品性能检测项目主要有：固体物性检测（熔点测定、热分析）、固体相对自燃温度测试、可燃固体的燃烧率测试、爆炸危险性测试（摩擦、撞击、火焰感度等)、固体氧化特性测试、固体产烟毒性检测、腐蚀特性（针对金属）检测和固体燃烧性能检测（点着温度测定、氧指数测试、建材可燃性试验测试、安全帽阻燃性能测试、硬泡塑料垂直测试、泡沫橡胶水平测试、塑料闪燃温度和自燃温度的测定）等。

固体危险品检测的主要参数和标准如表 4-1 所示。

表 4-1　固体危险品检测的主要参数和标准

检测参数	检测标准
物理性能	GB/T 21781—2008 化学品的熔点及熔融范围试验方法　毛细管法 SN/T 2240—2008 危险品加速贮存试验-热分析法　差热分析法和热重分析法
燃烧性能	GB/T 21756—2008 工业用途的化学产品　固体物质相对自燃温度的测定 GB/T 9343—2008 塑料燃烧性能试验方法　闪燃温度和自燃温度的测定 GB/T 21618—2008 危险品　易燃固体燃烧速率试验方法

续表

检测参数	检测标准
燃烧性能	GB/T 8626—2007 建筑材料可燃性试验方法 FZ/T 50016—2011；FZ/T 50017—2011；GB/T 2406.2—2009 氧指数测定 GB/T 2812—2006；GB/T 2408—2008；ISO 1210；ASTM D635 水平垂直燃烧测试 GB/T 8627—2007；GB/T 8323；ASTM D2843 烟密度测试 GB/T 4610—2008 点着温度测试
爆炸性能	GB/T 21848—2008 工业用化学品　爆炸危险性的确定
氧化性能	GB/T 21755—2008 工业用途的化学产品　固体物质氧化性质的测定

4.1.2　固体物性参数的检测

4.1.2.1　固体熔点的测定

(1) 检测目的

① 了解熔点测定的意义；

② 熟悉熔点测定的原理；

③ 掌握熔点的测定方法。

(2) 检测原理　熔点是指物质在大气压力下处于固态与液态平衡时的温度。固体物质熔点的测定通常是将晶体物质加热到一定温度，晶体就开始由固态转变为液态，测定此时的温度即为该晶体物质的熔点。

纯净的固体物质，一般都有固定的熔点，而且熔点范围（又称熔程或熔距，是指由始熔至全熔的温度间隔）很小，一般不超过 0.5～1℃；若物质不纯时，则其熔点往往较纯物质低，熔点就会下降，且熔点范围也会扩大。因此，测定熔点时记录的数据应该是熔程（初熔和全熔的温度），如 123～124℃，不能记录其平均值 123.5℃。

测定物质熔点可初步鉴定固体有机物和定性判断固体化合物的纯度，具有很大的价值。例如：A 和 B 两种固体的熔点是相同的，可用混合熔点法检验 A 和 B 是否为同一种物质。若 A 和 B 混合物的熔点不变，则 A 和 B 为同一物质；若 A 和 B 混合物的熔点比各自的熔点降低很多，且熔程变长，则 A 和 B 不是同一物质。

测定熔点的方法有毛细管法和显微熔点测定法。

(3) 仪器与试剂

① 仪器　提勒（Thiele）熔点管，温度计（200℃，精度 0.1℃），表面皿，玻璃管（0.5cm×40cm），酒精灯，铁架台，毛细管，橡皮圈和显微熔点仪。

② 试剂　苯甲酸（A.R），乙酰苯胺（A.R），粗甘油（热浴用，可用液体石蜡、浓硫酸或磷酸代替）。

(4) 毛细管熔点测定法　毛细管法测定熔点一般采用提勒管（b 形管），如图 4-1 所示。管口装有具有侧槽的塞子固定温度计，温度计的水银球位于 b 形管的上下两叉管口之间。b 形管中装入加热液体（一般用甘油、液体石蜡、浓硫酸、硅油等），液面高于上叉管口 0.5cm 即可，加热部位如图 4-1（b）所示。加热时浴液因温差产生循环，使管内浴液温度均匀。

① 填装样品　将毛细管的一端用酒精灯烧熔封口，把待测物研成细粉末，将毛细管开口一端插入粉末中，使粉末进入毛细管，再将其开口向上，从大玻璃管中垂直滑落，熔点管在玻璃管中反弹蹦跳，使样品粉末进入毛细管的底部。重复以上操作，直至毛细管底部有

2～3mm 粉末并被敦实，如图 4-1（a）所示。样品粉碎不细或填装不结实，填装样品会产生空隙导致不易传热，造成熔程变大。样品量太少不便观察，产生熔点偏低；太多则会造成熔程变大，熔点偏高。

② 安装仪器　将提勒管（b 形管）用夹子固定在铁架台上，装入浴液，使液面高度达到提勒管上侧管时即可。将熔点管附于温度计下端，并用橡皮圈将毛细管紧缚在温度计上，样品部分应靠在温度计水银球的中部，如图 4-1（c）所示。温度计水银球位置应在提勒管的两侧管中部为宜。安装时熔点管外的样品粉末要擦干净以免污染热浴液，如果发现装好样品的毛细管浸入浴液后，样品变黄或管底渗入液体，说明毛细管为漏管，应另换一根毛细管重新试验。

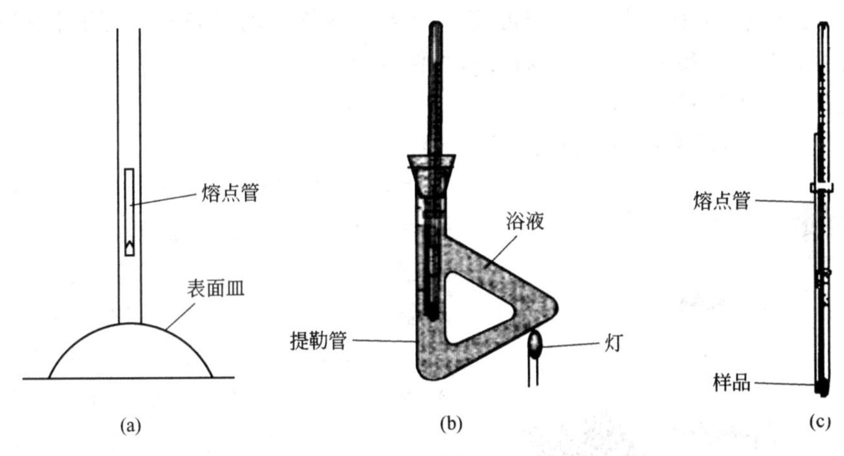

图 4-1　毛细管熔点测定示意图

装置中用的热浴液，可根据所需的具体温度，选用甘油、液体石蜡或硅油等。若预计温度低于 140℃，最好选用液体石蜡和甘油，好的液体石蜡可加热到 220℃不变色；若预计温度高于 140℃，可选用浓硫酸。使用硫酸作为加热浴液要特别小心，不能让有机物接触到浓硫酸，否则使溶液颜色变深，有碍熔点的观察。采用浓硫酸作为热浴，适用于测熔点在 220℃以下的样品。若要测熔点在 220℃以上的样品可用其他热浴液，如硅油，可加热到 250℃而不变色，且安全无腐蚀性。

③ 熔点的测定

a. 粗测　以每分钟约 5℃的速率升温，记录当管内样品开始塌落即有液相产生时（初熔）和样品刚好全部变成澄清液体时（全熔）的温度，此读数范围为该化合物的熔程。

待热浴温度下降大约 30℃时，换一支样品管，重复上述操作进行精确测定。

b. 精确测定　开始升温可稍快（每分钟上升约 10℃），待热浴温度离粗测熔点约 15℃时，改用小火加热，使温度缓慢而均匀上升（每分钟上升 1～2℃）。当接近熔点时，加热速度要更慢，每分钟上升 0.2～0.3℃。要精确测定熔点，则必须严格控制加热速度，在接近熔点时升温的速度不能太快。

记录刚有小滴液体出现和样品恰好完全熔融时的两个温度值，两者的温度范围即为被测样品的熔程。

c. 熔点的确定　每个样品测 2～3 次，初熔点和全熔点的平均值为熔点，再将各次所测熔点的平均值作为该样品的最终测定结果。重复测熔点时都必须用新的熔点管重新装样品。

d. 试验完成后，须待浴液冷却，方可将其倒回瓶中。温度计冷却后，用滤纸擦去表面沾附的浴液，再用水冲洗，否则温度计极易炸裂。

④ 注意事项

a. 熔点管本身要洁净，若含有灰尘等杂质，会产生4～10℃的误差。管壁不能太厚，封口要均匀，封口一端不能弯曲。因此在毛细管封口时，毛细管按垂直方向伸入火焰，且长度要尽量短，火焰温度不宜太高，最好用酒精灯，封口要圆滑，以不漏气为原则。

b. 样品一定要干燥，并要研成细粉末，往毛细管内装样品时，一定要反复敦实，管外样品要用滤纸擦干净。

c. 用橡皮圈将毛细管缚在温度计旁，并使装样部分和温度计水银球处在同一水平位置，同时要使温度计水银球处于b形管两侧管的中心部位。

d. 升温速度不宜太快，特别是当温度将要接近该样品的熔点时，更要控制升温速度。如果升温速度过快，热传导不充分，将导致所测熔点偏高。

(5) 显微熔点测定仪测定法

① 测定原理　显微熔点测定仪有两种，透射式和反射式。

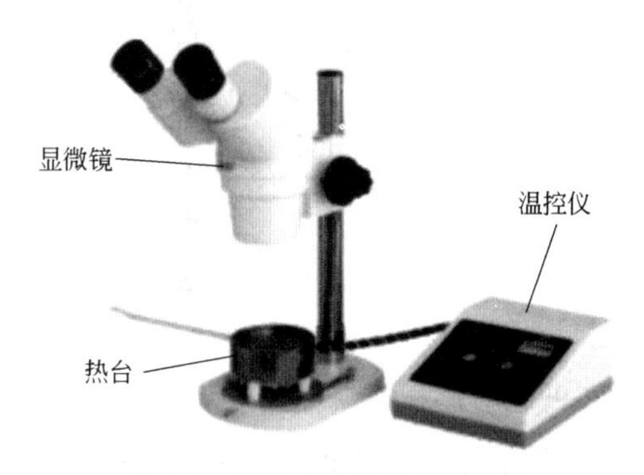

图4-2　反射式显微熔点测定仪

透射式光源在热台的下面，热台上有个孔，光线从孔中透上来，视野清晰，便于观察，但由于热台中心有孔，热电偶不能测量热台中心的温度，因此对温度的测定有时不准。

反射式光源在侧上方（如果显微镜上没有光源，可以在一侧放一盏台灯，使用时打开台灯），使用时光源直接照射加热台，温度测定准确，但有时视野不清，不便观察，是目前制造和使用较多的显微熔点测定仪。反射式显微熔点测定仪如图4-2所示。

② 熔点测定

a. 样品制备　用镊子取少量的样品，放在两个盖玻片之间夹住（盖玻片使用前，需用脱脂棉球蘸丙酮或酒精擦拭干净并吹干），轻轻研磨，让样品在盖玻片上形成很薄的一层。在显微镜下观察，样品最好分散为很小的颗粒，能看清颗粒形状即可。颗粒太小不利于观察，颗粒太大熔点测量不准确。若样品堆积在一起，也会使导热不均匀，熔点测不准，熔程也会变长。

b. 放置样品　把准备好的样品放置在热台中央，盖上热台上配的玻璃片（防止挥发样品污染物镜），调整显微镜焦距和样品位置，直到视野清楚并能观察到样品。

本步骤可以使用两个盖玻片夹住样品放置在热台上，对于不挥发的样品可以只用一片盖玻片托住样品，而不用在样品上加盖，但升华样品一定要加盖。每次测定时，要采用同样的方法，因为样品加不加盖，热台加不加盖，测定的结果都是不同的，有时会产生较大误差。

c. 加热　通过调节仪器电压，控制升温速度。试验开始时，升温速度可快一些，快接近预计熔点温度时缓慢升温（与毛细管法相同）。

d. 记录熔点　当颗粒形状变圆或出现明显液滴时，记录初熔点，视野内完全变成液体时记录终熔点。有些样品在低于熔点的温度会发生晶型的转变，遇到这种情况时需要准确判断是达到初熔点，还是晶型变化。

e. 完成试验　熔点测定完毕后，停止加热，待仪器完全冷却后，用丙酮拭洗载片，晾干，并整理其他部件，安放在仪器箱中，并把试验台面收拾干净。

③ 用熔点测定仪测定熔点具有下列优点：可测定微量样品；易看清样品熔化前和熔化时的变化情况；可测定高熔点样品（测定熔点的范围为室温～350℃）。

思 考 题

① 装填毛细熔点管的固体样品为什么要在洁净的表面皿上研细？

② 毛细管中的样品为什么要装填紧密？这一操作对熔点测定有什么影响？

③ 用毛细管法测定纯化合物的熔点时，造成下列结果的原因是什么：

a. 比正确熔点高；b. 比正确熔点低；c. 熔点范围大

4.1.2.2 固体差热分析

（1）检测目的

① 了解差热分析仪的工作原理及操作方法；

② 理解热谱图的概念，学会对热谱图进行定性和定量分析；

③ 掌握差热分析数据的采集及处理方法。

（2）检测原理　差热分析法是一种重要的物理化学分析方法，通过测试样品量仅为几克的含能材料，便可以对物质进行定性和定量分析，适用于危险品的储存试验、热分析法（差热分析和热重分析）试验及测定危险品的热稳定性，是用来评价含能材料的热稳定性、纯度（熔点，凝点）、相容性和热分解等参数的一种方法。可用于生产含能材料的质量管理，新含能材料的评定，认证，监管和研发等，也可用于分析在热爆发（无爆炸）过程中分解较为缓和的物质。此外还可用于测试火炸药、烟火剂或爆炸原料，特别是用于研究爆炸特性参数（爆热，爆温，爆速，爆压，爆容等）。总之，差热分析法在生产和科学研究中有着广泛的应用。

将试样和参比物同置于以一定速率升温或冷却的相同温度的环境中，记录下试样和参比物之间的温度差，随着测定时间的延续，可得一张温差随时间或温度的变化图，即所谓的热谱图或称差热曲线。这种通过测量温差来分析物质的变化规律和鉴定物质种类的技术称为差热分析，简称 DTA（differential thermal analysis）。

物质在加热或冷却过程中，当达到某一温度时，往往会发生熔化、升华、气化、凝固、晶型转变、化合、分解、氧化、脱水、吸附、脱附等物理和化学的变化，并伴随有热量的变化，因而产生热效应，这时体系的温度-时间曲线会发生停顿、转折。但在许多情况下，体系中发生的热效应相当小，不足以引起体系温度有明显的突变，其曲线的顿、折并不显著，甚至根本显示不出来。在这种情况下，常将有物相变化的物质和一个参比（或称基准）物质（它在试验温度变化的整个过程中不发生任何物理变化和化学变化、没有任何热效应产生，如 Al_2O_3、MgO 等）在程序控温条件下进行加热或冷却，一旦被测物质发生变化，则表现为该物质与参比物之间产生温差，如图 4-3 所示。

若试样没有发生变化，它与参比物的温度相同，两者的温差 $\Delta T=0$，在热谱图上显示水平段（ab）；当试样在某温度下有放热（或吸热）效应时，试样温度上升速度加快（或减慢），由于传热速度的限制，试样就会低于（吸热时）或高于（放热时）参比物的温度，就产生温度差 ΔT，热谱图上就会出现放热峰（efg 段）或吸热峰（bcd 段），直至过程完毕、温差逐渐消失，曲线又复现水平段（gh 或 de 段）。图 4-3 中示温曲线上 b_1、c_1、d_1、e_1、f_1、g_1 表示试样实际温度随时间变化的情况，显示反应过程中均为等速升温。

从差热曲线峰的位置、方向、峰的面积和数目等可以得出，测定温度范围内样品发生变化所对应的温度、热效应的符号（吸热或放热）和大小以及变化的次数，从而确定物质的相变温度、热效应的大小，以鉴别物质和进行定性定量分析，并可得到某些反应的动力学参数，如活化能和反应级数等。通常用峰开始时所对应的温度（如图 4-3 的示温曲线上的 b_1、e_1）作为相变温度，对很尖的峰可取峰的极大值所对应的温度。

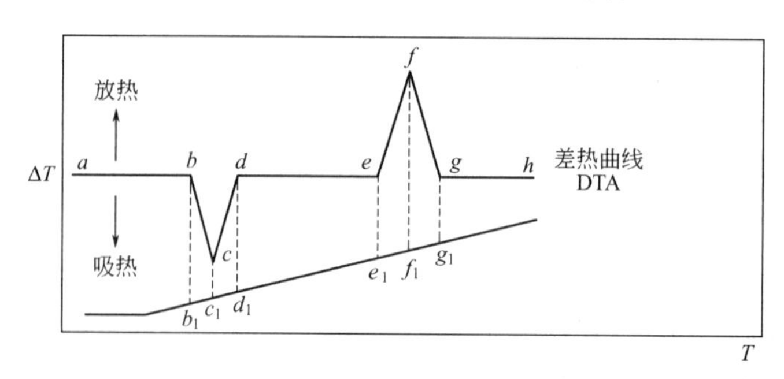

图 4-3 物质差热分析曲线

但在实际测定时，由于样品与参比物的比热容、热导率、粒度、装填情况等不可能完全相同，反应过程中样品可能收缩或膨胀，而两支热电偶的热电势也不一定完全相同，因而差热曲线的基线不一定与时间轴平行，峰前后的基线也不一定在同一直线上，会发生不同程度的漂移，可通过作切线的方法确定峰的起点、终点和峰面积。

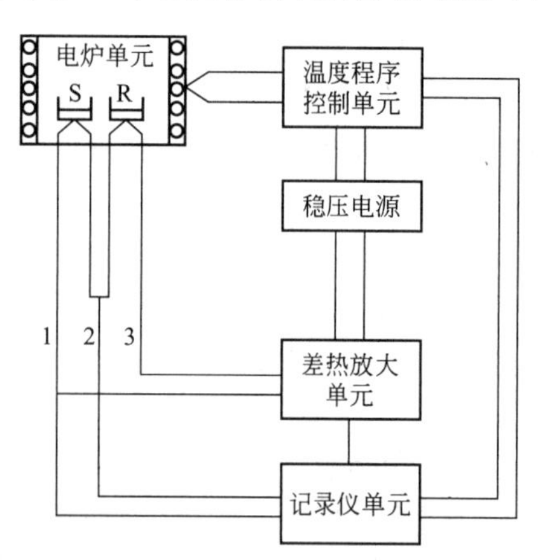

图 4-4 差热分析仪装置示意图

（3）检测仪器与试剂

① 检测仪器 本试验仪器有：分析天平（精度 0.0001g）；CRY-1P 型差热分析仪，其工作原理如图 4-4 所示。

图 4-4 中 S 和 R 分别为试样和参比物，其底部分别插入同样材料做成的三个热电偶，热电偶 1 和 2 用于测量温度，热电偶 1 和 3 用于测量温差。在升温过程中，出于两对热电偶所产生的热电势方向相反，若试样没有发生变化，它与参比物同步升温，二者的温度相等，两热电势互相抵消，1 和 3 中没有电流；一旦试样发生变化，产生热效应，两热电偶所处的温度不同而在 1 和 3 中产生温差电流，输入差热放大单元，经放大而送到计算机，计算机可同时采集试样温度和试样与参比物之间的温度差，画出热谱图，并可通过数据处理得到差热分析结果。

② 试剂 α-Al_2O_3（分析纯）；NH_4NO_3；$CaC_2O_4 \cdot H_2O$（分析纯）。

（4）检测步骤

① 测定条件的选择

a. 升温速率的选择 升温速率对测定结果影响十分明显，一般来说速率低时，基线漂移小，所得峰形显得矮而稍宽，可以分辨出靠得很近的变化过程，但每次测定要用较长的时间；速率高时，峰形比较尖锐，测定时间较短，而基线漂移明显，与平衡条件相距较远，出峰温度误差较大，分辨能力也下降。为便于比较，在测定一系列样品时，应采用相同的升温速率。升温速率一般采取 2～20℃/min，在特殊情况下，最慢可为 0.1℃/min，最快可达

20℃/min，而最常用的是8～12℃/min。

b. 参比物的选择 作为参比物的材料，在整个测定温度范围内，应保持良好的热稳定性，不会出现能产生热效应的任何变化，常用的参比物有α-Al_2O_3、煅烧过的氧化镁、石英砂和金属镍等。测定时，应尽可能选用与样品的比热容和热导率相近的材料作为参比物。

c. 气体氛围及其压力的选择 测定过程受气体及其压力的影响很大，例如，碳酸钙、氧化银的分解温度分别受二氧化碳和氧气分压的影响；液体或溶液的沸点或泡点与外压的关系则更明显；许多金属在空气中测定会被氧化等。因此应根据被测样品的性质，选择适当的气体氛围和压力进行测定。现代差热分析仪的电炉备有密封罩，并装有若干气体阀门，便于抽真空及通入选定的气体，为方便起见，本试验在大气中进行。

d. 样品的预处理及用量 一般的非金属固体样品均应经过研磨，使之成为200目左右的微细颗粒，这样可以改善导热条件，但过度研磨可能会破坏晶体的晶格。对于会分解而释出气体的样品，颗粒则应更大些。参比物的粒度以及装填松紧度都应同样品一致。为了确保参比物的热稳定性，使用前可将其高温灼烧一次。

样品用量应尽可能少些，这样不仅可以节省样品，更重要的是可以得到比较尖锐的峰，并能分辨靠得很近的相邻峰。样品过多往往形成较大包形峰，并使相邻的峰互相重叠而无法分辨。可根据仪器的灵敏度和稳定性等因素加以考虑。如果样品体积太小，不能完全覆盖热电偶，或样品容易因烧结、熔融而结块，可掺入一定量的参比物或其他热稳定材料。

② 检测步骤

a. 零位调整 开启总电源、温度程序控制单元和差热放大器单元开关（差动单元开关不开）。仪器预热20min后，将差热放大器单元的量程选择开关置于“短路”位置。“差动、差热”选择开关置于“差热”位置。转动“调零”旋钮，使差热指示仪表指在“0”位。

b. 差热测量 本试验采用α-Al_2O_3为参比物，分别以10℃/min和20℃/min的速率升温，测绘硝酸铵（15mg左右）自室温至500℃范围内的空气中差热谱图以及草酸钙（15mg左右）自室温至1000℃范围内，在空气中的差热谱图。

用洁净干燥的坩埚在分析天平上称取样品（硝酸铵）和参比物（α-Al_2O_3）各15mg。转动电炉上的手柄把炉体升到顶部，然后将炉体向前方转出。将坩埚分别放在样品杆上部的两个托盘上，将样品坩埚放在样品杆上的左侧托盘上，参比物放在右侧托盘上，将炉底转回原处，再轻轻地向下摇到底。

开启水源，保持冷却水畅通，使水流量为200～300mL/min。

根据样品的差热温度变化范围设置升温程序和差热量程（一般为±100μV）。

打开计算机电源（计算机电源需后开先关，以免其他电源的电流冲击损坏计算机），启动CRY-1P工作软件，点击“采样”，进行数据采集参数的设置。

启动升温程序，观察差热图谱的记录。

测定结束后，计算机存盘返回，关闭电源开关。待温度降下来后，开启电炉取出样品坩埚，把预先称好的草酸钙样品的坩埚放到样品杆上的左侧托盘上，把内含α-Al_2O_3的坩埚放到右边托盘上。

与硝酸铵的测定方法相同，测定草酸钙的差热曲线。

（5）数据处理

① 指明所测试剂温度变化的次数；

② 找出各峰的开始温度和峰温度；

③ 根据所测试剂的物理和化学性质，讨论各峰所代表的可能晶型转变或发生的反应，写出反应方程式，并说明空气对试验的影响。

思 考 题

① 影响差热分析结果的主要因素有哪些？

② 测温点在样品内或在其他参考点上，所绘得的升温线是否相同？

③ 在什么情况下，升温过程与降温过程所做的差热分析结果相同？在什么情况下只能采用升温过程？在什么情况下采用降温过程？

4.1.3 固体燃烧性能的检测

燃烧性能是指材料燃烧或遇火时所发生的一切物理和化学变化，固体的燃烧性能主要由材料表面的着火性、燃烧火焰的传播性以及燃烧发热、发烟、炭化、失重和毒性等特性参数来衡量。特别是高分子材料的燃烧，会产生大量的烟雾和有毒气体。因此，研究固体的燃烧性能，可以帮助、指导我们做好安全生产和消防工作，规范并促进阻燃高分子材料的生产。

4.1.3.1 点着温度的测定

(1) 检测目的

① 了解点着温度的概念；

② 熟悉检测仪器的使用和维护；

③ 掌握物质点着温度的判定和评价方法。

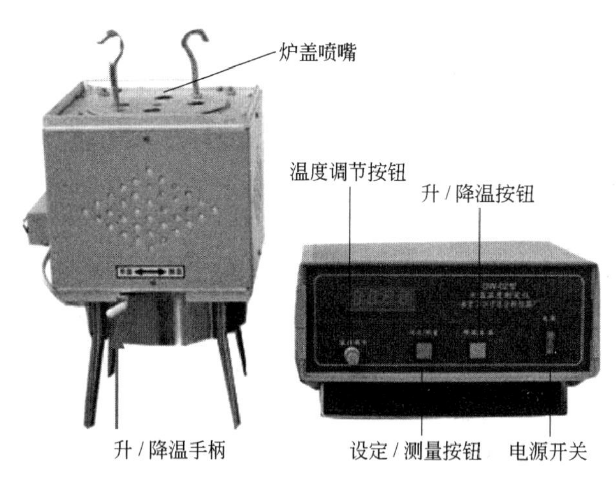

图 4-5 点着温度测定仪示意图

(2) 检测的意义 点着温度是指在规定条件下，从固体材料中分解的可燃气体，经加外火焰点燃并燃烧一定时间的最低温度。

固体材料的点着温度是材料燃烧性能测定的重要参数之一。通过点着温度可相对比较各种材料在特定条件下的燃烧性，为材料的设计和应用提供安全参考数据，以便考虑相应的安全措施。但点着温度不能作为实际使用条件下的安全温度和燃烧危险性评定的依据。

(3) 检测仪器

本试验采用 DW-02 型点着温度测定仪进行固体材料的点着温度测试，符合 GB/T 4610—2008 的测定要求。仪器结构组成如图 4-5 所示。

其他仪器设备：点火器，电子天平，试样包（事先制备，干燥木粉，0.5～1mm 粒径），镊子，漏斗，手表/秒表，护目镜等。

(4) 检测准备

① 试样制备 制备成粒径为 0.5～1.0mm 的试样，试样量为 1g。

② 接通电源 按下仪器电源开关，指示灯即亮，然后拨动“升温-降温”手柄（在炉体侧面）至“升温”位置，使其通风孔封闭。

③ 设定温度 按下“设定/测量”按钮，然后旋转“温度调节”按钮，观察仪器面板上的数显器（左上角）将温度设定好后，再按出“设定/测量”按钮，此时看到的温度值即是

实际炉体升温的值，此时需要注意“设定/测量”按钮应处于按出状态。

炉体升温至设定温度后，恒温5～10min即可进行试验。

（5）检测步骤

① 将装有1g试样的容器放入铜锭炉的孔中，盖上盖子（盖子预先放在铜锭炉上加热），并打开秒表计时。

② 当观察到有蒸气挥发出时，将点火火焰置于盖的喷嘴上方2mm处晃动，火焰长度为10～15mm左右。如果在开始5min内，喷嘴上没有（或有）连续5s的火焰，则每次将炉温升高（或降低）10℃，用新的试样重新试验，直到测得喷嘴上出现连续5s以上火焰时的最低温度为止，并记录此温度。

③ 在每个预定的温度做三个试样，若其中两个没有出现5s以上的火焰，则将炉温升高10℃，再做三个试样，如有两个出现5s以上火焰，且该温度为有两个试样出现5s以上火焰的最低温度，则将其修约到十分位数，即为材料的点着温度。

④ 在热塑性塑料的测定中有发泡逸出现象时，可以将试样减少到0.5g，如果仍有逸出，则不能用本方法试验。

⑤ 试验结束后，按“降温”按钮，拨动“升温-降温”手柄至降温状态，当炉温降到常温下，关闭电源开关，清理试验仪器。

（6）数据记录　如表4-2所示。

表4-2　点着温度测定记录表

试样 现象 温度	试样1	试样2	试样3
250℃			
260℃			
270℃			

在试验报告中，应注明试验方法和参考标准，材料的鉴别特征，试样的来源、粒度和试样量，试验的结果，并详细记录观察到的现象（烟气、火焰颜色等）。

（7）注意事项

① 点燃点火器时，注意安全，火焰长度不宜过长。

② 添加试样时，应使用工具，不可直接用手操作，以防烫伤。

③ 试验完毕时，及时关闭电源，炉温降到常温下，工作人员方可离开试验场所。

思考题

① 测试中为什么应将试验装置的通风口关闭？

② 在测试结束后，是否应该开启装置的通风口呢？

③ 点着温度与物质的燃点有何关系？

4.1.3.2 易燃固体燃烧速率的检测

（1）检测目的

① 了解燃烧速率检测的原理和意义；

② 熟悉易燃固体燃烧速率试验仪的操作和维护；

③ 掌握燃烧速率的检测和评估方法。

（2）检测原理　易燃固体（包括金属粉末）的燃烧速率是指易燃固体被点燃后传播燃烧的能力大小，通常是将被测物质点燃后测定其燃烧时间，并根据测定结果判断该物质是否为易燃固体。本试验符合联合国《关于危险货物运输的建议书——试验和标准手册》和 GB/T 21618—2008《危险品 易燃固体燃烧速率试验方法》要求。

（3）检测仪器　试验采用 HCR-H017 型易燃固体燃烧速率试验仪（如图 4-6 所示）对固体材料进行燃烧速率测试，仪器主要由显示控制器，堆垛模具［长 250mm、剖面内高 10mm、宽 20mm 的三角形模具，见图 4-6(a)、(b)］和检测系统三部分组成，能通过红外传感器实时检测试样状态，自动记录燃烧传播时间。仪器主要参数如下：

① 点火温度：室温～1500℃；

② 燃烧距离测量范围：0～300mm；

③ 燃烧距离测量精度：0.5mm；

④ 燃烧速率检测范围：0～1000m/s；

⑤ 计时精度：0.01s。

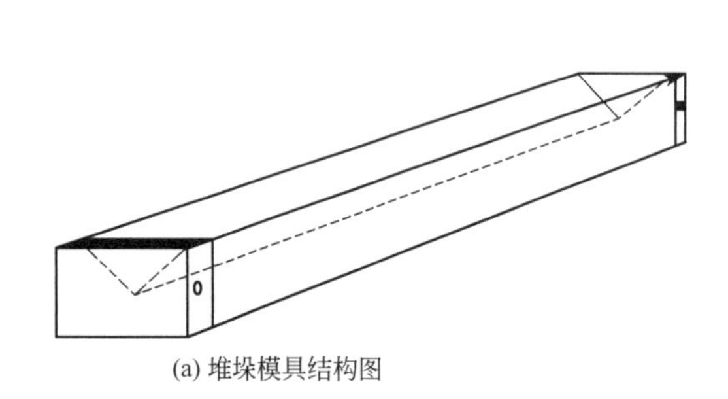

(a) 堆垛模具结构图

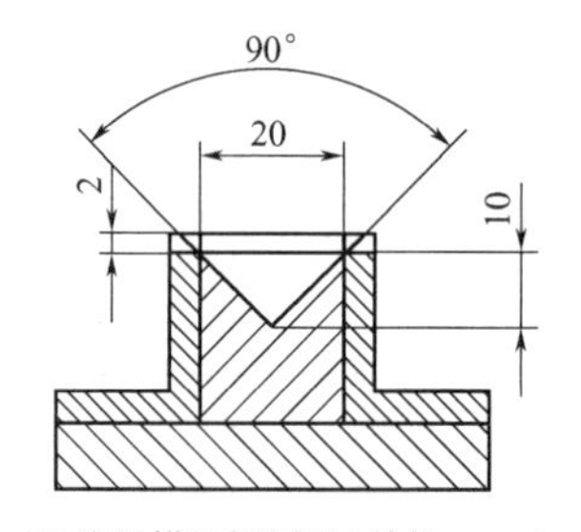

(b) 堆垛模具剖面图（单位：mm）

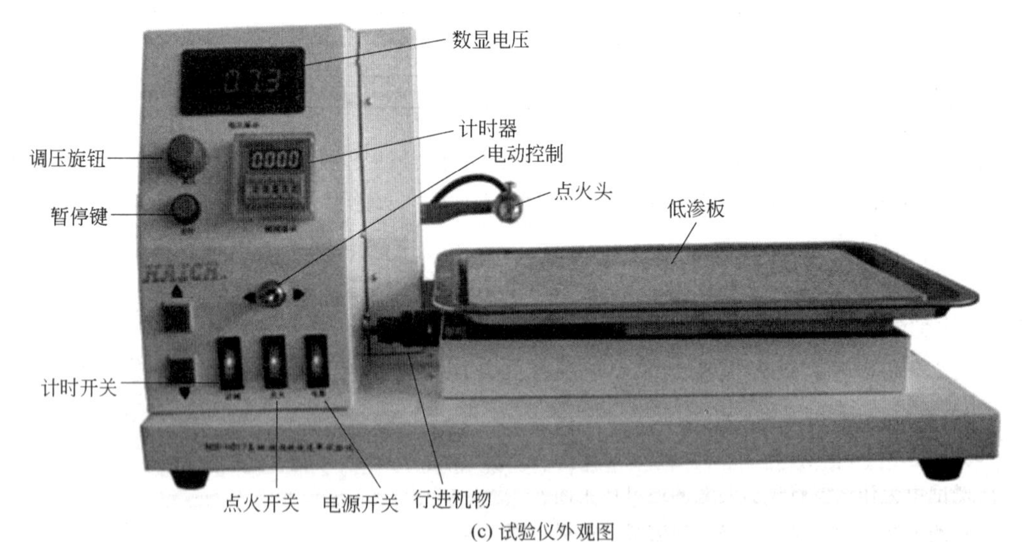

(c) 试验仪外观图

图 4-6　易燃固体燃烧速率试验仪示意图

（4）检测准备

① 检查仪器后将仪器安放在平坦、结实、有自来水并防爆的通风柜内。避免安装在有冲击或剧烈振动的地方或化学药品和易燃气体的附近。

② 将电源线插入仪器后电源插座内，另一头接 220V 电源上，一定要有良好的接地。将点火头接入仪器。

（5）检测步骤

① 接通电源　打开电源开关和点火开关，通过调节“调压”旋钮，调节到合适的点火电压，再关闭点火开关。

② 试样堆垛　将试样装入堆垛模具中，再将模具从 20mm 高处自由落在准备好的硬质平板上，经三次后敦实，然后翻转模具，将试验样品扣置于无机隔热低渗板上，做成长 250mm、宽 20mm、高 10mm，截面为三角形的试样堆垛。

③ 在堆垛 210～220mm 处的脊上做一深 3mm、直径 5mm 的凹槽，逐滴加入 1mL 的湿润剂（不含可燃物的溶剂，湿润剂中的活性物质不应超过 1%），确保此处堆垛的横截面全部湿润（不适用于金属或金属合金粉末试验）。

④ 通过调节试验台的调节旋钮，调节试验台的位置，使试验台上试样堆垛接触到点火头。

⑤ 打开“计时”开关，同时按下“点火”及“暂停”键，计时器开始计时，点火头开始加热。

当火焰沿堆垛蔓延至 80mm 处后，测定火焰再蔓延 100mm 所需要的时间，并记录火焰通过湿润段的时间。

对于金属或金属合金粉末，则记录点燃后火焰蔓延到堆垛全部长度的时间。

⑥ 再重复试验五次，取六次试验的平均值作为该试验样品的燃烧速率。

⑦ 试验完毕，关闭电源开关，清理试验仪器。

（6）试验结果的评估

① 如果试验样品堆垛在 2min（金属或金属合金粉末在 20min）内没有被点燃，或点燃后火焰沿堆垛蔓延的距离＜200mm，则该试样不属于易燃固体。

② 如果试验样品堆垛在 2min（金属或金属合金粉末在 20min）内被点燃，并且火焰沿堆垛蔓延距离≥200mm，则该试样属于易燃固体。易燃固体分类包装划分标准如下：

a. Ⅰ类包装物　某些金属或金属合金粉末；燃烧时间小于 45s 或燃烧速率大于 2.2mm/s 的易燃固体。

b. Ⅱ类包装物　燃烧时间小于 45s 且火焰通过湿润段的易燃固体（金属粉除外）；在 5min 内火焰蔓延到试样全部长度的金属粉末。

c. Ⅲ类包装物　燃烧时间小于 45s 并且湿润段阻止火焰传播至少 4min 的易燃固体（金属粉除外）；在 5～10min 内蔓延到试样的全部长度的金属粉。

（7）注意事项

① 试验采用单相 220V 交流电为主电源，使用时必须接地良好，保证仪器和操作人员使用安全。禁止带电拔插电缆和内部接线，内部接线不要随便改动。仪器停止工作时，应断开电源开关。

② 定期检查仪器的工作情况是否良好，在没有接通循环冷却水的情况下请勿打开电源。

思 考 题

① 试验时，如何对样品进行堆垛操作？

② 根据试验检测结果，如何评价固体的燃烧性能？

4.1.3.3 固体相对自燃温度的检测

（1）检测目的

① 了解固体自燃温度的测定原理；

② 熟悉自燃温度测定仪的使用和维护；

③ 掌握固体自燃温度的确定方法。

（2）检测原理　固体的相对自燃温度（自燃点）是指在一定条件下，一定量（体积或质量）的固体自发燃烧的温度。

将一确定体积的被测样品放入加热炉中，设定加热炉升温速率为0.5℃/min，同时测定炉温和试样温度。如果试样和氧气反应或自身分解放热，将驱动试样发生自燃，此时相对于加热炉温度，试样温度会因自燃而明显的快速升高，此时的炉温即为被测试样的自燃温度。

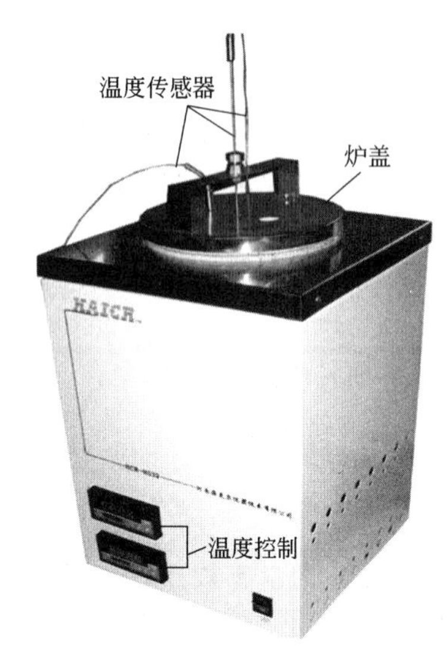

图4-7　固体相对自燃温度测定仪示意图

固体的自燃温度（自燃点）是判断、评价可燃固体发生火灾危险性的重要指标之一。自燃点越低，可燃物质发生自燃火灾的危险性越大。

（3）检测仪器　本试验采用HCR-H027型固体相对自燃温度测定仪（如图4-7所示），通过均匀升温来检测工业用固体危险品的自燃温度。

（4）检测准备

① 检查仪器后，将仪器安放在水平、结实并带防爆性能的通风柜中。

② 按照对应插口连接仪器和计算机之间的接线和传感器线，接通电源。

（5）检测步骤

① 填装试样　将待测样品装满试样篓并轻轻压实后，将试样篓悬挂在炉盖的挂钩上，调节试样中的检测传感器，使其位于试样篓中心位置并固定。最后，将装有样品的试样篓连同炉盖放到炉膛上。

② 自燃温度的测定

a. 打开计算机和仪器电源开关，在计算机的自燃温度测定界面，点击“进入”开始试验。

b. 在“实时记录”界面上，点击“打开工作界面”出现“自燃点”界面。

c. 点击“自燃点”后再点击“打开”，根据提示设置仪器加热速率，点击“开始运行”计算机开始实时记录试验数据。

d. 试验结束后，点击“开始保存”，保存试验数据，再点击“停止运行”及“确定”停止工作。

③ 结果查询及判断　点击“列表显示”或是“历史记录分析”，“列表显示”为计算机记录的试验数据，找到试样温度显著升高的温度（如迅速升到400℃）时对应的炉温，即确定为该试样的自燃温度。试验过程的温度-时间曲线如图4-8所示。

（6）检测结果的评估　根据试样温度与炉温温度曲线的比较，样品通过自加热到达400℃时，所对应仪器炉温的温度即为试样的自燃温度。

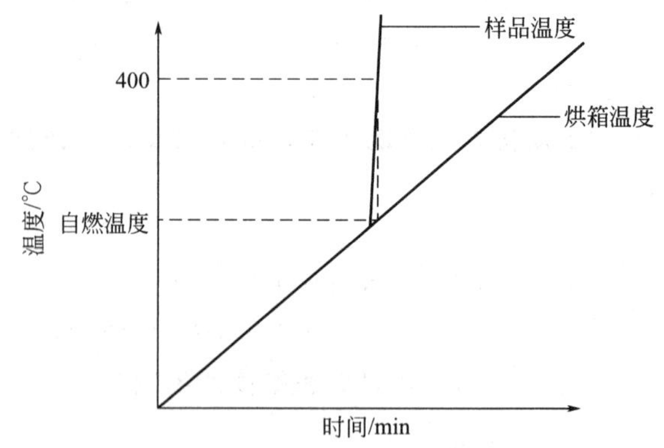

图4-8　测试试样的温度-时间曲线

(7) 注意事项

① 仪器采用单相220V交流电为主电源，使用时必须接地良好，禁止带电拔插电缆和内部接线，仪器停止工作时，应断开电源开关。

② 计算机的相关驱动程序不要随便改动或删除。

③ 主机面板上的炉温温控仪和试样温度检测仪用于监控显示和数据比较，一般不宜随意调节。

思 考 题

① 物质自燃温度的高低与物质燃烧的危险性有什么关系？

② 如何利用检测数据评判物质的自燃温度？

4.1.3.4 小型燃烧试验

(1) 检测目的

① 了解小型燃烧试验的原理；

② 熟悉试验仪器的使用和维护；

③ 掌握固体危险品燃烧现象的评判标准。

(2) 检测原理 小型燃烧试验是对固体危险品的燃烧爆炸危险性进行测试，在固体危险品被点火器点燃后，根据燃烧现象判定其燃烧爆炸反应程度。

试验仪器、材料和试验方法符合联合国《关于危险货物运输的建议书 规章范本》(第16修订版)和联合国《关于危险货物运输的建议书 试验和标准手册》(第5修订版)的要求。

(3) 检测仪器 本试验采用HCR-HO10小型燃烧试验仪对固体危险品燃烧性能进行测试。仪器的结构如图4-9所示。

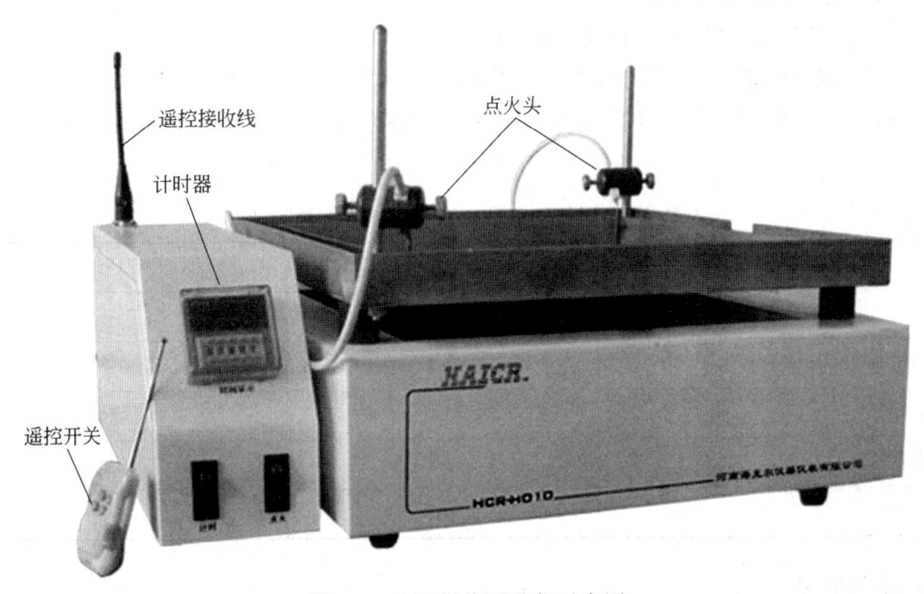

图4-9 小型燃烧试验仪示意图

其他仪器：托盘天平、量筒和塑料烧杯。

(4) 检测准备

① 检查仪器后将仪器安放在平坦、结实并带防爆性能的通风柜内。

② 熟悉遥控器的使用　仪器配有遥控器便于遥控操作，遥控器面板上的按键及功能："A"为点火键；"B"为计时开关；"C"为计时暂停键。

(5) 试验步骤

① 液体试样的测试

a. 将足够的木屑用煤油浸泡（木屑100g，煤油200mL）。

b. 把用煤油浸泡过的木屑填满模具（如图4-6所示）。根据所做试样不同，选择不同厚度的模具，对于不易点燃的物质，选择2.5cm厚度的模具，并将模具放在仪器做样平台上。

c. 将电子点火器插入木屑中，点火头距下底板5mm。

d. 把10g试样放入一个小塑料烧杯中（选择能填满试样的烧杯）。将烧杯放在模具中央浸泡过煤油的木屑中。

e. 接通电源，按遥控器"A"键开始点火试验，直到木屑点燃为止。当木屑燃烧至烧杯中的试样时，按"C"键开始计时，当试样燃烧完毕或发生爆炸时，按"B"键暂停计时，记录试样燃烧时间。

f. 用10g和100g试样各进行两次试验。

② 固体试样的测试

a. 将一张牛皮纸放于试验平台上，将固体试样堆成圆锥形，试样堆的高度与圆锥体底部半径相同。绕试样一周距离试样一定距离撒一道无烟火药。

b. 将两个电子点火器分别安放在试验平台两个对角支杆上，点火头应距下底板最多5mm。

c. 按遥控器"A"键点火，直到无烟火药点燃为止。当被无烟火药点燃的牛皮纸将火焰传到试样并使试样开始燃烧时，按"C"键开始计时，试样燃烧完毕或发生爆炸时，按"B"键暂停计时，记录试样燃烧时间。

d. 用10g和100g试样各进行两次试验。

(6) 检测结果评估　如果试验物质发生爆炸，试验结果记为"+"，即物质危险性大；否则，试验结果记为"−"即物质危险性较小。固体危险品小型燃烧试验结果实例如表4-3所示。

表4-3　固体危险品小型燃烧试验结果实例

物质名称	试验现象	评估结果
硝基甲烷	燃烧	−
炸胶(硝化甘油92%+硝化纤维8%)	燃烧	−
黑火药粉末	燃烧	−
叠氮化铅	爆炸	+
雷酸汞	爆炸	+

(7) 注意事项

① 仪器采用单相220V交流电为主电源，使用时必须接地良好，仪器停止工作时，应断开电源开关。

② 不得随意频繁开关点火器开关，因频繁开关产生的冲击电流较大，对点火系统寿命有一定影响，因此在使用过程中点火时间不得超过30s。

思 考 题

① 进行物质燃烧试验时须做好哪些防护措施？

② 如何利用模具制作检测试样？

4.1.3.5 建材可燃性检测

(1) 检测目的

① 了解检测仪器结构和检测原理；

② 熟悉检测仪器的使用和维护方法；

③ 能根据试验现象确定试样的可燃性。

(2) 检测原理　建材可燃性是建筑材料燃烧性能的重要指标之一，在规定条件下，运用测试仪器对建筑材料进行燃烧性能测试，观察和记录材料燃烧的现象和燃烧数据，用于评估建筑材料是否具有可燃性，同时也用于阻燃材料的试验和研究中阻燃效果的评价。

(3) 检测装置　本试验采用 FCK-1 型建材可燃性试炉对材料进行燃烧性能的测试，仪器的主要技术指标如下：

气源：丙烷气（纯度＞95％，试验流量为 0～1000mL/min）；

环境温度：15～25℃，相对湿度小于或等于 70％；

火焰高度：20mm±1mm。

检测装置主要由燃烧试验箱、燃烧器及试件支架等组成。

① 燃烧试验箱　燃烧试验箱（如图 4-10 所示）由 1.5mm 厚的不锈钢板制成，其外形尺寸为：700mm×400mm×810mm，箱体顶端设有 ϕ150mm 的排烟口，前侧和右侧各设一个玻璃观察窗，底部为不锈钢网格。

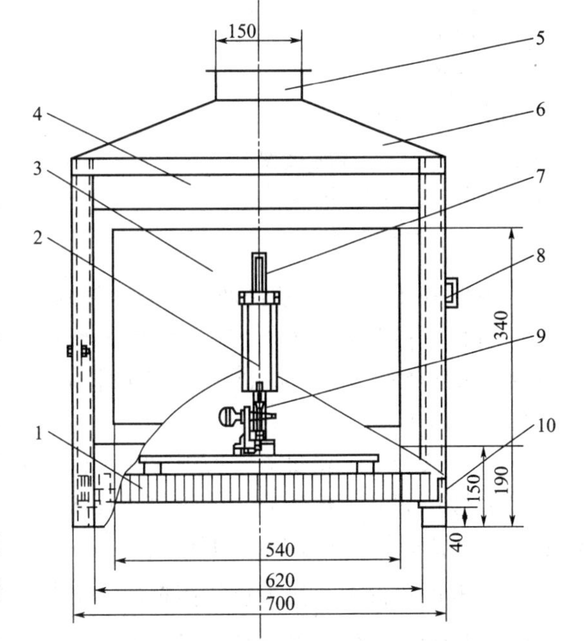

图 4-10　燃烧试验箱结构示意图

1—箱底；2—试件夹；3—前门；4—箱体；5—排烟口；6—箱盖；7—立柱；8—侧门；9—燃烧器；10—箱底支架

② 燃烧器　燃烧器（如图 4-11 所示）由孔径为 0.17mm 的喷嘴和调节阀组成，并设有四个 ϕ4mm 的空气吸入孔。

③ 试件支架　试件支架由基座、立柱、试件夹组成。立柱的直径为 20mm，高 360mm，试件夹的结构如图 4-12 所示。

(4) 检测试样的制作

① 试样的数量及规格

a. 每组试验需要 6 个试样。

b. 试样规格为：250mm×90mm，最大厚度不超过 60mm；若测试材料的厚度超过 60mm，试样制作时从背火面削减至 60mm。

② 试样的制作

a. 如果试验材料结构不均匀，则应在材料正反两面分别制作试样。

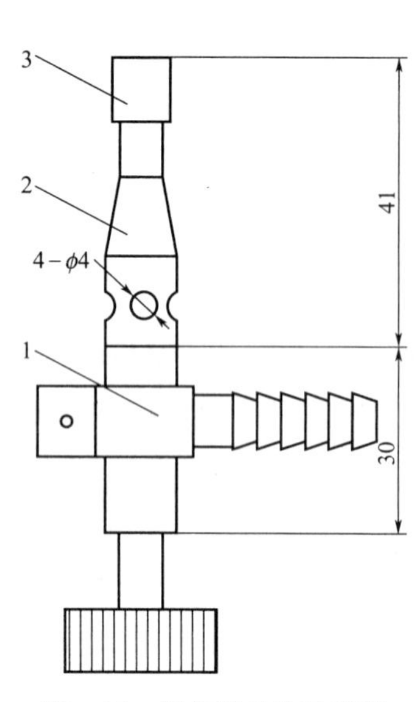

图 4-11　燃烧器结构示意图

1—调节阀；2—喷嘴；3—喷头帽

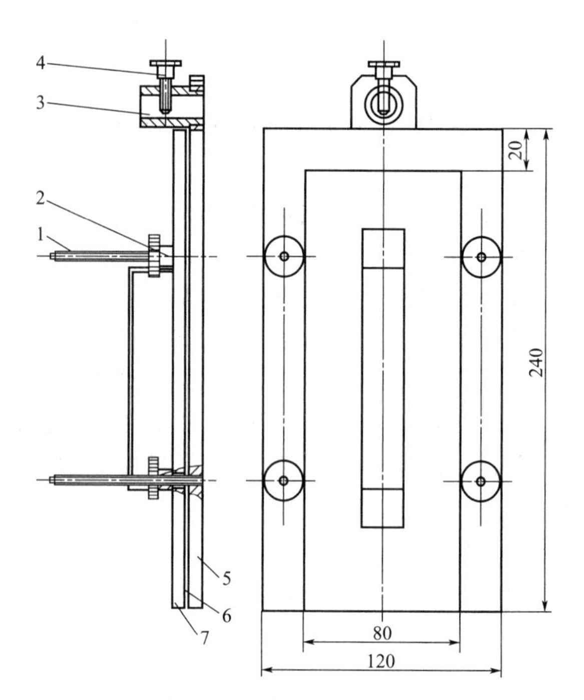

图 4-12　试样夹结构示意图

1—螺杆；2—紧固螺母；3—固定套；4—紧定螺钉；5—挂样架；6—护样板；7—固样夹

b. 在试样 150mm（从最低沿算起）处画一条刻度线。

c. 试样应在温度 23℃±2℃、相对湿度 50%±6%的条件下至少存放 14 天，前后两次称重的质量变化率不大于 0.1%。试验要求在环境温度为 15～25℃的条件下进行。

（5）检测步骤

① 检查仪器后，将仪器平稳地放在工作台上。

② 连接电源和丙烷气源。关闭仪器面板上的燃气开关，打开丙烷钢瓶阀门。把仪器面板上的时间显示器设定在量程的最大值（99s）。

③ 打开电源开关，按下仪器面板的复位键使燃烧器复位。打开燃烧箱门，将装好试样的试样夹垂直固定在燃烧试验箱中。将两层滤纸（在干燥器中干燥 48h）放在底面积为 100mm×60mm 的细金属丝网篮中，并将其置于试样下方。按运行键后，根据试样的情况调节试样夹与燃烧器的距离，再按复位键。

a. 对边缘点火、厚度不大于 3mm 的试件，应使火焰尖头位于试样底面中心位置。厚度大于 3mm 的试样，火焰尖头应在试件底边中心并距燃烧器大约 1.5mm 的底面位置。燃烧器前沿与试样受火点的轴向距离应为 16mm。

b. 对表面点火的试样，火焰尖头应位于试件低刻度线的中点处，燃烧器前沿与试件表面的距离应为 5mm。

④ 打开燃气开关，按点火键点着燃烧器，调节火焰高度为 20mm±2mm，倾斜 45°，关闭箱门。

⑤ 按运行键，燃烧器对试样施加火焰 15s（可根据要求设定熄灭的时间）。

⑥ 在试验过程中，若燃烧器对试样施加火焰时间未到 15s，试样燃烧火焰尖头已到达刻度线时，按急退键移去燃烧器，记录从点火开始到火焰达刻度线的时间。

⑦ 再重复做 5 个试件后，关掉电源和燃气开关，关闭丙烷钢瓶阀门。

（6）可燃性的判断　根据《建筑材料及制品燃烧性能分级》（GB 8624—2012），经试验符合下列规定的建筑材料均可确定为可燃性建筑材料：

① 点火时间为 15s，从开始点火算起，总试验时间为 20s 时，火焰前锋不超过刻线 150mm 处，判定为 E 级。

② 点火时间为 30s，从开始点火算起，总试验时间为 60s，火焰前锋不超过刻线 150mm 处，判定为 B 级。

（7）注意事项

① 制作试样时，应选择材质均匀的材料进行制样，以保证检测的准确性。

② 试验用丙烷气体为易燃危险品，使用时注意按规定操作，避免出现安全事故。

思　考　题

① 试样的制作有哪些具体要求？

② 如试样未经调节或调节时间过短即进行测试，对测试结果有什么影响？

4.1.3.6　建材烟密度的检测

（1）检测目的

① 了解烟密度测定的原理和意义；

② 熟悉烟密度测试仪的使用和维护；

③ 掌握烟密度的测试操作和数据处理方法。

（2）检测原理　烟密度测试是指采用规定的仪器和方法，测量单位样品在进行有焰燃烧或受热辐射时所产生的烟雾浓度，用于评定在规定条件下样品的发烟性能。

把试样放在一定容积的试验箱内，在试样燃烧产生烟雾的过程中，测定平行光束穿过烟雾的透光率变化，通过计算得出在规定试样面积、光程长度下相应的烟密度。

（3）检测仪器　本试验采用 YM-3 型建材烟密度测试仪（如图 4-13 所示），测试建筑材料及其制品或其他材料燃烧时的静态产烟量。仪器的性能指标有：烟密度测量范围为 0～100%；烟密度测量准确度为 ±3%；燃烧气源为纯度大于 95% 的丙烷气；燃烧器工作压力为 276kPa（可调）；本生灯（德国化学家 R. W. 本生发明的用煤气为燃料的加热器具）喷嘴直径 0.13mm，工作倾角 45°。

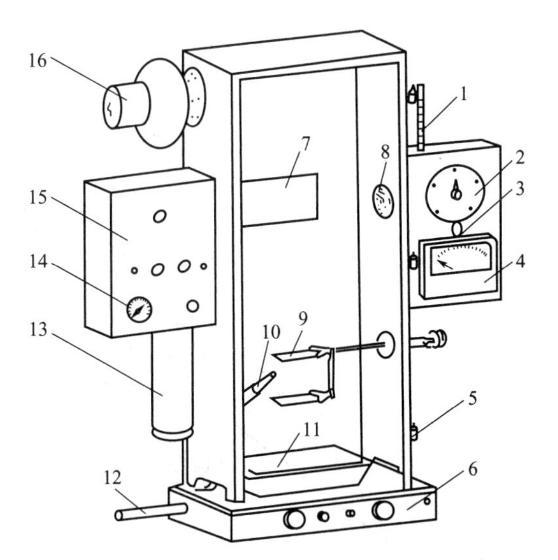

图 4-13　建材烟密度测试仪结构示意图

1—温度计；2—计时器；3—温度补偿器；4—光度计；5—烟管门轴；6—操作面板；7—安全标志；8—光束入射口；9—试件支架；10—本生灯；11—接物盘；12—空气导入管；13—丙烷气瓶；14—压力表；15—光源箱；16—风机

仪器主要由燃烧系统、光电系统、显示

打印系统组成。

① 烟箱　烟箱由防腐蚀的合金板制成。烟箱正面装有镶耐热玻璃的观察门，烟箱固定在外形尺寸为350mm×400mm×57mm的底座上。底座正面设有操作装置；烟箱内外表面涂有防腐蚀的黑漆；烟箱内部左右两侧离底座480mm高的居中位置各装有直径为70mm的不漏烟的玻璃圆窗，作为测量光线的透射口；烟箱内部的背面装有一块可拆卸的白色塑料板，在它离底座480mm居中处有高90mm、宽150mm的清晰区，通过这个清晰区可以看见在白底上的红色安全标志。安全标志后面装有两只功率都为8W的日光灯；烟箱底部四边，有高25mm、宽230mm的开口，烟箱其余部分均应密封。

② 排风机　烟箱左外侧安装一个排风机，排风量为1700L/min，它由一个调节器控制其气门开关。

③ 试样支架　试样支架固定在一根钢杆手柄的顶端。支架由上下两个规格相同的正方形框槽组成，其边长为64mm。上框槽内放一块金属网，金属网由直径为0.9mm的钢丝编成6mm×6mm格网组成。下框槽内嵌一块石棉板。钢杆手柄位于烟箱右侧面离底座220mm居中处。

④ 燃烧系统

a. 燃气采用纯度不小于95%的丙烷气或液化石油气。丙烷气工作压力由压力计指示，通过压力调节器调节（在非仲裁试验时，可采用液化石油气作为燃气）。

b. 燃烧试验采用本生灯火焰。本生灯的结构如图4-14所示。本生灯的喉径为0.13mm。工作时本生灯与烟箱底面成45°空间角。

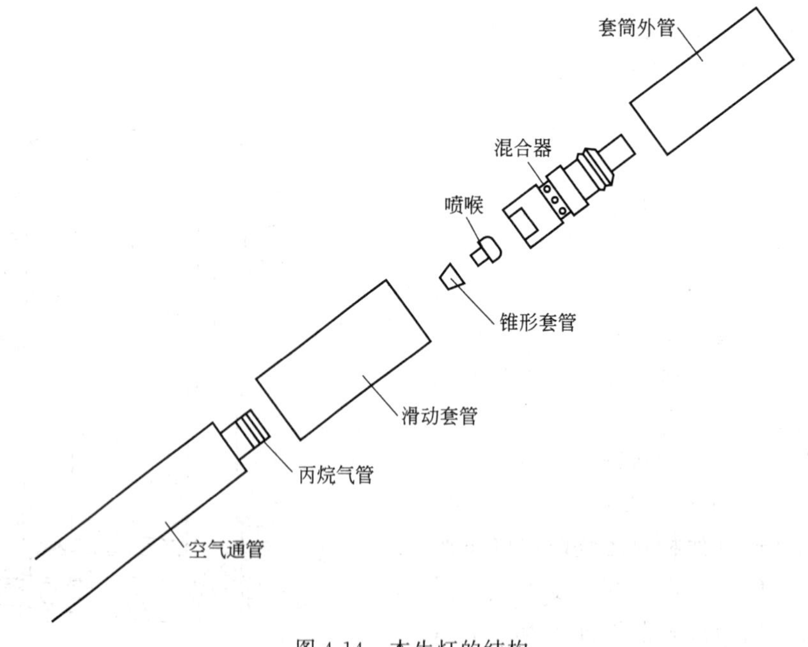

图4-14　本生灯的结构

c. 底座外侧设有一根长150mm、内径14mm的导管作为本生灯工作时所需空气的导管。

⑤ 光电系统

a. 光电系统如图4-15所示。光源安装在烟箱左外侧中间处的箱体内。光源灯泡为灯丝密集型显微灯泡，其功率为15W。灯泡发射的光束由一个焦距为60～65mm的透镜聚焦在右侧光电池上。

b. 光电池应在50℃以内工作。光电池的温度效应可由一个补偿装置来调节。

c. 烟箱右外测装有光度计，用于指示通过烟箱之后的光束强度，其读数表示烟对光的吸收率，量程为0～100%和90%～100%

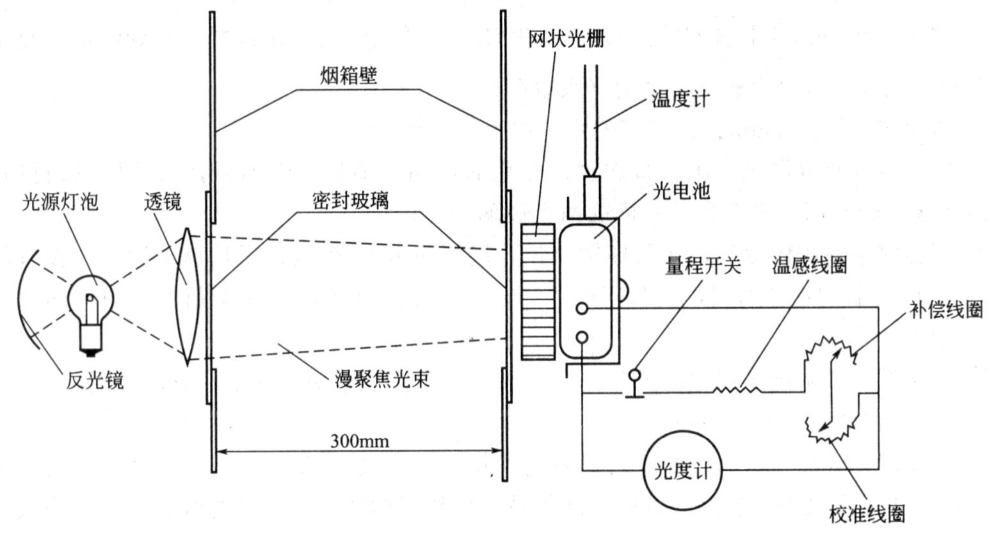

图4-15　烟箱光路示意图

⑥ 计时装置　采用一只以间隔15s发出蜂鸣声的计时器。当本生灯转动到工作位置时，计时器开始计时。

(4) 试样的制备

① 试样规格　见表4-4。

表4-4　测试试样的外形尺寸

建材密度/(kg/m³)	长/mm	宽/mm	厚度/mm
	基本尺寸	基本尺寸	基本尺寸
≥1000	30.0±0.3	30.0±0.3	6.0±0.3
100～1000			10.0±0.3
<100			25.0±0.3

② 试样数量　每种材料采用机械切磨加工成表面平整、厚度均匀、无飞边和毛刺等缺陷的3个试样，取样部位应具有代表性。

③ 试样的状态调节　应在试验前将试样放入23℃±2℃和相对湿度为50%±6%的环境中，放置40h以上。

(5) 操作步骤

① 仪器校准　每次试验前，当"光通量"校正为100时，分别用标准的滤光片遮住接收口进行挡光试验，其"光通量"数显值分别与标准滤光片标定透光率值之差平均值应小于3%（绝对值）。

② 调整燃烧空气量，打开燃气阀调节燃气的工作压力为210kPa。

③ 打开[电源]及[光源]开关，点燃本生灯，按下[复位]键，燃烧预热3min。

④ 按下[校正]键，使数显光通量稳定在100±1。然后用滤光片挡住测量光束，其光通量应显示为0。

⑤ 将试样平放在试样支架的钢丝网上，其位置应处于本生灯燃烧火焰能对准试样下表面中心的位置。如试样在试验中出现移位，可用金属网将其卡住。

⑥ 关闭烟箱门、按下[测试]键，此时本生灯自动转入测试工作位置，开始测试，显示窗显示测试时间和此时对应的烟密度值（吸收率）。

⑦ 每个试样测试4min。测试结束后，本生灯自动复位。

⑧ 每种试样重复测试三次。每次测试结束后，应立即打开烟箱门，启动排风扇排除烟箱内的烟雾，同时用试镜纸擦拭箱内的两个玻璃圆窗。

⑨ 试验完毕后关闭燃气，按打印键“1”，能打印出16个测试平均值的清单，按打印键“2”，能打印试验的积分曲线，按打印键“3”，能打印240个测试平均值的清单。测试全部结束后应清洁烟箱。

⑩ 每次试验必须记录试验时的状况，如燃烧、发泡、熔融、滴落、分层等现象。

(6) 测试结果的计算及准确性

① 测试结果计算　根据三个平行试件在每隔15s所测得的光吸收率求出平均值，在线性坐标纸上作光吸收率平均值与试验时间关系的曲线。曲线最高点的光吸收率读数为最大烟密度值（MSD），曲线下所围成的面积表示了试件总的产烟量；纵、横坐标端点代表的长度值相乘再除曲线所围成的面积后乘以100，定义为试件的烟密度等级（SDR）。

烟密度等级（SDR）可用公式计算：

$$\mathrm{SDR}=\frac{1}{16}\left(a_1+a_2+\cdots+a_{15}+\frac{1}{2}a_{16}\right)\times 100 \tag{4-1}$$

式中，a_1、a_2、…、a_{16}为每隔15s三个试件平均烟密度的百分率值。

例如：某一试件的试验图形如图4-16所示。每隔15s对应a的百分率值分别为43.0、76.5、85.0、90.0、91.0、91.5、89.0、88.0、87.0、85.0、82.0、81.0、80.0、79.0、76.5、73.0。根据定义，最大烟密度MSD=91.5%。

$$\text{烟密度等级(SDR)}=\frac{1}{16}(a_1+a_2+\cdots+a_{15}+\frac{1}{2}a_{16})\times 100=78.8$$

② 试验的准确性

a. 重复性　同一操作者在同一实验室所测得的两个独立数据（不是平均值）之间的差如果不大于18%（绝对值），则该数据可信。

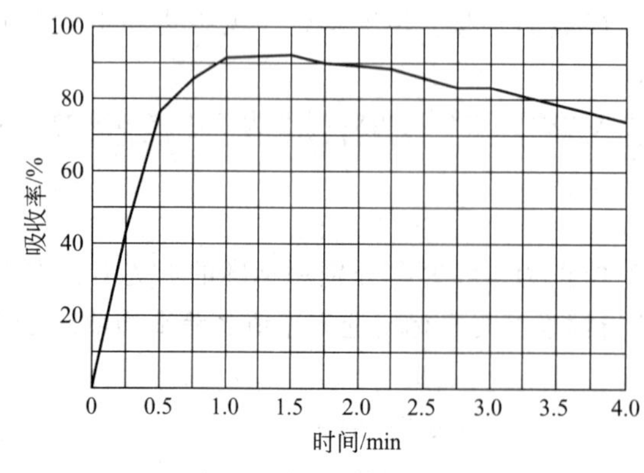

图4-16　某试件的试验图形

b. 再现性　由不同实验室所测得的两个数据（为3次平行试验的平均值）之差如果不大于15%（绝对值），则该数据可信。

(7) 试验报告要求　试验依据的标准；试样的名称、密度、规格、种类及生产厂家；试验用燃气；最大烟密度（MSD）和烟密度等级（SDR）；试验日期和试验人员。

（8）注意事项

① 装饰性材料制作试样时，试件厚度可取实际使用时的厚度，但在试验报告中必须说明，而且试验结果只能在同样厚度的试样之间进行比较。

② 试验用丙烷气体或液化石油气为易燃危险品，使用时注意按规定操作。

③ 测试结束后，应立即打开烟箱门并启动排风系统进行箱内排烟，同时用试镜纸擦拭箱内的玻璃圆窗，以免影响下一次测试结果。

思考题

① 制作试样时应满足哪些要求？

② 如何确定最大烟密度和烟密度等级？

4.1.3.7 材料氧指数的检测

（1）检测目的

① 了解氧指数的概念及其测试原理；

② 熟悉氧指数测定仪的使用和维护；

③ 掌握建材氧指数的测定数据处理方法；

④ 能根据测试结果评价常见材料的燃烧性能。

（2）检测原理

氧指数（OI）是指在规定的试验条件下，试样在氧氮混合气流中，维持平稳燃烧（即进行有焰燃烧）所需的最低氧气浓度，以氧所占的体积分数表示（即在该物质引燃后，能保持燃烧 50mm 长或燃烧时间 3min 时所需要的氧氮混合气体中最低氧的体积分数）。

物质燃烧时，需要消耗大量的氧气，不同的可燃物燃烧时消耗的氧气量不同，通过对物质燃烧过程中消耗的最低氧气量测定，计算出物质的氧指数值，用于评价物质的燃烧性能。一般认为，OI＜27 的属易燃材料，27≤OI＜32 的属可燃材料，OI≥32 的属难燃材料。

氧指数的测试方法，就是把一定尺寸的试样用试样夹垂直夹持于透明燃烧筒内，通入一定比例的氧氮混合气流。点着试样的上端，观察燃烧现象，记录持续燃烧时间或燃烧的距离，试样的燃烧时间超过 3min 或火焰前沿超过 50mm 标线时，就降低氧浓度，试样的燃烧时间不足 3min 或火焰前沿不到标线时，就增加氧浓度，如此反复操作，至两者的浓度差小于 0.5%。

该方法对于材料燃烧行为的研究、阻燃理论的探讨以及质量控制等多方面有广泛的应用，仅适用于评定实验室条件下材料的燃烧性能，不作为实际使用条件下着火危险性的依据。

（3）检测仪器　本试验所用仪器有：HC-2CZ 型氧指数测定仪（如图 4-17 所示）、气源（氧气和氮气）、格尺、秒表。

氧指数测定仪主要由燃烧筒、试样夹、流量测量和控制系统及点火器组成。

① 燃烧筒　燃烧筒是一个内径 75～80mm、高 450mm 的耐热玻璃管，底部用直径 3～5mm 的玻璃珠充填，充填高度为 100mm，在玻璃珠上方放置一金属网，以遮挡试样燃烧时的滴落物。

② 试样夹　在燃烧筒轴心位置上垂直地夹住试样。

③ 流量测量和控制系统　由压力表、稳压阀、调节阀、管路和转子流量计（最小刻度相当于 0.1L/min）等组成。计量后的氧、氮气体，经气体混合器后由燃烧筒底部的进气口

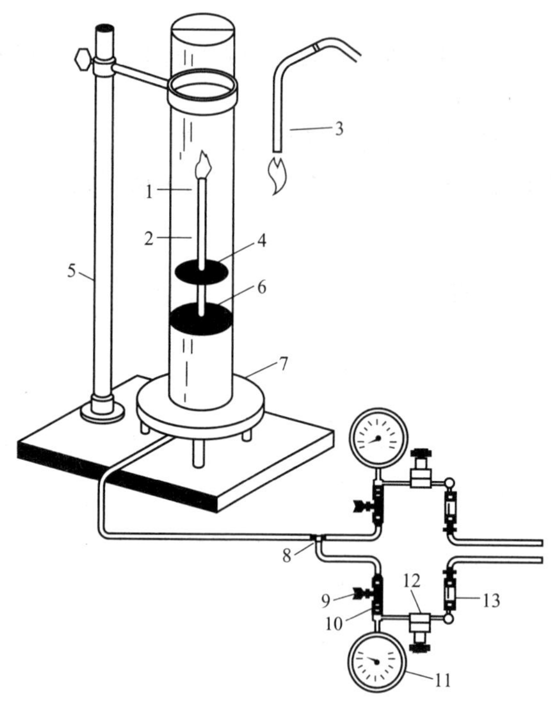

图 4-17 氧指数测定仪结构示意图

1—燃烧着的试样；2—带杆状支架的夹具；3—点火器；4—金属丝网；5—支架；6—柱内玻璃珠；7—铜底盘；8—三通管；9—截止阀；10—支持器内小孔；11—压力表；12—精密压力调节器；13—过滤器

进入燃烧筒。

④ 气源 采用工业级氧气和氮气，分别装在蓝色氧气瓶和黑色氮气瓶内。

瓶上装有减压器，带有一块高压表指示瓶内放出气体的压力，还有一块低压表指示经减压器后低压气体的压力。

使用时，首先把气瓶阀门打开（一定要缓慢地打开阀门，以免高压气冲出损坏仪表）。然后打开减压器阀门（顺时针方向顶入），气体进入低压管路，由低压表指示压力并调整到 23～3kg/cm^2，供试验时使用。

⑤ 点火器 点火器是一内径为 1～3mm 的喷嘴通以可燃气体，当喷嘴向上时，其火焰高度为 6～25mm，并能从燃烧筒上方伸入以点燃试样，测定安装过程如图 4-18 所示。

（4）试样制备

① 试样尺寸 每个试样长宽高为 120mm×(10.0mm±0.5mm)×(4.0mm±0.5mm)。

② 试样数量 每组应制备 10 个标准试样。

③ 外观要求 试样表面清洁、平整光滑，无影响燃烧行为的缺陷，如气泡、裂纹、飞边、毛刺等。

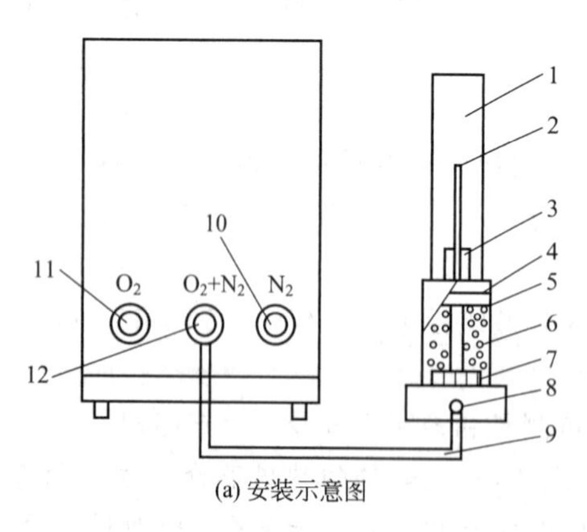

(a) 安装示意图

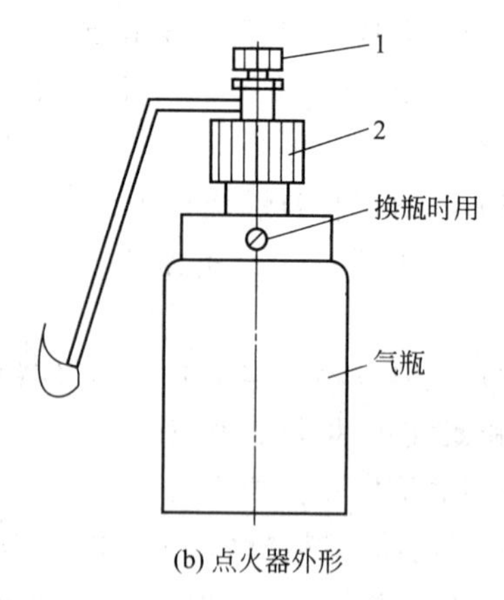

(b) 点火器外形

图 4-18 点火器结构示意图

1—玻璃燃烧筒；2—试样；3—试样夹；4—铜丝筛网；5—钢丝筛网；6—玻璃珠；7—分布板；8—M10×1 螺钉；9—尼龙管；10—氮气接口；11—氧气接口；12—M10×1 螺母

④ 试样标线 距离试样点燃端 50mm 处画一条刻线。

（5）检测步骤

① 检查气路　确定各管线连接无误，无漏气现象。

② 确定试验开始时的氧浓度　根据试样在空气中的燃烧情况，估计开始试验时的氧浓度（空气中氧浓度为21%）：如试样在空气中迅速燃烧，氧浓度估计为18%以下；对于在空气中不燃烧的试样，氧浓度估计为25%以上。在混合气体的总流量为10L/min条件下，确定氧气、氮气的流量。例如，若氧浓度为26%，则氧气、氮气的流量分别为2.5L/min和7.5L/min。

③ 安装试样　将试样垂直装在试样夹上，罩上燃烧筒，试样上端至燃烧筒顶的距离不小于100mm。

④ 调节流量　开启氧气、氮气钢瓶阀门，调节减压阀压力为0.2～0.3MPa，然后开启氮气和氧气管道阀门（绿色瓶为氧气，黑色瓶为氮气，应先开氮气，后开氧气，且阀门不宜开得过大），然后调节仪器稳压阀，使仪器压力表指示压力为0.10MPa±0.01MPa，并保持该压力（禁止使用过高气压）。调节流量调节阀，通过转子流量计读取数据（应读取浮子上沿所对应的刻度），得到稳定流速的氧、氮气流。检查仪器压力表指针是否在0.1MPa，否则应调节到规定压力。

在调节氧气、氮气浓度后，必须用调节好流量的氧氮混合气流冲洗燃烧筒至少30s（排出燃烧筒内的空气）。

⑤ 点燃试样　点燃点火器，调节火焰高度约为20mm左右，在试样顶端被点燃后迅速移开点火器，按[计时]键开始计时。当试样燃烧至3min时，按[停止]键停止计时。并注意观察试样燃烧时间、燃烧长度。按[储存/打印]键进行储存及打印。

点燃试样时，火焰作用的时间最长为30s，若在30s内不能点燃，则应增大氧浓度，继续点燃，直至30s内点燃为止。

⑥ 确定临界氧浓度范围

a. 若试样的燃烧时间超过3min或燃烧长度超过50mm，说明氧浓度太高，必须降低氧浓度，此时试验现象记录为“×”。

b. 若试样燃烧时间小于3min或燃烧长度小于50mm，说明氧浓度太低，需提高氧浓度，此时试验现象记录为“○”。

c. 如此反复调节氧浓度，测出相邻的四个点所对应的氧浓度，即氧不足、氧不足、氧过量、氧过量（燃烧现象为“○○××”）的氧浓度范围，此范围即为所确定的临界氧浓度的大致范围。例如若氧浓度为26%时，烧过50mm的刻度线，则氧过量，记为“×”，下一步调低氧浓度，在25%做第二次，判断是否为氧过量，直到找到相邻的四个点为止。

在上述氧浓度范围中，当氧浓度之差小于0.5%时，即可由此时试验a的氧浓度值计算材料的氧指数。

重复试验三次，取三次的平均值为检测值。

（6）检测数据记录与处理

① 检测数据记录　如表4-5所示。

表中的第二、三行分别记录试验氧气和氮气的体积分数（需将流量计读出的流量计算为体积分数后再填入）；第四、五行记录试样燃烧长度和燃烧时间，若氧过量（即烧过50mm的标线），则记录烧到50mm所用的时间，若氧不足，则记录实际熄灭的时间和实际烧掉的长度。第六行的燃烧结果即判断氧是否过量，氧过量记“×”，氧不足记“○”。

表 4-5 材料氧指数测试记录

试验次数	1	2	3	4	5	6	7	8	9	10
氧浓度/%										
氮浓度/%										
燃烧时间/s										
燃烧长度/mm										
燃烧结果										

② 检测数据的处理 氧指数（OI）的计算公式如下：

$$OI=\frac{[O_2]}{[O_2]+[N_2]}\times 100\% \tag{4-2}$$

式中 $[O_2]$——氧气流量，L/min；

$[N_2]$——氮气流量，L/min。

三次试验结果的算术平均值即为该材料的氧指数。数据保留小数点后一位。

有些材料由于有结炭、熔滴现象，用上述试验得不出满意的结果，此时应采用统计学方法进行试验和计算。从已测试验数据计算最低氧浓度和标准偏差：

$$c=c_0+d\left(\frac{A}{N}\pm\frac{1}{2}\right) \tag{4-3}$$

$$S=1.620d\left(\frac{NB-A^2}{N^2}+0.029\right) \tag{4-4}$$

式中 c——最低氧浓度；

d——氧浓度的试验级差；

S——标准偏差；

N——试验中试样连续燃烧大于和小于 3min 或 50mm 的总次数中较小的数；

c_0——N 次中的最低一级的氧浓度值。

$$A=\sum_{i=1}^{k} in_i \qquad B=\sum_{i=0}^{k} i^2 n_i \tag{4-5}$$

式中 n_i——计算的 N 中，在每一级的个数；

i——N 中由低到高每一级的序号。

部分聚合物材料的氧指数测试结果举例，如表 4-6 所示。

一般认为氧指数小于 22 属于易燃材料，氧指数在 22～27 属可燃材料，氧指数大于 27 属难燃材料。

（7）检测报告要求 试验报告中需表明依据的国家标准、试样的制备方法、试样尺寸和预处理情况、所求氧指数值、试样的燃烧现象（如熔化、滴落、结炭、卷曲以及滴落物是否燃烧等）、试验日期和人员。

（8）试验注意事项

① 为了排除试样燃烧所产生的有毒烟气，燃烧筒应安装在通风橱内，但在试样燃烧过程中要关闭通风排烟系统，以免影响测试结果。

② 仪器使用时注意氧气、氮气钢瓶压力应不低于 1MPa，否则应更换新气瓶。

表 4-6 若干聚合物的氧指数（OI）

聚合物名称	OI	聚合物名称	OI
聚甲醛	15	羊毛	25
聚环氧乙烷	15	聚碳酸酯	27
聚甲基丙烯酸甲酯	17	Nomex(商) (聚间苯二甲酰间苯二胺)	28.5
聚丙烯腈	18	聚苯醚	29
聚乙烯	18	聚砜	30
聚丙烯	18	聚酚醛树脂	35
聚异戊二烯	18.5	氯丁橡胶	40
聚丁二烯	18.5	聚苯丙咪唑	41.5
聚苯乙烯	18.5	聚氯乙烯	42
纤维素	19	聚偏氯乙烯	44
聚对苯二甲酸乙二酯	21	碳(石墨)	60
聚乙烯醇	22	聚四氟乙烯	95
尼龙 66	23		
聚 3′,3-(氯甲基)环氧丙烷	23		

③ 在对仪器气路中稳压阀进行调整时，必须注意使稳压阀输入压力大于输出压力 0.05MPa，这样才能起到稳压作用，调节时要用力均匀。

④ 调节流量时，针形阀调节要用力均匀，关闭时不要关闭过紧。

⑤ 根据使用情况经常擦洗燃烧筒和点火器表面的污物，及时清除燃烧筒内金属网上的燃烧滴落物，以保证气流畅通。

思 考 题

① 氧指数对于研究物质的燃烧和爆炸性能有何意义？

② 试验中如果 N_2 和 O_2 压力表显示值之和超过了 0.03MPa，则有可能是哪些因素造成的？

③ 除了氧指数，你认为还有哪些参数可以反映材料的燃烧性能？

4.1.3.8 材料水平垂直燃烧性能检测

（1）检测目的

① 了解水平、垂直燃烧测试仪的测试原理；

② 熟悉水平、垂直燃烧测试仪的使用和维护；

③ 掌握水平、垂直燃烧测试操作和数据处理方法。

（2）检测原理 试样在水平状态下，持续施加规定火焰 30s 后自行燃烧，记录试样由开始端 25mm 处燃烧至 100mm 处的时间，观察试样在燃烧过程中是否平稳燃烧、有无熔滴滴落、有无炭层和炭层厚度等，用于评定材料（一般指高分子材料）的相对水平燃烧性能。

试样在垂直状态下，持续施加规定火焰 10s 后自行燃烧，记录试样由开始端 25mm 处燃烧至 100mm 处的时间，观察试样在燃烧过程中是否平稳燃烧、有无熔滴滴落、有无炭层以及炭层厚度等，用来评定材料（一般指高分子材料）试样的垂直燃烧性能。

（3）检测仪器

① SPF-01 型泡沫塑料水平燃烧测试仪（如图 4-19 所示），YBY-1 型硬泡塑料垂直燃烧测试仪（如图 4-20 所示）。

② 本生灯 本生灯内径 9.5mm±0.5mm，本生灯上装配的一个火焰喷嘴称为翼顶，其高为 40mm±1mm，喷嘴长 48mm±1mm，宽 3.0mm±0.2mm。燃气经本生灯提供的火焰在距喷嘴 13mm±1mm 处的温度为 1000℃±100℃，蓝色火焰高度为 38mm±1mm，且具有

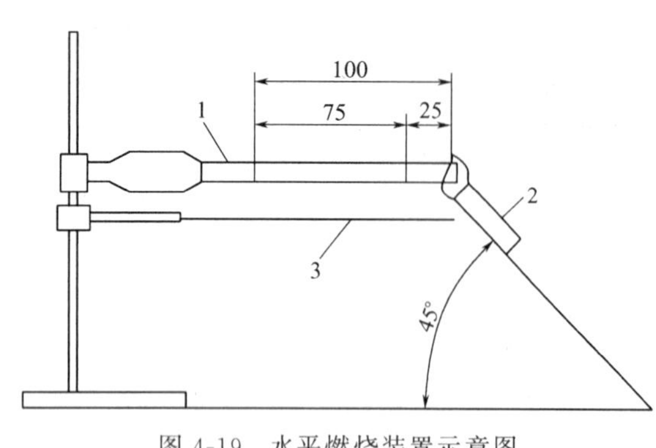

图 4-19 水平燃烧装置示意图

1—试样；2—本生灯；3—铁丝网

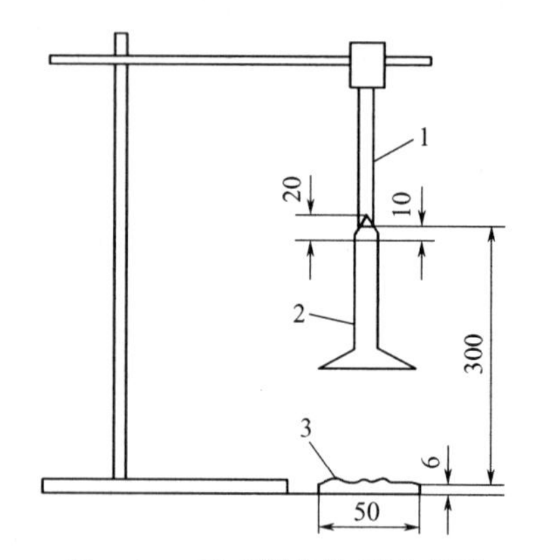

图 4-20 垂直燃烧装置示意图

1—试样；2—本生灯；3—脱脂棉

7mm±1mm 界线分明的内核。

③ 秒表 精确至 0.1s。

④ 天平 感量为 10mg。

⑤ 测温装置 火焰的温度测量采用镍铬-镍铝热电偶和直流电位差计匹配或其他符合要求的测温装置。

(4) 检测试样的制备

① 水平燃烧试样 试样数量 10 个，规格为 (150±1)mm×(50±1)mm×(13±1)mm。

② 垂直燃烧试样 试样数量 6 个，规格为 (250±1)mm×(20±1)mm×(20±1)mm。

③ 试样厚度均匀，表面应平整、光滑、无气泡、飞边、毛刺等缺陷。

④ 每个试样应在长、宽构成的平面上，与长轴线垂直、距一端 25mm、100mm 的整个宽度上分别画一条标线。

⑤ 状态调节 试样在温度 23℃±2℃、相对湿度 50%±5%的条件下，放置 24h 以上。

(5) 水平燃烧检测步骤

① 装入试样 打开试验箱的观测窗，将处理后的试样（长 150mm×宽 50mm×厚 13mm）画标线的一面朝上放置在托网上。

② 调节火焰 打开电源开关，顺时针调节燃气，接点火开关，调节本生灯下端的空气，使其产生 25mm 高蓝色火焰。

③ 点燃试样 将本生灯火焰移至试样的一端，将火焰内核的尖端施加于试样自由端的下缘，使自由端约有 6mm 长度受到火焰端部的作用。关闭观察窗开始计时。施加火焰时间约 30s，在此期间不得移动本生灯的位置，若不足 30s 火焰前沿已燃烧到第一标线，应立即停止施加火焰。

④ 试验计时 当试样上的火焰燃至标线时，停止计时，并记录熄灭时间 t_b。当试样上的火焰燃至标线前熄灭，火焰绝迹时停止计时，并记录熄灭时间 t_e。如果试样上的火焰在燃气火焰中自熄，则把火焰变色消失的时间作为熄灭时间。

⑤ 结果判定 试样燃烧时，如有滴落物落到本生灯翼顶上未使火焰发生明显变化，视为有效试验。若产生了明显的变化，该试样的试验作废；清洗本生灯后，补做试验。

⑥ 燃烧范围的测量 取出试样，测量并记录燃烧范围（L_e），它等于 150mm 减去沿试样上表面未燃烧的一端到火焰前沿最近痕迹（如烧焦）的距离。

⑦ 残留质量的测量 如需要，称量并记录试样的残留质量（不包括滴落物）。

⑧ 重复试验 烧掉或清洗试样托网上的残留物，如试样托网再次使用须冷却到室温；检查本生灯、翼顶，如需要必须做清洗；每进行5次试验或清洗本生灯后，应校对本生灯火焰尺寸。

⑨ 数据处理

a. 如火焰前沿越过标线，由下式计算燃烧速率。

$$燃烧速率\ v=\frac{125}{t_b} \tag{4-6}$$

式中 125——试样受试端至标线距离，mm；

t_b——火焰燃至标线的时间，s。

b. 如火焰燃至标线前熄灭，由下式计算燃烧速率。

$$燃烧速率\ v=\frac{L_e}{t_e} \tag{4-7}$$

式中 L_e——燃烧范围，mm；

t_e——火焰熄灭时的时间，s。

c. 待一组试验进行完毕，计算下列平均值，计算结果修约至一位小数。

燃烧时间，s；燃烧范围，mm；燃烧速率，mm/s；质量损失百分数（如需要），%。

（6）垂直燃烧检测步骤

① 分别称量每个试样（M）、试样架（S_1）和铝称量盘质量（D_1），并记录。

② 接通电源和燃气。

③ 打开燃气开关和燃气流量阀，然后缓慢调节燃气流量，同时点着本生灯（按一下电火花按钮），使蓝色火焰内核的高度为25～30mm，内核顶端的温度达960℃±20℃。

④ 关闭燃气开关阀。

⑤ 将试样钉到试样架的三个钉子上。

a. 试样的顶部和试样架顶部齐平，密度较高的泡沫塑料要在试样制备时就钻孔以便插入钉子（试样应在钻孔后称量）。

b. 试验烟筒内壁除玻璃前壁外，其余三侧内衬铝箔（厚度0.02～0.025mm），铝箔衬里和筒体的上、下端齐平，每测试一组试样更换一次衬里。

c. 把试样架放入烟筒中，使试样顶端和烟筒顶端平齐。

⑥ 把铝称量盘放在支架中心线延长线上，距试验烟筒下端面76mm处。

⑦ 打开燃气开关并点着本生灯，将本生灯的火焰内核置于试验中心线下，使灯与垂线成15°角，点燃试样；火焰到达试样下的同时开动计时器，10s后立即撤去火源。

在试样燃烧过程中，用烟筒侧面的火焰高度标尺测量火焰最大高度并记录此值，精确到10mm；如果火焰超过高度标尺顶端，记为250mm。

试样停止燃烧时，停计时器并记录燃烧时间（t_e）。如果试样燃烧时间小于10s，记录此时间，但仍点燃到10s；如果试样熄灭后滴落物还在燃烧，t_e应取滴落物的燃烧时间。

⑧ 卸下试验架，冷却至室温后称量未清除试样残留物的整个架质量，记为S_2。称量装有滴落物的铝称量盘的质量，记为D_2，如果滴落物落入灯管中需取出一并称量。

⑨ 在每三次试验和清理本生灯后应该校对本生灯火焰的尺寸。

⑩ 检测结果的计算

a. 依公式计算燃烧试样残留的质量分数：

$$PMR=[(S_2-S_1)+(D_2-D_1)]M\times100\% \tag{4-8}$$

式中 PMR——按完整试样计，包括滴落物在内试样残留的质量分数，%；

D_1——铝称量盘的质量，g；

S_1——试样支架的质量，g；

M——试样质量，g；

S_2——燃烧试验后装有滴落物的支架质量，g；

D_2——燃烧试验后装有滴落物的称量盘质量，g。

b. 待一组试验进行完毕，计算下列平均值：

平均密度（精确至 0.01g/cm³）、平均燃烧时间（精确至 0.1s）、平均火焰高度（精确至 10mm）、试样残留的平均质量分数，精确至 0.1%。

（7）检测结果评估

① 水平燃烧检测结果的评估　材料水平燃烧（用符号中 FH 表示）性能，按点燃后的燃烧行为，可以分为四级：

FH-1：火源撤离后，火焰即灭或燃烧前沿未达 25mm 标线。

FH-2：火源撤离后，燃烧前沿越过 25mm 标线，但未达到 100mm 标线。在此级中，应把烧损长度写进分级标志中。如当 $L=60$mm 时，记为 FH-2-60mm。

FH-3：火源撤离后，燃烧前沿越过 100mm 标线，对于厚度在 3～13mm 的试样，燃烧速率 $v\leqslant40$mm/min；对于厚度小于 3mm 的试样，燃烧速率 $v\leqslant75$mm/min。在此级中，应把燃烧速率写到分级标志中。例如，FH-3，$v\leqslant40$mm/min。

FH-4：除了线性燃烧速率 v 大于上述规定值以外，其余都与 FH-3 相同，在此级中也要把燃烧速率写进分级标志中。例如，FH-4，60mm/min。

以五个试样中，数字最大的类别作为材料的评定结果。

② 垂直燃烧检测结果的评估　试样的燃烧性能按照燃烧现象分为 FV-0、FV-1 和 FV-2 三个等级，如表 4-7 所示。

表 4-7　垂直燃烧试样结果的分级标准

等　　级	FV-0	FV-1	FV-2
每个试样施加火焰离火燃烧后有焰燃烧的时间/s	≤10	≤30	≤30
五个试样离火后有焰燃烧的总时间/s	≤50	≤250	≤250
试样离火熄灭后，第二次有焰燃烧时间/s	≤30	≤60	≤60
滴落物有无引燃脱脂棉现象	无	无	有

（8）检测报告要求　检测材料的详细情况，包括：材料的名称、每组试样的平均密度(g/cm³)、每组试样的平均燃烧高度（准确到 10mm）、每组试样残留的平均质量分数(%)、有滴落物和带有滴落物的试样数目、至状态调节前样品的储存条件及储存时间、试验时的环境、温度和相对湿度、试验日期和试验人员。

思　考　题

① 如何制作水平燃烧和垂直燃烧试样，各有什么要求？

② 如何利用检测结果评估材料的燃烧级别？

4.1.4　固体产烟毒性的检测*

（1）检测目的

① 了解试验装置的结构和测试原理；

② 熟悉试验装置的使用和维护；

③ 掌握材料产烟毒性的分级方法。

（2）检测原理　通过具备匀速载气流和稳定加热功能的环形加热炉，对质量均匀的条形测试试样进行匀速扫描加热，实现材料的稳定热分解和阴燃（没有火焰的缓慢燃烧），获得浓度稳定的燃烧烟气气流。在保证材料充分产烟而无火焰情况下，以烟气进行动物染毒试验，按动物达到试验终点所需的产烟浓度，作为判定材料产烟毒性危险级别的依据。试验中，所需产烟浓度越低的材料产烟毒性危险越高，所需产烟浓度越高的材料产烟毒性危险越低。

材料产烟毒性危险分为 3 级：安全级（AQ 级）、准安全级（ZA 级）和危险级（WX 级）；其中 AQ 级又分为 AQ_1 级、AQ_2 级，ZA 级又分为 ZA_1 级、ZA_2 和 ZA_3 级。

不同级别材料的产烟浓度指标见表 4-8。

表 4-8　材料产烟毒性危险分级

级别	安全级(AQ)		准安全级(ZA)			危险级(WX)
	AQ_1	AQ_2	ZA_1	ZA_2	ZA_3	
浓度/(mg/L)	≥100	≥50.0	≥25.0	≥12.4	≥6.15	<6.15
要求	麻醉性	试验小鼠 30min 染毒期间内(包括染毒后 1h 内)无死亡				
	刺激性	试验小鼠在染毒后 3 天内平均体重恢复				

以材料达到充分产烟率的烟气对一组试验小鼠按表 4-8 规定的浓度进行 30min 试验，根据试验结果做如下判定：

① 若一组试验小鼠在 30min 染毒期间内（包括染毒后 1h 内）无死亡，则判定该材料在此产烟毒性级别的次级别下麻醉性合格；

② 若一组试验小鼠在 30min 染毒后不死亡及体重无下降，或体重虽有下降但 3 天内平均体重恢复或超过试验时的平均体重，则判定材料在此产烟毒性级别的次级别下刺激性合格；

③ 以麻醉和刺激性皆合格的最高浓度级别确定该材料产烟毒性危险级别。

（3）检测装置　材料产烟毒性分级试验装置如图 4-21 所示。仪器主要结构包括以下几个部分：

① 环形炉位移控制系统　该系统主要由加热炉、石英管及石英舟和传动机构组成。加热炉的加热功率满足 GB/T 20285—2006 的要求，传动机采用电机驱动。

② 温度控制及校核系统　温度控制系统主要由热电偶（测试端紧贴在环形炉中段内壁）、温控仪和温度记录仪组成。温度控制是整个试验的核心，在高温条件下，使材料充分产烟而不发生燃烧的温度范围非常小，加热过程中温度偏差太大，容易使材料燃烧，达不到试验要求。

③ 载气和稀释气系统　载气和稀释气系统由空气源（空气压缩机抽取洁净的环境空气）和可调节的气体流量计及输气管组成。

④ 小鼠活动记录系统　小鼠的运动记录采用霍尔传感器检测鼠笼转动的情况。每个鼠笼上贴有两个霍尔传感器元件，以保证在鼠笼的转动过程中转轴的各向同性，避免存在固定静止点，影响试验结果。

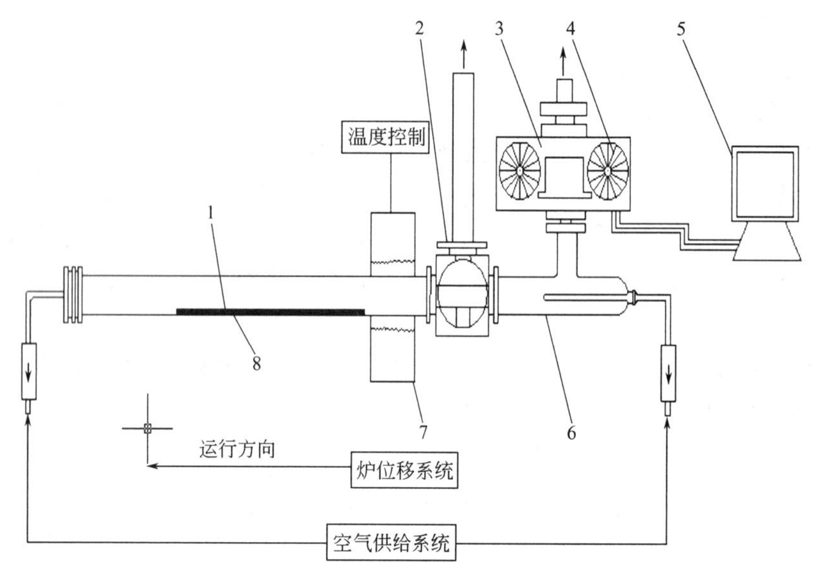

图 4-21　材料产烟毒性分级试验装置

1—试验石英舟；2—三通旋塞；3—染毒箱；4—小鼠转笼；5—计算机；6—配气管；7—环形炉；8—石英管

（4）检测准备

① 温度校准　校温参照物如图 4-22 所示，由热电偶和材料感温片经高温熔银焊接而成。

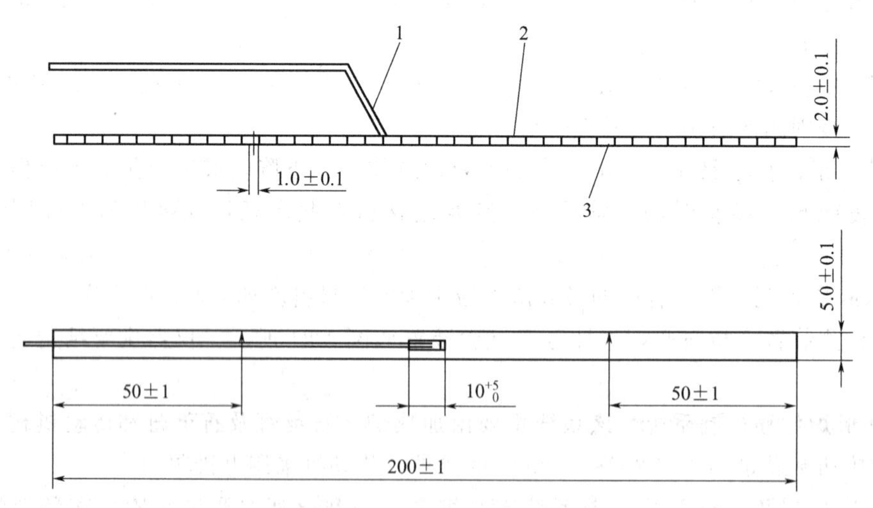

图 4-22　校温参照物结构示意图

1—热电偶；2—参照物；3—支撑足

a. 校温步骤　把校温参照物放入石英管内，把热电偶的一端和温度记录仪相连，选择载气流量为 5L/min，环形炉内壁温度设定在 300～1000℃ 范围内。让环形炉升温，达到环形炉设定温度，并维持至少 2min。对校温参照物进行扫描加热，记录校温参照物的时间-温度曲线。环形炉供热强度应满足表 4-9 的要求。

表 4-9 环形炉供热强度规定

测量时间/min	$t_{\theta max}-10$	$t_{\theta max}-5$	$t_{\theta max}$	$t_{\theta max}+5$	$t_{\theta max}+10$
测量温度占 θ_{max}的百分率/%	15±10	65±10	100	70±10	45±10

注：1. θ_{max}为峰值温度。

2. $t_{\theta max}$为峰值温度 θ_{max}出现的时刻。

b. 温控仪操作　装置仪表通电后进入准备状态，PV 窗口显示“测量温度值”，SV 窗口显示闪烁的“温度程序运行段号”，按“＞”键仪表进入运行等待状态，此时 SV 窗口显示起始运行“设定温度值”。

在运行等待状态下，按住“SEL”键 3s 后可进入主菜单设置状态，此时 PV 窗口显示参数组别提示符（闪烁），SV 窗口无显示，参数组别共分六组，分别为“温控曲线”、“PId 参数”、“输出限幅”、“报警通信”、“系统配置”、“数据锁定”，每组参数对应的提示符为“SU”、“PId”、“oL”、“Ac”、“SC”、“LoC”。

按住“SEL”键 1s，即可进入当前参数组修改状态，修改参数时，PV 窗口显示参数提示符，SV 窗口显示该参数值，当前的修改位闪烁，按“＞”键选择当前修改位，按“∧”、“∨”键改变当前修改位的值，当前参数组修改完毕后，按住“SEL”键 3s，返回主菜单设置状态。

在主菜单设置状态下，按“∧”、“∨”键可上下翻阅不同的参数组别，均可按上述操作方法进行修改设定，参数设置完毕后，按住“RUN”键 1s 可返回运行等待状态，按住“RUN”键 3s 至“RUN”运行指示灯亮，即可进入温度程序运行状态。

在主菜单设置状态下超过 30s 没有按键操作，仪表将退出主菜单设置状态，返回运行等待状态。

加热中改变升温温度后先按“＞”，再按“∧”、“∨”改变值后回到原来数值再按“RUN”。

② 试验加热条件的确定和表征　试验加热条件按温度校准试验时间-温度曲线的峰值温度（θ_{max}）的两次平均值确定加热温度 T。要求重复两次 θ_{max}测试值之差小于或等于 $0.75\%T$。

③ 检测试样制作

a. 对于能成型的试样应制成均匀长条形，不能制成整体条形的试样，应将试样加工成均匀长条形。

b. 对于易受热弯曲或收缩的试样，制作时用 $\phi 0.5$mm 的铬丝将试样固定在平直的 $\phi 2$mm 的铬丝上。

c. 对于颗粒状材料试样，均匀铺在石英试样舟内即可。

d. 对于有流动性的液体试样，制作时采用浸渍法或涂覆法将试样和惰性载体（浸渍用惰性载体可选用干燥的矿棉、硅酸铝棉、石英砂或玻璃纤维布；涂覆用惰性载体宜选择玻璃纤维布）制成均匀不流动试样，放在石英舟内。进行产烟浓度计算和确定产烟率时，应扣除惰性载体质量。

④ 试样处理　试样应在环境温度 23℃±2℃、相对湿度 50%±5%的条件下进行状态调节至少 24h 以达到质量恒定。

⑤ 试验动物要求

a. 试验动物必须是符合 GB 14922.1—2001 和 GB 14922.2—2011 要求的清洁级试验小鼠。

b. 试验小鼠必须从取得试验动物生产许可证的单位获得，其遗传分类应符合 GB 14923—2010 的近交系或封闭群要求。

c. 从生产单位获得的试验小鼠应进行环境适应性喂养，在试验前 2 天，试验小鼠体重应有增加，试验时周龄应为 5～8 周，质量应为 21g±3g。

d. 每个试验小组有 10 只小鼠，雌雄各半，随机编组。

e. 试验小鼠用水符合 GB 5749—2006 要求，饲料符合 GB 14924.3—2010 的要求，环境和设施符合 GB/T 14625—2008 的要求。

⑥ 试验温度的确定　在试验之前，应根据不同的材料确定加热温度 T，使材料在此温度下能够充分产烟而无火焰燃烧。

(5) 试验步骤

① 调节环形炉到合适的位置，按所选加热温度 T 设定环形炉内壁温度，开启载气至设计流量。

② 试验前 5min，将小鼠按编号称重，装笼，安放在染毒箱的支架上，盖上染毒箱盖，开启稀释气至设计流量，参照校温程序使环形炉升温并达到静态控制稳定。

③ 环形炉内壁温度稳定 2min 后，放入装有试样的石英舟，使试样前端距环形炉 20mm，启动加热炉按设定的速度运行，对试件进行扫描加热。

④ 当环形炉运行到试件前端时开始计时，打开三通旋塞将初始 10min 的烟气直接排放掉。然后旋转三通，让烟气和稀释气混合后进入染毒箱，试验开始。

⑤ 试验进行 30min，观察和记录试验小鼠的行为变化。

⑥ 30min 后，旋转三通旋塞将剩余烟气直接排掉。此刻迅速打开染毒箱，取出试验小鼠。

⑦ 继续运行环形炉越过试件，停止加热，取出试件残余物，冷却，称重，计算材料产烟率。

⑧ 清洁石英舟污垢，为下一次试验做准备，环形炉应复位。若有必要，可进行环形炉加热反运行，以对石英管或石英舟上的烟垢进行清洁。

(6) 试验现象观察

① 30min 染毒期间内观察小鼠运动情况：呼吸变化、昏迷、痉挛、惊跳、挣扎、不能翻身、欲跑不能等症状。小鼠眼区变化情况：闭目、流泪、胀肿、视力丧失等。记录出现上述现象的时间和死亡时间。

② 染毒刚结束至染毒后 1h 内观察小鼠行动的变化情况并记录。

③ 染毒后的 3 天内，观察小鼠各种症状的变化情况，每天称重并记录各种现象及死亡的情况。

(7) 烟气毒性确定

① 试验小鼠出现下列症状和特征时，烟气毒性判定为“麻醉”。

a. 染毒期间，小鼠有昏迷、惊跳、痉挛、失去平衡、仰卧、欲跑不能等症状出现，这些症状出现的时间与烟气浓度有关，浓度越高，出现的时间越早。

b. 小鼠运动图谱显示：在染毒期间小鼠较长时间停止运动或在某一时刻后不再运动的丧失逃离能力的特征图谱，试验烟气浓度越高，出现丧失逃离能力越早。

c. 在足够高的烟气浓度试验中，小鼠将会在30min染毒期间或其后1h内死亡，试验烟气浓度越高，出现死亡的时间越早。

d. 染毒为死亡小鼠能在半天内恢复行动和进食，体重无明显下降，1～3天内可见体重增加。

② 试验小鼠出现下列症状和特征时，烟气毒性判定为“刺激”。

a. 染毒期间小鼠感烟跑动，寻求躲避，有明显的眼部和呼吸行为异常，口鼻黏液膜增多。轻度刺激表现为闭目、流泪、呼吸加快，中度和重度刺激表现为眼角膜表白、肿胀，甚至视力丧失、气紧促和咳嗽。

b. 小鼠运动图谱显示小鼠几乎一直跑动。

c. 小鼠染毒后行动迟缓，虚弱厌食，视刺激伤害程度，小鼠平均体重在3天内可能恢复，可能下降或出现死亡现象。

(8) 相关计算

① 材料产烟浓度计算

$$c=vm/(FL) \tag{4-9}$$

式中　c——材料产烟浓度，mg/L；

v——环形炉移动速率，10mm/min；

m——试件质量，mg；

F——烟气流量，L/min；

L——试件长度，mm。

试验进行30min，试件长度L取400mm。

烟气流量由载气流量和稀释气流量组成，其关系式如下：

$$F=F_1+F_2 \tag{4-10}$$

式中　F——烟气流量，L/min；

F_1——载气流量，L/min；

F_2——稀释气流量，L/min。

一般情况下，载气流量F_1优先取5L/min，当烟气流量$F \leqslant 5$L/min时，取$F=F_1$，$F_2=0$。

② 产烟率的计算　产烟率计算公式：

$$Y=\frac{m-m_0}{m}\times 100\% \tag{4-11}$$

式中　Y——材料产烟率，%；

m——试件质量，mg；

m_0——试件经环形炉一次扫描加热后残余物质量，mg。

③ 充分产烟率的确定　获得产烟率后，有下述情况之一的产烟率可视为充分产烟率：

a. 产烟过程中只出现阴燃而无火焰，残余物为灰烬；

b. 产烟率>95%；

c. 随加热温度再增加100℃，产烟率增加≤2%。

(9) 试验报告要求　进行材料产烟毒性危险评价的试验报告应包括如下内容：

试验小鼠资料（品种、品系、来源、等级、性别、周龄、质量）；试验材料相关资料（来源、形状、生产日期及处理）；材料产烟浓度；材料产烟率；试验现象观察记录；烟气毒性伤害性质判定；根据试验所做的危险级别判定结论。

（10）注意事项

① 试验时，当环形炉温度达到设定温度时，温度变化在±1℃并维持至少 2min 开始试验，以保证试验温度的恒定。

② 试样必须在环境温度 23℃±2℃、相对湿度 50%±5%的条件下进行状态调节至少 24h 的处理，以确保试样的质量恒定。

思 考 题

① 检测材料的毒性时，如何根据材料性质制作试样？

② 如何根据检测时小鼠的试验现象判别材料的产烟毒性？

4.1.5 固体高热敏感度的检测*

（1）检测目的

① 了解物质对高热作用的敏感度；

② 熟悉克南试验仪的使用和维护；

③ 掌握物质对高热作用敏感度的确定方法。

（2）检测原理 固体高热敏感度检测是通过特定试验，确定固态（或液态）物质在高度封闭条件下对高热作用的敏感度，实现对物质危险性进行鉴定分类和安全运输评估。

将待测物质（固体、液体或膏状物质）装入一端有标准孔板（封口板，用耐热的铬板制成）的钢管，即样品管（用质量为 25.5g±1.0g 的钢板深拉制成，钢管的开口端做成凸缘）内，把钢管直接在火焰中加热，以钢管变形或破裂程度来评估物质的热敏感度，确定物质的危险程度大小并进行危险性分类，确定物质的运输方式。同时通过测试数据选择该物质的危险警示标志和现有产品相关的危险警示用语。

（3）检测仪器 本试验使用 HCR-H001 克南试验仪（如图 4-23 所示），在高度封闭条件下对试样（固态和液态物质）进行高热敏感度测试。仪器采用丙烷气加热，加热速度为(3.3±0.3)K/s，使用精密压力减压阀调节压力，用专用丙烷气体流量计调节气体流量。

（4）检测准备

① 仪器准备 检查仪器后将仪器安放在带防爆设施的通风柜内，安放地点离墙面至少 300mm。避免安装在有冲击或剧烈振动的地方及化学药品和易燃气体附近。

② 样品准备

a. 固体试样 第一阶段：将 9cm³ 固体试样装入配衡钢管（同样品管）中，将配衡管放在气压制样器中，用施加在钢管整个横截面的 80N 的力将物质压实（若物质对摩擦敏感，则不需要将物质压实），如果物质可压缩，则添加物质并压实，直到装至距离管口 55mm 为止，确定将钢管装至 55mm 水平所用试样的总质量。在钢管中再添加两次这一质量的试样，每次都用 80N 的力压实，直到装至试样距管口 15mm，确定所用试样总质量。

第二阶段：将第一阶段准备程序中确定的物质质量的 1/3 装入钢管并压实。在钢管中再添加两次这一质量的试样，每次都用 80N 的力压实并使试样距离管口 15mm。

每次试验所用的固体质量为第二阶段中确定的试样质量，将此数量分成三等份装入钢管，每一等份都压缩成 9cm³。

b. 液体或胶体试样 液体或胶体试样装至距管口 60mm 处，装胶体试样时应特别小心以防形成气泡。

（5）检测步骤

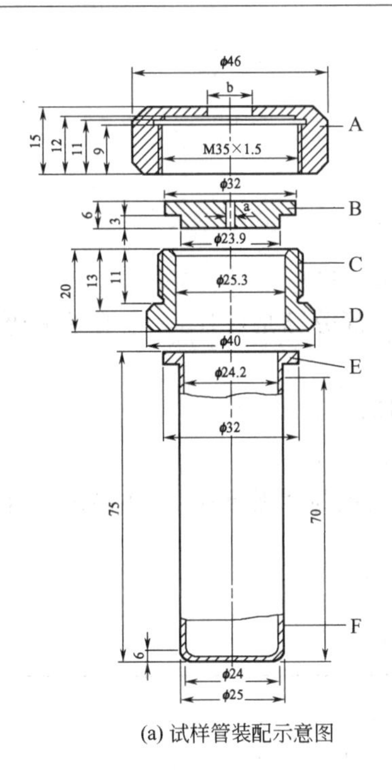

(a) 试样管装配示意图

(b) 检测仪外观图

图 4-23 克南试验仪结构示意图

A—螺帽（b=10.0mm 或 20.0mm），带有 41 号扳手用平面；B—孔板（a=1.0～2.0mm 直径）；C—螺纹套筒；D—36 号扳手用平面；E—凸缘；F—钢管

① 将螺纹套筒涂上一些以二硫化钼为基料的润滑油后，将螺纹套筒从下端套到钢管上。插入适当的孔板并用扳手将螺帽拧紧。

② 用孔径 1.0～8.0mm 的孔板试验时，应使用 10.0mm 的螺帽，当用孔径大于 8.0mm 的孔板时，应使用 20.0mm 的螺帽。每个钢管只可进行 1 次试验。试验后，孔板、螺纹套筒和螺帽如没有损坏可再次使用。

③ 将钢管夹在固定的台钳上，用扳手把螺帽拧紧。用坩埚钳夹住钢管，将钢管悬挂在反应箱内，打开丙烷气瓶总阀门和仪器的总电源。

根据操作人员的选择，选用手动或者遥控自动控制。选择手动时，在仪器上先打开气体开关，再按点火开关（不得超过 30s），接着打开计时开关，当达到设定试验时间后，仪器开始报警，依次关闭气体开关、计时开关；选择遥控自动控制时，先打开遥控器气体开关“A”，通气计时开始，再按点火开关“B”（不得超过 30s），开始测试。

④根据试验现象选择不同的孔板。从 20.0mm 的孔板开始，如观察到“爆炸”，则使用没有孔板和螺帽但有螺纹套筒的钢管（孔径为 24.0mm）进行试验；如观察到“无爆炸”，则使用 12.0、8.0、5.0、3.0、2.0、1.5（mm）的孔板进行试验，最后使用 1.0mm 孔板进行试验，直到用同一孔径孔板进行 3 次试验都得到“无爆炸”为止。

试验结束后，依次关闭气体开关“B”、计时开关“C”，再关掉总电源开关。

（6）试验结果的评估　如果极限直径（物质得到“爆炸”结果的最大孔径）大于或等于 1.0mm，试验结果为“+”，即物质在封闭条件下加热时显示出某种效应；如果极限直径小于 1.0mm，结果为“−”，即物质在封闭条件下加热时不显示效应。试验效应分别用下列符号表示：

“O” 钢管无变化；

“A” 钢管底部凸起；

“B” 钢管底部和管壁凸起；

“C” 钢管底部破裂；

“D” 管壁破裂；

“E” 钢管裂成两片（留在闭合装置中的钢管上半部分算是一片）；

“F” 钢管裂成三片或更多片（留在闭合装置中的钢管上半部分算是一片），主要是大碎片，有些大碎片之间可能有一狭条相连；

“G” 钢管裂成许多片，主要是小碎片，闭合装置没有损坏；

“H” 钢管裂成许多非常小的碎片，闭合装置凸起或破裂。

如果试验得出“O”～“E”中的任何一种效应，结果即被视为“无爆炸”。如果试验得出“F”、“G”或“H”效应，结果即被视为“爆炸”。

物质克南试验的结果实例如表 4-10 和表 4-11 所示。

表 4-10 爆炸品克南试验的结果实例

物　质	极限直径/mm	结　果
硝酸铵(晶体)	1.0	+
硝酸铵(高密度颗粒)	1.0	+
硝酸铵(低密度颗粒)	1.0	+
高氯酸铵	3.0	+
1,3-二硝基苯(晶体)	<1.0	−
2,4-二硝基甲苯(晶体)	<1.0	−
硝酸胍(晶体)	1.5	+
硝基胍(晶体)	1.0	+
硝基甲烷	<1.0	−
硝酸脲(晶体)	<1.0	−

表 4-11 氧化性物质和有机过氧化物克南试验的结果实例

试样名称	试样质量/g	极限直径/mm	破裂形式
偶氮甲酰胺	20.0	1.5	“F”
偶氮甲酰胺,67%,含氧化锌	24.0	1.5	“F”
2,2′-偶氮二(2,4-二甲基戊腈)	17.5	<1.0	“O”
2,2′-偶氮二异丁腈	15.0	3.0	“F”
苯磺酰肼	18.5	1.0	“F”
过氧苯甲酸叔丁酯	26.0	3.5	“F”
叔丁基过氧化-2-乙基己酸酯	24.2	2.0	“F”
枯基过氧氢,84.1%,含枯烯	27.5	1.0	“F”
2-重氮-1-萘酚-5-磺酰氯	19.0	2.5	“F”
过氧化二苯甲酰	17.5	10.0	“F”
过氧化二苯甲酰,75%,含水	20.0	2.5	“F”
二叔丁基过氧化物	21.5	<1.0	“O”
联十六烷基过氧重碳酸酯	16.0	<1.0	“O”
过氧化-2,4-二氯苯甲酰	21.0	6.0	“F”
二枯基过氧化物	18.0	<1.0	“O”
过氧重碳酸二异丙酯	21.0	8.0	“F”
过氧化二月桂酰	14.0	<1.0	“O”
2,5-二甲基-2,5-二(叔丁基过氧)己烷	23.0	1.5	“F”
二肉豆蔻基过氧重碳酸酯	16.0	<1.0	“O”
N,*N*′-二亚硝基-*N*,*N*′-二甲基对苯	18.0	4.0	“F”
二过氧间苯二酸	18.0	24.0	“H”
过氧化二琥珀酸	18.0	6.0	“F”
4-亚硝基苯酚	17.0	<1.0	“A”

（7）注意事项

① 该试验为危险性试验，在操作时请选用遥控自动控制。

② 本试验装置采用易燃气体丙烷作为燃烧气源，在试验完毕后，应仔细检查气源是否关闭。

③ 不得随意频繁开关点火器开关，因频繁开关产生冲击电流较大，对点火体系寿命有一定影响，因此在使用过程中点火时间不得超过 30s。

思　考　题

① 在制备固体试样时，如何进行装样操作？

② 如何根据试验现象确定物质的危险性？

4.1.6　固体氧化性能的检测

（1）检测目的

① 了解氧化性物质的种类和性能；

② 熟悉检测仪器的使用和维护；

③ 掌握氧化性固体的检测方法和包装分类方法。

（2）检测原理　在符合联合国《关于危险货物运输的建议书，试验和标准手册》和 GB/T 21617《危险品　固体氧化性试验方法》要求的条件下，使用氧化性固体试验装置，使固体物质与某一种可燃物质完全混合，测定加入该可燃物质后的燃烧速率或燃烧强度。对待测固体与干纤维素的混合物进行氧化性试验，混合物是样品与纤维素按质量比 1∶1 或 4∶1 混合产物。混合物的燃烧特性与标准混合物（即溴酸钾与纤维素按质量比 3∶7 的混合物）进行比较。如果试样的燃烧时间等于或小于标准混合物的燃烧时间，则与溴酸钾与纤维素按质量比 3∶2 或 2∶3 的混合物进行比较（即燃烧时间符合Ⅰ类包装或Ⅱ类包装的参考标准比较）。

（3）检测仪器　固体物质氧化性检测仪（如图 4-24 所示）分为左右两部分，左边为仪器控制部分，右边为仪器做样部分。其他仪器有电子天平、筛滤（孔径 0.15～0.30mm）、干燥器（带干燥剂）。

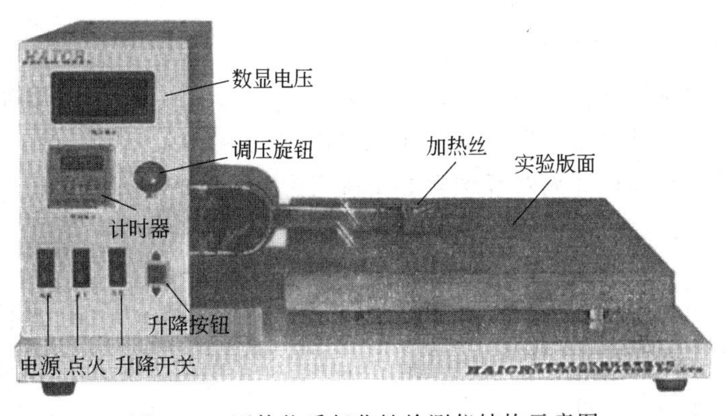

图 4-24　固体物质氧化性检测仪结构示意图

（4）检测准备

① 检查仪器后将仪器安放在平坦、结实并带防爆性能的通风柜内，安放地点离墙面至

少300mm。避免安装在高温、高湿度、高粉尘，有盐成分或其他腐蚀性物质的地方，亦不能安装在有冲击或剧烈振动的地方及化学药品和易燃气体的附近。

② 试样制备

a. 用分析纯的溴酸钾作为参考物质。溴酸钾经过筛滤（但不研磨），称量粒径0.15～0.30mm的溴酸钾用作参考物质，在65℃下干燥至恒定重量（至少12h），然后放在干燥器（带干燥剂）内冷却后待用。

b. 选择长度50～250μm、平均直径25μm的干纤维素丝用作可燃物质。把干纤维素丝做成厚度不大于25mm的薄层，在105℃下干燥至恒重（至少4h），然后放在干燥器（带干燥剂）内冷却后待用。

c. 称量30.0g±0.1g的参考物质（溴酸钾），与纤维素按质量比分别为3∶7、2∶3或3∶2的配比制备标准混合物。称量30.0g±0.1g的待试验物质，与纤维素按质量比分别为4∶1或1∶1的配比制备混合物试样。每一混合物应充分搅拌混合，单独制备和试验。

（5）检测步骤

① 打开“电源”和“升降”开关，按下升降按钮，将加热丝放在仪器试验操作面板上。

② 用仪器配备的漏斗形试样模具将所配备好的试样装好，用盖子盖住，并倒放在平台上面的加热丝上。

③ 打开“点火”开关，电压表开始显示，计时器开始记录试验时间，加热丝开始加热，开始试验。根据试验要求，计时时间控制在3min。当达到试验设定时间，仪器自动断开加热器停止加热。

④ 如果混合物不发火燃烧，则保持通电3min。将点火时间控制器调节至3m（表示时间为3min），仪器记录的燃烧时间是从电源接通到主要反应（例如火焰、炽热或无焰燃烧）结束的时间。主要反应之后的间隙反应，如火花或噼啪作响，不应考虑。如果加热丝在试验期间断裂，则重做试验。

⑤ 重复五次试验。试验完毕关闭电源，清理试验仪器。

（6）检测结果的评估

① 结果评估的根据

a. 平均燃烧时间与参考混合物的平均燃烧时间比较；

b. 试样和纤维素的混合物是否发火燃烧。

② 用于确定物质氧化性质的试验标准

Ⅰ类包装：任何物质以样品对纤维素的质量比为4∶1或1∶1进行试验时，显示的平均燃烧时间小于溴酸钾和纤维素的质量比为3∶2的混合物的平均燃烧时间。

Ⅱ类包装：任何物质以样品对纤维素的质量比为4∶1或1∶1进行试验时，显示的平均燃烧时间等于或小于溴酸钾和纤维素的质量比为2∶3的混合物的平均燃烧时间，并且未满足Ⅰ类包装的标准。

Ⅲ类包装：任何物质以样品对纤维素的质量比为4∶1或1∶1进行试验时，显示的平均燃烧时间等于或小于溴酸钾和纤维素的质量比为3∶7的混合物的平均燃烧时间，并且未满足Ⅰ类包装和Ⅱ类包装的标准。

非氧化性物质：任何物质以样品对纤维素的质量比为4∶1或1∶1进行试验时。都不发火并燃烧，或显示的平均燃烧时间大于溴酸钾和纤维素的质量比为3∶7的混合物的平均燃烧时间。

氧化性固体试验的结果实例见表 4-12。

表 4-12 氧化性固体试验的结果实例

物质	平均燃烧时间/s		结果
	4∶1	1∶1	
重铬酸铵	55	189	Ⅲ类包装
硝酸铵(结晶的)	161	74	Ⅲ类包装
硝酸钙(无水的)	10	25	Ⅱ类包装
硝酸钙(四水合物)	268	142	非氧化性物质
硝酸铵高铈	10	36	Ⅱ类包装
三氧化铬	3	33	Ⅰ类包装
硝酸钴(六水合物)	205	390	非氧化性物质
硝酸镍	101	221	非氧化性物质
亚硝酸钾	8	15	Ⅱ类包装
高氯酸钾	9	33	Ⅱ类包装
高锰酸钾	17	51	Ⅱ类包装
氯酸钠	5	13	Ⅱ类包装
亚硝酸钠	15	22	Ⅱ类包装
硝酸钠	56	39	Ⅱ类包装
硝酸锶(无水)	107	237	非氧化性物质

(7) 注意事项

① 仪器采用单相 220V 交流电为主电源，使用时必须接地良好，保证仪器和操作人员使用安全。禁止带电拔插电缆和内部接线，内部接线不要随便改动。仪器停止工作时，应断开电源开关。经常用纱布擦拭仪器表面，以保清洁。

② 不得随意频繁开关点火开关，因频繁开关产生冲击电流较大，对点火系统寿命有一定影响，因此在使用过程中点火时间不得超过 30s。

思 考 题

① 固体氧化性试验如何制作测试试样和标准参考试样？

② 如何根据检测标准评估固体物质的氧化性能？

4.2 固体危险品的评价

4.2.1 固体危险品的危险特性及其影响因素

(1) 易燃固体的危险特性及其影响因素

① 易燃固体的危险性　易燃固体的危险性主要有：燃点低、易点燃、遇酸及氧化剂易燃易爆、本身或燃烧产物有毒、兼有遇湿易燃性和自燃危险性。

易燃固体的着火点都比较低，一般都在300℃以下，在常温下只要有能量很小的着火源与之作用即能引起燃烧，如镁粉、铝粉只要有20mJ的点火能即可点燃；绝大多数易燃固体遇无机酸性腐蚀品、氧化剂等能够立即引起着火或爆炸；很多易燃固体本身就是具有毒害性或燃烧后能产生有毒气体的物质；硫的磷化物类，不仅具有遇火受热的易燃性，而且还具有遇湿易燃性；易燃固体中的赛璐珞、硝化棉及其制品等在积热不散的条件下都容易自燃起火，硝化棉在40℃的条件下就会分解。

② 影响易燃固体危险特性的因素　影响易燃固体危险特性的因素除与其本身的化学组成和分子结构有关外，还与下列因素有关：

a. 单位体积的表面积　同样的固体物质，单位体积的表面积越大，其火灾危险就越大，反之则越小。这是因为固体物质的燃烧，首先是从物质的表面上开始的，而后逐渐深入物质的内部，所以，物质的体表面积越大，和空气中的氧接触机会越多，氧化作用就越容易、越普遍，燃烧速率也就越快。

b. 热分解温度　硝化纤维及其制品、硝基化合物、某些合成树脂和棉花等由多种元素组成的固体物质，其火灾危险性还取决于热分解温度。一般规律是：热分解温度越低，燃速越快，火灾危险性就越大，反之则越小。一些易燃固体的热分解温度与燃点的关系如表4-13所示。

表4-13　一些易燃固体的热分解温度与燃点的关系

固体名称	热分解温度/℃	燃点/℃
硝化棉	40	180
赛璐珞	90～100	150～180
麻	107	150～200
棉	120	210
蚕丝	235	250～300

c. 含水率大小　固体的含水率不同，其燃烧性也不同。如硝化棉含水在35%以上时比较稳定，若含水率在20%时就有着火危险，稍经摩擦、撞击或遇其他火种作用，都易引起着火。又如，在危险品的管理中，干的或未浸湿的二硝基苯酚，有很大的爆炸危险性，所以列为爆炸品管理；但含水量达15%以上时，就主要表现为着火而不易发生爆炸。故对此类列为易燃固体管理。若二硝基苯酚完全溶解在水中时，其燃烧性能大大降低，主要表现为毒害性，所以将二硝基苯酚这样的列为毒害品管理。

(2) 自燃固体的危险特性及其影响因素

① 自燃固体的危险特性　自燃固体的危险特性主要有：遇空气自燃、遇湿易燃、积热自燃。

自燃物品大部分性质非常活泼，具有极强的还原性，接触空气后能迅速与空气中的氧化合，并产生大量的热，达到其自燃点而着火，接触氧化剂和其他氧化性物质反应更加剧烈，甚至爆炸，如黄磷遇空气即自燃起火，生成有毒的五氧化二磷；硼、锌、锑、铝的烷基化合物类、烷基铝氢化合物类、烷基铝卤化物类（如氯化二乙基铝、二氯化乙基铝、三氯化甲基铝、三氯化三乙基铝、三溴化三甲基铝等）、烷基铝类（三甲基铝、三乙基铝、三丙基铝、三丁基铝、三异丁基铝等）等都属自燃物品，化学性质非常活泼，具有极强的还原性，遇氧化剂和酸类反应剧烈，除在空气中能自燃外，遇水或受潮还能分解而自燃或爆炸；硝化纤维的胶片、废影片、X光片等，由于本身含有硝酸根，化学性质很不稳定，在常温下就能缓慢分解，当堆积在一起或仓室通风不好时，分解反应产生的热量无法散失，放出的热量越积越多，便会自动升温达到其自燃点而着火，火焰温度可达 1200℃；油纸、油布等含油脂的物品，当积热不散时，也易发生自燃。

② 影响自燃物品危险性的因素

a. 氧化介质　自燃物品必须在一定的氧化介质中才能发生自燃，否则是不会自燃的。如黄磷必须在空气（氧气）、氯气等氧化性气体或氧化剂中才能发生自燃，如果把黄磷放在水中，甚至煮沸，或者与氧化介质隔绝也不会发生自燃。但是，有些自燃物品，其本身含有大量的氧，在没有外界氧化剂供给的条件下，也会氧化分解直至自燃起火。物质分子中含氧越多，越易发生自燃，如硝化纤维及其制品就是如此。

b. 温度　温度升高能加速自燃性物品的氧化反应速率，促使自燃加快。

c. 湿度　湿度对自燃物品有着明显的影响。因为一定的水分能起到促使生物过程的作用和积热作用，可加速自燃性物品的氧化过程而自燃。如硝化纤维及其制品和油纸、油布等浸油物品，在有一定湿度的空气中均会加速氧化反应，造成温度升高而自燃。

d. 含油量　对涂（浸）油的制品，如果含油量小于 3%，氧化过程中放出的热量少，一般不会发生自燃。故在危险品管理中，对于含油量小于 3%的涂油物品不列入危险品管理。

e. 杂质　某些杂质的存在，会影响自燃性物品的氧化过程，使自燃的因素加大。如浸油的纤维内含有金属粉末时就比没有金属粉末时易自燃。绝大多数自燃物品如与残酸、氧化剂等氧化性物质接触，都会很快引起自燃。所以自燃物品在储存、运输过程中，除应注意与这些残留杂质隔离外，对存放的库房、载运的车（船）体等，首先应仔细检查清扫，以免因此而自燃导致火灾。

f. 其他因素　自燃物品的包装、堆放形式等，对其自燃性也有影响。如油纸、油布严密包装，紧密卷曲，折叠堆放，都会因积热不散、通风不良而引起自燃。

（3）遇湿易燃固体的危险特性及其影响因素

① 遇湿易燃固体的危险特性　遇湿易燃固体主要包括碱金属、碱土金属及其硼烷类和石灰氮（氰化钙）、锌粉等金属粉末类，目前列入《危险货物品名表》的这类物品火灾危险极大，故其火灾危险性全部属于甲类。其危险特性主要有：遇水易燃易爆、遇氧化剂和酸着火爆炸、自燃危险性、毒害性和腐蚀性。

该类物品的通性是遇水后发生化学反应使水分解，夺取水中的氧与之化合，放出可燃气体和热量，当可燃气体在空气中达到燃烧范围时，或接触明火，或由于反应放出的热量达到引燃温度时就会发生着火或爆炸，如金属钠、氢化钠、二硼氢等遇水反应剧烈，放出氢气多，产生热量大，能直接使氢气燃爆；遇湿易燃物品除遇水能反应外，遇到氧化剂、酸也能发生反应，而且比遇到水反应得更加剧烈，危险性更大，有些遇水反应较为缓慢，甚至不发生反应的物品，当遇到酸或氧化剂时，也能发生剧烈反应，如锌粒在常温下放入水中并不会发生反应，但放入酸中，即使是较稀的酸，反应也非常剧烈，放出大量的氢气；有些物品不仅有遇湿易燃危险，而且还有自燃危险性。如金属粉末类的锌粉、铝镁粉等，在潮湿空气中能自燃，与水接触，特别是在高温下反应比较强烈，能放出氢气和热量；在遇湿易燃物品中，有一些与水反应生成的气体是易燃有毒的，如乙炔、磷化氢、四氢化硅等，尤其是金属的磷化物、硫化物与水反应可放出有毒的可燃气体，并放出一定的热量；有些物品本身也是有毒的，如钠汞齐、钾汞齐等都是毒害性很强的物质。

② 影响危险特性的因素

a. 化学组成　遇湿易燃物品火灾危险性的大小主要取决于物质本身的化学组成，组成不同，与水反应的强烈程度不同，产生的可燃气体也不同。如钠与水作用放出氢气，电石与水反应放出乙炔气体等。

b. 金属的活泼性　金属活泼性越强，遇湿（水、酸）反应越剧烈，火灾危险性也就越大。

4.2.2 固体危险品的火灾应急措施

（1）易燃固体的火灾应急措施

① 易燃固体　绝大多数易燃固体着火可以用水扑救，尤其是湿的爆炸品和通过摩擦可能起火或促成起火的固体，以及丙类易燃固体等。就近可取的泡沫灭火器及二氧化碳、干粉等灭火器也可用来应急。

② 自反应物质　对脂肪族偶氮化合物、芳香族硫代酞肼化合物、亚硝基类化合物和重氮盐类化合物等自反应物质（如偶氮二异丁腈、苯磺酰肼等）着火时，不可用窒息法灭火，最好用大量的水冷却灭火，因为此类物质燃烧时，不需要外部空气中氧的参与。

③ 金属　镁粉、铝粉、铁粉等金属元素的粉末类火灾，不可用水施救，也不可用二氧化碳等施救。因为这类物质着火时，可产生相当高的温度，高温可使水分子或二氧化碳分子分解，从而引起爆炸或使燃烧更加猛烈。如金属镁燃烧时可产生 2500℃的高温，将燃烧着的镁条放在二氧化碳气体中时，燃烧的高温就会把二氧化碳分解成碳和氧气，镁便和二氧化碳中的氧生成氧化镁和无定形的碳。所以，金属元素类物质着火不可用水和二氧化碳扑救。

④ 遇湿分解物质　由于三硫化四磷、五硫化二磷等硫的磷化物遇水或潮湿空气，可分解产生易燃有毒的硫化氢气体，所以也不可用水施救；赤磷、黄磷、磷化钙等金属的磷化物等，本身或燃烧产物大多是剧毒的，本身毒性很强，其燃烧产物五氧化二磷等都具有一定的毒害性。

（2）自燃固体火灾应急措施

① 遇湿自燃固体　对于烷基镁、烷基铝、烷基铝氢化物、烷基铝卤化物以及硼、锌、锑、锂的烷基化物和铝导线焊接药包等有遇湿易燃危险的自燃物品，不可用二氧化碳、水或含水的任何物质施救（如化学泡沫、空气泡沫、氟蛋白泡沫等）。

② 积热自燃固体　黄磷等可用水施救，且最好浸于水中；潮湿的棉花、油纸、油绸、油布、赛璐珞碎屑等有积热自燃危险的物品着火时一般都可以用水扑救。

③ 有毒物质　对于本身或产物有毒的自燃物品，扑火时一定注意防毒。

（3）遇湿易燃固体火灾应急措施　由于遇湿易燃物品遇水或受潮容易发生燃烧或产生毒性物质，故采取火灾扑救措施时，对扑救方式和灭火剂的选择尤为重要。

① 不可使用的灭火剂　遇湿易燃物品着火时，以下几种灭火剂不可使用：

a. 水和含水的灭火剂　如化学泡沫、空气泡沫、氟蛋白泡沫等灭火剂，因为水和各种泡沫灭火剂均可与遇湿易燃物品反应产生易燃气体，所以不可用其扑救。

b. 二氧化碳、卤代烷　因为遇湿易燃物品都是碱金属、碱土金属以及这些金属的化合物，它们不仅遇水易燃，而且在燃烧时可产生相当高的温度，在高温下这些物质大部分可与二氧化碳、卤代烷反应，故不能用其扑救遇湿易燃品火灾。

c. 四氯化碳、氮气　因为四氯化碳与燃烧着的钠等金属接触，会立即生成一团碳雾，使燃烧更加猛烈。

② 可使用的灭火剂

a. 偏硼酸三甲酯　偏硼酸三甲酯是一种可以固化的灭火剂，当把其喷洒到着火物质表面时，可在燃烧高温的烘烤下迅速固化，并把着火物质的表面包裹起来，使其与空气隔绝从而把火扑灭。但是，由于其价格较贵，使用面不太广，故市场上很少有销售的。

b. 食盐、碱面、石墨、铁粉　由于金属钾、钠大都是由电解氯化钾、氯化钠（食盐）等盐而制得，生产现场都有大量的食盐等原料，所以对金属钾、钠火灾在现场随即用干燥的食盐、碱面扑救此类物品火灾效果又好又经济。如果现场有石墨、铁粉等效果也很好。

c. 干砂、黄土、干粉、石粉　用干砂、黄土、干粉、石粉等不含水的粉状不燃物质覆盖遇湿易燃物品火灾，可以隔绝空气，使其熄灭，且价格低廉，效果也好，所以现场可以多准备一些。

安全常识　建筑保温材料的应用与发展前景

（上海“11.15”特别重大火灾事故的启示）

1. 事故简介

北京时间2010年11月15日14时许，上海市静安区一幢公寓大楼发生一起特别重大火灾。据报道，火灾共造成58人死亡，受伤人数71人。

2. 事故调查

据查，该大楼采用的是一种新型大楼保暖措施，即在墙壁外面抹上聚氨酯泡沫填充物，外面用水泥粉刷，俗称给大楼“穿棉袄”。上海“11.15”特别重大火灾事故是一起责任事故。这个工程是在楼内有156户居民入住的情况下，进行施工，这是严重违规的，经查，发现火灾发生时有人在10楼现场违规实施电焊施工，点燃了尼龙网、竹片板等可燃物。大楼外立面上大量聚氨酯泡沫保温材料，快速燃烧，产生剧毒气体，是导致多人死亡的主要原因。

2010年11月17日据调查，调查组称违规使用大量聚氨酯泡沫等易燃等级的材料，是导致上海教师楼大火迅速蔓延的重要原因。2008年深圳舞王俱乐部火灾，济南奥体中心体育馆两次火灾等均与外墙保温材料有关。公安部消防局呼吁有关部门应尽快出台措施，杜绝易燃等级材料用于外墙保温和室内装修。

3. 建筑保温材料的选择

(1) 利于节能减排　建筑物中使用保温材料可以保暖隔音，提高居住的舒适度，有利于节能减排。在“十一五”提出的建筑节能发展目标中，建筑节能贡献率要达到20%，即节约1.2亿吨标准煤，但必须建立在安全、可靠的前提下达到目标。

(2) 质优价廉　保温材料可以铺设在内墙，但实际应用起来保温效果不够理想，所以现在的保温材料通常都在外墙铺设。目前，市面上供应的民用外墙保温材料主要有聚苯板、挤塑板和聚氨酯泡沫。前两种材料的使用早于聚氨酯泡沫。现在仍有部分楼宇使用这些材料。与聚苯板和挤塑板相比，聚氨酯泡沫具有保温性能好、耐热性能好、使用寿命长、重量轻、运输及施工方便等优点，耐水性也不错，价格则稍高。目前，聚氨酯泡沫已经逐渐取代了它们，成为外墙保温材料的首选。

(3) 阻燃效果好　作为一种有机保温材料，聚氨酯泡沫也免不了所有有机保温材料共有的缺点：易燃、耐高温耐火性能差、高温下释放大量有毒有害浓烟等。同时，聚氨酯泡沫材料起火燃烧后，火焰温度高，烟雾弥漫，增加了消防人员施救和现场人员撤离的难度。

除了这些有机保温材料外，另有一类无机保温材料可作为外墙保温材料。这些材料都无毒无味无害，燃点高，耐火性能好，高温下不发生化学反应、不产生有毒有害气体，具有很好的环境亲和性。但是，这些无机保温材料在用作外墙保温时却存在着种种困难，如保温砂浆不能应用于高层建筑，保温效果也不尽如人意；新型的硅酸钙系无机保温材料用作工程领域在技术上还不成熟；耐水性差更是各种无机保温材料的通病；最重要的问题就是无机保温材料成本太高，如无机的岩棉板是聚氨酯泡沫价格的6倍以上。高成本一定程度上限制了各方面性能优异且绿色环保的无机绝热材料的大规模使用，比聚氨酯耐火性能更优秀的酚醛泡沫材料就只有在鸟巢、水立方这样的高档公共建筑中才得以使用。

4. 建筑保温材料的发展前景

近年来，我国因保温材料引发的火灾时有所闻，且频率和人员财产的巨大损失触目惊心。纵观保温市场，目前普遍使用的保温材料主要有聚苯板、挤塑聚苯板、聚氨酯泡沫等。这些保温材料存在的最大问题，是防火性能差，即使是电焊产生的火星，也能使这些保温材料起火。这些保温材料燃烧时，产生熔滴物和大量有毒烟雾，不仅造成巨大的环境污染，给火灾的救援工作带来极大的不便，而且危及住户和消防员的生命安全。为此，2009年9月25日，公安部、住房和城乡建设部联合制定了《民用建筑外保温系统及外墙装饰防火暂行规定》，该文规定：民用建筑高度大于等于100m、其他民用建筑大于等于50m、幕墙式建筑高于24m时，保温材料的燃烧性能应为A级；小于上述高度时，应设立防火隔离带。

因此，建筑易燃可燃外墙保温材料已成为一类新的火灾危险，建筑防火保温“外衣”亟待升级换代，墙体保温行业的技术创新，研发防火等级更高且可以构成产业化规划，价格易于市场承受，既节省资源又可重复运用的低碳类新产品、新技术成为新的发展趋势。

近年来新型的防火阻燃材料已随着各种防火阻燃检测设备的发展诞生了。建筑防火阻燃外墙保温材料已成为一类新的火灾保障。新型的防火阻燃烧节能材料，可以实现尽可能少用天然资源，降低能耗并大量使用废弃物作为原料；节约能耗：既节约其生产能耗，又可节约建筑物的使用能耗。目前，防火阻燃材料会越来越市场化，这些新型材料的诞生毫无疑问给人们安全增添了一层保护膜。随着各种防火阻燃检测设备的研发生产，相信所说的防火阻燃新型材料性能会越来越高，对人类文明的发展也会有重大意义。

思考与练习

1. 填空题

(1) 固体可燃物的燃烧方式有蒸发燃烧、分解燃烧、________和________四种。

(2) 在规定的试验条件下，单位时间内材料燃烧所释放的热量称为________。

(3) 在规定条件下，从材料中分解的可燃气体，经外火焰点燃并燃烧一定时间的最低温度称为______。

(4) 氧指数是指在规定的条件下，材料在氧氮混合气流中进行有焰燃烧所需的________。

(5) 聚氯乙烯、聚丙烯等塑料的燃烧方式都属于________燃烧。

(6) 聚酯、环氧类树脂的燃烧方式是________燃烧。

(7) 测定熔点的方法有毛细管法和________。

(8) 差热分析法是一种可以对物质进行________分析的物理化学分析方法。

(9) 可燃物质发生自燃的最低温度称为________。

(10) ________是指材料在规定的试验条件下发烟量的量度，用透过烟的光强度衰减量来描述。

2. 选择题

(1) 熔点是指物质在大气压力下（　　）处于平衡时的温度。

A. 气态与液态　　B. 固态与液态　　C. 固态与气态　　D. 熔融状态

(2)（　）由材料表面的着火性和火焰传播性、发热、发烟、炭化、失重以及毒性生成物的产生等特性来衡量。

A. 燃烧性能　　B. 可燃性能　　C. 难燃性能　　D. 不燃性能

(3)（　）属于自燃物品？

A. 黄磷　　B. 盐酸　　C. 丙酮　　D. 硫酸

(4) 有焰燃烧和无焰燃烧的本质区别是（　）。

A. 是否存在火焰　　B. 是否存在未受抑制的链式反应

C. 是否有燃烧产物　　D. 是否燃烧

(5) 无焰燃烧的可燃物有（　）。

A. 酒精　　B. 木炭　　C. 乙醇　　D. 碳酸钙

(6) 硫黄的燃烧方式属于（　）燃烧。

A 蒸发　　B. 表面　　C. 分解　　D. 氧化

(7) 用熔点测定仪测定熔点可测定微量样品，能看到熔化前和熔化时的变化情况，可测定（　）样品。

A. 低熔点　　B. 高燃点　　C. 高熔点　　D. 低燃点

(8) 木材的燃烧方式属于（　）燃烧。

A. 蒸发　　B. 表面　　C. 分解　　D. 氧化

(9) 固体可燃物燃点越低，火灾危险性（　）。

A. 越大　　B. 越小　　C. 相同　　D. 与燃点无关

(10) 水能吸收大量热量，使燃烧物温度降低，对一般可燃固体的燃烧，将其冷却到其（　）以下，燃烧反应就会中止。

A. 点火能量　　B. 自燃点　　C. 燃点　　D. 熔点

(11) 按照《建筑内部装修设计防火规范》规定：凡是氧指数小于 32，大于等于 27 的塑料装修材料，都属于（　）材料。

A. B_1 级难燃　　B. B_2 级可燃　　C. B_3 级易燃　　D. B_4 级易燃

(12) 材料产烟毒性危险分为 3 级：安全级、（　）和危险级。

A. 准危险级　　B. 严重危险级　　C. 准安全级　　D. 不安全级

(13) 易于燃烧的固体（金属粉除外），如燃烧时间小于 45s 并且湿润段阻止火焰传播至少 4min，应划入（　）包装。

A. Ⅰ类　　B. Ⅱ类　　C. Ⅲ类　　D. Ⅵ类

(14) 烟密度测试仪主要用于挤塑板、聚苯板等保温材料的阻燃等级（　）评定。

A. B_1 级　　B. B_2 级　　C. B_3 级　　D. B_4 级

(15) 易燃固体单位体积的表面积越大，其火灾危险就（　）。

A. 越小　　B. 越大　　C. 相同　　D. 无影响

(16) 硝化纤维及其制品、硝基化合物、某些合成树脂和棉花等由多种元素组成的固体物质，其热分解温度越高，燃速越慢，火灾危险性就（　）。

A. 越小　　B. 相同　　C. 越大　　D. 无影响

(17) 遇湿易燃固体的火灾危险性全部属于（　）。

A. 甲类　　B. 乙类　　C. 丙类　　D. 丁类

(18) 固体的燃烧速率一般（　）可燃气体和可燃液体的燃烧速率。

A. 大于　　B. 等于　　C. 小于　　D. 无法比较

(19) 在危险品管理上，通常以燃点（　）作为划分可燃固体和易燃固体的界限。

A. 250℃　　B. 300℃　　C. 400℃　　D. 500℃

(20) 在安全工程领域中常应用差热分析技术对炸药及易燃易爆物质的（　　）进行研究。

A. 可燃性　　B. 自燃性　　C. 热稳定性　　D. 热分解性

3. 简答题

(1) 固体危险品检测项目主要有哪些？

(2) 纤维织物按照氧指数如何分类？

(3) 易燃固体的危险性主要有哪些？

(4) 简要叙述易燃固体火灾应急措施。

(5) 简要叙述自燃固体火灾应急措施。

5 粉尘危险品性能检测与评价

知识目标

1. 了解粉尘的分类和危害；
2. 熟悉粉尘危险性检测仪的使用和维护；
3. 掌握粉尘危险品性能的检测方法。

能力目标

1. 会使用粉尘危险品检测仪；
2. 能准确检测粉尘危险品；
3. 能根据检测结果对粉尘危险性进行评价。

工具设备

粉尘系列检测仪器设备、试验安全防护设施。

5.1 粉尘危险品性能的检测

5.1.1 粉尘危险品检测参数与标准

根据《粉尘防爆安全规程》(GB 15577—2007) 规定，粉尘是指细微的固体颗粒；可燃粉尘是指在一定条件下能与气态氧化剂（主要是空气）发生剧烈氧化还原反应的固体颗粒；粉尘云是指悬浮在助燃气体中的高浓度可燃粉尘与助燃气体的混合物；而沉积在固体表面上的粉尘便形成了粉尘层。

大块固体物质被粉碎成粉尘以后，其燃烧特性会产生很大变化，如非燃烧性物质可能变成可燃物质，难燃物质可能变成易燃物质，在一定条件下，甚至会发生粉尘爆炸。

依据联合国《关于危险货物运输建议书　规章范本》(第 16 修订版)、联合国《关于危险货物运输的建议书，试验和标准手册》(第五修订版) 和国家有关技术标准，粉尘危险性能检测的主要参数和标准如表 5-1 所示。

5.1.2 粉尘燃烧性能的检测

5.1.2.1 粉尘火焰感度检测

(1) 检测目的

① 了解火焰感度的测定原理和意义；

② 熟悉检测仪器的安装、使用和维护；

③ 掌握粉尘燃烧爆炸特性的测定方法。

(2) 检测原理　感度是指在一定条件下，火药在外界触发能量作用下，发生燃烧、爆炸

表 5-1 粉尘燃烧爆炸主要检测参数和标准

检测参数	检测标准
粉尘云最大爆炸压力	GB/T 16426—1996 粉尘云最大爆炸压力和最大压力上升速率测定方法 ISO 6184-1—1985 空气中可燃粉尘爆炸指数的测定
粉尘云最大爆炸压力上升速率	
爆炸指数	
粉尘云最小爆炸浓度	GB/T 16425—1996 粉尘云爆炸下限浓度测定方法
粉尘云最小着火能量	GB/T 16428—1996 粉尘云最小着火能量测定方法
粉尘云最低着火温度	GB/T 16429—1996 粉尘云最低着火温度测定方法
粉尘层最低着火温度	GB/T 16430—1996 粉尘层最低着火温度测定方法
粉尘云极限氧浓度	BS EN 14034-3—2004 粉尘云极限氧浓度测定

或分解反应的难易程度，又称敏感度。危险物质发生燃烧或爆炸所需的初始触发能量，又称引爆（燃）能量，多数来源于明火、热、机械撞击与摩擦、绝热压缩、电光、离子化放射线、冲击波、核粒子等，物质燃烧爆炸的感度就是指物质对这些引爆（燃）能量的敏感程度，危险物质在火焰作用下的感度称为火焰感度。经常测定和应用的感度有热感度、火焰感度、撞击感度、摩擦感度、冲击波感度、静电火花感度、光感度等。

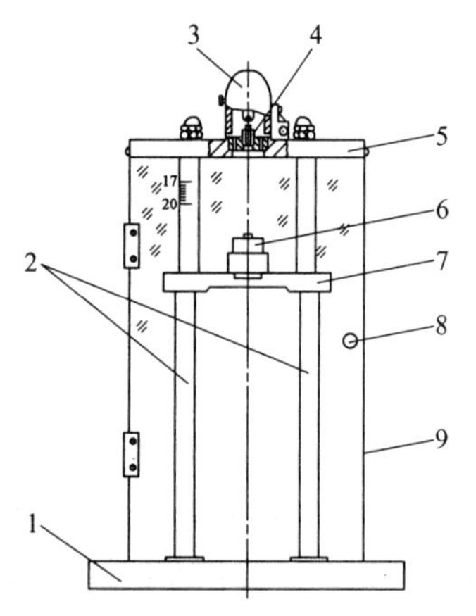

图 5-1 火焰感度仪结构示意图

1—底座；2—立柱；3—点火装置；4—药柱模；5—顶盖；6—试样座；7—托盘；8—门栓；9—护罩

危险物质在一定能量的火焰作用下，会产生燃烧或爆炸现象，利用火焰感度仪就可以测定不同的火焰引爆能量对同一危险物质燃烧爆炸的影响，还可将不同的危险物对同一火焰引爆能量的感度进行比较。调整点火距离 X，找出同样距离的六次试验中 100%都能使炸药点燃的最大距离 X_{max} 和 100%都不能使炸药点燃的最小距离 X_{min}。X_{max} 越大，火焰感度越高，X_{min} 越小，火焰感度越低。

（3）检测仪器 本试样采用 HGY-1 型火焰感度仪（如图 5-1 所示）对粉尘的火焰感度进行测试，装置采用的点火装置为镍铬丝燃发火药柱。其他仪器有自耦变压器、试样压制模具等。

（4）检测步骤

① 安装仪器 检查火焰感度仪的灵敏程度和仪器托盘、卡具是否好用，仪器安装后，使器柱中心线对托盘试样座中心线的不同轴度（偏差）不大于 0.5mm，两立柱对底座上平面的垂直偏差 630m 内不大于 0.25mm，底座上平面与顶盖上平面的不平行度小于 0.15mm。

② 用酒精棉或干净的棉纱将两立柱擦拭干净。

③ 将试样和发火药柱在 40～50℃下烘干，烘干后放在干燥器内待用。

④ 称取 10～20mg 试样装入制样模具内，并压实。

⑤ 将自耦变压器调至 12V，通电检查点火装置的镍铬丝是否发红，如发生断丝或氧化太严重，应更换镍铬丝。

⑥ 调整托盘，并固定在所需的高度上，将一份试样放在仪器托盘上试样座的内套里，取一粒发火药柱置于仪器顶部药柱模内。使点火装置通电，点燃发火药，观察试样是否爆炸、燃烧或分解，并记录。

⑦ 按上述步骤，采用固定点法（相同触发能量不同质量试样的测试）或升降法（同一试样不同触发能量的测试）将一组（6～12 个）试样做完，准确记录通电到试样爆炸、燃烧或分解的时间及现象。

⑧ 试验完毕关闭电源，打开仪器门，清除仪器内部爆炸残留物并称重。用酒精棉球擦两立柱，并涂以少许机油，将制样用的模具清洗干净。

（5）数据处理

① 将试验的发火药名称、试样名称、质量、外形尺寸、诱发时间、垂直距离、现象用表格表示出来。

② 对同一样品，利用升降法确定相同质量下垂直距离与诱发时间之间的关系曲线，并利用定点法确定不同质量下垂直距离与诱发时间之间的关系曲线，并对试验结果进行分析。

③ 对不同样品，确定相同质量下的火焰感度，比较样品对火焰的敏感程度。

思 考 题

① 火焰感度的测定在安全生产方面有什么意义？

② 火焰感度指的是什么作用的结果，常测的感度有哪些？

5.1.2.2 粉尘云最低着火温度检测

（1）检测目的

① 了解不同粉尘在粉尘云状态时的最低引燃温度；

② 熟悉最低着火温度测试仪的操作和维护方法；

③ 掌握可燃粉尘云最低着火温度的检测方法。

（2）检测意义　大量的粉尘扩散在空气中时形成粉尘云，如果空气的温度足够高，可能会导致粉尘自发燃烧。所以，粉尘与空气混合，能形成可燃的混合物质，若遇明火或高温物体，极易着火，顷刻间完成燃烧过程，释放大量热能，使燃烧气体温度骤然升高，体积猛烈膨胀，形成很高的膨胀压力。燃烧时的粉尘氧化反应十分迅速，产生的热量能很快传递，从而引起一系列连锁反应。这样的爆炸会对人员、财产、设备、工厂造成巨大的破坏。粉尘云最低着火温度（T_{min}）的测试有助于选择防止粉尘爆炸的方法以及相应的保护措施，将粉尘爆炸的灾害降低到可控范围内。

（3）检测仪器　试验采用戈德贝特-格林沃尔德（Godbert-Greenwald）加热炉（如图 5-2 所示），检测粉尘云在加热环境中发生着火的敏感度，即可燃粉尘云的最低着火温度，其加热温度范围为室温～800℃，控温精度为±1%（高于 500℃）和±3%（低于 300℃）。

（4）检测步骤

① 试样制备　在 105℃下干燥粉料 1h，然后利用 240 目筛子筛分粉料。取筛下粉料作为试样进行试验。如有条件可以做粒度分析以及湿度和灰分测试。

② 连接电源，开启空压机（准备喷吹粉尘试样的气源）。

③ 打开仪器电源开关，将炉温控制在 500℃并恒温。

④ 称取 300mg 左右的粉尘放入储粉室（当粉体密度较大时粉样可取 300～1000mg，而密度较小时粉样可取 100～300mg）。

⑤ 开启仪器面板上的喷粉电磁阀，将粉样喷到炉管内，如 3s 内观察到有火焰从炉管下部喷出，则为粉样着火，否则为未着火。

如不着火，则在不更换粉样情况下，以 50℃的步长升温继续测试直至着火。

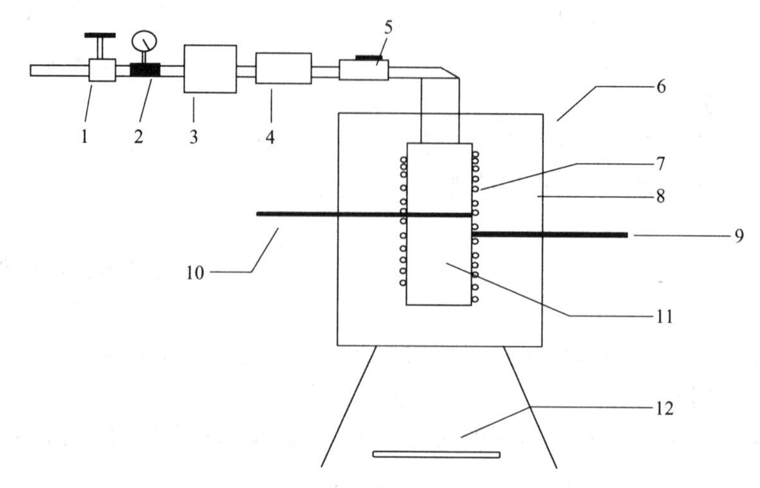

图 5-2 戈德贝特-格林沃尔德加热炉结构示意图

1—针阀；2—压力表；3—粉室；4—电磁阀；5—盛粉室；6—炉壳；7—加热电阻丝；8—绝热材料；9—控温用热电偶；10—炉壁温度记录用热电偶；11—石英炉管；12—反射镜

如着火，改变粉样质量和分散压力，在此温度下重复试验以便找到火焰最明显时的压力和粉样质量；然后以 20℃为步长降低温度，直至十次不着火为止，则此时对应稳定的上一测试温度值即为粉尘云的最低着火温度。

（5）检测数据记录　如表 5-2 所示。

表 5-2　粉尘云最低着火温度检测记录表

粉尘名称：　　　　　　室内温度：　　　　　　测试人：

试验温度/℃	粉尘质量/mg	现象(有无火焰)	着火状态(Y/N)

（6）检测结果的确定　根据 IEC（国际电工委员会）的规定，工业实际中应用的粉尘云最低着火温度值，应该在以上测试数据的基础上加以修正，具体如下：

$$当\ T_{min测}>300℃时，T_{min}=T_{min测}-20℃；$$

$$当\ T_{min测}\leqslant 300℃时，T_{min}=T_{min测}-10℃$$

即发生点火时加热炉的最低温度（炉温度高于 300℃时减 20℃，等于或低于 300℃时减 10℃）作为粉尘云的最小点火温度。

（7）注意事项

① 控制温度时，由于设备结构所限，恒温可能需要很长时间，通常在炉内壁温度接近设定温度时即可进行下一步试验。

② 在将粉样喷到炉管内的操作时，通常是在达到设定温度的瞬间启动电磁阀。

思 考 题

① 影响粉尘云最低着火温度的因素有哪些?

② 如何根据检测数据确定粉尘云的最低着火温度?

5.1.2.3　粉尘云最小点火能检测

(1) 检测目的

① 熟悉最小点火能测试仪的操作和维护；

② 掌握粉尘云最小点火能量的测试方法。

(2) 检测原理　粉尘云最小点火能（MIE）是指能够引起粉尘云（或可燃气体与空气混合物）燃烧（或爆炸）的最小火花能量，又称为最小火花引燃能或者临界点火能。

判定粉尘云（粉尘和空气混合物）爆炸危险性的重要标准就是它的点火敏感度，而点火敏感度通常由最小点火能来描述。最小点火能是在最敏感的粉尘浓度下，刚好能点燃粉尘引起爆炸的最小能量。

粉尘着火温度从温度的角度反映粉尘被点燃的敏感程度，一般适用于评价热表面点燃。粉尘最小点燃能量从能量的角度反映粉尘被点燃的敏感程度，适用于评价机械火花、静电放电等非热表面点燃源的危险性。

测试基本原理是在爆炸容器内将粉尘分散到空气中，用一定能量的电火花试点燃，如果火焰传播距离大于 60mm，或检测到明显的压力上升，则判断为点燃。改变试验条件，直到测得最小的点燃能量。测试可以基于原始样品，也可以基于标准样品。标准样品是指粉尘粒径为 200 目筛下，粉尘含水量低于 1%。

最小点火能的大小受很多因素的影响，特别是湍流度、粉尘浓度和粉尘分散状态（粉尘分散质量）对最小点火能影响很大。由于同一粉尘的湍流度、粉尘浓度和粉尘分散质量会随不同测试装置而不同，因此最小点火能测量值的大小与测试装置有关。最小点火能的理想测试条件是在最敏感粉尘浓度、低湍流度和粉尘以单个粒子均匀分布的条件下进行测量。通常最小点火能是在受上述因素综合影响下的测量结果。

(3) 检测仪器　本试验采用移动电极火花触发系统点燃能量测定装置（如图 5-3 所示）进行测试，仪器主要由粉尘扩散装置哈特曼管（爆炸容器）、能量控制箱和电压图表记录器组成。能量控制箱可提供从 4mJ 到 2000mJ 的火花能量，最大充电电压为 15kV；电压图表记录器可记录电容放电过程中的电压变化，计算出电弧真正释放的能量大小。

电火花电路采用辅助火花触发的双电极系统和移动电极触发系统。两电极通过聚四氟乙烯固定座安置于顶端开口的哈特曼管中。两个电极固定座钻有小孔，电极可以移动。其中一电极（接地）与测量用的螺旋千分尺的测杆相连，另一电极（接高压）与一个推杆相连。该推杆受双作用气动活塞（活塞直径为 35mm，操作压力 0.6MPa）控制，工作行程为 10mm，通过一聚四氟乙烯绝缘件与电极相连。高压电极与电容器相连。当高压发生器从电容器电路中断开后，由电磁阀控制储气罐释放压缩空气，使粉尘扩散形成粉尘云，延迟一定时间后，将高压电极推到规定位置，使电容器放电产生电火花。

测试标准符合 ASTM E2019-03，IEC 61241-2-3，GB/T 16428—1996《粉尘云最小着火能量测定方法》要求。

(4) 检测步骤

① 单次测试步骤

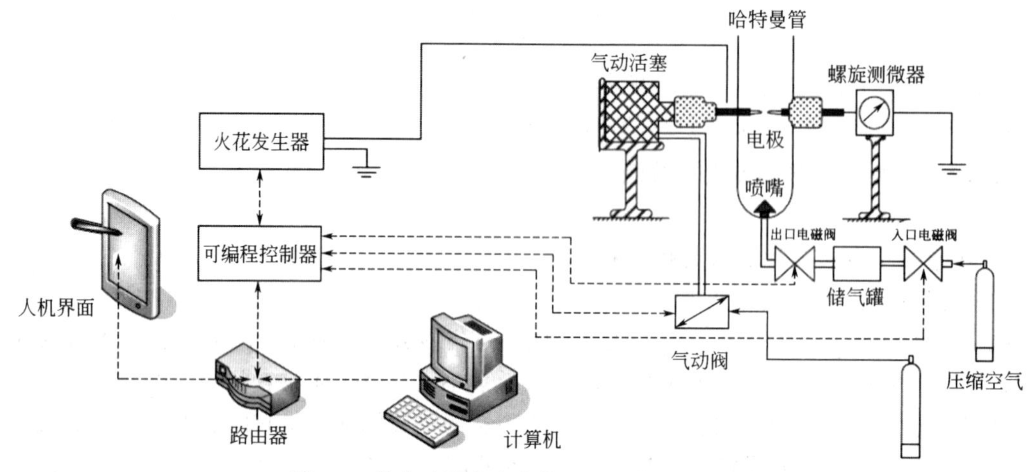

图 5-3 粉尘云最小点火能量测试装置示意图

a. 彻底清洗储粉室 选择移动电极触发方式，先将左电极移到活塞行程右侧，调节电极间距。然后将电极移动到活塞行程的左侧。

b. 称取一定质量的粉尘试样，将试样放入储粉室，并使粉尘均布在蘑菇形喷嘴的下方。

c. 在人机界面上设定点燃能量、充电电压和点火延时。

d. 给电容充电，直到电压表指示充满。

e. 将压缩空气充入储气室。

f. 启动点火按钮，可编程控制器先喷粉，在设定的延时后通过移动电极到活塞行程的右侧点火。

g. 观察粉尘是否被点燃，记录粉尘质量、分散压力、电极间距、点火延时、电容储能、充电电压和是否点燃。

② 最小点燃能量的确定

a. 确定点燃的敏感条件 所谓敏感条件，指的是在该条件下，粉尘比其他条件下易于点燃。需改变的参数包括点燃能量、电极间距、分散压力、粉尘质量、点火延时等。参数范围和初始值为：

点火能量：初始 50mJ；

电极间距：范围 2～8mm，初始 6mm；

分散压力：范围 0.5～0.7MPa，初始 0.7MPa；

粉尘质量：范围 0.5～5g，初始 2g；

点火延时：60ms、90ms、120ms，初始 60ms。

b. 如果按初始参数在一次测试中粉尘云被点燃，则清理电极、哈特曼管和盛粉室，降低能量继续试验。

c. 如果在一次测试中粉尘云没有被点燃，可在不更换粉尘的情况下继续试验，如果电极上附着粉尘，用刷子清理粉尘到储粉室，并重新将粉尘均布到蘑菇喷嘴的下方。

试验 10 次没有点燃，可暂时认为该条件下不能点燃。

d. 在找到点燃敏感条件后，则逐步改变（降低或增加）点火能量或改变粉尘试样质量（降低或增加），开始进行系统测试。在系统测试中，如果 20 次不能点燃才可以认定该条件下不能点燃。

(5) 检测结果的确定　在不能点燃能量和点燃能量之间的差值小于等于点燃能量的1/10时，例如，当点燃能量为10mJ以下，则不能点燃能量和点燃能量之间的差值应小于等于1mJ。此时，能够点燃粉尘试样的最低能量即为该物质的最小点火能量。

(6) 注意事项

① 某一物质的最小点火能应该在不能点燃粉尘云的能量与恰好能引起点火的能量之间，能量区间应尽可能小。遇到很低的最小点火能（比如<25mJ）时，连续的最小点火能测试易给出分散的结果，原因是被测粉尘云潜在的特性不一致。

② 最小点火能测试是一个静态测试，影响粉末的最小点火能的已知参数包括物质本身，颗粒大小以及湿度等因素，所以为测试提供的粉末状样品必须是具有代表性的样品。还应该参考样品的产品说明和其他相关信息。

③ 测试得到最小点火能结果只适用于测试状态中的粉尘，而任何压力、温度和湿度环境的改变都会影响粉尘的最小点火能测试结果。

思　考　题

① 影响粉尘云最小点火能的因素有哪些?

② 如何根据检测数据确定粉尘云的最小点火能?

5.1.3　粉尘爆炸性能检测

5.1.3.1　最大爆炸压力 p_{max} 和爆炸指数 K_{st} 的检测*

(1) 检测目的

① 熟悉测试系统的操作和维护；

② 熟悉粉尘云最大爆炸压力和最大爆炸压力上升速率的测定方法。

(2) 检测原理　粉尘云的最大爆炸压力 p_{max}、最大爆炸压力上升速率 $(dp/dt)_{max}$ 及爆炸指数 K_{st}，是反映其爆炸猛烈程度的重要参数，用于爆炸泄压设计和爆炸抑制设计。爆炸参数检测的基本原理是把一定量的粉尘试样置于一定体积的爆炸容器内，形成粉尘与空气的混合物（粉尘云），用一定能量的点火器在容器中心引爆粉尘云，用压力传感器和数据采集系统记录爆炸过程的压力-时间曲线，通过分析爆炸压力-时间曲线得到 p_{max} 和 K_{st}。

可燃粉尘的最大爆炸压力是在被测粉尘浓度范围内，测得的爆炸压力 p_m 的最大值，记为 p_{max}。在被测粉尘浓度范围内，得到的升压速率 $(dp/dt)_m$ 的最大值为该种粉尘的最大爆炸压力上升速率，记为 $(dp/dt)_{max}$，爆炸指数 K_{st} 定义为 $K_{st}=(dp/dt)_{max}\cdot V^{\frac{1}{3}}$。

该试验采用20L球形爆炸测试系统（如图5-4所示）测试粉尘爆炸的相关参数，用20bar（1bar=100kPa）的压缩空气将粉尘分散到20L球中，使用2个5kJ的化学点火头对粉尘云进行点火，测量压力和时间的变化得出曲线，确定每次测试的最大爆炸压力和最大爆炸压力上升速率。对粉尘试样的各个浓度进行一系列的测试，找出 p_m 和 $(dp/dt)_m$ 的最大值，即 p_{max} 和 $(dp/dt)_{max}$。为了达到标准要求的精度，测试须进行三次，求其最大值的平均值作为最终结果。从 $(dp/dt)_{max}$ 结果中计算最大爆炸指数 K_{st}。

(3) 检测仪器　20L球形爆炸测试系统的主要结构包括：20L球形爆炸室、气体循环系统、水循环系统、电控采集系统、控制单元、PC控制机等。

① 20L球形爆炸室　爆炸室是一个体积20L，由不锈钢制成的中空球体。爆炸室最大工作压力为39bar，最高工作温度为220℃。粉尘分散压力为20bar。

② 气体循环系统　该系统中的气体包括在试验中使用的控制用气、试验成分气体和容

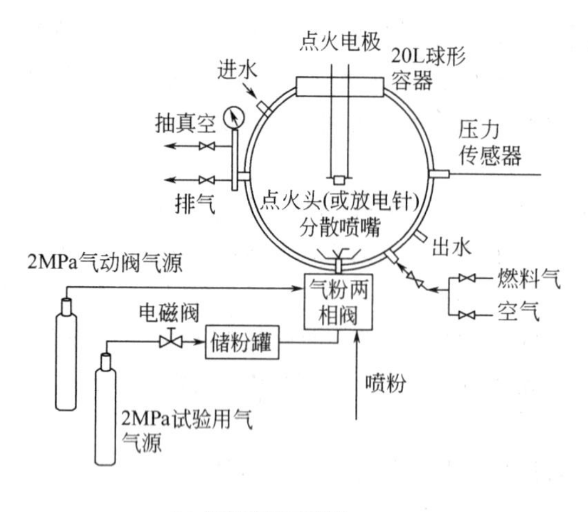

(a) 仪器结构示意图

(b) 仪器外观图

图 5-4 20L 球形爆炸测试系统示意图

器内空气，这些气体在试验中扮演重要的角色。试验时，可以（手动或通过软件）控制这些气体流入/流出容器进行试验。主要有三个部分：

a. 喷粉/进气部分 此部分可完成两个操作，分别为“进气”和“喷粉”，进气是把试验用气通过电磁阀与粉罐相连，装粉完成后，将粉罐盖盖严（并保证球形容器密闭），操控“进气”按钮，电磁阀打开将试验用气充入粉罐；喷粉是当粉罐压力达到预期值后，操控“点火”按钮，可触发喷粉过程，粉罐中的试验用气携带粉样进入球形容器。

b. 抽真空/排气部分 抽真空是向球形容器内喷粉之前，通过控制气体阀门，开启真空泵，观察真空表至读数达到目标值（0.6MPa）时，关闭真空泵，此时容器内部达到试验要求真空度；排气是球形容器内反应完成后，通过控制进气和排气阀门释放球内气体，完成排气。

c. 洗气/配气部分 此部分用于对球形容器进行气体润洗和配气，洗气是将润洗气体接到容器，容器抽真空后（并保证球形容器密闭），开启润洗气体阀门进行容器的洗气；配气是根据试验需要，进行配比不同氧气浓度的试验用气（氧气和氮气不同比例气体）。

③ 冷却水循环系统 该系统的目的是，当几次试验之后，容器温度会升高到超出试验标准允许的范围，而自然冷却耗时太长，所以使用循环水可以在较短时间内令反应容器达到允许温度。在 20L 球形容器外壁上开有两个用于水循环的圆孔，冷却水从下端的圆孔流入反应容器夹层，并最终从上端圆孔流出，由水泵实现冷却水的循环。

④ 点火能量 10kJ，采用化学点火头。

（4）检测步骤

① 接通电源，打开循环冷却水系统，在储粉室中放入已知量的样品，然后关闭储粉室。

② 将爆炸室抽成一定真空状态以确保粉尘扩散至爆炸室后，爆炸室在点燃时处于大气压状态下。

③ 启动软件记录系统，用压缩空气将储粉室内的粉尘经出口阀扩散到爆炸室中。

④ 通过设定的延迟时间后，在爆炸室中心用化学点火头点燃。

⑤ 爆炸室内的压力变化过程经过压力传感器测得并由数据采集系统保存。软件系统对压力-时间曲线进行自动分析并得到本次试验的最大爆炸压力 p_{max} 和最大爆炸压力上升速率 $(dp/dt)_{max}$。

⑥ 每次试验后，彻底清扫爆炸室和储粉罐。

⑦ 采用不同的粉尘浓度重复试验。

注意：测试时，粉尘从加压的储粉罐通过输出阀和喷嘴扩散到球体内，输出阀的开关状态通过一个辅助活塞由气体控制。控制压缩空气的阀门为电子控制。点火源位于球体中央，两个压电型压力传感器安装在测量法兰上，另一个法兰可用于安装附加的测量元件或安装一个窥镜。

（5）检测结果的确定　根据试验测得的爆炸压力 p_m 和爆炸压力上升速率 $(dp/dt)_m$ 随粉尘浓度变化曲线，可得到测试样品的最大爆炸压力 p_{max} 和最大爆炸压力上升速率 $(dp/dt)_{max}$，进而求得最大爆炸指数 K_{st}。

部分粉尘爆炸参数检测实例如表 5-3 所示。

表 5-3　粉尘爆炸检测结果实例

物质	粉尘最低引爆能量/mJ	云状粉尘自燃点/℃	爆炸下限/(mg/L)	最大爆炸压力/(kgf/cm^2)
铝(喷雾)	50	700	40	3.95
铝(研雾)	20	645	35	6.06
铁(氢还原)	160	315	120	1.98
镁(喷雾)	240	600	30	3.87
镁(磨)	80	520	20	4.43
锌	900	680	50	0.899
醋酸纤维	10	320	25	5.58
六亚甲基四胺	10	410	15	4.35
甲基丙烯酸甲酯	15	440	20	3.87
碳酸树脂	10	460	25	4.15
邻苯二甲酸酐	15	650	15	3.33
聚乙烯塑料	80	450	25	5.63
聚苯乙烯	120	470	20	2.99
合成硬橡胶	30	320	30	4.01
硫黄	15	190	35	2.79
烟煤	40	610	35	3.13

（6）注意事项

① 为了清洗球体，可通过旋转卡口环从顶部打开球体进行清洁，一般 20L 球和气体控制装置安装在实验室通风橱内，其他部件装在通风橱外。

② 测试过程中，通过循环冷却水将操作温度保持在 20°C 左右，即与室温相当。测试后，20L 球内的压力通过球形阀出口排出，气流可能含有炽热的颗粒，应注意安全。

思　考　题

① 本试验所测粉尘的爆炸参数有哪些，各有什么意义？

② 为什么每次试验后，都要彻底清扫爆炸室和储粉罐？

5.1.3.2　粉尘爆炸极限的检测

（1）检测目的

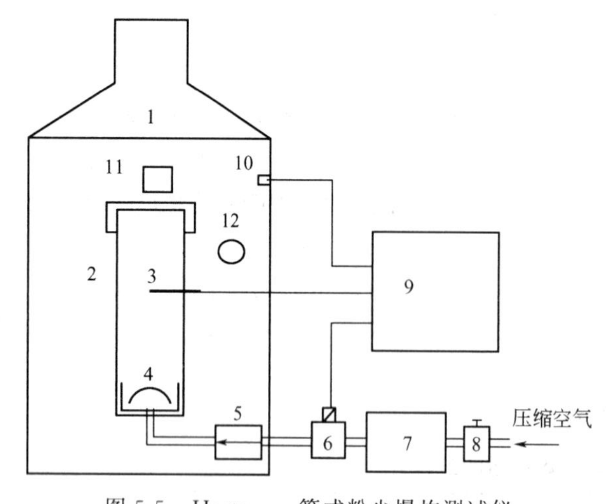

图 5-5 Hartmann 管式粉尘爆炸测试仪结构示意图

1—防护外罩；2—Hartmann 装置本体；3—电热丝点火器；4—粉体分散装置；5—逆止阀；6—出气电磁阀；7—储气罐；8—进气电磁阀；9—控制中心；10—安全限位器；11—压力传感器；12—耐振压力表

① 熟悉检测仪器的使用和维护；

② 掌握粉尘爆炸性能的测定方法。

(2) 检测仪器及原理　本试验采用 Hartmann 爆炸管，又称为 Hartmann 管式粉尘爆炸测试仪，仪器的主要结构如图 5-5 所示。

装置本体为不锈钢材质，有效容积为 1.2L。其工作原理为：通过控制器打开进气电磁阀将高压储气罐充压至 0.6～0.8MPa，再启动出气电磁阀，利用高压储气罐里的高压空气将粉尘均匀地分散在 Hartmann 装置内部，由点火器点火引爆粉尘。

仪器设有安全限位器和压力传感器，安全限位器用以保证防护罩门未关闭时试样不能引爆；压力传感器安装在 Hartmann 装置顶部，其测压范围为 0～1.0MPa。在控制器上有压力转换后的标准电压输出接头，对应线性输出为 0～5V，如测得的电压为 2V，则对应的最大爆炸压力为 0.4MPa。通过计算机或记录仪可以采集压力电信号，从而测得每次爆炸产生的压力-时间曲线，可以相对定量地分析和比较粉尘的爆炸压力特性。

(3) 检测步骤

① 制备粉尘试样　选取待测样品 100g 左右，利用恒温干燥箱干燥 1h（温度设置为 105℃）；

② 打开空气压缩机使储气罐加压（若利用瓶装高压空气，此步可略）；

③ 称量 1g 试样，均匀放置在 Hartmann 管底部分散器四周；

④ 关闭防护外罩；

⑤ 启动点火线圈，当从观察窗观察到“红亮”时可进行下一步操作（约需 10s）；

⑥ 启动进气电磁阀；

⑦ 启动出气电磁阀；

⑧ 记录试验结果，完成一次试验。

(4) 检测结果

① 通过调整加入粉尘的量和分散压力，可以测得粉尘的爆炸下限；

② 在试验条件完全相同的情况下，通过比较测得的爆炸压力大小和爆炸压力上升的速度，可以定性比较不同粒径的粉尘爆炸的猛烈程度。

(5) 注意事项

① 仪器在使用时有明火产生，试验台周围不应放置易燃易爆类危险物质；

② 仪器供电压为交流 220V，设备外壳需接地；

③ 为保护系统，起始压力小于 1.0MPa，工作压力（即压力表显示压力）小于 0.7MPa；

④ 根据一般工业粉尘的爆炸极限范围，本试验的适宜粉尘浓度对应的质量为0.1～5g，过大或过小均有可能不会爆炸；

⑤ 每次点火爆炸后应立即关闭“点火线圈加热”按钮，以延长点火器的使用寿命。

思 考 题

① 为什么可燃粉尘能够引起爆炸？

② 影响粉尘爆炸的因素有哪些？

5.2 粉尘危险品的评价

5.2.1 粉尘爆炸的危险特性及其影响因素

5.2.1.1 粉尘的爆炸危险性

悬浮于空气中细微的可燃性粉尘存在极大的爆炸危险性。粉尘爆炸一直是煤矿、机械化的磨粉厂、谷仓、生产可可的工厂及铝、镁、碳化钙等工厂发生重大燃烧爆炸事故的主要原因之一。随着近代工业的发展，如塑料、有机合成、粉末金属等生产过程，多采用粉体为原料。使得生产中粉尘种类不断增加，使用量逐渐增大，粉尘爆炸的潜在危险性也逐渐增大。

常见具有爆炸危险性的粉尘有：金属粉末（如镁粉、铝粉）、煤炭粉末（如活性炭粉）、粮食类（如面粉、淀粉）、合成材料（如塑料、燃料）、饲料（如血粉、鱼粉）、农副产品（如棉花、烟草粉尘）以及林产品（如纸粉、木粉）等。粉尘爆炸的危险性与粉尘的物理化学性质有关，即与粉尘的可燃性、悬浮状态、在空气（或氧气）中的含量、点火源的能量大小等因素有关。

（1）粉尘的特性

① 粉尘的分散度　粉尘是由直径不等的细小颗粒组成的。粉尘的分散度是指粉尘按不同粒径大小的分布，如果其中小粒径的粉尘很多，我们就说粉尘分散度大，它可以用筛分法来测定。粉尘分散度的描述如表5-4所示。

表5-4 粉尘的分散度举例

粉尘名称	下列粒度大小的尘粒数量/%					
	0～1μm	1～2μm	2～5μm	5～10μm	10～50μm	50μm以上
干切糖时得到的糖粉尘	39.6	38.5	—	10.6	10.7	0.6
在距地面0.5m高的制备车间得到的棉花粉尘	—	—	22.4	12.8	38.7	17.2

从表中可以看出糖粉尘的分散度大于棉花粉尘的分散度。粉尘的分散度不是固定不变的，它会因原料，空气湿度以及空气运动速度不同而变化；也会随高度不同而不同，地面附近的分散度最小，距地面越高，粉尘分散度越大。粉尘的分散度影响着粉尘火灾的危险性，分散度大的粉尘，表面积大，化学活性强，火灾危险性大。

② 粉尘表面积　粉尘直径越小，一定质量的粉尘表面积就越大。如果把一颗1cm^3的立方体小颗粒粉碎为更小的立方体颗粒，其边长每缩小到原来的1/10，则总的粉尘表面积将增加10倍。球形颗粒也有类似关系。

③ 粉尘的表面吸附性和活性　任何固体表面都具有吸附其他物质的能力，粉尘具有很大的表面积，所以具有很强的吸附性。随着粉尘分散度的增加，使部分原来处于内部的粒子

变成表面粒子，原来粒子之间的吸引力就遭到破坏，破坏这种吸引力需要一定的能量，这个熊量被储存在粉尘表面，称为表面能。显然，粉尘的分散度越大，表面能越大，粉尘的活性越高，化学反应就越快。表面积增大，也会使粉尘与氧的接触面积增大，因此也会加快反应速率。表面积增大，还会使固体原有的导热能力下降，促使局部温度上升，这也有利于反应进行。由于以上原因，使得在块状时不能燃烧的金属，在粉状时就能燃烧。

④ 悬浮粉尘的稳定性　粉尘悬浮在空气中同时受到两种作用，即重力作用与扩散作用。重力作用使粉尘发生沉降，这种过程称为沉积。另一方面粉尘又受到扩散作用的影响，扩散作用会使粉尘具有在空间均匀分布的趋势。粒子的扩散作用与粒子大小有关，粉尘粒子越大，扩散作用越小；粒子越小，扩散作用越大。粒子的扩散系数 D（即单位浓度梯度时，单位时间通过单位截面积的扩散物质流）可用下式表示：

$$D=\frac{RT}{N}\times\frac{1}{6\pi\eta r} \tag{5-1}$$

式中　r——球形粒子半径；

η——介质黏度；

N——阿伏伽德罗常数；

R——气体常数。

当粉尘粒子小到一定程度以后，扩散作用与重力作用平衡，粉尘就不再沉降。

（2）单个粉尘粒子的燃烧　粉尘爆炸是很多粉尘同时燃烧的结果。在讨论粉尘爆炸前，需要先研究单个粉尘燃烧过程，以便于了解粉尘爆炸机理。下面以一个煤粒燃烧为例加以说明。煤粒燃烧过程大体可以分以下几个阶段。

① 挥发分的燃烧　煤粒受热以后，内部的碳氢化合物会裂解挥发出来，挥发分种类很多，但主要是 CO、H_2、CH_4、C_2H_2 等可燃气体。

② 炭粒表面燃烧　煤逸出挥发分后，剩下多孔性结构的炭，气相氧化剂（氧气）扩散到炭的表面或孔隙内部，在那里与碳发生燃烧。

③ 炭粒燃烧的空间反应　在炭粒表面，除能发生氧化反应生成二氧化碳、一氧化碳（或二氧化碳与碳生成一氧化碳）以外，同时产生的 CO 在空间还会与 O_2 反应生成二氧化碳。由于一氧化碳在空间燃烧，炭粒周围的物质浓度及温度分布都会发生变化。

④ 炭粒燃烧中的内孔效应和覆盖层的影响　碳与氧化剂气体的气固两相反应，同时发生在炭粒外表面和炭粒内孔表面。由于碳氢化合物的裂解挥发，炭粒内部会出现很多孔隙，这就极大地增加反应表面，加快了燃烧速率，这种现象称为内孔效应，内孔效应在炭粒表面燃烧初期表现得很明显。在炭粒燃烧后，由于热煅烧，炭粒软化，内孔熔合，内孔表面积减小，因而导致燃烧速率下降。

燃烧时产生的 CO_2（或 CO）从炭粒表面脱附而放出，但残剩的固态灰分往往形成一层多孔的覆盖层，这层惰性覆盖层对氧的扩散构成了附加扩散阻力。因此，碳的燃烧速率会随时间的增加而下降。

（3）粉尘爆炸的机理和条件

① 粉尘爆炸机理　粉尘爆炸是粉尘粒子表面和氧作用的结果，粉尘爆炸所需要的引爆能量比起气体爆炸、火药爆炸所需要的引爆能量更大。粉尘爆炸的过程分为以下几步：

a. 热能加在粒子表面，温度逐渐上升；

b. 粒子表面的分子热分解或者引起干馏作用在粒子周围产生气体；

c. 这些气体和空气混合，便生成爆炸性混合气体同时发生火焰而燃烧；

d. 由于燃烧产生热量，更进一步促进粉尘分解，不断地放出可燃性气体并与空气混合而使火焰传播。

粉尘粒子表面受热能的作用，温度越高，粉尘表面分子的热分解速率越快，产生可燃气体越多。该气体和空气（或氧气）混合，形成爆炸性混合气体，同气体（或液体蒸气）混合物一样，具有爆炸下限和爆炸上限。粉尘混合物的爆炸反应也是一种连锁反应，即在火源作用下，遇火源发生燃烧，燃烧产生的热量进一步分解粉尘，随着热和活性中心的发展和传播，火球不断扩大而形成爆炸。

② 粉尘爆炸条件　是否属于爆炸性粉尘，与粉尘的化学组成和性质、粉尘的粒度和粒度分布、粉尘的形状与表面状态和粉尘中的水分等因素有关。爆炸性粉尘爆炸的条件如下。

a. 具有可燃性并处微粉状态　可燃粉尘包括有机粉尘和无机粉尘两大类。

有机粉尘如面粉、淀粉、茶叶粉尘、木材屑、木粉、中药材粉尘、纤维粉尘、糖、谷物、塑料等，受热后发生裂解，放出可燃气体，并产生可燃的碳。

无机粉尘如硫黄、铝粉、镁粉、锌粉等金属粉尘。这些粉尘虽不会热分解放出可燃气体，但能熔融蒸发出可燃蒸气进行燃烧，有些金属颗粒本身能进行气固两相燃烧。

无机粉尘中有些是不燃性粉尘，如砂、岩石的粉尘，它们不会爆炸，而且有抑制可燃粉尘爆炸的作用。

b. 粉尘必须悬浮在空中，并与空气混合达到一定浓度　能否悬浮在空气中关键在于粉尘的粒径，大颗粒粉尘悬浮在空中会很快沉积下来。直径小于 10μm 的粉尘，其扩散作用大于重力作用，易形成爆炸性粉尘云。多数粉尘粒径大于 400μm 时，即使用强点燃源也不能使其爆炸。

c. 达到爆炸极限　悬浮在空气中的粉尘要处在一定浓度范围之内，遇火源才会发生爆炸。粉尘浓度太小，燃烧放热太少，难以形成持续燃烧，不会发生爆炸；粉尘浓度太大，混合物中氧气浓度太小，也不会产生爆炸。粉尘爆炸下限一般为 20～60g/m^3，爆炸上限为 2～6kg/m^3。在实际情况下，粉尘很难达到爆炸上限，故有实际意义的是粉尘的爆炸下限。

d. 必须具有一定能量的点火源　粉尘燃烧需先加热，或熔融蒸发，或热分解放出可燃气体，因此需要较多热量。粉尘爆炸的最小起爆能量要达 10mJ 以上，为气体爆炸的近百倍。

粉尘爆炸的条件可用图 5-6 表示。

(4) 粉尘爆炸的特性

① 粉尘混合物的爆炸危险性常以其爆炸浓度下限（mg/L 或 g/m^3）来表示。粉尘混合物达到爆炸下限时，所含固体物以云雾（尘云）的形状而存在，这样高的浓度通常只有设备内部或直接接近它的发源地的地方才能达到。至于爆炸上限，因为浓度太高，大多数场合都不会达到，所以没有实际意义。

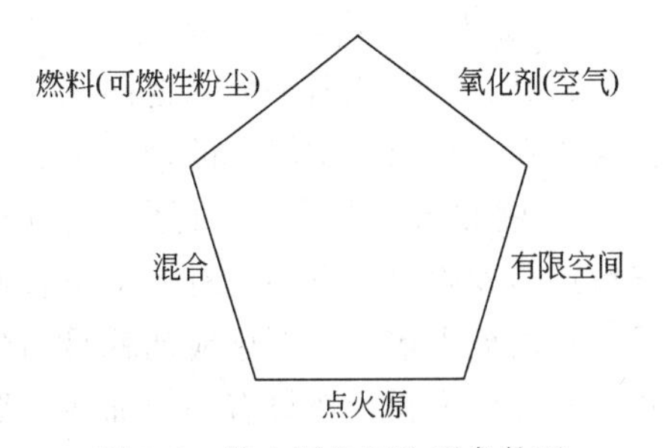

图 5-6　粉尘爆炸五边形条件图

② 粉尘混合物的爆炸下限不是固定不变的，其变化与下列因素有关：分散度，湿度，火源的性质，可燃气含量，氧含量，惰性粉尘和灰分，温度等。一般来说，分散度越高，可燃气体和氧的含量越大，火源强度、原始温度越高，湿度越低，惰性粉尘及灰分越少，爆炸范围也就

越大。

③ 粒度越细的粉尘，其单位体积的表面积越大，越容易飞扬，所需点火能量越小，所以容易发生爆炸，随着空气中氧含量的增加，爆炸浓度范围则扩大。混合物中的惰性粉尘和灰分有吸热作用，空气中的水分除了吸热作用之外，水蒸气占据空间，稀释了氧含量而降低粉尘的燃烧速率，而且水分增加了粉尘的凝聚沉降，使爆炸浓度不易出现；当温度和压力增加，含水量减少时，爆炸浓度极限范围扩大，所需点火能量减小。

④ 粉尘的爆炸压力由两种原因产生：一是生成气态产物，其分子数在多数场合下超过原始混合物中气体的分子数；二是气态产物被加热到高温。

部分粉尘的爆炸特性如表 5-5 所示，包括它们的自燃点、爆炸下限及最大爆炸压力等。

表 5-5 部分粉尘的爆炸特性

物质名称	云状粉尘自燃点/℃	最低引爆能量/mJ	爆炸下限/(mg/L)	最大爆炸压力/MPa
铝(喷雾)	700	50	40	0.395
铝(研雾)	645	20	35	0.606
铁(氢还原)	315	160	120	0.198
镁(喷雾)	600	240	30	0.387
镁(磨)	520	80	20	0.443
锌	680	900	50	0.0889
铝镁齐	535	80	50	0.415
醋酸纤维	320	10	25	0.558
六亚甲基四胺	410	10	15	0.435
甲基丙烯酸甲酯	440	15	20	0.387
碳酸树脂	460	10	25	0.415
邻苯二甲酸酐	650	15	15	0.333
聚乙烯塑料	450	80	25	0.563
聚苯乙烯	470	120	20	0.299
松香/虫胶	310	10	15	0.375
合成硬橡胶	320	30	30	0.401
硫黄	190	15	35	0.279
煤烟	610	40	35	0.313

(5) 粉尘爆炸的危险性 粉尘爆炸与可燃气体爆炸相比，具有以下特点：

① 燃烧不完全 粉尘爆炸由于时间短，粉尘粒子不可能完全燃烧，如煤粉爆炸时，会产生 CO、灰渣等不完全燃烧产物，因此粉尘爆炸毒性比较大。

② 易产生二次爆炸 因为粉尘初次爆炸的气浪会将沉积的粉尘扬起，周围的新鲜空气会进行补充，形成所谓的“返回风”，与扬起的粉尘混合，在新的空间形成达到爆炸极限的混合物质，在第一次爆炸的余火引燃下而产生二次爆炸，这种连续爆炸会造成严重的破坏。

③ 爆炸感应期较长 粉尘的燃烧过程比气体的燃烧过程复杂，有的要经过尘粒表面的分解或蒸发阶段，有的要有一个由表面向中心延烧的过程，因而感应期较长，可达数十秒，是气体的数十倍。所谓感应期就是粉尘从接触火源到发生爆炸所需的时间。粉尘爆炸感应期长，这是因为粉尘燃烧有一个加热，熔融，热分解和着火等一系列过程。粉尘的爆炸感应期长为粉尘爆炸监测，抑制，泄压提供了宝贵的时间。

④ 爆炸起爆能量大 粉尘表面粒子接受热量，有一个升温阶段，能量约为数十毫焦到数百毫焦，甚至有若干焦耳的，是气体的近百倍。但大多数火源能量都能达到起爆能量，引起粉尘爆炸。

⑤ 粉尘爆炸压力、升压速度略低于可燃气爆炸，但正压作用时间比可燃气爆炸长，可燃气爆炸是可燃气分子与氧分子混合后遇火源引起的爆炸，其反应极其迅速，升压速度快，爆炸压力高，但衰减也很快。而粉尘爆炸是粉尘粒子与氧气混合后遇火源引起的爆炸，反应慢，升压慢，压力较低，一般为0.3～0.8MPa，很少超过1MPa。但由于粉尘粒子不断释放可燃的挥发分，而且粒子中包含的挥发分又多，所以压力衰减慢，正压作用时间长，这是粉尘爆炸造成的破坏往往比可燃气还严重的原因。但升压速度慢为泄压设计提供了条件。

⑥ 粉尘爆炸的危险性

a. 与气体爆炸相比，其燃烧速率和爆炸压力均较低，但因其燃烧时间长、产生能量大，所以破坏力和损害程度大；

b. 爆炸时粒子一边燃烧一边飞散，可使可燃物局部严重炭化，造成人员严重烧伤；

c. 最初的局部爆炸发生之后，会扬起周围的粉尘，继而引起二次爆炸、三次爆炸，扩大伤害；

d. 与气体爆炸相比，易于造成不完全燃烧，使人发生一氧化碳中毒。

5.2.1.2 影响粉尘爆炸的因素

影响粉尘爆炸的因素较多，主要有粉尘的物理化学性质、颗粒的大小、粉尘在空气中的停留时间和粉尘在空气中的含量等。

（1）理化性质　一般来讲，燃烧热大、氧化速率快、容易带电的粉尘易引起爆炸。燃烧热越大的物质越易引起爆炸，如煤粉、硫等；氧化速率大的物质易引起爆炸，如镁、氧化亚铁、染料等；容易带电的粉尘易引起爆炸。粉尘在其生产过程中，由于相互碰撞、摩擦、放射线照射、电晕放电及接触带电体等原因，几乎总是带有一定的电荷。粉尘带电荷之后，将改变其某些物理性质，如凝聚性、附着性等，同时对人体的危害也将增大。粉尘的荷电量随着温度升高而提高，随表面积增大及含水量减小而增大。粉尘爆炸还与其所含挥发物有关，如当煤粉中挥发物低于10%时就不会发生爆炸，而焦炭是不会有爆炸危险的。

（2）粒径大小　颗粒大小也是影响粉尘爆炸性的一个重要因素，粉尘以极其细微的固体颗粒悬浮于空气中，该物质有很大的比表面积，这是粉尘造成爆炸的原因之一。粉尘的表面上吸附了空气中的氧，氧在这种情况下具有极大的活力，很易与粉尘发生化学反应。粉尘的颗粒越细，氧就吸附得越多，越易发生爆炸。随着粉尘颗粒的减小，不仅其化学活性增加，而且还可能形成静电电荷。有爆炸危险的粉尘颗粒的大小，一般在0.0001～0.1mm。一般粉尘越细，燃点越低，粉尘的爆炸下限越小；粉尘的粒子越干燥，燃点越低，危险性就越大。

（3）粉尘在空气中的停留时间　粉尘在空气中停留时间的长短与粒径、密度、温度等有关。粉尘在空气中停留的时间长时，其危险性增加。

（4）粉尘在空气中的含量　粉尘与空气的混合物，在悬浮于空气中的固体物质的颗粒足够细小，且有足够的含量时，才能发生爆炸。因此，粉尘与空气混合的浓度对粉尘的爆炸性具有十分重要的影响。与蒸气或气体爆炸一样，粉尘爆炸同样有上下限。许多工业可燃粉尘，爆炸下限在20～60g/m^3。混合物中氧气含量越高，则燃点越低，最大爆炸压力和压力上升速度越高，因而越易发生爆炸，并且爆炸越激烈。在粉尘爆炸范围内，由于最大爆炸压力和压力上升速度是随含量变化的，因而当含量不同时，爆炸的剧烈程度也不同。在一般资料中，多数只列出粉尘的爆炸下限。

粉尘爆炸并不一定要在所有场所的整个空间都形成有爆炸危险的浓度，一般只要粉尘在房屋中成层地附着于墙壁、天花板、设备上就可能引起爆炸。

5.2.2 粉尘爆炸的火灾应急措施

据统计，1913～1973年间美国仅工农业领域，就发生过72次比较严重的粉尘爆炸事故。而在英国和加拿大的化工和造纸等行业中，从20世纪开始也发生过多起粉尘爆炸事故，仅英国就243次，死伤204人。

1966年，日本横滨饲料厂的玉米粉尘爆炸，引起累积性连锁燃烧，使整个工厂遭到蔓延性的重大"天灾"。

2010年2月24日，河北省秦皇岛骊骅淀粉股份有限公司发生的玉米淀粉粉尘爆炸事故，造成20人死亡、48人受伤，直接经济损失1773.5万元。

2011年5月20日晚，富士康旗下的成都鸿富锦公司抛光车间由于铝制粉尘在管道内堆积，遇电器开关打火，在排风桶内引起爆炸，至少造成2人死亡，16人受伤，其中3人重伤。

以上事例都警示我们粉尘爆炸是不可轻视的，其危害对社会财产及生命安全都造成了不可估量的损失。预防和避免粉尘爆炸事故的发生具有很重要的意义。

5.2.2.1 粉尘防爆安全规程

《粉尘防爆安全规程》（GB 15577—2007）规定了粉尘爆炸危险场所的防爆安全要求，适用于粉尘爆炸危险场所的工程设计、生产管理及粉末产品的储存和运输。

（1）基本概念

① 可燃粉尘 在一定条件下能与气态氧化剂（主要是空气）发生剧烈氧化反应的粉尘。

② 粉尘爆炸危险场所 存在可燃粉尘和气态氧化剂（或空气）的场所。

③ 惰化 向有粉尘爆炸危险的场所充入足够的惰性物质，使粉尘混合物失去爆炸性的控制技术。

④ 抑爆 爆炸发生时，通过物理化学作用扑灭火焰，使未爆炸的粉尘不再参与爆炸的控爆技术。

⑤ 阻爆（隔爆） 在含有可燃粉尘的通道中，设置能够阻止火焰通过和阻波、消波的器具，将爆炸阻断在一定范围内的控爆技术。

⑥ 泄爆 在有粉尘和气态氧化剂或空气存在的围包体内发生爆炸时，在爆炸压力达到围包体的极限强度之前，使爆炸产生的高温、高压燃烧产物和未燃物通过围包体上的薄弱部分向无危险方向泄出，使围包体不致被破坏的控爆技术。

⑦ 二次爆炸 发生粉尘爆炸时，初始爆炸的冲击波将沉积的粉尘再次扬起，形成粉尘云，并被其后的火焰引燃而发生的连续爆炸。

（2）粉尘防爆安全措施

① 合理安排建（构）筑物的结构与布局

a. 安装有粉尘爆炸危险的工艺设备或存在可燃粉尘的建（构）筑物，应与其他建（构）筑物分离，避免某一建（构）筑物内的粉尘爆炸波及相邻的有粉尘爆炸危险的建（构）筑物，建（构）筑物之间，应根据粉尘爆炸危害范围，留有足够的安全距离。

b. 建筑物宜为单层建筑，屋顶宜用轻型结构材料，一旦粉尘爆炸发生，爆炸压力将轻型结构的屋顶冲起，易于泄爆。

c. 多层建筑物宜采用框架结构，建筑物的墙体不承重，抗压强度低。当某层发生粉尘爆炸时，墙倒塌、泄压，而框架结构不倒塌，可避免粉爆事故灾害的扩大。

d. 有爆炸危险的工艺设备宜设置在建筑物外的露天场所；如厂房内有粉尘爆炸危险的工艺设备，宜设在建筑物内较高的位置，并靠近外墙。梁、支架、墙及设备等应具有便于清扫的表面结构。

e. 工作区应有疏散通道。疏散通道的数目和位置应符合 GB 50016—2006 的相关规定；疏散路线应设置明显的路标和应急照明。

② 防止粉尘云与粉尘层着火

a. 防止粉料自燃　能自燃的热粉料，储存前应设法冷却到正常储存温度；在通常储存条件下，大量储存能自燃的散装粉料时，应对粉料温度进行连续监测；当发现温度升高或气体析出时，应采取使粉料冷却的措施。

b. 防止明火与热表面引燃　在粉尘爆炸危险场所进行明火作业时，应遵守下列规定：有安全负责人批准并取得动火证；明火作业开始前，应清除明火作业场所的可燃粉尘并配备充足的灭火器材；进行明火作业的区段应与其他区段分开或隔开；进行明火作业期间和作业完成后的冷却期间，不应有粉尘进入明火作业场所。

与粉尘云直接接触的设备或装置（如光源、加热源等），其表面允许温度应低于相应粉尘的最低着火温度。

存在可燃粉尘的场所，其设备和装置的传动机构应符合下列规定：工艺设备的轴承应防尘密封；如有过热可能，应安装能连续监测轴承温度的探测器；不宜使用皮带传动；如果使用皮带传动，应安装速差传感器和自动防滑保护装置；当发生滑动摩擦时，保护装置应能确保自动停机。

c. 防止电弧和电火花　在粉尘爆炸危险场所应“采取安装避雷针、避雷网等相应的防雷措施”；所有金属设备、装置外壳、金属管道、支架、构件、部件等，一般应采用静电直接接地；直接用于盛装粉末的器具、输送粉末的管道（带）等，应采用金属或防静电材料制成；操作人员应采取穿防静电工作服、防静电鞋袜等防静电措施。

d. 防止摩擦、碰撞火花。

e. 惰化处理　在生产或处理易燃粉末的工艺设备中，采取上述措施后仍不能保证安全时，应采用惰化技术。

f. 通风除尘　按工艺分片设置相对独立的除尘系统。

③ 降低初始爆炸引起的破坏

a. 分段与隔离　工艺设备中往往有粉尘存在，拆卸（分离）或移动设备时如用明火可能引起粉尘爆炸，因此，在确定工艺设备的安全连接方式时就应考虑拆卸或移动时保证不需使用明火。隔离是防止粉尘爆炸事故灾害扩大的有效措施，因此，工艺设备设计，必须合理设计隔离设施，防止一个设备内发生的爆炸传播到相邻的设备。

b. 保护性停车　应根据车间的大小，安装数个能互相联锁的动力电源控制箱；在紧急情况下，应能瞬时切断所有电机的电源，实现保护性停车。

c. 抑爆　采用抑爆装置进行保护。

d. 约束爆炸压力　生产和处理能导致爆炸的粉料时，若无抑爆装置，也无泄压措施，则所有的工艺设备应足以承受内部爆炸产生的超压；同时，各工艺设备之间的连接部分（如管道、法兰等），也应与设备本身有相同的强度；高强度设备与低强度设备之间的连接部分，应安装阻爆装置。

e. 泄爆　在粉尘爆炸未充分发展时泄放其压力，从而达到保护设备（或容器）的目的。

④ 预防二次爆炸

a. 工艺设备的接头、检查门、挡板、泄爆口盖等均应封闭严密，防止粉料泄漏至车间，以免在条件适宜的情况下，泄漏的粉料变成二次爆炸的尘源。

b. 不能完全防止粉尘泄漏的特殊地点（如粉料进出工艺设备处），应采取有效的除尘措施；手工装粉料场所，应采取有效的防尘措施；进行打包的场所，应定期清扫粉尘。

c. 所有可能积累粉尘的生产车间和储存室，都应及时清扫；清扫时，不应使用压缩空气进行吹扫，因为使用压缩空气吹扫会将堆积粉尘扬起，形成粉尘云，从而增加该区域的危险。

5.2.2.2 火灾应急措施

粉尘爆炸事故扑救极为困难，因此做好预防工作尤为重要。主要预防措施有以下几个方面：

（1）编制应急救援预案 企业应编制含有粉尘爆炸的应急救援预案并报相关部门备案，并应组织全体职工进行灭火和应急救援预案演练。

（2）消除粉尘源 采用良好的除尘设施控制厂房内的粉尘是首要的方法，可用的措施有封闭设备，通风排尘、抽风排尘或润湿降尘等。除尘设备的风机应装在清洁空气一侧，易燃粉尘不能用电除尘设备；金属粉尘不能用湿式除尘设备。设备启动时，先开启除尘设备，后开主机；停机时则正好相反，防止粉尘飞扬。

粉尘车间各部位应平滑，尽量避免设置其他无关设施（如窗幕、门帘等）。管线等尽量不要穿越粉尘车间，宜在墙内铺设，防止粉尘积聚。假如条件允许，可在粉尘车间喷雾状水、在被粉碎的物质中增加水分，促使粉尘沉降，防止形成粉尘云。在车间内做好清洁工作，及时人工清扫，也是消除粉尘源的好方法。

（3）严格控制点火源 消除点火源是预防粉尘爆炸的最实用、最有效的措施。在常见点火源中，电火花、静电、摩擦火花、明火、高温物体表面、焊接切割火花等是引起粉尘爆炸的主要原因。因此，应对此高度重视。此类场所的电气设备应严格按照《爆炸和火灾危险环境电力装置设计规范》进行设计、安装，达到整体防爆要求，尽量不安装或少安装易产生静电，撞击产生火花的材料，并采取静电接地保护措施。被粉碎的物质必须经过严格筛选、去石和吸铁处理，以免杂质进入粉碎机内产生火花。需要指出的是，近几年因集尘设施粉尘清理不及时，长期运转积热引起的火灾事故屡有发生，这也应引起人们的重视。

（4）采取可靠有效的防护措施 对于较小的粉碎装置，可以增加其强度，并要考虑防止爆炸火焰通过连接处向外传播；为减小爆炸的破坏性可设置泄压装置，如对车间采用轻质屋顶、墙体增开门窗等。但应注意，泄压装置宜靠近易发生爆炸的部位，不要面向人员集中的场所和主要交通要道；为减小助燃气体含量，在粉尘与助燃气体混合气中添加惰性气体（比如氮气），减小氧含量，也是可行方法之一。也可以采用先进的粉尘爆炸抑制装置，避免事故的发生。另外加强工作人员的安全教育，加大管理力度，及时清扫、检修设备也是必不可少的防护措施。

（5）粉尘爆炸火灾的扑救措施 粉尘产生燃烧或爆炸事故时，应根据粉尘的物理化学性质，正确选用灭火剂。

扑救粉尘爆炸事故的有效灭火剂是水，尤以雾状水为佳。它既可以熄灭燃烧，又可湿润未燃粉尘，驱散和消除悬浮粉尘，降低空气浓度，但忌用直流喷射的水和泡沫，也不宜用有冲击力的干粉、二氧化碳、1211灭火剂，防止沉积粉尘因受冲击而悬浮引起二次爆炸。

对一些金属粉尘（忌水物质）如铝、镁粉等，遇水反应，会使燃烧更剧烈，因此禁止用水扑救。可以用干砂、石灰等（不可冲击）；堆积的粉尘如面粉、棉麻粉等，明火熄灭后内部可能还在阴燃，也应引起足够重视；对于面积大、距离长的车间的粉尘火灾，要注意采取有效的分割措施，防止火势沿沉积粉尘蔓延或引发连锁爆炸。

灭火时，应防止粉尘扬起形成粉尘云，产生二次爆炸危险。

(6) 做好个体防护工作　生产人员应按 GB/T 11651—2008《个体防护装备选用规范》的有关规定使用劳动保护用品，在工艺流程中使用惰性气体或能放出有毒气体的场所，应配备可保证作业人员安全的呼吸保护装置；在作业场所内，生产人员不应贴身穿着化纤制品衣裤。

安全常识　**粉尘事故的危害**

（秦皇岛某淀粉股份有限公司“2.24”粉尘爆炸事故分析）

1. 事故简介

秦皇岛某淀粉股份有限公司是农业产业化国家重点龙头企业，中国淀粉糖行业前 20 强企业、中国食品行业百强企业，是全国淀粉及淀粉糖行业中综合生产能力最大、经济效益最好的重点骨干企业之一。

2010 年 2 月 24 日 15 时 58 分，该公司淀粉四车间发生了淀粉粉尘爆炸事故。事故现场共有 107 人，事故导致 21 人死亡、47 人受伤（其中重伤 6 人），直接经济损失 1773 万元。

2. 事故经过

2010 年 2 月 23 日 20 时～24 日 8 时，淀粉四车间 6 号振动筛工作不正常、下料慢，怀疑筛网堵塞；24 日凌晨，淀粉四车间工人曾进行了清理；24 日 9 时，淀粉二车间派人清理三层平台和振动筛淀粉，11 时左右恢复生产。11 时 40 分左右，5 号、6 号振动筛再次堵塞；13 时 30 分左右，淀粉二车间开始维修振动筛，同时，应淀粉二车间要求，淀粉四车间派 4 名工人到批号间与配电室房顶帮助清理淀粉；24 日下午 15 时 58 分左右，5 号振动筛修理完成，开始清理和维修 6 号振动筛时发生了爆炸事故。

事故发生后，事故现场人员立即向公司应急救援指挥部相关人员、县人民医院、县中医院和消防队报警，并立即通过报警系统喊话，启动公司安全生产事故应急救援预案，组织开展自救。16 时 12 分消防车到达现场。

3. 事故损失及伤亡情况

淀粉四车间的包装间北墙和仓库南、北、东三面围墙倒塌。仓库西端的房顶坍塌（约占仓库房顶 1/3）。淀粉四车间干燥车间和南侧毗邻糖三库房部分玻璃窗被震碎，窗框移位。四车间内的部分生产设备严重受损。厂房北侧两辆集装箱车和厂房南部的一辆集装箱车被砸毁。截至 2010 年 3 月 2 日，事故直接经济损失 1773.52 万元，事故导致 21 人死亡、47 人受伤。

4. 事故点火源

事故的点火源为铁质工具与铁质构件或装置的机械撞击与摩擦所产生的火花。作业人员在维修振动筛和清理淀粉过程中使用了铁质工具，包括铁质扳手、铁质钳子、铁锹和铁畚箕等。这些工具在使用中，发生撞击和摩擦时，可产生点燃玉米淀粉粉尘云的能量。

5. 爆炸分析

发生爆炸前，三层平台有 10 人对 5 号筛和 6 号筛正在进行清理和维修。事故发生时，三层平台和批号间与配电室屋顶有大量淀粉。对5号振动筛处进行清理和维修的过程中，铁质工具撞击摩擦产生的机械火花，将清理过程中产生的处于爆炸浓度范围内的粉尘云引燃，在5号振动筛处发生了爆燃。这个爆燃也是此次事故的初始爆炸。初始爆炸能量比较小，只对局部设备和构筑物造成破坏。

初始爆炸产生的冲击波超压不强，但冲击波和气流激起了三层平台上的淀粉粉尘层，形成了更多的粉尘云，在三层平台和批号间与配电室屋顶发生了爆燃的扩散，粉尘云和粉尘层剧烈燃烧，在三层平台和批号间与配电室屋顶的作业人员处于高温火焰区。9名作业人员被严重烧伤未能逃生。5名作业人员成功逃生。爆燃引起的大火，引燃了与打包间西端一墙之隔的淀粉四车间干燥间东北角一至三楼扬升器的管道保温材料，但未在干燥车间造成严重后果。

6. 事故分析

(1) 直接原因　在进行三层平台清理作业过程中产生了粉尘云，局部粉尘云的浓度达到了爆炸下限；维修振动筛和清理平台淀粉时，使用了铁质工具，产生了机械撞击和摩擦火花。以上二者同时存在是初始爆炸的直接原因。包装间、仓库设备和地面淀粉积尘严重是导致两次强烈的“二次爆炸”的直接原因。

(2) 间接原因

① 管理不善　当振动筛出现堵料故障时，没有及时采取停止送料措施，造成振动筛处及其附近平台大量淀粉泄漏、堆积。

② 未认真执行粉尘防爆安全国家标准　企业在安全生产管理中，未根据行业特点及存在的固有危险，贯彻执行GB 17440—2008《粮食加工、储运系统粉尘防爆安全规程》、GB 15577—2007《粉尘防爆安全规程》、GB 50058—1992《爆炸和火灾危险环境电力装置设计规范》和GB 50016—2006《建筑设计防火规范》等国家标准要求。

③ 粉尘防爆知识欠缺　企业管理人员、技术人员和作业人员对粉尘爆炸危害认识不足。作业人员安全技能低，在淀粉清理和设备维修作业中违规操作。

④ 厂房改造不规范　事故厂房2000年建成，原设计功能为仓库。2008年公司将仓库西段北侧的24m×12m的区域改造为淀粉生产包装车间，改变了原仓库的性质，改造项目的设计对粉尘防爆考虑不完善，防火防爆措施、管理没有相应跟进。

7. 事故教训

本次事故的教训非常惨痛。伤亡人员之多，在粉尘爆炸事故中也是罕见的。事故教训如下：

(1) 防火防爆知识差　如果使用不产生火花的工具进行清理和维修作业，这次事故是可能避免的。

(2) 生产管理不善　如果现场不积累如此多的淀粉，这次事故也是可能避免的。

(3) 企业安全意识差　如果在现场进行这种严重违章作业时，企业领导、车间领导或在场作业人员有一人认识到可能产生的严重后果，阻止作业，这次事故也是可能避免的。

(4) 缺乏逃生知识　如果在场人员逃生意识更高一些、逃生技能更强一些，采取更恰当的逃生路线和逃生方法，死伤人员可能会少一些。

(5) 生产组织混乱　如果生产组织更科学严谨，减少现场工作人员，本次事故的伤亡有可能减小。

(6) 改造工程不规范　如果改造工程严格执行国家现行有关标准、规范和规定，重视粉尘防爆安全，后果如此严重的粉尘爆炸事故是可能避免的。

（7）国家应加强对粉尘防爆标准的制定、宣贯和执行情况监督。

思考与练习

1. 填空题

（1）粉尘爆炸属于________爆炸。

（2）________是指悬浮在助燃气体中的高浓度可燃粉尘与助燃气体的混合物。

（3）粉尘和空气混合物爆炸危险性的重要标准就是它的________。

（4）最小点火能的大小受很多因素影响，特别是________、________和________对最小点火能影响很大。

（5）粉尘在空气中停留时间的长短与________、________和________等有关。

（6）粉尘爆炸是粉尘粒子________作用的结果，此时有可燃性气体产生。

（7）粉尘的分散度影响着粉尘火灾的危险性，分散度大的粉尘，________，________，火灾危险性大。

（8）粉尘混合物的爆炸危险性常以________来表示。

（9）粉尘的爆炸压力由两种原因产生是________和________。

2. 选择题

（1）可燃粉尘爆炸应具备三个条件，下列错误的条件是（　　）。

A. 粉尘本身具有爆炸性　　B. 粉尘与空气混合到爆炸浓度

C. 有足以引起粉尘爆炸的火源　　D. 粉尘必须与空气混合到爆炸浓度

（2）不影响粉尘爆炸的因素是（　　）。

A. 粉尘挥发性　　B. 粉尘水分　　C. 粉尘灰分　　D. 粉尘范围

（3）若粉尘与空气的混合物在遇到火源之前的最初温度升高，则爆炸下限（　　）。

A. 降低　　B. 增高　　C. 不变　　D. 不确定

（4）粉尘含挥发性物质越多，爆炸危险性（　　）。

A. 越大　　B. 越小　　C. 不变　　D. 不确定

（5）粉尘的颗粒度越小，相对面积越大，燃烧速率越快，爆炸下限（　　）。

A. 越大　　B. 越小　　C. 越高　　D. 越低

（6）粉尘中的水分决定着爆炸的性能，水分越多，爆炸危害性（　　）。

A. 越高　　B. 越低　　C. 不变　　D. 不确定

（7）影响粉尘爆炸的因素有（　　）。

A. 颗粒度　　B. 挥发分　　C. 灰分　　D. 压力

E. 火源强度

（8）可燃粉尘爆炸应具备的条件是（　　）。

A. 本身具有爆炸性　　B. 粉尘必须悬浮与空气混合达到爆炸浓度极限

C. 足够的热能　　D. 必须具有一定颗粒度

E. 粉尘必须在密封空间内

3. 简答题

（1）火焰感度在安全生产方面有什么意义？

（2）在试验条件下引起物质燃烧、爆炸或分解的能量表示为危险物的感度，火焰感度指的是什么作用的结果？

（3）为什么可燃粉尘能够引起爆炸？

（4）影响粉尘爆炸的因素有哪些？

（5）简述粉尘爆炸过程。

6 危险品安全评价

知识目标

1. 了解危险品安全评价导则与标准；
2. 熟悉危险品安全评价方法；
3. 掌握危险品固有危险性的评价；
4. 掌握危险品的风险评价；
5. 掌握职业卫生评价。

能力目标

1. 能运用安全评价导则和标准进行危险品安全评价；
2. 能根据危险品特性选择使用安全评价方法；
3. 能根据不同生产过程进行危险品风险评价；
4. 能根据不同生产环境进行职业卫生评价。

6.1 危险品安全评价导则与标准

危险品安全评价是现代安全生产过程中的一个重要环节，对安全管理的现代化、科学化起到了积极的推动作用。在危险品生产、储存、运输以及经营管理等方面，由于人的误判断、误操作、违章作业、设备缺陷、安全装置失效、防护器具故障、作业方法不当及作业环境不良等原因，会导致许多灾害性事故的发生。因此危险品安全评价必须从系统的角度进行全面观察、分析和综合评价，并采取有效措施消除危险隐患，才能达到安全生产的目的。

所以，危险品安全评价的核心就是查找、分析和预测系统存在的危险，根据危险品的危险性和有害性及可能导致的危险、危害后果和程度，提出合理可行的安全对策，并采取有效措施加以预防、控制或消除导致危险扩散及释放的因素，以降低事故发生概率，减少财产损失和人员伤亡。

危险品安全评价是一种专项安全评价，是针对危险品生产、经营、储运和使用单位的安全管理运行现状，依据国家有关危险品安全管理法律法规，运用科学的分析评价方法，识别有关企业在生产、储存、经营、运输、包装、处置等过程中存在的危险和有害因素并进行安全评价，分析、预测、论证和评估由此产生的损失和伤害的可能性、影响范围、严重程度，确认存在的事故隐患，提出合理可行的技术和管理对策，为企业安全管理、安全监察提供依据。

6.1.1 危险品安全评价导则

6.1.1.1 危险品安全评价的目的

随着现代石油化学工业的迅速发展，大量易燃、易爆、有毒、有害、有腐蚀性的工业生产原料或产品不断产生，在其生产、加工处理、储存、运输、经营过程中，存在着极大的安全隐患并出现了许多重大事故，如泄漏事故、液化石油气爆炸事故、恶性中毒事故、危险品仓库爆炸火灾事故、化工厂爆炸事故等。这些灾难性事故引起了全世界的高度重视。联合国“21世纪议程”大会提出，在2006年前建立危险化学品“全球协调系统”（GHS）。世界各国以及国际组织纷纷制订有关法规、标准和公约，旨在强化对危险品的管理，其中就包括了对危险品进行安全评价的规定。

危险品安全评价的目的是查找、分析和预测工程、系统存在的危险、有害因素及可能导致的危险、危害后果和程度，提出合理可行的安全对策措施，指导危险源监控和事故预防，以达到最低事故率、最少损失和最优的安全投资效益。危险品安全评价的目的主要有以下四个方面。

（1）促进实现安全化生产　通过安全评价，提出从源头上消除危险的最佳技术措施方案，以促进企业实现安全化生产。

（2）实现全过程安全控制　在生产工艺设计之前进行安全评价，可避免选用不安全的工艺流程、不合适的设备、设施和危险的原材料，当必须采用时，提出降低或消除危险的有效方法和措施。

（3）建立最优方案，为决策者提供依据　通过安全评价，决策者可以根据评价结果选择系统安全的最优方案和管理决策。

（4）为实现安全技术、安全管理的标准化和科学化创造条件　依据有关技术标准、规范和相关规定，对设备、设施或系统在生产过程中的安全性进行评价，找出其中存在的问题和不足并加以改进，以实现安全技术和安全管理的标准化和科学化。

6.1.1.2　危险品安全评价的要求

依据国家安全生产法律、法规和标准，对生产过程、工艺、设备、管理和人员进行的安全评价，应满足以下要求：

（1）法律、法规的要求　《中华人民共和国安全生产法》（第70号主席令，2009年修正）规定，危险品生产经营单位的建设项目必须实施“三同时”，即建设项目中防治污染的措施，必须与主体工程同时设计、同时施工、同时投产使用。用于生产、储存危险物品的装置每年进行一次安全评价；生产、储存、使用其他危险化学品的单位，应当对安全条件论证和安全评价。《危险化学品管理条例》（国务院第344号令），在规定了对危险化学品各环节管理和监督办法等的同时，提出了“生产、储存、使用剧毒化学品的单位，应当对本单位的生产、储存装置每两年进行一次安全评价”的要求。

（2）危险品安全管理的需要

① 认识危险品的危险性　危险品具有易燃、易爆、有毒及氧化等危险特性，而且不断有新的危险化学品问世。危险品作为工业生产的原料或产品，在生产、使用、储存、运输、经营以及废弃处置过程中，人们应对其特性充分认识，如果管理不善，操作失误，一旦发生事故，将造成重大人身伤亡和经济损失，给社会造成极其恶劣的影响。

② 危险品涉及国民经济各个领域　随着我国经济建设的不断发展，除化工、石化行业生产、使用、储存危险化学品外，轻工、机械、冶金等行业也会储存、使用、运输和经营危险化学品，也需要对危险品的危险危害因素有正确认识，及时有效地采取安全防护技术措施。

③ 危险品安全评价是安全管理的重要组成部分　通过对生产、储存危险品的新建、改

建或扩建项目进行安全预评价和在役装置的现状安全评价，可以使该单位的员工和管理人员从设计、生产、运行等过程中，明确物质（包括原料、中间产物、产品）、设备装置及工艺过程中存在的危险因素，识别主要危险源及应采取的安全技术措施和管理问题，可以对潜在事故进行定性分析和预测。因此，进行安全评价有利于危险品新建、扩建或改建项目竣工的安全管理，也有利于危险品现役装置的安全管理，是加强这些单位安全管理的重要基础。

（3）危险品安全管理的国际需要　随着我国加入 WTO，对危险品生产、使用、储存等环节的管理应符合《作业场所安全使用化学品公约》（第 170 号国际公约）要求。全国人大常委会已于 1994 年 12 月通过决议，承诺执行第 170 号国际公约，并且由原劳动部、化工部联合颁布《工作场所安全使用化学品规定》，在危险品的生产、使用、储存、运输、经营及废弃处置方面，必须进行分类和标识，并结合《化学品安全技术说明书》（GB/T 16483—2008）和《化学品安全标签编写规定》（GB 15258—2009）要求，对危险品编制化学品安全技术说明书和化学品安全标签，在现场设置安全标志或周知卡等。因此在对生产、使用、储存危险品装置验收时，必须按上述规定要求做好安全评价，以适应我国加入 WTO 对危险化学品安全管理的需要。

6.1.1.3　危险品安全评价的意义

危险品安全评价可有效地预防事故发生，减少财产损失和人员伤亡。安全评价与日常安全管理和安全监督监察工作不同，安全评价是从技术带来的负效应出发，分析、论证和评估由此产生的损失和伤害的可能性、影响范围、严重程度及应采取的对策措施等。安全评价的意义体现在以下几点。

（1）安全评价是安全生产管理的一个必要组成部分　“安全第一，预防为主”是我国的安全生产方针，安全评价是预测、预防事故的重要手段。通过安全评价可确认生产经营单位是否具备必要的安全生产条件，有助于提高生产经营单位的安全管理水平，是企业安全生产管理的一个必要的组成部分。

（2）安全评价可以提高系统本质安全化程度　通过安全评价，对工程或系统的设计、建设、运行等过程中存在的事故和事故隐患进行系统分析，针对事故和事故隐患发生的可能原因和条件，提出消除危险的最佳技术方案，特别是从设计上采取相应措施，设置多重安全屏障，实现生产过程的本质安全化。安全评价首先分析建设项目可能存在的危险有害因素，辨识其主要危险有害因素如火灾爆炸、中毒、容器爆炸等，针对这些危险、危害应采取的安全技术措施。

（3）安全评价有助于安全投资的合理选择　安全评价不仅能确认系统的危险性，而且能进一步预测危险性发展为事故的可能性及事故造成的严重程度，并以此说明系统危险可能造成负效益的大小，合理选择控制措施，确定安全措施投资的多少，从而使安全投入和困难减少的负效益达到合理的平衡，有助于生产经营单位提高经济效益。

6.1.1.4　危险品安全评价的原则

安全评价是关系到被评价项目能否符合国家规定的安全标准，能否保障劳动者安全与健康的关键性工作。在安全评价工作中必须自始至终遵循合法性、科学性、公正性和针对性原则。

（1）合法性　安全评价是国家以法规形式确定下来的一种安全管理制度。

（2）科学性　安全评价涉及学科范围广，影响因素复杂多变。为保证安全评价能准确地反映被评价项目的客观实际和评价结论的正确性，在开展安全评价的全过程中，必须依据科学的方法、程序，以严谨的科学态度全面、准确、客观地进行工作，提出科学的对策措施，做出科学的结论。

（3）公正性　评价结论是评价项目的决策依据、设计依据和能否安全运行的依据，也是国家安全生产监督管理部门进行安全监督管理的执法依据，因此必须保证评价的公正性。

（4）针对性　进行安全评价时，首先应针对被评价项目的实际情况和特征，收集有关资料，对系统进行全面的分析；其次要对众多的危险、有害因素及单元进行筛选，对主要的危险、有害因素及重要单元应进行有针对性的重点评价，并辅以重大事故后果和典型案例进行分析、评价；由于各类评价方法都有特定适用范围和使用条件，要有针对性地选用评价方法。

6.1.1.5　危险品安全评价内容

（1）危险品安全评价的工作内容　不同的评价对象，安全评价的工作内容有所不同。针对危险品的安全评价，其工作内容主要包括：

① 危险品危害性辨识　危险品危害性辨识是分析判断该危险品及所使用的原料是否为有毒有害和易燃易爆的化学品，是进行危险品评价的基础。辨识的主要内容包括危险品名称、危险品数量、危险品储存方式、危险品储存地点、危险品的危险特性（是否具有火灾爆炸性、中毒窒息性和腐蚀性等）、是否构成重大危险源（长期或临时生产、加工、使用或储存危险品，且危险品数量等于或超过临界量的单元）和是否需要按重大危险源进行严格管理等。

② 危险品生产工艺过程安全分析　分析生产工艺或者储存方式、设施是否符合国家标准；工艺路线是否成熟；有无工艺卡片及执行工艺卡片情况；员工是否熟知行之有效的安全防范措施和管理制度情况；工艺过程中的事故情况是否吸取教训，是否有防范措施；根据危险品的种类、特性，在车间等作业场所是否有相应的安全设施、设备，并进行正常维护，是否符合安全运行的要求。

③ 危险品生产设备安全分析　分析工艺设备是否因选材不当而引起装置腐蚀、损坏；设备安全保护系统是否完善，是否具备可靠的控制仪表等；分析材料的疲劳情况，对金属材料是否进行充分的无损探伤检查或是否经过专家验收；结构上是否有缺陷，如不能停车而无法定期检查或进行预防维修；设备是否在超过设计极限的工艺条件下运行；对运转中存在的问题或不完善的防灾措施是否及时改进；是否连续记录温度、压力、开停车情况及中间罐和受压罐内的压力变动情况等。

④ 危险品储存与输送分析　作业场所的危险品一般是通过管道、传送带或铲车、有轨道的小轮车和手推车传送的。用管道输送危险品时，必须保证阀门与法兰完好，整个管道系统无跑、冒、滴、漏现象；使用密封式传送带，可避免粉尘的扩散；如果危险品以高速高压通过各种系统，必须避免产热，否则将引起火灾或爆炸；用铲车运送危险品时，道路要足够宽，并有明显的标志，以减少冲撞或溢出的可能性；确认是否有违法生产和经营危险品情况；是否在生产、储存的危险品包装内，附有与危险品一致的安全技术说明书；危险品的包装是否符合国家法律、法规、规范和标准的要求；危险品的包装物或容器是否由有资质的厂家生产，并经有资质的检验机构检验合格使用；在包装上是否加贴或悬挂与危险品一致的化学品安全标签；危险品是否采用专用仓库储存，储存方式、方法与储存数量是否符合国家标准；在库房等危险品作业场所是否有相应的监测、通风、防晒、调温、防火、灭火、防爆、泄压、防毒、消毒、中和、防潮、防雷、防腐、防渗漏、防护围堤或者隔离操作等安全设施

和设备，并进行正常维护，使之符合安全运行的要求；危险品是否有专人管理，剧毒危险品是否执行双人收发和双人保管制度；危险品仓库建筑是否规范、是否符合有关安全和消防的要求，是否设置明显标志，并定期进行安全设施检查；是否对安全检查、安全评价提出的问题列出整改方案限期整改，或采取相应的安全措施；是否对剧毒化学品的产量、流向、储存量及用途进行如实记录；有无关于被盗、丢失、误售和误用的登记报告制度，执行情况如何；各种单元操作时对物料流动能否进行良好控制；送风装置内有无粉尘爆炸的可能性；废气、废水和废渣的处理情况如何以及装置内的装卸设施有无情况分析等。

⑤ 危险品生产经营管理状况分析　分析危险品生产经营管理制度是否健全；员工是否熟知危险品安全技术说明书、安全标签的内容；主管及业务人员、操作人员和管理人员是否接受过有关法律法规、安全知识、专业知识、职业卫生防护和应急救援等知识的培训并持证上岗；运转和维修的操作教育情况；管理人员的监督作用如何；开车、停车计划是否适当；有无紧急停车的操作训练；是否建立了操作人员和安全人员之间的协作体制。

⑥ 危险品事故应急预案分析　分析危险品的安全卫生防护手段是否到位，安全卫生保护用具是否可靠，人员对安全卫生保护用具的认识和使用方法考核情况；应该增加的保护设施及用具；有无事故应急预案；事故应急预案是否满足实际要求；事故应急预案是否正确；事故应急预案提出的措施是否到位；工作人员是否熟知事故应急预案；人员是否经过事故应急预案考核；事故应急预案考核合格率；事故应急预案中有无向政府及有关部门报告程序及报告规定；有无与应急救援组织的联系与协调；是否进行事故应急预案的定期演练；在生产、储存和使用场所是否设置通信、报警装置，并保证在任何情况下处于正常适用状态。

⑦ 安全对策措施分析　安全对策措施分析包括安全技术措施分析和安全管理措施分析。

其中安全技术措施分析主要看企业是否制定危险源消除措施或危险源控制措施，有无个体安全防护措施等。

危险品的安全管理措施，除应具备一般的按照国家法律和标准建立起来的管理程序和安全管理措施外，还应该包括危险品的管理控制措施。如安全标签、安全技术说明书、安全储存以及废物处理方法等。

(2) 危险品安全评价的内容　危险品的安全评价是利用安全系统工程原理和方法，识别评价系统和工程中存在的风险。危险品的安全评价包括危险和有害因素识别及危险和危害程度评价两部分内容。危险和有害因素识别的目的在于识别危险来源；危险和危害程度评价的目的在于确定来自危险源的危险性和危险程度，应采取的控制措施，以及采取控制措施后仍然存在的危险性是否可以被接受。在实际的安全评价过程中，这两个方面是不能截然分开、

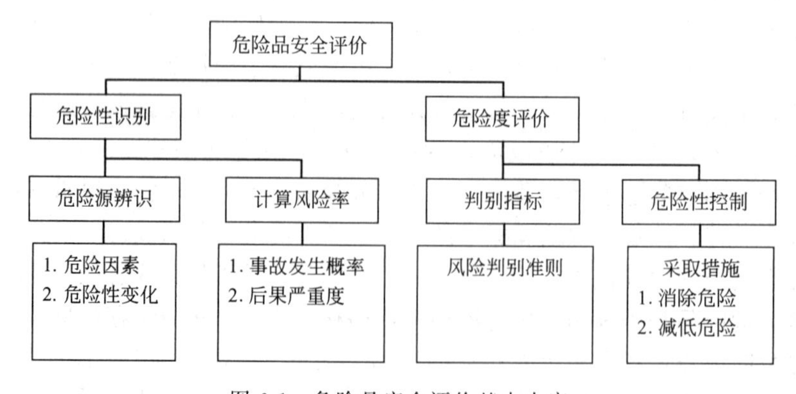

图 6-1　危险品安全评价基本内容

孤立进行的，而是相互交叉、相互重叠于整个评价工作中。危险品安全评价的内容如图 6-1 所示。

6.1.1.6 危险品安全评价的程序

危险品安全评价程序如表 6-1 所示。

表 6-1 危险品安全评价的程序

工作阶段	工作内容
准备阶段	现场勘察、检测、资料收集
危险辨识	危险、有害因素识别分析
	危险源辨识
	事故发生的可能性
	事故影响因素、事故机制
定性定量评价	划分功能单元
	选择、确定评价方法
	定性、定量评价
	危险分级
风险控制	安全对策措施
	应急预案
评价结论	做出评价结论与建议

(1) 准备阶段 准备阶段主要是明确被评价对象和范围，收集国内外相关法律法规、技术标准、规章制度及系统的技术资料；了解评价对象的地理、气象条件及社会环境状况；详细了解工艺流程、物料的危险性、操作条件、设备结构、平面布置以及同类或相似系统的事故案例等。

(2) 危险、有害因素识别与分析 根据被评价对象的情况，识别和分析危险、有害因素，确定危险、有害因素存在的部位、存在的方式、事故发生的途径及其变化的规律。

(3) 定性、定量评价 在危险、有害因素识别和分析的基础上，划分评价单元，选择合理的评价方法，对工程、系统发生事故的可能性和严重程度进行定性、定量评价，在此基础上进行危险性分级，必要时对可能发生的重大事故的后果进行估算，以确定安全管理的重点。

(4) 安全对策措施 根据定性、定量评价结果，提出消除、减弱、隔离、控制危险和有害因素的技术和管理措施及建议，对可能发生的重大事故应提出应急救援预案。

(5) 评价结论及建议 简要地列出主要危险、有害因素的评价结果，指出系统应重点防范的重大危险因素，明确生产经营者应重视的重要安全措施。评价结论应说明经采取安全措施以后系统危险度或风险率降低的程度，是否达到了“允许的安全限度”，必须与安全指标相比较。只有系统满足了安全指标的要求，才能对系统给出肯定的评价结论。

(6) 编制安全评价报告书 依据安全评价导则的要求，编制相应的安全评价报告，呈交安全生产监督管理部门备案。

6.1.1.7 危险品安全评价导则

危险品安全评价相关导则主要有：《安全评价通则》、《安全预评价导则》、《安全验收评价导则》、《安全现状评价导则》、《危险化学品包装物、容器定点生产企业安全评价导则（试行)》、《危险化学品生产企业安全评价导则（试行)》、《危险化学品经营单位安全评价导则（试行)》、《民用爆破器材安全评价导则》、《烟花爆竹生产企业安全评价导则（试行)》等。安全评价导则规定了安全评价的一般性原则、方法、内容和要求，是指导安全评价工作的基本法律文件，安全评价工作者必须熟知和掌握这些文件，并在安全评价过程中严格遵循。

（1）安全评价通则　《安全评价通则》（AQ 8001—2007）是由国家安全生产监督管理局、国家煤矿安全监察局根据《中华人民共和国安全生产法》有关规定，为规范安全评价行为，确保安全评价的科学性、公正性和严肃性颁布的。通则规定了安全评价的管理、程序、内容等基本要求，适用于安全评价及相关的管理工作。同时通则还规定了安全评价的基本原则、目的和方法，要求根据被评价的工程、系统的特点和安全评价的目的，选择科学、合理的评价方法。

（2）安全预评价导则　《安全预评价导则》是依据《安全评价通则》制订的，规定了安全预评价的目的、基本原则、内容、程序和方法，适用于建设项目（矿山建设项目除外）安全预评价。

（3）安全现状评价导则　《安全现状评价导则》，依据《安全评价通则》制订，规定了安全现状评价的目的、基本原则、内容、程序和方法，适用于生产经营单位（矿山企业、石油和天然气开采生产企业除外）安全现状评价。

安全现状评价是在系统生命周期内的生产运行期，通过对生产经营单位的生产设施、设备、装置实际运行状况及管理状况的调查、分析，运用安全系统工程的方法，进行危险、有害因素的识别及其危险度的评价，查找该系统生产运行中存在的事故隐患并判定其危险程度，提出合理可行的安全对策措施及建议，使系统在生产运行期内的安全风险控制在安全、合理的程度内。

安全现状评价目的是针对生产经营单位（某一个生产经营单位总体或局部的生产经营活动）的安全现状进行的安全评价，通过评价查找其存在的危险、有害因素并确定危险程度，提出合理可行的安全对策措施及建议。

（4）安全验收评价导则　《安全验收评价导则》，依据《安全评价通则》制订，规定了安全验收评价的目的、基本原则、内容、程序和方法，适用于建设项目（矿山建设项目除外）的安全验收评价。

安全验收评价是在建设项目竣工、试生产运行正常后，在正式投产前进行的一种检查性安全评价，是为安全验收进行的技术准备。通过对建设项目的设施、设备、装置实际运行状况及管理状况的安全评价，查找该建设项目投产后存在的危险、有害因素的种类和程度，提出合理可行的安全对策措施及建议。

在安全验收评价中，要查看安全预评价在初步设计中的各项安全措施落实的情况，施工过程中的安全监理记录、安全设施调试、运行和检测情况等，以及隐蔽工程等安全落实情况，同时落实各项安全管理制度措施等。

安全验收评价最终形成的安全验收评价报告，将作为建设单位向政府安全生产监督管理机构申请建设项目安全验收审批的依据。另外，通过安全验收评价，还可检查生产经营单位的安全生产保障情况，确认《安全生产法》的落实。

（5）安全专项评价导则　安全专项评价是根据政府有关管理部门的要求，针对某一项活动或场所（如一个特定的行业、产品、生产方式、生产工艺或生产装置等）存在的危险、有害因素等进行的专题安全分析评价，目的是查找其存在的危险、有害因素，确定其程度，提出合理可行的安全对策措施及建议。

如果生产经营单位是生产或储存、销售剧毒化学品的企业，评价所形成的安全专项评价报告则是上级主管部门批准其获得或保持生产经营营业执照所要求的文件之一。

（6）危险化学品包装物、容器定点生产企业安全评价导则　《危险化学品包装物、容器定点生产企业安全评价导则》，规定了危险化学品包装物、容器定点生产企业（以下简称包装物、容器生产企业）生产条件评价的前提条件、程序、内容和要求。适用于对危险化学品包装物、容器生产企业生产条件的评价。

（7）危险化学品生产企业安全评价导则　《危险化学品生产企业安全评价导则（试行）》，适用于危险化学品生产企业及其分支机构、生产单位现状的安全评价。

（8）危险化学品经营单位安全评价导则　《危险化学品经营单位安全评价导则（试行）》，规定了危险化学品经营单位（以下简称经营单位）安全评价的前提条件、程序、内容和要求。适用于对危险化学品经营单位的安全评价。不适用于危险化学品长输管道的安全评价。

（9）民用爆破器材安全评价导则　《民用爆破器材安全评价导则》，规定了民用爆破器材建设项目安全预评价、安全验收评价、专项安全评价以及生产经营单位安全现状综合评价的目的、基本原则、内容、程序和方法。适用于民用爆破器材工程项目，民爆器材企业生产、储存设施，工艺设备和作业环境等的安全评价。

承担民用爆破器材安全评价的机构，必须经国防科工委推荐，国家安全生产监督管理局批准，取得民用爆破器材安全评价资质的专业中介机构。

（10）烟花爆竹生产企业安全评价导则　《烟花爆竹生产企业安全评价导则（试行）》，规定了烟花爆竹（含烟花爆竹用烟火药、引火线）生产企业安全评价的程序、内容。适用于安全评价机构对烟花爆竹生产企业的安全评价，也适用于烟花爆竹生产企业自身的安全管理。

烟花爆竹生产企业安全评价是应用安全系统工程原理和方法，对特定烟花爆竹生产企业存在的危险、有害因素进行识别，分析烟花爆竹生产企业发生事故和职业危害的可能性及其严重程度，提出合理可行的安全对策措施和建议，判断烟花爆竹生产企业安全生产条件符合有关法律法规、国家标准和行业标准的程度。

（11）危险化学品事故应急救援预案编制导则　《危险化学品事故应急救援预案编制导则（单位版）》，规定了危险化学品事故应急救援预案编制的基本要求。一般化学事故应急救援预案的编制要求参照本导则。导则适用于中华人民共和国境内危险化学品生产、储存、经营、使用、运输和处置废弃危险化学品单位。主管部门另有规定的，依照其规定执行。

6.1.1.8　危险化学品安全评价报告

危险化学品安全评价报告要求做到内容全面、条理清楚、数据完整，排查出的问题要准确，提出的整改方案要具体可行，评价结论要客观公正。

（1）评价报告的主要内容

① 危险化学品生产单位安全评价报告的主要内容

a. 评价依据；

b. 生产单位基本情况；

c. 主要危险、有害因素辨识，评价方法的选择，分析评价；

d. 生产单位安全现状检查表，包括安全管理制度、安全管理组织、从业人员、自然条件、厂址选择、平面布置、生产工艺、生产设备设施、危险化学品储存、危险化学品运输、重大危险源、应急救援预案及其演练和法律法规、标准、制度执行情况等内容；

e. 根据安全评价和现场检查情况，对生产单位存在的安全问题提出整改方案；

f. 评价结论。

② 危险化学品经营单位安全评价报告的主要内容

a. 评价依据；

b. 经营单位基本情况；

c. 主要危险、有害因素辨识，评价方法的选择，分析评价；

d. 经营单位安全现状检查表，包括安全管理制度、安全管理组织、从业人员、自然条件、地理位置、平面布置、仓储场所、危险化学品运输、仓库建筑和法律法规、标准、制度执行情况等内容；

e. 根据安全评价和现场检查情况，对经营单位存在的安全问题提出整改方案；

f. 评价结论。

③ 危险化学品储存单位安全评价报告的主要内容

a. 评价依据；

b. 储存单位基本情况；

c. 主要危险、有害因素辨识，评价方法的选择，分析评价；

d. 储存单位安全现状检查表，包括安全管理制度、安全管理组织、从业人员、自然条件、库址位置、仓储场所、仓库建筑、危险化学品运输、重大危险源、应急救援预案及其演练和法律法规、标准、制度执行情况等内容；

e. 根据安全评价和现场检查情况，对储存单位存在的安全问题提出整改方案；

f. 评价结论。

④ 危险化学品使用单位安全评价报告的主要内容

a. 评价依据；

b. 使用单位基本情况；

c. 主要危险、有害因素辨识，评价方法的选择，分析评价；

d. 使用单位安全现状检查表，包括安全管理制度、安全管理组织、从业人员、自然条件、地理位置、平面布置、危险化学品在生产中的使用、危险化学品储存、重大危险源、应急救援预案及其演练和法律法规、标准、制度执行情况等内容；

e. 根据安全评价和现场检查情况，对使用单位存在的安全问题提出整改方案；

f. 评价结论。

⑤ 危险化学品包装物、容器定点生产企业生产条件安全评价报告的主要内容

a. 评价依据；

b. 包装物、容器生产企业基本情况；

c. 主要危险、有害因素辨识，评价方法的选择，分析评价；

d. 包装物、容器生产企业安全现状检查表，包括安全管理制度、安全管理组织、从业人员、制造工艺、生产设备、检测设备和法律法规、标准、制度执行情况等内容；

e. 根据安全评价和现场检查情况，对包装物、容器生产企业存在的安全问题提出整改方案；

f. 评价结论。

（2）评价报告格式

① 危险品概述

a. 危险品及企业标识　主要标明化学品名称、生产企业名称。

b. 成分/组成信息　标明该危险品是纯品还是混合物。如果是纯品，应给出其化学名称或商品名和通用名。若是混合物，应给出危害性组分的浓度或浓度范围。

② 检测方法和性能分析

a. 检测方法和检查原理　检测标准、仪器设备、检测原理和分析方法。

b. 危险性概述　简要概述本危险品最重要的危害和效应，主要包括危险类别、侵入途径、健康危害、环境危害以及燃爆危险等信息。

c. 物理化学特性　主要描述危险品的外观及理化性质等方面的信息，包括外观与性状、pH 值、沸点、熔点、相对密度（$\rho_{水}=1$）、相对蒸气密度（$\rho_{空气}=1$）、饱和蒸气压、燃烧热、临界温度、临界压力、闪点、引燃温度、爆炸极限、溶解性、主要用途和其他一些特殊理化性质。

d. 稳定性和反应性　主要叙述化学品的稳定性和反应活性方面的信息，包括稳定性、禁配物、应避免接触的条件、聚合危害、分解产物。

e. 毒理学资料　提供化学品的毒理学信息，包括不同接触方式的急性毒性（LD_{50}、LC_{50}）、刺激性、致敏性、亚急性和慢性毒性、致突变性、致畸性和致癌性等。

③ 性能评价和安全措施

a. 消防急救措施　主要表示危险品的物理和化学特殊危险性，应采取的灭火方式以及消防人员个体防护等方面的信息，包括危险特性、灭火介质和方法，灭火注意事项等。人员意外受到伤害时，所采取的现场自救或互救的简要处理方法，包括眼睛接触、皮肤接触、吸入和食入的急救措施。

b. 泄漏应急处理　指危险品泄漏后，现场可采用的简单有效的应急措施、注意事项和消除方法，包括：应急行动、应急人员防护、环保措施和消除方法等内容。

c. 操作处置与储存　主要是指危险品操作处置和安全储存方面的信息资料，包括操作处置作业中的安全注意事项、安全储存条件及注意事项。

d. 接触控制/个体防护　在生产、操作处置、搬运和使用危险品的作业过程中，为保护作业人员免受危险品危害而采取的防护方法和手段。包括：最高容许浓度、工程控制、呼吸系统防护、眼睛防护、身体防护、手防护及其他防护要求。

e. 废弃处置　是指对被化学品污染的包装和无使用价值的化学品的安全处理方法，包括废弃处置方法和注意事项。

f. 其他信息　包括危险品管理方面的法律条款和标准、参考资料、检测和完成报告时间等。

（3）评价结论

① 编制评价结论应遵循的原则　安全评价结论应阐述整个被评价系统的安全能否得到保障，系统客观存在的固有危险和有害因素在采取安全对策措施后，能否得到控制及其受控的程度如何。评价结论一般遵循以下原则：

a. 客观公正　编制评价结论时，应着眼于整个被评价系统的安全状况，遵循客观公正、观点明确的原则。对危险和危害性的分类、分级的确定应恰如其分，实事求是；对定量评价的计算结果应进行认真的分析；如果发现计算结果与实际情况出入较大，则应分析所建立的数学模型或采用的定量计算模式是否合理，数据是否合格，计算是否有误。

b. 观点明确　在评价结论中观点要明确，不能含糊其辞、模棱两可、自相矛盾。

c. 清晰准确　评价结论应是对评价报告进行充分论证的高度概括，层次要清楚，语言要精练，结论要准确，要符合客观实际，要有充足的理由。

② 取得评价结论的一般工作步骤

a. 收集与评价相关的技术与管理资料；

b. 按评价方法从现场获得与各评价单元相关的基础数据；

c. 数据处理得到单元评价结果；

d. 根据单元评价结果整合成单元评价小结；

e. 各单元评价小结整合成评价结论。

③ 评价结果的分析　评价结果应较全面地考虑评价项目各方面的安全状况，包括：人力资源和管理制度；设备装置和附件设施；物质物料和材质材料；方法工艺和作业操作；生产环境和安全条件。

在编写评价结论之前最好对评价结果进行整理、分类并按严重度和发生频率分别将结果排序列出。

④ 评价结论的主要内容　评价结论的内容，因评价种类（安全预评价、安全验收评价、安全现状综合评价和专项评价）的不同而各有差异。通常情况下，评价结论的主要内容应包括：

a. 对评价结果的分析　包括评价结果概述、归类和危险程度排序；评价对象是否符合国家安全生产法规、标准要求；评价对象在采取所要求的安全对策措施后达到的安全程度。

b. 评价结论　评价结论分为“符合安全要求”、“基本符合安全要求”、“不符合安全要求”三种。

对评价结果可接受的项目应进一步提出要重点防范的危险、危害性；对于评价结果不可接受的项目，要指出存在的问题，列出不可接受的充足理由；对受条件限制而遗留的问题提出改进方向和措施建议。

c. 需要持续改进方向　提出保持现已达到安全水平的要求；进一步提高安全水平的建议；其他建设性的建议和希望。

6.1.2　危险品安全评价标准

危险品安全评价标准可按来源、法律效力和对象特征等进行分类。按标准来源可分为由国家主管标准化工作的部门颁布的国家标准、国务院各部委发布的行业标准、地方政府制定发布的地方标准和国际（外国）标准；按标准法律效率可分为强制性标准和推荐性标准；按标准对象特征可分为管理标准和技术标准，其中技术标准又可分为基础标准、产品标准和方法标准三类。

6.1.2.1　安全评价标准的特点

危险品安全评价标准具有相对性、阶段性、行业性、偏重性等特点。

（1）标准的相对性　对各种危险的严重程度与“社会允许的安全限度”的相对关系，不同的人群和个体得出的认识不同。通常只能用“可忽略的、轻度和临界的、中度的、严重的、灾难的”以及“不可能、极少、有时、很可能、频繁”等相对含糊的语言来描述危险严重度的高低和危险可能性的大小。

（2）标准的阶段性　社会发展的不同阶段，对“允许的安全限度”具有不同的理解。由于人类对安全生产和生活环境的要求在不断提高，对事故及其后果的承受能力在不断降低，因此安全限度是随着社会的进步而降低的，不同的时代、不同的政治、经济和技术状况会得到不同的结论。

（3）标准的行业性　危险和有害因素与特定的行业紧密相关，不同的行业，事故发生的频率和严重程度不同，对社会的影响也不同，人们对其“允许的安全限度”也有不同的要求。

（4）标准的偏重性　在危险性的两个决定因素中，事故后果严重性的权重远远大于事故发生频率的权重。例如，人们认为公路比航空安全，是因为公路交通事故经常发生但一次死亡人数较少，人们经常遭遇但不以为然；航空空难事故偶尔发生，但一般无人生还，人们印象深刻，因此人们更偏重事故后果的严重性带来的影响。

以上特点决定了安全标准既难以量化，也难以被广泛接受。安全标准历来是安全科学研究的重点，也是安全科学研究的难点。

6.1.2.2　国内安全评价标准的确定

我国以事故发生频率和事故后果严重度作为危险度指标和安全评价的标准。事故发生频率表示事故发生的难易程度；事故后果严重度反映事故造成损失的大小。对不同的行业和企业，通常以不同的危险度指标制定其安全管理目标，衡量其达到的安全水平。

（1）事故发生频率指标　国家标准《企业职工伤亡事故分类》（GB/T 6441—1986）规定，按千人死亡率、千人重伤率和伤害频率计算事故频率。

① 千人死亡率　某时期内，平均每千名职工中因伤亡事故造成的死亡人数。

② 千人重伤率　某时期内，平均每千名职工中因工伤事故造成的重伤人数。

③ 伤害频率　某时期内，每百万工时的事故造成伤害的人数。伤害人数指轻伤（损失工作日小于105日的失能伤害）、重伤（损失工作日等于和超过105日的失能伤害）和死亡人数之和。

目前，我国仍沿用劳动部门规定的工伤事故频率作为统计指标。

工伤事故频率＝（本时期内工伤事故人数/本时期内在册职工人数）$\times 10^3$

又称千人负伤率。

（2）人员伤害严重度指标

① 按伤害严重率、伤害平均严重率及按产品产量计算死亡率等指标表示事故的严重度　国标GB/T 6441—1986规定，以轻伤、重伤和死亡来定性地表示人员伤害的严重度；以伤亡人数和由于人员伤亡而损失的工作日数（休工日数）来定量地表示伤害的严重度。工伤事故损失工作日数计算方法中，规定永久性全失能伤害或死亡的损失工作日为6000个工作日。

a. 伤害严重率　某时期内平均每百万工时由于事故造成的损失工作日数。

b. 伤害平均严重率　受伤害的每人次平均损失工作日。

c. 以吨、立方米为单位计算产量的企业、部门，可以按单位产品产量的死亡率计算人员伤害严重度。

② 按生产安全事故造成的人员伤亡或直接经济损失表示事故的严重度　2007年3月28日国务院172次常务会议通过的《生产安全事故报告和调查处理条例》（国务院令493号），明确将安全生产事故解释为：生产经营单位在生产经营活动中，伤害人身安全和健康或者损

坏设备设施造成的经济损失，导致生产经营活动暂时终止或永久终止的意外事件，既包括劳动过程也包括与生产经营有关的活动。

根据生产安全事故造成的人员伤亡或直接经济损失，将事故分为以下四个等级：

a. 特别重大事故　是指造成30人以上死亡，或者100人以上重伤（包括急性工业中毒，下同），或者1亿元以上直接经济损失的事故。

b. 重大事故　是指造成10人以上30人以下死亡，或者50人以上100人以下重伤，或者5000万元以上1亿元以下直接经济损失的事故。

c. 较大事故　是指造成3人以上10人以下死亡，或者10人以上50人以下重伤，或者1000万元以上5000万元以下直接经济损失的事故。

d. 一般事故　是指造成3人以下死亡，或者10人以下重伤，或者1000万元以下直接经济损失的事故。

（3）人员伤害和财物损失严重度综合指标　在我国，各行业均采取人员伤害和财物损失综合指标来确定事故的严重度，不同的事故有不同的事故严重程度分级。道路交通、火灾、水上交通、企业职工伤亡事故严重程度分级如下：

① 道路交通事故　公安部《关于修订道路交通事故等级划分标准的通知》（公通字[1991] 113号）将道路交通事故分为四类，即

a. 轻微事故　是指一次造成轻伤1～2人，或者财产损失不足1000元、非机动车事故损失不足200元的事故。

b. 一般事故　是指一次造成重伤1～2人，或者轻伤3人以上，或者财产损失不足3万元的事故。

c. 重大事故　是指一次造成死亡1～2人，或者重伤3人以上10人以下，或者财产损失在3万元以上不足6万元的事故。

d. 特大事故　是指一次造成死亡3人以上，或者重伤11人以上，或者死亡1人，同时重伤8人以上，或者死亡2人，同时重伤5人以上，或者财产损失6万元以上的事故。

② 火灾事故　公安部、劳动部、国家统计局联合颁布的关于重新印发《火灾统计管理规定》的通知（公通字[1996] 82号），将火灾事故分为三类，即

a. 一般火灾　不具重大火灾和特大火灾情形的火灾事故。

b. 重大火灾　死亡三人以上；重伤十人以上；死亡、重伤十人以上；受灾三十户以上；直接财产损失三十万元以上的火灾事故。

c. 特大火灾　死亡十人以上（含本数，下同）；重伤二十人以上；死亡、重伤二十人以上；受灾五十户以上；直接财产损失一百万元以上的火灾事故。

③ 水上交通事故　2002年8月26日，交通部发布的第5号令《水上交通事故统计办法》，将水上交通事故按照人员伤亡和直接经济损失情况分为小事故、一般事故、大事故、重大事故和特大事故。特大水上交通事故，按照国务院有关规定执行。

④ 航空事故　根据国家标准《民用航空器飞行事故等级》（GB 14648—1993）的规定，航空飞行事故分为特别重大飞行事故、重大飞行事故、一般飞行事故。

⑤ 化工企业事故　中国石化集团公司在2004年9月颁布的《安全生产监督管理制度》中，根据行业特点，修订了事故评价指标和等级，分为一般事故、重大事故、特大事故。

6.1.2.3　国外安全标准的确定

国外安全标准的确定，是以风险、风险分析和风险评价的研究为基础确定的。

风险是事故发生概率与事故造成的环境或健康后果的乘积。由于死亡风险比较直接和容易定义，也易于与生活中的其他风险相比较，因此人们习惯上把重大事故和死亡相联系，在大多数风险评价中，通常都采用死亡的概率作为风险的度量。

重大危害事故（包括重大火灾爆炸和有毒物质泄漏等）的发生，严重威胁人员的安全、大气、水、土壤、生态和海洋等人类赖以生存的环境，通常作为与工业生产有关的风险分析研究对象。

风险评价是采用系统的风险分析，识别生产过程中潜在的危害，定性或定量地描述事故发生的可能性和后果（如损失伤亡等），计算总的风险水平，评价风险的可接受性。对工业设施的设计和运行操作进行修改或完善，从而更科学有效地减小重大危害产生的影响。

各类风险造成的事故及其损失的后果是确定安全标准的依据。通过统计某行业或某种事故中人员伤亡或财产损失的大小确定危险程度，对“可以忽略”的危险可以确认为达到安全要求。

在美国原子能委员会发表的拉斯姆逊报告中，为了定量比较由于事故引起的社会危险，将危险定义如下：

$$\text{危险}\left(\frac{\text{损失程度}}{\text{单位时间}}\right)=\text{频率}\left(\frac{\text{事故}}{\text{单位时间}}\right)\times\text{大小}\left(\frac{\text{损失程度}}{\text{事件}}\right) \tag{6-1}$$

例如，1971 年在美国发生约 1500 万次汽车事故，其中每 300 次有 1 次死亡事故。汽车事故死亡的社会性危险可由下式近似计算：

$$15\times10^{6}\ \frac{\text{事故}}{\text{年}}\times\frac{\text{一次死亡}}{300\ \text{次事故}}=50000\ \frac{\text{死亡}}{\text{年}}$$

美国人口按 2 亿人计算，每个人的平均危险可用下式表示：

$$\frac{50000\ \text{死亡/年}}{200000000\ \text{人}}=2.5\times10^{-4}\ \text{死亡/(人·年)}$$

上述计算结果 2.5×10^{-4} 死亡/(人·年)，是由每人一年死亡的概率表示的危险性，即在每 10 万人中，每年有 25 人死亡的可能性，对每个人来讲，有 0.025%死亡的可能性。

6.1.2.4 危险品火灾、爆炸危险度的确定

易燃、易爆物质的危险度可以用其爆炸上、下限之间的范围（可爆炸范围）来确定。可爆炸范围越宽，物质的危险性越大。即物质的危险度为：

$$H=\frac{R-L}{L} \tag{6-2}$$

式中 H——物质危险度参数；

R——物质爆炸上限；

L——物质爆炸下限。

$$R=\frac{4}{4.76N+4}\times100\% \tag{6-3}$$

$$L=\frac{1}{4.76(N-1)+1}\times100\% \tag{6-4}$$

式中，N 为每一分子爆炸性气体完全燃烧所需的氧原子数。

两种物质混合爆炸极限的计算公式：

$$L_{\mathrm{m}}=\frac{1}{\dfrac{V_1}{L_1}+\dfrac{V_2}{L_2}}\times100\% \tag{6-5}$$

式中 L_m——混合爆炸极限；

V_1，V_2——各单独组分在混合气体中的浓度；

L_1，L_2——各单独组分的爆炸极限。

例如，要评价某化工公司精细化工厂单一物质及与其他混合物质的危险度。

（1）主要物质单一危险度　主要物质单一危险度如表 6-2 所示。

表 6-2　物质单一危险度计算表

物质名称	燃点/℃	闪点/℃	爆炸下限/%	爆炸上限/%	危险度	危险度排序
二甲苯	465	17.2	1.1	6.4	4.82	3
甲苯	480	4.44	1.27	7	4.51	4
苯	562.2	−11.0	1.3	7.1	4.46	5
环己烷	245	−20	1.3	8.4	5.46	1
正己烷	225	−21.7	1.2	7.5	5.25	2
正戊烷	260	−40.0	1.5	7.8	4.2	7
石油醚	287	−17.8	1.1	5.9	4.36	6
TBH		18.3	2.06	7.10	2.45	8

可见，环己烷作为单一物质时危险度最高，TBH（叔丁基过氧化氢）作为单一物质时危险度最低。TBH 爆炸极限的计算如下：

① 完全燃烧的反应式

$$4C_4H_{10}O_2+22O_2 \longrightarrow 16CO_2+20H_2O$$

② 爆炸下限的计算

$$L=\frac{1}{4.76(N-1)+1}\times 100\%=\frac{1}{4.76(11-1)+1}\times 100\%=2.07\% \tag{6-6}$$

式中　$N=2\times 22/4=1$。

③ 爆炸上限的计算

$$R=\frac{4}{4.76N+4}\times 100\%=\frac{4}{4.76\times 11+4}\times 100\%=7.10\% \tag{6-7}$$

（2）TBH 与其他物质混合时的危险度　TBH 与其他物质混合时的危险度如表 6-3 所示。

可见，环己烷与 TBH 混合时危险度最高，正戊烷与 TBH 混合时危险度最低。

表 6-3　TBH 与其他物质混合时的危险度计算表

物质名称	爆炸下限/%	爆炸上限/%	危险度	危险度排序
二甲苯：TBH=3：1	1.25	6.56	4.25	3
甲苯：TBH=3：1	1.40	7.02	4.01	4
苯：TBH=3：1	1.43	7.10	3.97	5
环己烷：TBH=3：1	1.43	8.03	4.62	1
正己烷：TBH=3：1	1.34	7.40	4.52	2
正戊烷：TBH=3：1	1.61	7.61	3.73	7
石油醚：TBH=3：1	1.25	6.16	3.93	6

6.1.3 危险品安全评价依据

在危险品安全评价过程中，国家和行业为保障基本的安全生产和经营而颁布的相关法律、法规和标准，是安全评价的依据。包括宪法、法律、行政法规、部门规章、地方性法规和地方规章以及国际法律文件等。

危险品安全评价的主要依据有《中华人民共和国安全生产法》、《危险化学品安全管理条例》、《安全现状评价导则》、《危险化学品生产企业安全评价导则》、《危险化学品经营单位安全评价导则》以及《危险化学品生产企业安全生产许可制度实施办法》等。

6.1.3.1 危险品安全评价的法律依据

《危险化学品安全管理条例》（国务院第591号令，2011年12月1日实施），是危险品安全评价的基本依据。

"条例"规定，列入《危险货物品名表》（GB 12268—2005）的化学品为危险化学品。危险化学品一般以燃烧性、爆炸性、毒性、反应活性（包括腐蚀性）为衡量指标，经国家指定的鉴定单位经试验加以鉴别和认定。剧毒化学品目录和未列入《危险货物品名表》的其他危险化学品，由国务院经济贸易综合管理部门会同国务院公安、环境保护、卫生、质检、交通部门确定并公布。2012年国家公布了新版《危险化学品名录》，确定了4000多种危险化学品。

"条例"还规定，任何涉及危险品生产、储存、使用的单位，在其设立、建设过程中，应由建设单位提出评价申请，并由具有安全资格的单位承担预先安全评价（预评价），由负责危险品安全监督管理综合工作的部门组织有关专家进行审查，提出审查意见。"条例"还规定，危险品生产、储存、使用企业投入生产后，必须主动对生产、储存情况进行定期的安全评价，并形成安全现状评价报告。报告中应包括已经发现问题的整改方案，并报所在地区的市级人民政府负责危险品安全监督管理综合工作的部门备案。

除《危险化学品安全管理条例》以外，开展危险化学品安全评价工作还必须遵循以下法律法规的规定。

（1）与危险品评价相关的国家法律　《中华人民共和国安全生产法》（2011修正），是加强安全生产监督管理，防止和减少生产安全事故，保障人民群众生命和财产安全，促进经济发展的根本大法。

《中华人民共和国职业病防治法》（2011年12月31日修改实施），是为了预防、控制和消除职业病危害，防治职业病，保护劳动者健康及其相关权益，促进经济发展而制定的。

《中华人民共和国环境保护法》（1989年修订并施行），为保护和改善生活环境与生态环境，防治污染和其他公害，保障人体健康，促进社会主义现代化建设的发展而制定。本法所称环境，是指影响人类社会生存和发展的各种天然的和经过人工改造的自然因素总体，适用于中华人民共和国领域和中华人民共和国管辖的其他海域。

《中华人民共和国清洁生产促进法》（2012年7月1日修改实施），是为了促进清洁生产，提高资源利用效率，减少和避免污染物的产生，保护和改善环境，保障人体健康，促进经济与社会可持续发展而制定的。

《中华人民共和国海洋环境保护法》（1983年开始施行，1999年重新进行了修订，2000年4月1日起施行），为了保护海洋环境及资源，防止污染损害，保护生态平衡，保障人体健康，促进海洋事业的发展而制定。适用于中华人民共和国的内水、领海、毗连区、专属经济区、大陆架以及中华人民共和国管辖的其他海域。

《中华人民共和国水污染防治法》(2008年6月1日修订实施)，为了防治水污染，保护和改善环境，保障饮用水安全，促进经济社会全面协调可持续发展而制定。适用于中华人民共和国领域内的江河、湖泊、运河、渠道、水库等地表水体以及地下水体的污染防治。

《中华人民共和国大气污染防治法》(1988年开始施行，2000年4月修订)，为防治大气污染，保护和改善生活环境和生态环境，保障人体健康，促进经济和社会的可持续发展而制定。

《中华人民共和国药品管理法》(1984年9月20日发布，自2001年12月1日修订施行)，无“药品生产企业许可证”的，工商行政管理部门不得发给“营业执照”。

《中华人民共和国固体废物污染环境防治法》(1996年开始施行，2005年4月1日修订)，为了防治固体废物污染环境，保障人体健康，促进社会主义现代化建设发展，制订本法。本法适用于中华人民共和国境内固体废物污染环境的防治。

《中华人民共和国食品安全法》(2009年6月1日起施行)，为保证食品安全，保障公众身体健康和生命安全制定。

《中华人民共和国消防法》(2009年5月1日起修订施行)，为了预防火灾和减小火灾危害，加强应急救援工作，保护人身、财产安全，维护公共安全制定。管理对象是易燃易爆化学品在生产、使用、储存、经营及运输中的火灾危险性。

(2) 与危险品评价相关的国家法规与部门规章　《使用有毒物品作业场所劳动保护条例》(2002年4月30日国务院令第352号)规定用人单位应当规定，采取有效的防护措施，预防职业中毒事故的发生，依法参加工伤保险，保障劳动者的生命安全和身体健康。

《特种设备安全监察条例》(2009年5月1日国务院令第549号)，为了加强特种设备的安全监察，防止和减少事故，保障人民群众生命和财产安全，促进经济发展，制定本条例。规定特种设备生产、使用单位应当建立健全特种设备安全管理制度和岗位安全责任制度。

《安全生产许可证条例》(2004年1月7日国务院令第397号)，为了严格规范安全生产条件，进一步加强安全生产监督管理，防止和减少生产安全事故，根据《中华人民共和国安全生产法》的有关规定制定。规定国家对矿山企业、建筑施工企业和危险化学品、烟花爆竹、民用爆破器材生产企业实行安全生产许可制度。

《特种作业人员安全技术培训考核管理规定》(2010年7月1日起施行)，为规范特种作业人员的安全技术培训、考核、发证工作，防止人员伤亡事故，促进安全生产，根据国家有关法律、法规制定。

《危险化学品登记管理办法》(2012年8月1日起施行)，为了加强对危险化学品的安全管理，规范危险化学品登记工作，为危险化学品事故预防和应急救援提供技术、信息支持，根据《危险化学品安全管理条例》制定。本法是为了加强对危险化学品的安全管理，防范化学事故和为应急救援提供技术、信息支持而制定的，适用于我国境内生产、储存危险化学品的单位以及使用剧毒化学品和使用其他危险化学品数量构成重大危险源的单位。

《危险化学品经营许可证管理办法》(2012年9月1日起施行)，为了严格危险化学品经营安全条件，规范危险化学品经营活动，保障人民群众生命、财产安全，根据《中华人民共和国安全生产法》和《危险化学品安全管理条例》制定。规定国家对危险化学品经营销售实行许可制度。经营销售危险化学品的单位，应当依照本办法取得危险化学品经营许可证。

《劳动防护用品配备标准（试行）》（国经贸安全［2000］189号），对劳动防护用品生产、经营和使用提出了具体要求。

《化学品首次进口及有毒化学品进出口环境管理规定》，由国家环境保护局、海关总署、对外贸易经济合作部于1994年3月16日发布。该规定的管理范围是首次进口的化学品和列入《中国禁止或严格限制的有毒化学品名录》的化学品的进出口。不包括食品添加剂、医药、兽药、化妆品和放射性物质。

《工作场所安全使用化学品规定》，是由劳动部、化工部于1997年1月1日发布。管理范围是生产、销售、运输、储存和使用化学品的所有单位和职工；化学品危险性鉴别分类及注册登记；危险化学品的安全标签和安全技术说明书。

《建设项目环境保护管理条例》，是由国务院于1998年11月18日发布。其目的是为防止建设项目产生新的污染，破坏生态环境。

《中华人民共和国民用爆炸物品管理条例》，是由国务院于1984年1月6日发布，该条例适用于民用爆炸物品的生产、储存、销售、购买、运输、使用及其管理。

《易燃易爆化学物品消防安全监督管理办法》，是由公安部于1994年3月24日发布，适用范围是生产、使用、储存、经营和使用易燃易爆化学物品的单位和个人。其对安全审核制度和“消防安全许可证”规定了详细的监督管理内容。

《中华人民共和国铁道部危险货物运输规则》，是铁道部于1995年发布，适用于危险化学品的包装和运输。

《化妆品卫生监督条例》，是由国务院于1990年1月1日发布，该条例的管理范围是化妆品生产、经营单位和个人。

《农药管理条例》，是由国务院于1997年5月8日发布，2001年11月29日修订。为了加强对农药生产、经营和使用的监督管理，保证农药质量，保护农业、林业生产和生态环境，维护人畜安全制定。该条例管理对象主要是防治农、林、牧业病、虫、杂草和其他有害生物以及调节植物生长的农药品种。

《中华人民共和国交通部水路危险货物运输规则》，是交通部于1996年发布，适用于包装危险化学物品的国内水路运输。

《道路危险货物运输管理规定》，由交通部于2013年7月1日起发布施行。

6.1.3.2 重大危险源评价依据

重大危险源是指长期或临时地生产、加工、使用或储存危险品（危险物质），且危险化学品的数量等于或超过临界量的单元。

危险物质分为爆炸性物质、易燃物质、有毒物质、有害物质四类。

单元是指一个（套）生产装置、设施或场所，或同属一个工厂的且边缘距离小于500m的几个（套）生产装置、设施或场所。

国家标准《危险化学品重大危险源辨识》（GB 18218—2009），规定了辨识危险品重大危险源的依据和方法。适用于危险化学品的生产、使用、储存和经营等各企业或组织。

标准不适用于下列活动或场所：核设施和加工放射性物质的工厂，但这些设施和工厂中处理非放射性物质的部门除外；军事设施；采矿业，但涉及危险化学品的加工工艺及储存活动除外；危险化学品的运输；海上石油天然气开采活动。

6.1.3.3 生产场所火灾危险性评价依据

国家标准《建筑设计防火规范》（GB 50016—2006）根据使用或产生物质的危险特性，

把生产场所的火灾危险特性分为五类，并提出不同的建筑设计要求。

（1）甲类危险　使用或产生下列物质的生产场所：

① 闪点小于28℃的液体，如二硫化碳的粗馏、精馏工段及其应用部位，苯、甲醇、乙醇等的合成或精制厂房。

② 爆炸下限小于10%的气体，如乙炔站、氢气站、氯乙烯厂房、液化石油气灌瓶间等。

③ 常温下能自行分解或在空气中氧化，能导致迅速自燃或爆炸的物质，如硝化棉厂房及其应用部位，赛璐珞厂房，黄磷制备厂房等。

④ 常温下受到水或空气中水蒸气的作用，能产生可燃气体并引起燃烧或爆炸的物质，如金属钠、钾加工厂房及其应用部位，五氯化磷厂房等。

⑤ 遇酸、受热、撞击、摩擦、催化及遇有机物或硫黄等易燃的无机物，极易引起燃烧或爆炸的强氧化剂，如氯酸钠、氯酸钾厂房及应用部位，过氧化氢厂房等。

⑥ 受撞击、摩擦或与氧化剂、有机物接触时能引起燃烧或爆炸的物质，如红磷制备厂房及其应用部位。

⑦ 在密闭设备内操作温度等于或超过物质本身自燃点的生产，如洗涤剂厂房石蜡裂解部位，冰醋酸裂解厂房等。

（2）乙类危险　使用或产生下列物质的生产场所：

① 闪点大于等于28℃，但小于60℃的液体，如氯丙醇厂房、环氧氯丙烷厂房等。

② 爆炸下限大于等于10%的气体，如一氧化碳压缩机室及净化部位、氨压缩机房。

③ 不属于甲类的氧化剂，如发烟硫酸或发烟硝酸浓缩部位、高锰酸钾厂房等。

④ 不属于甲类的化学易燃危险固体，如硫黄回收厂房、焦化厂精萘厂房等。

⑤ 助燃气体，如氧气站、空分厂房。

⑥ 能与空气形成爆炸性混合物的浮游状态的粉尘、纤维，闪点大于等于60℃的液体雾滴。如铝粉或镁粉厂房、精粉厂房等。

（3）丙类危险　使用或产生下列物质的生产场所：

① 闪点大于等于60℃的液体，如苯甲酸厂房、苯乙酮厂房、甘油厂房等。

② 可燃固体，如煤、焦炭的筛分、转运工段、橡胶制品的压延、成型和硫化厂房等。

（4）丁类危险　具有下列情况的生产场所：

① 对非燃烧物质进行加工，并在高热或熔化状态下经常产生强辐射热、火花或火焰的生产，如金属冶炼、锻造、铆焊、热轧、铸造、热处理厂房。

② 利用气体、液体、固体作为燃料，或将气体、液体进行燃烧作他用的各种生产，如锅炉房、电石炉厂房、转炉厂房等。

③ 常温下使用或加工非难燃烧物质的生产，如铝塑材料的加工厂房、酚醛泡沫塑料的加工厂房等。

（5）戊类危险　常温下使用或加工非燃烧物质的生产场所。如制砖车间、石棉加工车间等。

6.1.3.4　危险品毒害性评价依据

根据国家颁布的《职业性接触毒物危害程度分级》（GBZ 230—2010）标准，对毒物危害程度的分级选用了急性中毒、急性中毒发病状况、慢性中毒患病状况、慢性中毒后果、致癌性和最高允许浓度六项指标作为分级的依据。如表6-4所示（LD_{50}为半数致死量，LC_{50}为半数致死浓度，非致癌的无机砷化合物除外）。

表 6-4 职业性接触毒物危害程度分级依据

指标		分级			
		Ⅰ (极度危害)	Ⅱ (高度危害)	Ⅲ (中度危害)	Ⅳ (轻度危害)
急性中毒	吸入 LC_{50}/(mg/m³)	<200	200～2000	2000～20000	>20000
	经皮 LC_{50}/(mg/kg)	<100	100～500	500～2500	>2500
	经口 LC_{50}/(mg/kg)	<25	25～500	500～5000	>5000
急性中毒发病状况		生产中易发生中毒,后果严重	生产中可发生中毒,预后良好	偶可发生中毒	迄今未见急性中毒,但有急性影响
慢性中毒患病状况		患病率≥5%	患病率较高(<5%)或症状发生率高(≥20%)	偶有中毒病例发生或症状发生率较高(≥10%)	无慢性中毒,而有慢性影响
慢性中毒后果		脱离接触后,继续进展或不能治愈	脱离接触后,可基本治愈	脱离接触后,可恢复,不致严重后果	脱离接触后,自行恢复,无不良后果
致癌性		人体致癌物	可疑人体致癌物	试验动物致癌物	无致癌物
最高允许浓度/(mg/m³)		<0.1	0.1～1.0	1.0～10	>10

依据这一标准对经常接触的56种常见毒物，按其危害性大小及对人体的危害程度分为极度危害、高度危害、中度危害和轻度危害四级。

对接触同一毒物的其他行业的危害程度，可依据车间空气中毒物浓度、中毒患病率和接触时间的长短划定级别。接触多种毒物时，以产生危害程度最大的毒物的级别为准。

6.1.3.5 危险品储存的危险性评价依据

国家标准《常用化学危险品贮存通则》(GB 15603—1995)，对危险化学品储存数量提出了严格的要求，见表6-5。

表 6-5 危险化学品储存量及要求

储存要求＼储存类别	露天储存	隔离储存	隔开储存	分离储存
平均单位面积储存量/(t/m²)	0～1.5	0.5	0.7	0.7
单一储存区最大储量/t	2000～2400	200～300	200～300	400～600
垛距限制/m	2	0.3～0.5	0.3～0.5	0.3～0.5
通道宽度/m	4～6	1～2	1～2	5
墙距宽度/m	2	0.3～0.5	0.3～0.5	0.3～0.5
与禁忌品距离/m	10	不得同库储存	不得同库储存	不得同库储存

6.1.3.6 危险品包装的危险性评价依据

(1)《危险货物运输包装通用技术条件》 国家标准《危险货物运输包装通用技术条件》(GB 12463—2009)规定，除了爆炸品、气体、感染性物品和放射性物品外，其他危险货物按其危险程度、包装结构强度和防护性能，将危险品包装分成三类。

Ⅰ类包装：货物具有较大危险性，包装强度要求高；

Ⅱ类包装：货物具有中等危险性，包装强度要求较高；

Ⅲ类包装：货物具有的危险性小，包装强度要求一般。

物质的包装类别决定了包装物或容器的质量要求。Ⅰ类包装表示包装物的最高标准；Ⅱ类包装可以在材料坚固性稍差的装载系统中安全运输；而使用最为广泛的Ⅲ类包装可以在包装标准进一步降低的情况下安全运输。由于各种《危险货物名表》对所列的危险品都具体指明了应采用的包装等级，实质上也就表明了该危险品的危险等级。

（2）《危险货物运输包装类别划分原则》 国家标准《危险货物运输包装类别划分方法》（GB/T 15098—2008），对不同危险货物提出了各自包装要求：

① 爆炸品 爆炸品所使用的包装容器，除另有规定外，其强度应符合Ⅱ类包装。

② 压缩气体及液化气体 易燃气体（品名编号 21001～21999）为Ⅱ类包装；不燃气体（品名编号 22001～22999）为Ⅲ类包装；有毒气体（品名编号 23001～23999）为Ⅱ类包装。

③ 易燃液体 低闪点液体（闪点＜－18℃）（品名编号 31001～31999）为Ⅰ类包装；中闪点液体（－18℃≤闪点≤23℃）（品名编号 32001～32999），初沸点≤35℃为Ⅰ类包装，初沸点＞35℃为Ⅱ类包装；高闪点液体（23℃≤闪点≤61℃）（品名编号 33001～33999）为Ⅲ类包装。

④ 易燃固体、自燃物品和遇湿易燃物品 一级易燃固体（品名编号 41001～41500）为Ⅱ类包装；二级易燃固体（品名编号 41501～41999）为Ⅲ类包装；退敏爆炸品为Ⅰ类或Ⅱ类包装；自反应物质为Ⅱ类包装。

⑤ 自燃物品 一级自燃物品（品名编号 42001～42500）为Ⅰ类包装；二级自燃物品（品名编号 42501～42999）为Ⅱ类包装；二级自燃物品中含油、含水纤维或碎屑类物质为Ⅲ类包装；自热物质为Ⅱ类或Ⅲ类包装。

⑥ 遇湿易燃品 一级遇湿易燃物品（品名编号 43001～43500）为Ⅰ类或Ⅱ类包装；二级遇湿易燃物品（品名编号 43501～43999）为Ⅱ类包装；二级遇湿易燃物品中危险性小的为Ⅲ类包装。

⑦ 氧化剂和有机过氧化物 一级氧化剂（品名编号 51001～51500）为Ⅰ类包装；二级氧化剂（品名编号 43501～43999）为Ⅱ类包装；有机过氧化物为Ⅱ类包装；二级氧化剂中危险性小的为Ⅲ类包装。

⑧ 毒害品和感染性物品 一级毒害品（剧毒品）（品名编号 61001～61500）、二级毒害品（有毒品）（品名编号 61501～61999）、闪点＜23℃的液态一级毒害品为Ⅰ类包装；闪点＜23℃的液态二级毒害品为Ⅱ类包装。

感染性物品所应使用的包装容器、包装类别、对容器的试验项目、试验要求及合格标准应与运输主管部门商定。

⑨ 放射性物品 放射性物品包装容器的材料、设计、制造、试验项目及方法、定期检验等应符合 GB 11806—2004，并应与运输主管部门商定。

⑩ 腐蚀品 一级酸性腐蚀品（品名编号 81001～81500）为Ⅰ类包装；二级酸性腐蚀品（品名编号 81501～81999）为Ⅱ类包装；一级碱性腐蚀品（品名编号 82001～82500）为Ⅱ类包装；二级碱性腐蚀品（品名编号 82501～82999）为Ⅲ类包装；其他腐蚀品为Ⅲ类包装。

杂类物品所应使用的包装容器、包装类别、对容器的试验项目、试验要求及合格标准应与运输主管部门商定。

6.1.3.7 危险品安全管理依据

《危险化学品安全管理条例》是危险品安全评价的管理依据，依据安全管理要求，检查被评价单位安全管理现状，指出符合和不符合这些要求的项目和内容，并对不符合的项目提出整改措施和完成这些措施的时限。

（1）制度要求 《危险化学品安全管理条例》确立的 13 项管理制度，是评价企业危险化学品安全管理状况的依据。包括：

① 公告制度 为了使基层和执法部门方便具体操作，划入《危险化学品安全管理条例》管辖范围的危险品和剧毒化学品，国家将以《危险化学品名录》和《剧毒化学品名录》方式予以公布。

② 备案制度 备案制度包括以下两个方面：

a. 在役装置安全评价报告备案制度 生产、储存、使用剧毒化学品的单位，应当对本单位的生产、储存装置每年进行一次安全评价；生产、储存、使用其他危险化学品的单位，应当对本单位的生产、储存装置每两年进行一次安全评价。安全评价报告应当上报给地市级政府负责危险品安全监督管理综合工作的部门（一般是地市级政府的安全生产监督管理局）备案。

b. 应急救援预案备案制度 危险品从业单位，应当制定本单位化学事故应急救援预案，并定期组织演练。危险品事故应急预案也要报地市级政府负责危险化学品安全监督管理综合工作的部门备案。

③ 审查审批制度 审查审批制度包括危险品生产和储存企业的审批、危险品生产企业的生产许可证审批颁发、危险品包装物及容器生产企业的定点审批、危险化学品经营许可证的审批颁发、剧毒化学品准购、准运许可证的审批颁发、危险品运输企业资质认定证书审批颁发、危险品登记证的审查、从业人员培训考核与持证上岗的审查、化学事故应急救援管理制度的审查以及违规责任追究制度的审查等。

(2) 管理要求 为落实《危险化学品安全管理条例》的基本要求，危险品生产、经营企业应根据“条例”制定一系列安全规章制度。安全规章制度是用文字形式对企业安全生产活动所指定的规定、规则、规程、程序、办法和标准等的总称，是企业全体员工共同遵守的准则，具有一定的强制性。危险品生产和经营企业安全管理规章制度至少应包括下列内容：

① 安全生产责任制度 包括基本原则、各级各类人员安全职责、各职能部门安全职责；安全教育制度，包括入厂教育、日常教育、特殊教育、安全考核、安全作业证发放、安全作业证考核内容和办法、安全作业证管理；工艺操作与生产要害岗位管理制度，包括运行操作、开车、停车、紧急处理、生产要害岗位管理。

② 防火与防爆管理制度 包括生产装置要求、动火和用火管理、消防组织与设施要求、消防安全规定；防尘与防毒管理制度，包括防护与治理、组织与抢救、体检与职业病管理；安全装置和防护用品（器具）管理制度，包括范围、装置维护管理、防护器具选用与保管。

③ 物资储存管理制度 包括基本要求、仓库管理、储罐区管理、气瓶储存管理；危险物品管理制度，包括通用规则、生产与使用管理、装卸与运输管理、废弃处置。

④ 电气安全管理制度 包括电气运行制度、电气检修管理、触电处置；施工与检修管理制度，包括施工组织、施工现场管理、施工机械和电气设备要求、拆除工程管理、爆破工程管理、检修组织与管理、检修通用规则、检修准备要求、焊接作业管理、设备内作业管理、盲板抽堵作业管理、检修完工后的处理、高处作业管理、起重吊装管理、断路作业管理、动土作业管理。

⑤ 厂区交通管理制度 包括管理组织、信号与标志、交通道路、车辆、车辆驾驶、车辆装载、非机动车与个人车辆和行人。

⑥ 安全检查制度 包括任务与要求、形式与内容、整改要求；安全技术措施管理制度，

包括计划编制依据和范围、计划编制与审批、事实与检查、竣工验收管理。

⑦ 科研开发与工程设计管理制度　包括科研开发要求、工程设计管理、新建、改建、扩建和技术改造工程的“三同时”管理。

⑧ 事故管理制度　包括事故分类与管理、抢险与救护、事故报告程序、责任划分、调查与处理；岗位安全操作规程存在危险、有害因素的岗位作业应有操作规程。

6.2 危险品安全评价方法简介

危险品安全评价是根据评价内容和目的对评价对象进行的定性、定量分析和计算，并给出评价结果、结论和建议的过程。安全评价内容十分丰富，安全评价目的和对象的不同，安全评价的内容和指标也不同。每种评价方法都有其适用范围和应用条件。在进行安全评价时，应该根据安全评价对象和要实现的安全评价目标，选择适用的安全评价方法。

6.2.1 安全评价方法分类

安全评价方法分类的目的是为了根据安全评价对象选择适用的评价方法。分类的方法很多，常用的有按评价结果的量化程度分类、按评价的推理过程分类、按针对的系统性质分类和按安全评价要达到的目的分类等。

（1）按照安全评价结果的量化程度分类　按照安全评价结果的量化程度，安全评价方法可分为定性安全评价方法和定量安全评价方法。

① 定性安全评价方法　定性安全评价方法主要是根据经验和直观判断能力对生产系统的工艺、设备、设施、环境、人员和管理等方面的状况进行定性的分析。属于定性安全评价方法的有安全检查表法、专家现场询问观察法、因素图分析法、事故引发和发展分析法、作业条件危险性评价法（格雷厄姆-金尼法或 LEC 法）、故障类型与影响分析法和危险可操作性研究等。

定性安全评价方法的特点是容易理解、便于掌握，评价过程简单。目前定性安全评价方法在国内外企业安全管理工作中被广泛使用。但定性安全评价方法往往依靠经验，带有一定的局限性。安全评价结果有时因参加评价人员的经验和经历等不同而有一定的差异。同时由于安全评价结果不能给出量化的危险度，所以不同类型的评价对象之间，安全评价的结果缺乏可比性。

② 定量安全评价方法　定量安全评价方法是运用大量的试验结果和广泛的事故资料统计分析获得的指标或规律（数学模型），对生产系统的工艺、设备、设施、环境、人员和管理等方面的状况进行定量的计算，从而得到一些定量指标的安全评价结果，如事故发生的概率、事故的伤害（或破坏）范围、定量表示的危险度、事故致因因素的事故关联度或重要度等。

（2）按照安全评价的逻辑推理过程分类　按照安全评价的逻辑推理过程，安全评价方法可分为归纳推理评价法和演绎推理评价法。

① 归纳推理评价法　是指从事故原因推论结果的评价方法，即从最基本危险、有害因素开始，逐渐分析导致事故发生的直接因素，最终分析到可能的事故。

② 演绎推理评价法　是指从结果推论其原因的评价方法，即从事故开始，推论导致事故发生的直接因素，再分析与直接因素相关的因素，最终分析和查找出导致事故发生的最基本危险因素和有害因素。

（3）按照安全评价达到的目的分类　按照安全评价要达到的目的，安全评价方法可分为事故致因因素安全评价法、危险性分级安全评价法和事故后果安全评价法。

① 事故致因因素安全评价法　是指采用逻辑推理的方法，由事故推论最基本危险、有害因素或由最基本危险、有害因素推论事故的评价法，该类方法适用于识别系统的危险、有害因素和事故分析，一般属于定性安全评价法。

② 危险性分级安全评价法　是指通过定性或定量分析给出系统危险性的安全评价方法，该类方法适用于系统危险性的分级，该类方法可以是定性安全评价法，也可以是定量安全评价法。

③ 事故后果安全评价法　该法可以直接给出定量的事故后果，事故后果可以是系统事故发生的概率、事故的伤害（或破坏）范围、事故的损失或定量的系统危险度等。

在进行安全评价时，应该在认真分析并熟悉被评价系统的前提下，选择适合的安全评价方法。选择安全评价方法应遵循的原则：充分性，在选择安全评价方法之前，应准备好充分的资料，供选择时参考和使用；适应性，指选择的安全评价方法应该适应被评价的系统；系统性，指安全评价方法与被评价的系统所能提供安全评价初值和边值条件应形成一个和谐的整体；针对性，指所选择的安全评价方法能够提供所需的结果；合理性，在满足安全评价目的、能够提供所需的安全评价结果的前提下，应该选择计算过程最简单、所需基础数据最少和最容易获取的安全评价方法。

6.2.2　定性安全评价方法

6.2.2.1　安全检查法

安全检查法是最先使用的一种安全评价方法，也称工艺安全审查或“设计审查”及“损失预防审查”。安全检查法可以用于建设项目的任何阶段。对现有装置（在役装置）进行评价时，传统的安全检查主要包括巡视检查、正规日常检查或安全检查。

安全检查表法是安全检查中简便而行之有效的系统安全分析方法。为了查找工程或系统（包括各种设备设施、物料、工件、操作、管理和组织措施）中的危险和有害因素，首先要把检查对象加以分解，将大系统分割成若干子系统，将检查项目列表后，以提问或打分的方式逐项检查，避免遗漏，该法称为安全检查表法。安全检查表法运用事先列出的问答提纲，对系统及其部件进行安全设计、安全检查和事故预测。

（1）安全检查表的编制　安全检查表是一份进行安全检查和诊断的清单。它由一些有经验的、并对工艺过程、设备和作业情况熟悉的人员，事先对检查对象共同进行详细分解、充分讨论、列出检查项目和检查要点并编制成表。为防止遗漏，在制定安全检查表时，通常要把检查对象分割为若干子系统，按子系统的特征逐个编制安全检查表。在系统安全设计或安全检查时，按照安全检查表确定的项目和要求，逐一落实安全措施，保证系统安全。

安全检查表示例见表6-6。

（2）评价单元的划分　为达到评价目的和确定评价方法，便于评价工作的开展及提高评价工作的准确性，通常要把评价对象划分为若干评价单元。

划分评价单元时，一般是将生产工艺、装置、物料的特点和特征与危险、有害因素的类别、分布相结合进行划分，还可以按评价的需要将一个评价单元再划分为若干子评价单元或更细小的单元。

表 6-6 危险化学品安全检查表举例

检查人：________ 检查时间：______年____月____日

检查目的	对危险化学品购买、使用、储存、装卸运输等环节可能存在的隐患、有害危险因素、缺陷等进行查证，查找不安全因素和不安全行为，以确定隐患或有害、危险因素或缺陷存在状态，以及它们转化为事故的条件，以制定整改措施，消除或控制隐患和有害与危险因素，确保生产安全，使企业符合《危险化学品从业单位安全标准化规范》的要求				
检查要求	按照《危险化学品从业单位安全标准化规范》的要求认真检查，不放过任何可疑点。对查出问题及时通知有关单位处理，暂时无法处理的应督促有关单位采取有效的预防措施，并立即向安全环保处、生产技术部或公司领导报告				
检查内容	见检查项目				
检查计划	每年不少于两次检查				
序号	检查项目	检查标准	检查方法	检查评价	
				符合	不符合
1	登记	按照规定，对属于危险品的产品进行登记，编写安全技术说明书和安全标签，对不属于危险品的化学品的理化特性和危害进行登记	档案		
2	购买	不购买和使用没有安全技术说明书与安全标签的危险化学品	现场查供应		
3	使用	1. 应按照有关制度，核对、检验进库物品的规格、质量、数量； 2. 无产地、铭牌、检验合格证、一书一签的危险品不得入库； 3. 库存物品的分类、分垛、分库储存，储存安排与垛距符合标准要求； 4. 甲、乙类物品和一般物品以及容易相互发生化学反应或者灭火方法不同的物品，分间、分库储存，并在醒目处标明储存物品的名称、性质和灭火方法； 5. 甲、乙类物品厂房、库内不准设办公室、休息室，不准住人； 6. 库房工作人员在每日工作结束后，应进行安全检查； 7. 易燃、易爆物品的仓库具有防火措施； 8. 保管人员根据所保管的危险品的性质，配备必要的防护用品、用具； 9. 罐区防火堤的排水管应设置隔油池或水封井，并在出口管上设置切断阀； 10. 储罐区：各种承压储罐符合我国有关压力容器的规定，其液位计、压力表、温度计、呼吸阀、阻火器、安全阀等安全附件完好； 11. 易燃液体储罐应设置绝热设施或降温设施，现场电器设施应为防爆电器； 12. 易燃、可燃液体和可燃气体储罐区内，不应有与储罐无关的管道、电缆等穿越，与储罐区有关的管道、电缆穿过防火堤时，洞口应用不燃材料填实，电缆应采用跨越防火堤方式铺设	现场查记录		
4	储存	1. 应按照有关制度，核对、检验进库物品的规格、质量、数量； 2. 无产地、铭牌、检验合格证、一书一签的危险化学品不得入库； 3. 库存物品应分类、分垛、分库储存，储存安排与剁距符合标准要求； 4. 甲、乙类物品和一般物品以及容易相互发生化学反应或者灭火方法不同的物品，分间、分库储存，并在醒目处标明储存物品的名称、性质和灭火方法； 5. 甲、乙类物品厂房、库内不准设办公室、休息室，不准住人； 6. 库房工作人员在每日工作结束后，检查确认安全后，方可离开； 7. 易燃、易爆物品的仓库具有防火措施； 8. 保管人员根据所保管的危险品的性质，配备必要的防护用品、用具； 9. 罐区防火堤的排水管应相应设置隔油池或水封井，并在出口管上设置切断阀； 10. 储罐区：各种承压储罐符合我国有关压力容器的规定，其液位计、压力表、温度计、呼吸阀、阻火器、安全阀等安全附件完好； 11. 易燃液体储罐应设置绝热设施或降温设施，现场电器设施应为防爆电器； 12. 易燃、可燃液体和可燃气体储罐区内，不应有与储罐无关的管道、电缆等穿越，与储罐区有关的管道、电缆穿过防火堤时，洞口应用不燃材料填实，电缆应采用跨越防火堤方式铺设	现场查记录		

续表

5	装卸运输	1. 危险品的装卸运输人员，应对所装卸的危险化学品的理化性质和防护措施有所了解，能按装卸危险化学品的性质，佩戴相应的防护用具； 2. 装运剧毒物、易燃液体、可燃气体等物品，能使用符合安全要求的装卸和运输工具； 3. 运输易燃、易爆物品的机动车，其排气管装阻火器，并符合危险品的运输资质； 4. 危险品装卸前，应按规定对车辆进行除静电、通风、静止等操作； 5. 运输危险品的车辆，应按指定路线，限定速度行驶	现场		
检查记录					

(3) 安全检查过程　根据安全检查表，安全检查过程包括以下三个部分。

① 检查准备　安全检查首先确定所要检查的系统及将要参加的检查评价人员。在检查准备的会议上，应完成下列工作。

a. 收集资料　收集系统或装置的详细说明材料（如平面布置图、带控制点的工艺流程图等）和相关操作规程（操作、维修、应急处理和响应规程）；查阅已知的危害资料和检查组成员的工艺经历资料；收集相关的现行规范、标准和公司规章制度；查询现有的操作人员伤亡报告、事故/意外报告、设备装置验收材料、安全阀试验报告、安全/卫生健康监护报告等。

b. 专业咨询　与相关专家、工厂管理人员或有关管理人员座谈、询问或专访。

② 实施检查　检查小组仔细查阅现有装置图纸、操作规程、维修和应急预案等资料，并与操作人员进行讨论（大多数事故的发生是因为生产过程中操作人员违章或失误造成的，必须了解操作人员是否遵守制定的工艺操作规程）。室外部分的检查应在检查之前列出计划，以便于天气变化时重新排定检查日期。

(4) 安全检查表的分析　安全检查表分析是利用检查条款，按照相关的标准、规范等对已知的危险类别、设计缺陷以及与一般工艺设备、操作管理等有关的潜在危险性和危害性，对不同类型的检查表进行判别检查分析，得出分析检查结果并提出改进建议和措施。安全检查表分析应包括以下三个主要步骤。

① 选择安全检查表　根据检查内容和范围，选择要分析的检查表。

② 安全检查　对现有系统装置和主要工艺单元区域进行安全检查，包括巡视和自检检查。

③ 评价的结果　检查完成后，对系统或装置潜在的危险问题和采取的建议措施进行定性描述，具体包括：

a. 偏离设计的工艺条件所引起的安全问题；

b. 偏离规定的操作规程所引起的安全问题；

c. 检查过程中新发现的安全问题。

将检查的结果汇总和计算，最后给出具体的安全建议和措施。

6.2.2.2　预先危险分析方法

预先危险分析方法是一种起源于美国军用标准安全计划要求的方法。主要用于对危险物质和装置的主要区域等进行分析，在其设计、施工和生产前，首先对系统中存在的危险性类别、出现危险的条件和导致事故的后果进行分析，其目的是识别系统中的潜在危险，确定其危险等级，防止危险发展成事故。

（1）预先危险分析的目的

① 识别与系统有关的主要危险及产生危险原因；

② 预测事故发生对人员和系统的影响；

③ 判别危险等级，并提出消除或控制危险性的对策措施。

预先危险分析方法通常用于对潜在危险了解较少，无法凭经验觉察其危险性的工艺项目的初期阶段。通常用于初步设计或工艺装置的研究和开发，当分析一个庞大现有装置或当环境无法使用更为系统的方法时，常优先考虑该方法。

（2）预先危险分析步骤

① 对所要分析系统的生产目的、物料等进行充分详细的了解；

② 根据过去的经验教训及同类行业生产中发生的事故（或灾害）情况对系统的影响、损坏程度，类比判断所要分析的系统中可能出现的危险因素；

③ 对确定的危险源进行分类，制作预先危险性分析表；

④ 研究危险因素转变为危险状态的触发条件和危险状态转变为事故（或灾害）的必要条件，进一步寻求消除或控制危险产生对策措施，并检验对策措施的有效性；

⑤ 进行危险性分级，排列出重点和轻、重、缓、急次序，以便处理；

⑥ 制定事故（或灾害）预防对策措施。

6.2.2.3 故障假设分析法

故障假设分析法是一种对系统工艺过程或操作过程的创造性分析方法。故障假设分析法一般要求评价人员用“what，if”为开头，提出与工艺安全有关的各种问题，并加以分析讨论。

通常，在分析过程中将所有的问题都记录下来，然后将问题分门别类。对正在运行的现役装置，一般是通过与操作人员进行交谈，获取设备故障或工艺参数变化的相关资料并提出问题，同时要考虑到任何与装置有关的不正常的生产条件（如开车、停车、检修和泄漏等）。

（1）故障假设分析目的　故障假设分析的目的是由经验丰富的人员识别系统工艺过程或操作过程的危险性和危险情况，或可能产生的意外事故，并提出降低危险性和避免产生事故的安全措施。

故障假设分析要求评价人员熟悉工艺规程，能对工艺设计、安装、技改或操作过程中可能产生的偏差进行正确分析检查，并提出消除或降低事故发生的安全措施。

（2）故障假设分析结果　评价结果一般以表格的形式给出，主要内容包括提出的问题、可能产生的后果、消除或降低危险性的安全措施。

（3）故障假设分析条件　故障假设分析法是一种较为灵活的评价方法，可用于工程或系统分析的各个阶段，因此与工艺过程有关的资料都有可能作为分析的资料。另外，对工艺的具体过程进行分析时，一般有2～3名评价人员即可完成。对一个复杂工艺进行分析时，需尽可能地将复杂工艺问题分解成若干个单元问题，针对每个单元提出并解决问题。

6.2.2.4 故障假设/检查表分析法

故障假设/检查表分析法是由具有创造性的假设分析法与安全检查表分析法组合而成的评价方法，它弥补了两种方法单独使用时的不足。安全检查表分析法是一种以经验为主的方法，用于安全评价的结果和结论，很大程度上取决于检查表编制人员的经验水平。如果检查表编制得不完整，评价人员就很难对危险性状况做出有效的分析；而故障假设分析方法鼓励评价人员思考工程或系统中潜在的危险性和可能的事故后果，弥补了检查表编制时由于经验不足而产生的问题；两种方法相结合，使得评价方法更加系统化，可用于工艺项目的任何阶段的评价。

故障假设/检查表分析法同样需要有丰富工艺经验的人员完成评价，常用于分析评价工艺过程中存在的危险和可能的事故隐患，通常是对过程的危险性进行初步分析，然后再用其他评价方法进行更详细的评价。

（1）分析目的　故障假设/检查表分析的目的是识别工程或系统潜在危险，考虑工艺或生产活动中可能发生的事故类型，定性评价事故的可能后果，确定现有的安全设施是否能够防止潜在事故的发生，提出消除或降低工艺操作危险的措施。

（2）评价结果　评价小组使用故障假设/检查表方法进行评价的结果，通常是编制一张潜在事故类型、影响、安全措施及响应对策的表格。

（3）资料和条件要求　使用故障假设/检查表分析方法时，要求评价人员熟悉工艺设计、操作、维护，完成这项工作所需的人数取决于工艺的复杂程度，在某种程度上，取决于被评价工艺所处的阶段（例如设计、运行等）。一般情况下需要的评价人员较少。

6.2.3　定量安全评价方法

6.2.3.1　定量风险评价法

定性评价在危险识别分析方面非常有价值，但这些方法仅是定性的，不能提供足够的量化指标，特别是不能对复杂的、存在危险的工艺流程或系统提供可靠的决策依据和足够的量化信息。定量风险评价可以将风险的大小完全量化，提供可靠的定量计算和评价指标，风险可以表征为事故发生的频率和事故的后果的乘积，因此定量风险评价能够为业主、投资者和政府管理者提供有力的定量化指标作为项目的决策依据。

（1）定量风险评价过程

① 危险分析　标出危险，列出引起危险的事故顺序，计算危险概率，确定危险概率等级。

② 风险评价　列出引起危险并导致事故的重要事件顺序，确定事故严重程度，确定危险程度等级，结合危险概率与严重程度计算风险。

③ 确定可接受的风险　可接受风险的级别应得到行业管理部门授权，特别是新系统的可接受的风险不应高于已有的常规系统。

④ 计算需要降低的风险。即：

$$\Delta R=\text{计算风险}-\text{可接受风险} \tag{6-8}$$

（2）风险级别的确定　定量风险评价的关键是确定实际风险级别和可接受的风险。

国际电气标准化组织（IEC）制定的 IEC 61508 标准，定义了四个安全度等级及每个等级对应的两个定量安全要求，包括对系统连续操作的目标故障率要求和对系统按照要求切换到安全功能的目标故障率要求。

对于危险品生产企业，建议根据企业的危险和有害因素、生产工艺、生产装置以及所处的社会环境等情况，按照三级以上安全度等级进行管理，以达到三级以上安全等级作为可接受的风险。

6.2.3.2　故障树分析法

故障树是一种描述事故因果关系的有方向的“树”，是安全系统工程中的重要的分析方法之一。它能对各种系统的危险性进行识别和评价，既适用于定性分析，又能进行定量分析。故障树分析法作为安全分析评价和事故预测的一种先进的科学方法，已得到国内外的公认并得到广泛采用。

20世纪60年代初期，美国贝尔电话研究所为研究民兵式导弹发射控制系统的安全性问题，开始对故障树进行开发研究，为解决导弹系统偶然事件的预测问题做出了贡献。

随之，波音公司的科研人员进一步发展了故障树分析法，使之在航空航天工业方面得到应用。20世纪60年代中期，该方法由航空航天工业发展到以原子能工业为中心的其他产业部门。目前此种方法已在许多工业部门得到运用。

故障树分析法不仅能分析出事故的直接原因，而且能找出事故的潜在原因，因此在工程或设备的设计阶段、在事故查询或编制新的操作方法时，都可以使用该方法对它们的安全性做出评价。

6.2.3.3 危险指数法

危险指数法是一种既可定性又可定量评价方法。通过评价人员对几种工艺现状及运行的固有属性（以作业现场危险度、事故概率和事故严重度为基础，对不同作业现场的危险性进行鉴别）进行比较计算，确定工艺危险特性重要性大小，并根据评价结果，明确进一步评价的对象。此方法使用起来可繁可简，形式多样。

常用的危险指数评价法有：危险度评价法，道化学火灾、爆炸危险指数法，蒙德法，化工厂危险程度分级法以及其他的危险等级评价法。

（1）危险度评价法　危险度评价法是借鉴日本劳动省“六阶段”的定量评价表，结合我国国家标准《石油化工企业防火设计规范》（GB 50160—2008）和《压力容器中化学介质毒性危害和爆炸危险程度分类》（HG 20660—2009）等技术规范标准对系统的危险度进行评价。

危险度评价法是通过对生产单元中的物质、容量、温度、压力和操作等项目的评价，得到反映系统总危险度的累计分值，再将累计分值与标准分值比较得到系统的危险度。

（2）化工厂危险程度分级法　该评价方法是以化工生产、危险品储存过程中的物质、物量指数为基础，用工艺、设备、厂房、安全装置、环境及工厂安全管理等系统系数修正后，得出工厂的实际危险等级。其主要特点如下：

a. 将工厂的火灾、爆炸危险和毒性危险综合在一起作为一个危险指数进行计算；

b. 将各单元的计算结果综合，得出整个工厂的危险指数值，并进行等级划分；

c. 利用有关标准，确定物质的火灾、爆炸危险指数和毒性危险指数。

6.2.4 事故分析评价法

6.2.4.1 事件树分析法

事件树分析是用来分析普通设备故障或过程波动（称为初始事件）导致事故发生的可能性。

事故是典型设备故障或工艺异常（称为初始事件）引发的结果。与故障树分析不同，事件树分析是使用归纳法，提供记录事故后果，并能确定导致事件后果事件与初始事件关系的系统性方法。

（1）事件树的编制

① 确定初始事件　初始事件可以是系统或设备的故障、人失误或工艺参数的偏离等可

能导致事故的事件。初始事件可以用两种方法确定：

a. 根据系统设计、系统危险性评价、系统运行经验或事故经验等确定；

b. 根据系统重大故障或事故的原因分析事故树，从其中间事件或初始事件中选择。

② 判定安全功能 系统中包含许多安全功能，在初始事件发生时消除或减轻其影响以维持系统的安全运行。

③ 发展和简化事件树 从初始事件开始，自左至右发展事件树。首先考察初始事件一旦发生时，应该最先起作用的安全功能，把发挥功能的状态画在上面的分枝；把不能发挥功能（又称故障或失败）的状态画在下面的分枝，直到到达系统故障或事故为止。

（2）事件树的分析

① 找出事故连锁 事件树的各分枝代表初始事件发生后可能的发展途径。一般导致系统事故的途径有很多，即有许多事故连锁。

② 找出预防事故的途径 事件树中，一般可以通过若干途径来防止事故发生。如果最终达到安全的途径的各安全功能都能发挥作用，则能够指导我们如何采取措施预防事故。

以有毒气体事件为例，其事件树如图 6-2 所示。

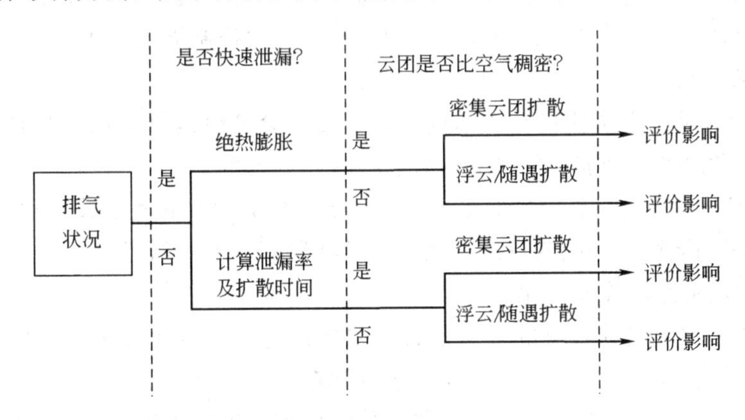

图 6-2 毒性气体事件树

事件树的定量化是计算每条事件序列发生的概率。首先需确定初始事件发生频率和各条事件概率，事件树概率则由各条事件序列概率矩阵综合计算分析求得。

6.2.4.2 事故后果模拟分析方法

火灾、爆炸、中毒是常见的重大事故，经常造成严重的人员伤亡和巨大的财产损失，影响社会安定。有关火灾、爆炸和中毒事故（热辐射、爆炸波、中毒）后果的分析，可以运用数学模型进行分析。通常一个复杂问题或现象的数学模型，往往是在一系列假设的前提下，按理想的情况建立，有些模型经过小型试验的验证，有的则可能与实际情况有较大出入，但对辨识危险性来说仍具有可参考价值。

6.3 危险品固有危险性评价

《化学品危险性评价通则》（GB/T 22225—2008）规定了化学品危险性评价的术语、定义、评价程序及评价化学品的范围，适用于化学品生产单位和进口单位对其生产或进口的化学品进行危险性评价。危险品固有危险性评价内容包括易燃、易爆、有毒、有害及腐蚀性等危险特性的评价。

6.3.1 评价程序和方法

6.3.1.1 评价程序

（1）评价准备 在评价工作的准备阶段，主要收集、整理所评价化学品的各种资料和数据，缺乏关键数据时，评价单位应向生产单位提出进行试验检测的要求，或向进口单位索取有关数据资料。

（2）危险性识别 根据所收集的危险品相关资料或试验检测数据，结合危险品的物理、化学性质，识别化学品的危险性。

（3）确定评价目标和内容

① 评价目标的确定

a. 确定化学品危险性的类别、标志及是否属于持久性、生物累积性和毒性化学品以及高持久性和高生物累积性化学品。

b. 评价化学品是否具有物理危险、健康危害和环境危害。

c. 对属于持久性、生物累积性和毒性危险品以及高持久性和高生物累积性危险品，应根据作业人员接触情况和向环境排放情况，提出化学品的控制措施或建议。

② 评价内容的确定

a. 物理危险 对危险品具有的物理危险，主要评价其可能具有的爆炸性、燃烧性、氧化性、高压气体危险性和金属腐蚀性等内容。

b. 健康危害 对危险品具有的健康危害，主要评价其急性毒性、皮肤腐蚀/刺激性、严重眼睛损伤/眼睛刺激性、呼吸或皮肤过敏、特异性靶器官系统毒性一次接触和反复接触以及致癌、致畸和生殖毒性等危害性。

c. 环境危害 对危险品具有的环境危害，主要评价其对水生环境的影响、对陆生环境的影响、对大气的影响、通过食物链积累产生的潜在影响、对污水处理系统的微生物活动的潜在影响以及持久性、生物累积性和毒性或高持久性和高生物累积性等危害性。

（4）固有危险性评价 根据确定的评价目标和评价内容，选择适合的评价方法，对危险品固有的危险性进行定性或定量评价，给出评价结果和评价结论，提出合理的消除或控制危险的措施或建议。

6.3.1.2 评价方法

危险品固有危险性的评价主要有两种方法，即试验评估和资料评估。

（1）试验评估 试验评估主要用于新化学品或无试验数据的化学品的评价。依据联合国《关于危险货物运输的建议书——试验和标准手册》标准要求，采用手册中给出的各种危险性评估试验方法与判据，对新化学物质进行试验检测和评价，得出该化学物质是否属于危险物质，并给出该物质的危险特性。

如评估某化学品是否具有爆炸性，一般需经过一系列试验确定，如隔板试验、克南试验、时间-压力试验、内部点火试验等，从而得出该化学品类别和危险特性。

同理对化学品燃烧性（包括自燃性、遇湿易燃性）、氧化性、腐蚀性等均有相应方法。

（2）资料评估 通过收集到的化学品相关资料数据对化学品进行评估是化学品危险性评价的主要方法。

① 有明确危险性分类的化学品的评价

a. 查询 GB 12268、GB 13690 等相关标准及联合国橘皮书，查出其分类号、UN 号、主要和次要危险性。如甲醇分类号为 32058，UN 号为 1230，主危险为易燃，次危险为有毒。

b. 通过安全技术说明书和数据库查阅其他危险性。如甲醇，对中枢神经系统有麻醉作用；对视神经的视网膜有特殊选择作用，可致盲；短时少量吸入出现轻度眼及上呼吸道刺激症状。皮肤长期接触可出现脱脂、皮炎等。

c. 提供综合评估结论。如甲醇危险性评估结论为：本品易燃、有毒、其蒸气与空气可形成爆炸性混合物，遇火源易发生燃烧爆炸；具有麻醉作用；可致盲；对呼吸道有刺激性；皮肤过敏；属 3.2 类中闪点易燃液体，分类编号为 32058，UN 号为 1230 等。

② 无明确危险性分类的化学品的评价

a. 确定物质状态及可能具有的危险性。

气体物质是否具有燃烧性、爆炸性和毒性；液体物质是否具有爆炸性、燃烧性（包括自燃性和遇湿易燃性）、氧化性、毒性、放射性和腐蚀性；固体物质是否具有爆炸性、燃烧性（包括自燃性和遇湿易燃性）、氧化性、毒性、放射性、腐蚀性。

b. 查阅各种资料或通过试验获取物质分类数据，并进行分类，根据分类判据确定可能具有的危险性，明确其具有的主、次危险。

c. 对化学品的危险性进行综合评估，提出评价结论。

6.3.2 危险品的危害性评价

国家环境保护总局 2004 年 4 月 13 日颁布《新化学物质危害评估导则》（HJ/T 154—2004），规定了新化学物质危害性评价的数据要求、评价方法、分级标准、评价结论的编写等事项。

（1）理化特性评价　理化特性评价是评估物质理化特性，包括物质的熔点、沸点、相对密度、蒸气压、表面张力、水溶性、脂溶性、pH 值、正辛醇/水分配系数、闪点、粒径等物理性质的相关数据。

同时，按照《化学品分类和危险性公示通则》（GB 13690—2009）和《化学品安全标签编写规定》（GB/T 15258—2009），评价物质是否具有爆炸性、是否属于易燃气体、高闪点液体、中闪点液体、低闪点液体、易燃固体、自燃性、遇湿易燃性、氧化剂或有机过氧化物类物质。

（2）急性毒性分级　对具有健康危害和环境危害的危险品，应根据急性毒性分级标准对其进行分级说明。急性毒性分级标准如表 6-7 所示。

表 6-7　经口、吸入、经皮急性毒性分级（大鼠）

毒性级别	经口 LC_{50}/(mg/kg)	经皮 LC_{50}/(mg/kg)	吸入 LC_{50}/(mg/L)
剧毒(++++)	≤5	≤50	气体：≤100×10⁻⁶ 蒸气尘：≤0.5 尘、雾：≤0.05
高毒(+++)	>5,≤50	>50,≤200	气体：>100×10⁻⁶,<500×10⁻⁶ 蒸气尘：>0.5,≤2.0 尘、雾：>0.05,≤0.5

续表

毒性级别	经口 LC_{50}/(mg/kg)	经皮 LC_{50}/(mg/kg)	吸入 LC_{50}/(mg/L)
中毒(++)	>50,≤300	>200,≤1000	气体:$>500\times10^{-6}$,$\leqslant2500\times10^{-6}$ 蒸气尘:>2.0,≤10 尘、雾:>0.5,≤1.0
低毒(+)	>300,≤2000	>1000,≤2000	气体:$>2500\times10^{-6}$,$<5000\times10^{-6}$ 蒸气尘:>10,≤20 尘、雾:>1.0,≤5.0
实际无毒(-)	>2000	>2000	气体:$>5000\times10^{-6}$ 蒸气尘:>20 尘、雾:>5.0

(3) 人体暴露预评价　根据环境管理的目标，进行人体暴露预评价主要考虑危险品在正常的生产、运输、使用等过程中，对公众的影响。

暴露预评价因子包括暴露因子和数量因子。暴露因子又进一步分为与物质固有性质有关的因素（A）组、与生产过程有关的因素（B）组和与非生产过程有关的因素（C）组。

① 暴露的评分基准　各组暴露的评分基准见表 6-8～表 6-10。

② 暴露因子分级　暴露因子的积分（S_{HE}）采用加权求和法进行计算。

$$S_{HE}=A+B+C=\sum A_i p_i+\sum B_j p_j+\sum C_k p_k \tag{6-9}$$

根据暴露因子的积分（S_{HE}）与积分最大值（$S_{HE_{max}}$）的比值（R_E）范围确定暴露因子的分级水平，即：

$$R_E=S_{HE_{max}},\quad 0\leqslant R_E\leqslant1$$

暴露因子（R_E）共分 3 级：高，$R_E\geqslant0.70$；中等，$0.40\leqslant R_E<0.70$；低，$R_E<0.40$。

数量因子（Q）共分 3 级：大，$Q\geqslant106$kg；中，104kg$\leqslant Q<106$kg；小，$Q<104$kg。

表 6-8　A 组评分基准

影响因素	可能的暴露贡献				权重值(p_i)	说　明
	高	中	低	可忽略		
物理化学性					3	
A_1 气体	3					
A_2 液体(沸点、蒸气压)	3	2	1	0		3(挥发度高),2(中),1(低),0(几乎不挥发)
A_3 固体(湿/干、粒度)	3	2	1			3(≤10μm,干),2(10～100μm,干),1(>100μm,干/湿)
A_4 溶解度	3	2	1	0		3(高),2(中),1(低),0(难溶)
A_5 逸出或排放时可清除性	3	2	1			3(不易),2(较易),1(易)
有利于减少暴露的毒理学性质					2	
A_6 刺激性	3	2	1	0		3(无),2(弱),1(较强),0(强)
A_7 腐蚀性	3	2	1	0		3(无),2(弱),1(较强),0(强)
可检测性					1	
A_8 气味	1	0				1(无),0(可)
A_9 检测方法的有效性	3	2	1	0		3(无方法),2(欠准确),1(尚可),0(有效)

表 6-9　*B* 组评分基准

影响因素	可能的暴露贡献				权重值 (p_i)	说　明
	高	中	低	可忽略		
生产过程中物质的情况					3	
B_1 原料	3	2	1	0		
B_2 主要中间产物(分离/未分离)	3	2	1	0		3(危害高),2(中),1(低),0(可忽略)
B_3 预期的产物	3	2	1	0		3(危害高),2(中),1(低),0(可忽略)
B_4 溶剂或其他稀料	3	2	1	0		3(危害高),2(中),1(低),0(可忽略)
生产过程的类型					1	
B_5 间歇/连续	3		1			3(间歇),(1)连续
生产系统					2	
B_6 设备:敞开/封闭	3	2	1			3(敞开),2(部分敞开),1(封闭)
B_7 工厂:露天/封闭	3	2	1			3(敞开),2(部分敞开),1(封闭)
生产作业场所的污染源						
B_8 物质的装载(逸散)	3	2	1	0		3(高),2(中),1(低),0(无)
B_9 排放液	3	2	1	0		3(量大),2(中),1(量小),0(无)
B_{10}渗漏(特别是气液)或固体逸散物	3	2	1	0		3(量大),2(中),1(低),0(无)

表 6-10　*C* 组评分基准

影响因素	可能的暴露贡献				权重值 (p_i)	说　明
	高	中	低	可忽略		
运输					2	
C_1 大容器(特别是液体和气体)		1				
C_2 有包装		2	1			2(无),1(有)
储存						
C_3 压力情况	3	2	1			2(带压),1(减压)
C_4 存放条件	3	2	1			3(露天),2(敞棚),1(仓库)
C_5 储存期间的装卸	3	2	1			3(散装,重新包装),2(有泄漏),1(低/无泄漏)
C_6 使用方式						3(社会上大量分散使用),2(社会上分散使用),1(特殊用户集中使用)
处置						
C_7 废料数量与形状	3	2	1			3(量大,易扩散),2(中等),1(量小不易扩散)
C_8 处理方法如焚烧、存储、再生/再循环/粉碎等	3	2	1	0		3(无合理处置),2(处理不善),1(尚可),0(极难)

(4) 生态毒害性评价

① 生态毒害性分级　根据对危险品试样的检测数据，可分别将危险品对生态的各种危害性划分为 4 级，即极高、高、中和低，并分别赋予 3、2、1 和 0 的分值。分级及赋分标准见表 6-11。

表 6-11 生态毒理学危害性分级标准

数据项目	危害性分级及赋分值			
	极高(3)	高(2)	中(1)	低(0)
急性毒性 LC_{50}/EC_{50}/(mg/L)	≤1	1～10	10～100	>100
鸟类 LC_{50}/(mg/L)	≤15	15～150	>150	
降解		不降解或难降解	固有生物降解	易降解
吸附/% 解吸/%		>75 ≤25	25～75 25～75	<25 >75
溞类 21 天延长毒性 NOEC/(mg/L)	≤0.01	0.01～0.1	0.1～1	>1
生物蓄积毒性 生物浓缩系数(BCF) 正辛醇/水的分配系数(POW)	 ≥1000 ≥10000	 100～1000 100～10000	 <100 <100	
溞类 14 天延长毒性 NOEC/(mg/L)	≤0.01	0.01～0.1	0.1～1	>1

② 综合生态危害性评价　根据各评价水平要求提供的危害性检测数据和分级赋分标准，以叠加方式计算，分别求得各评价水平综合生态危害性效应的总分值 S_{HE}：

$$S_{HE}=\sum_{i=1}^{n}i/\sum_{j=1}^{n}j \quad 0\leqslant S_{HE}\leqslant 1 \tag{6-10}$$

式中　S_{HE}——综合生态危害性效应的总分值；

i——各项生态危害性的分值；

j——各项生态危害性的最大分值；

n——生态危害性的项数。

综合生态危害性分级标准见表 6-12。

表 6-12 综合生态危害性分级标准

S_{HE}值	<0.30	0.30～0.70	≥0.70
综合生态危害性	低	中	高

(5) 环境暴露预评价

① 评价因子　环境暴露预评价因子包括危险品的数量及释放到环境中的潜在可能性和在环境中的残留期。

② 预评价因子的分级　环境暴露预评价因子中数量以年生产量或年进口量（即 Q 值）为依据，释放到环境中的潜在可能性以使用方式表示，在环境中的残留期以物质的半衰期为指标。环境暴露预评价因子的分级和赋分标准见表 6-13。

表 6-13 环境暴露预评价因子的分级和赋分标准

预评估分子 \ 赋分值	0	1	2	3	4	5
$Q/10^3$kg	<1	1～10	10～10^2	10^2～10^3	10^3～10^4	>10^4
使用方法	化工封闭系统	化工开放系统	特殊用户大量分散	社会上大量分散		
半衰期/d		<10	10～100	≥100		

③ 环境暴露预评价分级　根据表 6-13 中三项暴露指标的分级和赋分标准，以叠加方式

计算，求得环境暴露总分值 S_{EE}：

$$S_{EE}=a+b+c \tag{6-11}$$

式中　S_{EE}——环境暴露总分值；

a——数量的分值；

b——使用的分值；

c——半衰期的分值。

环境暴露分级标准见表 6-14。

表 6-14　环境暴露分级标准

S_{EE}值	≤4	5～7	≥8
暴露分级	低	中	高

（6）综合危害评价

① 健康危害评价分级　根据毒性综合评价和暴露预评价分级进行健康危害评价。健康危害共分 4 级：极高危害（＋＋＋＋）、高危害（＋＋＋）、中等危害（＋＋）、低危害（＋）。健康危害评价分级标准见表 6-15。

表 6-15　健康危害评价分级标准

综合毒性分级	暴露分级			
	极高(＋＋＋＋)	高(＋＋＋)	中(＋＋)	低(＋)
剧毒(＋＋＋＋)	＋＋＋＋	＋＋＋＋	＋＋＋	＋＋
高毒(＋＋＋)	＋＋＋＋	＋＋＋	＋＋	＋
中毒(＋＋)	＋＋＋	＋＋	＋＋	＋
低毒(＋)	＋＋	＋＋	＋	＋

② 生态环境危害分级　根据生态危害评价分级标准和环境暴露分级标准，进行环境危害等级划分。生态环境危害共分 5 级：极高（＋＋＋＋）、高（＋＋＋）、中（＋＋）、低（＋）、无（－）。生态环境危害等级划分标准见表 6-16。

表 6-16　生态环境危害等级划分标准

生态危害评估分级	环境暴露分级		
	高	中	低
高	＋＋＋＋	＋＋＋	＋＋
中	＋＋	＋＋	＋
低	＋＋	＋	－

6.3.3　危险源评价

危险源是可能造成人员伤害、财产损失、作业环境破坏或其他损失的根源或状态。即危险源是指一个系统中具有潜在能量和物质释放危险的、在一定的触发因素作用下可转化为事故的部位、区域、场所、空间、岗位或设备等危险场所。危险源是一切危害的根源，是能量、危险物质集中的核心，是能量传出或爆发的场所。危险源由三个要素构成：潜在危险性、存在条件和触发因素。

6.3.3.1　两类危险源评价

（1）第一类危险源　根据能量意外释放论，事故是能量或危险物质的意外释放，作用于人体的过量的能量或干扰人体与外界能量交换的危险物质是造成人员伤害的直接原因。因此，把系统中存在的、可能发生意外释放的能量或危险物质称为第一类危险源。在实际工作中，往往把产生能量的根源或拥有能量的载体作为第一类危险源来处理。常见的第一类危险源有以下几方面。

① 能产生或供给能量的装置、设备，如变电所、供热锅炉等；

② 使人体或物体具有较高势能的装置、设备、场所，如起重、提升机械，高度差较大的场所等；

③ 拥有能量的载体，如运动中的车辆、带电的导体等；

④ 可能产生巨大能量的装置、设备、场所，如强烈放热反应的化工装置，充满爆炸性气体的空间等；

⑤ 可能发生能量蓄积或突然释放的装置、设备、场所，如各种压力容器，易积累静电的场所；

⑥ 生产、加工、储存危险物质的装置、设备、场所，如炸药的生产、加工、储存设施、石油化工装置；

⑦ 能导致人体能量意外释放的物体，如物体的棱角、工件的毛刺、锋利的刀刃等。

第一类危险源具有的能量越多、包含的危险物质的量越大，发生事故时其后果越严重，其危险性越大。

(2) 第二类危险源　为了利用能量，在生产、生活中需要采取一定的约束措施来限制能量转化和释放，即必须控制危险源，防止能量意外释放产生危险或事故。实际上，在许多复杂因素的作用下，约束、限制能量的控制措施可能失效，对能量的屏蔽作用可能被破坏而导致事故发生。因此，把导致约束、限制能量措施失效或破坏的各种不安全因素称为第二类危险源，这些不安全因素涉及人、物和环境三个方面的问题。

① 人的因素　人的因素问题常采用术语“人失误”来表示。人失误是指人的行为结果偏离了预定的标准，人的不安全行为可被看作是人失误的特例。人失误可能直接破坏对第一类危险源的控制，造成能量或危险物质的意外释放。例如，由于操作失误合错了电源开关使检修中的线路带电；误开阀门导致有害气体泄漏等。人失误也可能造成物的故障，物的故障进而导致事故的发生。例如，超载起吊重物造成钢丝绳断裂，发生重物坠落事故。

② 物的因素　物的因素问题可以概括为物的故障。故障是指由于其性能低下不能实现预定功能的现象，物的不安全状态也可以看作是一种故障状态。物的故障可能直接使约束、限制能量或危险物质的措施失效而发生事故。例如，电线绝缘损坏发生漏电；管路破裂导致有毒有害物质泄漏等。有时一种物的故障可能导致另一种物的故障，最终造成能量或危险物质的意外释放。例如，压力容器的泄压装置故障，使容器内部介质压力上升，最终导致容器破裂。物的故障有时会诱发人失误；人失误会造成物的故障。

③ 环境因素　主要指系统运行的环境，包括温度、湿度、照明、粉尘、通风换气、噪声、振动等物理环境和社会环境。不良的物理环境会引起物的故障或人失误。例如，潮湿的环境会加速金属腐蚀而降低设备结构性能或容器的强度；工作场所强烈的噪声影响人的情绪，分散人的注意力而发生人失误。企业的管理制度、人际关系或社会环境影响人的心理，可能引起人失误。

三种因素的出现情况决定事故发生的可能性大小，第二类危险源出现得越频繁，发生事故的可能性越大。

（3）两类危险源的评价　两类危险源评价即分析系统中第一、二类危险源的存在形式及其相互作用关系。在事故的发生、发展过程中，两类危险源是相互依存、相辅相成的，两类危险源共同决定了危险源的危险性。第一类危险源在事故发生时所释放出的能量，是导致人员伤害或财物损坏的能量主体，它决定事故后果的严重程度；第二类危险源出现的难易程度决定了事故发生的可能性的大小。

① 第一类危险源的评价内容　第一类危险源危险性的评价，主要考察以下几方面情况：

a. 能量或危险物质的量　第一类危险源导致事故后果的严重程度，主要取决于事故时意外释放的能量或危险物质的多少。一般，第一类危险源拥有的能量或危险物质越多，则事故时可能意外释放的量也多。因此第一类危险源拥有的能量或危险物质的量是危险性评价中的最主要指标。

b. 能量或危险物质意外释放的强度　释放强度是指事故发生时单位时间内释放的能量大小。在意外释放的能量或危险物质的总量相同的情况下，释放强度越大，能量或危险物质对人员或物体的作用越强烈，造成的后果就越严重。

c. 能量的种类和危险物质的危险性　不同种类的能量造成人员伤害、财物破坏的机理不同，其后果也很不相同。燃烧爆炸性物质的理、化性质决定其导致火灾、爆炸事故的难易程度及事故后果的严重程度。工业毒物的危险性主要取决于其自身的毒性大小，在引起急性中毒的场合，常用半数致死剂量评价其毒性的大小。

d. 外释放的能量或危险物质的影响范围　事故发生时意外释放的能量或危险物质的影响范围越大，可能遭受其危害的人或物越多，事故造成的损失越大。例如，有毒有害气体泄漏时可能影响到下风向的很大范围。

② 第一类危险源的评价方法　第一类危险源危险性的评价方法主要有后果分析和划分危险等级两种方法。

a. 后果分析　是指通过详细的分析、计算意外释放的能量、危险物质造成的人员伤害和财物损失，定量地评价危险源的危险性。后果分析需要的数学模型准确度较高，需要的数据较多，计算复杂，一般仅用于危险性特别大的重大危险源的危险性评价。

b. 划分危险等级　划分危险等级是一种相对的危险源评价方法，它通过比较危险源的危险性，人为地划分出一些危险等级，来区分不同危险源的危险性，为采取危险源控制措施或进行更详细的危险性评价提供依据。危险等级越高，危险性越高。该方法简单易行，得到广泛应用。对采取了危险源控制措施后的评价，可以查明危险源控制措施的效果是否达到了预定的要求。如果采取了控制措施后危险性仍然很高，则需要进一步研究对策，采取更有效的措施降低危险性。

③ 第二类危险源的评价内容　第二类危险源评价，即危险源控制情况的评价，可以从以下几个方面来考虑：

a. 防止人失误的能力　必须能够防止在装配、安装、检修或操作过程中，发生可能导致严重后果的人失误。

b. 对失误后果的控制能力　一旦人失误可能引起事故时，应能控制或限制系统部件或元件的运行，以及与其他部件或元件的相互作用。

c. 防止故障传递能力　应能防止系统的一个部件或元件故障引起其他部件或元件的故障，从而避免连锁事故的发生。例如，电动机电路短路时保险丝熔断，防止烧毁电动机。

d. 失误或故障导致事故的难易　若发生一次失误或故障就直接导致事故，说明系统的设计、设备或工艺过程是不安全的。应保证至少有两次相互独立的失误（或故障，或一次失误与一次故障）同时发生才能引起事故。对于那些一旦发生事故将带来严重后果的设备、工艺必须保证同时发生两起以上的失误或故障才能引起事故。

e. 承受能量释放的能力　运行过程中偶尔可能产生高于正常生产水平的能量释放，系统或设备应能承受这种高能量释放。通常在压力罐上装有减压阀把罐内压力降低到安全压力，如果减压阀故障，则超过正常值的压力将强加于管路，为使管路能承受高压，必须增加管路的强度或在管路上增设减压阀。

f. 防止能量蓄积的能力　能量蓄积的结果将导致意外的能量释放。因此，应有防止能量蓄积的措施。如安全阀、破裂膜、可熔（断、滑动）连接等。

6.3.3.2　重大危险源评价

重大危险源评价即分析判断系统中危险物质的性质及其存量是否达到重大危险源规定的标准。

国家标准《危险化学品重大危险源辨识》（GB 18218—2009）规定了辨识和评价重大危险源的依据和方法，适用于危险品的生产、使用、储存和经营等各企业或组织对危险源的评价和管理。

（1）重大危险源的概念和特征

① 重大危险源的概念　重大危险源是指生产、储存、使用或者搬运危险化学品，且危险化学品的数量等于或者超过临界量的单元（包括场所和设施）。

② 重大危险源的特征　存在危险物品和具有足够大的驻留量是构成重大危险源的基本要素。其中，用以区分重大危险源与一般危险源的危险品驻留数量称为临界量（或阈限量）。单元是指危险品驻留、存储的设备、设施及场所。当某一单元的危险品驻留量大于或等于法定临界量即视为重大危险源。

我国将重大危险单元分成三种：

a. 储存易燃易爆、有毒有害危险品的储罐区（储罐）；

b. 储存易燃易爆、有毒有害物品的仓库区（库房或堆场）；

c. 生产加工、使用易燃易爆有毒有害的危险物品的生产经营场所（简称生产场所）。

（2）重大危险源的识别

① 识别危险品（能量）覆盖的范围（此范围均属于危险范围），对危险能量覆盖的时空范围，在充分估计各方面因素作用的条件下，绘制出平面或空间关系图和时间区域图。

② 识别危险能量的损害特性，有的只对人员产生伤害（如窒息缺氧、毒害），有的可能对人员和财物均产生损害，有的对环境和生态条件会产生长期的损害，或者是三者同时存在。

③ 危险品临界量的确定　重大危险源的辨识和评价依据是危险品的危险特性及其存在量，常见构成重大危险源的危险品名称及其临界量见表 6-17 和表 6-18。若一种危险化学品具有多种危险性，按其中最低的临界量确定。

表 6-17　危险品名称及其临界量

序号	类别	危险化学品名称和说明	临界量/t
1	爆炸品	叠氮化钡/叠氮化铅/雷酸汞	0.5
2		硝化甘油	1
3		三硝基苯甲醚/三硝基甲苯/硝酸铵	5
4		硝化纤维素	10
5	易燃气体	乙炔	1
6		丁二烯/氢/一甲胺	5
7		二甲醚/甲烷/氯乙烯/液化石油气/乙烯	50
8	毒性气体	光气	0.3
9		二氟化氧/二氧化氮/氟/磷化氢/锑化氢/硒化氢	1
10		甲醛（含量＞90％）/硫化氢/氯	5
11		氨/溴甲烷/环氧乙烷	10
12		砷化三氢（胂）	12
13		二氧化硫/氯化氢/煤气	20
14	易燃液体	苯/丙烯腈/二硫化碳	50
15		环氧丙烷/乙醚	10
16		汽油	200
17		苯乙烯/丙酮/环己烷/甲苯/甲醇/乙醇/乙酸乙酯/正己烷	500
18	易于自燃的物质	烷基铝/戊硼烷	1
19		黄磷	50
20	遇水放出易燃气体的物质	钾	1
21		钠	10
22		电石	100
23	氧化性物质	过氧化钾/过氧化钠/硝酸（发烟）	20
24		硝酸（＞70％）/发烟硫酸/氯酸钾/氯酸钠	100
25		硝酸铵（含可燃物≤0.2％）	300
26		硝酸铵基化肥	1000
27	有机过氧化物	过氧乙酸（含量≥60％）/过氧化甲乙酮（含量≥60％）	10
28	毒性物质	异氰酸甲酯	0.75
29		氟化氢/氯化硫/氰化氢	1
30		丙酮合氰化氢/丙烯醛/环氧氯丙烷/环氧溴丙烷/烯丙胺/溴	20
31		三氧化硫	75
32		甲苯二异氰酸酯	100

表 6-18　未在表 6-17 中列举的危险化学品类别及其临界量

类别	危险性分类及说明	临界量/t
爆炸品	1.1A 项爆炸品	1
	除 1.1A 项外的其他 1.1 项爆炸品	10
	除 1.1 项外的其他爆炸品	50

续表

类别	危险性分类及说明	临界量/t
气体	易燃气体：危险性属于2.1项的气体	10
	氧化性气体：危险性属于2.2项非易燃无毒气体且次要危险性为5类的气体	200
	剧毒气体：危险性属于2.3项且急性毒性为类别1的毒性气体	5
	有毒气体：危险性属于2.3项的其他毒性气体	50
易燃液体	极易燃液体：沸点≤35℃且闪点<0℃的液体；或保存温度一直在其沸点以上的易燃液体	10
	高度易燃液体：闪点<23℃的液体(不包括极易燃液体)；液态退敏爆炸品	1000
	易燃液体：23℃≤闪点<61℃的液体	5000
易燃固体	危险性属于4.1项且包装为Ⅰ类的物质	200
易于自燃的物质	危险性属于4.2项且包装为Ⅰ或Ⅱ类的物质	200
遇水放出易燃气体的物质	危险性属于4.3项且包装为Ⅰ或Ⅱ类的物质	200
氧化性物质	危险性属于5.1项且包装为Ⅰ类的物质	50
	危险性属于5.1项且包装为Ⅱ或Ⅲ类的物质	200
有机过氧化物	危险性属于5.2项的物质	50
毒性物质	危险性属于6.1项且急性毒性为类别1的物质	50
	危险性属于6.1项且急性毒性为类别2的物质	500

注：以上危险化学品危险性类别及包装类别依据GB 12268—2005确定，急性毒性类别依据GB 20592—2006确定。

(3) 重大危险源评价指标

① 重大危险源确定　单元内存在危险物质的数量等于或超过上表规定的临界量，即被定为重大危险源。单元内存在危险物质的数量根据处理物质种类的多少区分为以下两种情况：

a. 单元内存在的危险物质为单一品种，则该物质的数量即为单元内危险物质的总量，若等于或超过相应的临界量，则定为重大危险源。

b. 单元内存在的危险物质为多品种时，则按下式计算，若满足下面公式，则定为重大危险源：

$$\frac{q_1}{Q_1}+\frac{q_2}{Q_2}+\cdots\frac{q_n}{Q_n}\geqslant 1 \tag{6-12}$$

式中　q_1，q_2，…，q_n——每种危险物质实际存在量，t；

Q_1，Q_2，…，Q_n——与各危险物质相对应的生产场所或储存区的临界量，t。

② 评价指标的确定　重大危险源评价指标，采用单元内各种危险化学品实际存在（在线）量与其在《危险化学品重大危险源辨识》(GB 18218—2009) 中规定的临界量比值，经校正系数校正后的比值之和 R 作为分级指标。

$$R=\alpha\left(\beta_1\frac{q_1}{Q_1}+\beta_2\frac{q_2}{Q_2}+\cdots+\beta_n\frac{q_n}{Q_n}\right) \tag{6-13}$$

式中　β_1，β_2，…，β_n——与各危险化学品相对应的校正系数；

α——该危险化学品重大危险源厂区外暴露人员的校正系数。

a. 校正系数 β 的取值　根据单元内危险化学品的类别不同，设定校正系数 β 值，见表6-19。

表 6-19　不同危险品类别对应的校正系数 β 取值表

类别	毒性气体						爆炸品	易燃气体	其他
	$CO/SO_2/NH_3$	HCl/CH_3Br	Cl_2	H_2S/HF	NO_2/HCN	PH_3			
β	2	3	4	5	10	20	2	1.5	1

注：危险品类别依据《危险货物品名表》中分类标准确定；未在表中列出的有毒气体可按 $\beta=2$ 取值，剧毒气体可按 $\beta=4$ 取值。

b. 校正系数 α 的取值　根据重大危险源的厂区边界向外扩展 500m 范围内常住人口数量，设定厂外暴露人员校正系数 α 值，见表 6-20。

表 6-20　校正系数 α 取值表

厂外可能暴露人员数量	α	厂外可能暴露人员数量	α
100 人以上	2.0	1～29 人	1.0
50～99 人	1.5	0 人	0.5
30～49 人	1.2		

(4) 重大危险源分级标准　根据式(6-13) 计算得到的 R 值，按表 6-21 确定危险品重大危险源的级别。

表 6-21　危险化学品重大危险源级别和 R 值的对应关系

危险化学品重大危险源级别	R 值	危险化学品重大危险源级别	R 值
一级	$R\geqslant100$	三级	$50>R\geqslant10$
二级	$100>R\geqslant50$	四级	$R<10$

(5) 重大危险源评价标准

① 可容许个人风险标准　个人风险是指因危险品重大危险源各种潜在的火灾、爆炸、有毒气体泄漏事故，造成区域内某一固定位置人员的个体死亡概率，即单位时间内（通常为年）的个体死亡率。通常用个人风险等值线表示。

通过定量风险评价，危险品单位周边重要目标和敏感场所承受的个人风险应满足表6-22 中可容许个人风险标准要求。

表 6-22　可容许个人风险标准

重要目标和敏感场所类型	可容许风险(每年)
1. 高敏感场所(如学校、医院、幼儿园和养老院等)； 2. 重要目标(如党政机关、军事和文物区等)； 3. 特殊场所(体育场、交通枢纽地等)	小于 3×10^{-7}
1. 居住类高密度场所(居民区、宾馆等)； 2. 公共聚集类场所(如商场、饭店等)	小于 3×10^{-6}

② 可容许社会风险标准　社会风险是指能够引起大于等于 N 人死亡的事故累积频率（F），也即单位时间内（通常为年）的死亡人数。通常用社会风险曲线（F-N 曲线）表示，见图 6-3。如果社会风险水平在这个标准曲线以上，则认为这种风险是不可接受的；如果在这个标准曲线以下，则认为可以接受。

可容许社会风险标准采用 ALARP（as low as reasonable practice）原则作为可接受原

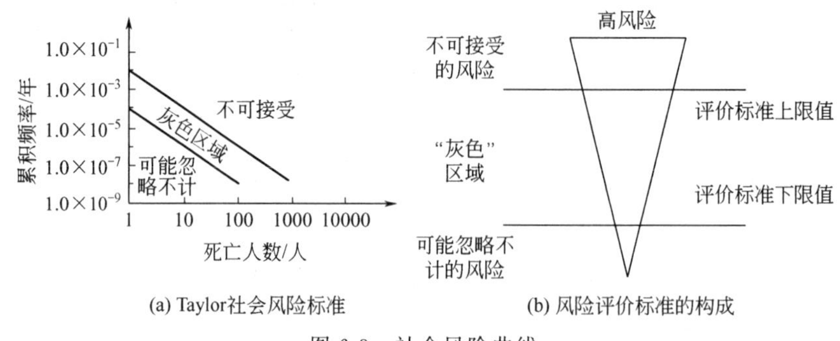

(a) Taylor社会风险标准　　(b) 风险评价标准的构成

图 6-3　社会风险曲线

则。ALARP 原则通过两个风险分界线将风险划分为 3 个区域，即不可容许区、尽可能降低区（ALARP）和可容许区。

a. 若社会风险曲线落在不可容许区，除特殊情况外，该风险无论如何不能被接受。

b. 若落在可容许区，风险处于很低的水平，该风险是可以被接受的，无需采取安全改进措施。

c. 若落在尽可能降低区，则需要在可能的情况下尽量减小风险，即对各种风险处理措施方案进行成本效益分析等，以决定是否采取这些措施。

6.4　危险品风险评价

危险品风险评价是确定某种化学物品从生产、运输、消耗直至最终进入环境的整个过程中，包括进入环境以后，对人体健康、生态系统造成危害的可能性及其后果，并根据风险评价结果，采取适当的管理措施降低或消除风险。

6.4.1　风险评价的内容和程序

6.4.1.1　风险和风险评价

（1）风险　风险是危险、危害事故发生的可能性与危险、危害事故严重程度的综合度量，是指生命与财产发生不幸事件的概率，是人们所不希望的事件产生后果的可能性。风险广泛存在于日常生活与工作之中，表征了在一定时间条件和空间范围内，事件发生的可能性，与时空条件和事件的性质有关，符合一定的统计规律。由于客观存在着产生不利后果的可能性，因此，可以把风险看作危险的根源。

风险按其成因可分为化学风险、物理风险和自然灾害引发的风险。

① 化学风险　是指对人类、动物和植物能产生毒害或不利作用的化学物品的排放、泄漏或易燃易爆物品的泄漏而引发的风险。

② 物理风险　是指由机械设备或机械结构的故障所引发的风险。

③ 自然灾害引发的风险　是指地震、火山、洪水、台风、滑坡等自然灾害带来的各种风险。

（2）风险评价　风险评价也称事故风险评价，是对风险可能带来的损失进行评估，提出减小风险的方案和措施，并以此进行项目决策和管理的过程。风险评价所考虑的是不确定性的危害事件或潜在的危险事件，这类事件具有概率特征，危害后果发生的时间、范围、强度等都难以事先预测。所以，风险评价主要是考虑与项目相联系的突发性灾难事故，包括易燃易爆物质、有毒物质和放射性物质在失控状态下的泄漏，大型技术系统（如桥梁、水坝等）的故障等。

危险品风险评价，要从危险品的生产技术、产量、危险品的毒理性质等方面进行综合考虑，同时应考虑人体健康效应、生态效应和环境效应。如果对于目前种类繁多的化学物品逐一进行风险评价，需要耗费大量的人力、物力和财力，因此，危险品风险评价应首先对化学物品分门别类地加以识别，根据其对人体健康和环境造成危害的相对大小进行排序，确定优先级别，并根据优先程度进行评价。

(3) 风险评价分类　按评价时间与风险事件发生的时间关系，风险评价可分为以下三种。

① 概率评价　即在风险事件发生前，预测某设施（或项目）可能发生的事故及其可能造成的环境风险或健康风险。

② 实时后果评价　即在事故发生期间，给出实时的有毒物质的迁移轨迹及实时浓度分布，以便做出正确的防护措施决策，减小事故的危害。

③ 事故后果评价　主要研究事故发生后对环境的影响。

6.4.1.2 风险评价程序

一个完整的风险评价程序主要分为四个阶段：风险识别、后果计算、风险评价和风险管理。风险评价程序见表 6-23。

(1) 风险识别　风险识别阶段主要进行危害甄别、危害分析和事故频率估算。通过危害识别，确定事故风险是火灾、爆炸，还是有毒有害物质释放。对于有毒有害物质的释放风险，需确定释放物质的种类、释放量、释放时间、物质行为和释放的频率，确定评价等级、评价范围、评价时间跨度和评价人群。

表 6-23 危险品环境风险评价程序

评价步骤	评价对象	评价方法	评价目的
风险识别 源项分析	原辅材料、半成品、成品	检查表法 评分法、概率评价法	确定风险因素 确定风险类型
	识别危险因素和风险类型	定性：类比法、加权法 定量：指数法、概率法、事故树法	确定最大可信事故及其概率
后果计算	最大可信事故	综合损害计算	确定危害程度及危害范围
风险评价	最大可信事故风险	外推法、等级评价法	确定风险值和可接受水平
风险可接受水平	可接受风险不可接受风险水平	代价利益分析	确定减小风险措施
风险管理应急措施	事故现场周围影响区	类比法、模拟法	事故损失减小至最小

(2) 后果计算　后果计算是确定污染途径、照射剂量估算、剂量-效应评价的风险和后果，如估算有毒有害物质在环境中的迁移、扩散、浓度分布及人员受到照射的剂量。

(3) 风险评价　风险评价主要给出风险的计算结果以及评价范围内某给定群体的致死率或有害效应的发生率。

(4) 风险管理　风险管理是根据风险评价结果，采取适当的管理措施，以降低或消除风险。

6.4.2 风险评价方法

6.4.2.1 风险识别

危险品风险识别是风险评价的主要任务和基础工作，是风险评价的首要步骤。它是运用因果分析的原则，采用筛选、监控、诊断的方法从复杂的系统中找出具有风险的因素的过程。

（1）风险识别的目的　风险识别的目的就是要回答系统中有哪些重大的风险需要评价。潜在的风险源是什么。从而合理地缩小系统风险事件多而引起的不确定性。风险识别的准确程度直接影响到风险评价的质量。

（2）风险识别步骤　危险品风险识别是用定性与定量的分析方法，对系统中潜在的危险因素进行分析，主要包括对风险物质的筛选及其潜在危害分析；确定具有潜在危害的单元、子系统或系统；确定潜在的危害类型、可能的危害及其转移途径；同类危害类型的事故统计分析。风险识别的范围和对象涉及整个系统，包括物质、设备、装置、工艺及其相关的单元。与之相应的要进行物质危险性、工艺过程及反应危险性、设备装置危险性和储运危险性的识别与评价。风险识别的主要步骤如下。

① 系统、子系统和单元的划分。

② 以定性分析为主，进行危险性识别。

③ 对所识别的危险源的定量表征，筛选和确定最大可信灾害事故。

（3）风险识别方法　危险品风险识别就是通过定性分析与经验判断识别评价系统的危险源、危险类型、可能的危险程度，确定主要风险源。风险识别的方法有专家调查法、幕景分析法、安全分析法和故障树-事件树分析法。

① 专家调查法　专家调查法是按照规定的程序对有关问题进行调查。可尽量准确地反映出专家的主观估计能力，是经验调查法中比较可靠、具有一定科学性的方法。

② 幕景分析法　幕景分析法是一种能帮助识别关键因素的方法。它可提醒决策者注意某种措施可能引发的风险或危害性后果；提供需要进行监控的风险范围；研究某些关键性因素对未来的影响；处理各种相互矛盾的情形。

幕景分析法通常将筛选、监测和诊断应用于环境风险识别之中。筛选是用某种程序将具有潜在性的危险产品、过程和现象进行分类选择的风险识别过程。监测是对应于某种危险及其后果，对产品、过程和现象进行观测、记录和分析的过程。诊断是根据症状或其后果，找出可疑的原因，并进行仔细的分析和检查。筛选、监测和诊断从不同的侧面对风险进行识别。三种过程均使用相同的元素，只是顺序上存在差别。

③ 安全分析法　安全分析法是与安全系统工程相适应的一种系统分析方法。它将风险评价研究对象视为一个由相互作用、相互依赖、相互制约的，由多个能进一步分解为若干个单元的子系统结合而成的，具有特定功能的有机整体，可以运用系统分析理论，实现对系统的组织管理，为完成某项特定的任务提供决策、方案、方法和顺序等。

安全系统工程是在设定的环境、时间、劳力、成本、能源和效益的条件下，使系统的功能和风险优化组合，达到可接受的水平。

④ 故障树-事件树分析法　故障树分析法是利用图解的形式将大的故障分解成各种小的故障，并对各种引起故障的原因进行分解。由于图的形状像树枝一样，越分越多，故形象地称为故障树。这是环境风险分析中常用的方法。

在应用故障树之前，先将复杂的环境风险系统分解为比较简单的、容易识别的小系统。例如可以把建设化工厂的环境风险分解为化学风险、物理风险等。化学风险可分解为：有毒原料的输送和储存，某个生产线上单元反应过程的控制和有毒物料的单元操作，有毒成品的储存和外运等。分解的原则是将风险问题单元化、明确化。

事件树分析是从初因事件出发，按照事件发展的时续，分成阶段，对后继事件一步一步地进行分析；每一步都从可能与不可能两种或多种可能的状态进行考虑，最后直到用水平树状图表示其可能后果的一种分析方法，以定性、定量地了解整个事故的动态变化过程及其各种状态的发生概率。

（4）风险识别的原则　危险品风险识别应遵循以下原则。

① 科学性　危险、有害因素的识别是分辨、识别、分析确定系统内存在的危险，而并非研究防止事故发生或控制事故发生的实际措施。它是预测安全状态和事故发生途径的一种手段。

② 系统性　危险、有害因素存在于生产活动的各个方面，因此要对系统进行全面、详细的剖析，研究系统和系统及子系统之间的相关和约束关系，分清主要危险、有害因素及其相关的危险、有害性。

③ 全面性　识别危险、有害因素时不要发生遗漏，以免留下隐患。要从厂址、自然条件、总图布置、运输、建构筑物、工艺过程、生产设备装置、特种设备、公用工程、安全管理系统、设施、制度等各方面进行分析、识别；不仅要分析正常生产运转、操作中存在的危险、有害因素，还要分析、识别开车、停车、检修，装置受到破坏及操作失误情况下的危险、有害后果。

④ 预测性　对于危险、有害因素的事故模式，还要分析其触发事件，亦即危险、有害因素出现的条件或设想。

6.4.2.2　风险源项分析

通过风险源项分析，了解整个系统中潜在危险，找出事故原因和规律、发生概率，从而对系统进行调整和改进，消除潜在危险，以达到系统的安全最优化。源项分析的目的是通过对危险、危害分析，确定最大可信事故、事故发生概率和危险性物质泄漏量。

（1）源项分析步骤　通常将源项分析分为两个阶段，前一阶段以定性分析为主，后一阶段以定量为主。一般包括以下几个步骤：

① 划分各功能单元　通常将各功能系统划分为功能单元，每一个功能单元至少应包括一个危险性物质的主要储存容器或管道。并且每个功能单元与所有其他单元有分隔开的地方，即有单一信号控制的紧急自动切断阀。

② 筛选危险物质，确定风险评价因子　分析各功能单元涉及的有毒有害、易燃易爆物质的名称和储量，主要列出各单元所有容器和管道中的危险物质清单，包括物料类型、相态、压力、温度、体积或重量。

③ 事故源项分析和最大可信事故筛选　根据清单，采用事件树或事故树法，或类比分析法，分析各功能单元可能发生的事故，确定其最大可信事故和发生概率。

④ 估算各功能单元最大可信事故泄漏量和泄漏率。

（2）泄漏设备分析　在危险品生产、使用和储运中，由于设备损坏或操作失误引起有毒有害、易燃易爆物质泄漏，将会导致火灾、爆炸、中毒，继而污染环境，伤害厂外区域人群和生态。因此泄漏分析是源项分析的主要对象。泄漏必然涉及设备，在风险评价中生产设备泄漏可概括为以下几种设备类型：

① 管道　包括管道、法兰、接头、弯管，典型泄漏事故为法兰泄漏、管道泄漏、接头损坏。

② 挠性连接器　包括软管、波纹管、铰接臂，典型泄漏事故为破裂泄漏、接头泄漏、

连接机构损坏。

③ 过滤器　包括滤器、滤网，典型事故为滤体泄漏和管道泄漏。

④ 阀　包括球阀、栓、阻气门、保险、蝶形阀，典型事故为壳泄漏、盖孔泄漏、杆损坏泄漏。

⑤ 压力容器、反应槽　包括分离器、气体洗涤器、反应器、热交换器、火焰加热器、接收器、再沸器，典型事故为容器破裂泄漏、进入孔盖泄漏、喷嘴撕裂、仪表管路破裂、内部爆炸。

⑥ 泵　包括离心泵、往复泵，典型事故为机壳损坏、密封压盖泄漏。

⑦ 压缩机　包括离心式压缩机、轴流式压缩机、往复式/活塞式压缩机，典型事故为机壳损坏、密封套泄漏。

⑧ 储罐　包括储罐连接管部分和周围的设施，典型事故为容器损坏，接头泄漏。

⑨ 储存器　包括压力容器、运输容器、冷冻运输容器、埋设的或露天储存器，典型事故为气爆、破裂、焊接点断裂。

⑩ 放空燃烧装置/放空管　包括多歧接头、气体洗涤器、分离罐，典型事故为多歧接头泄漏或超标排气。

(3) 泄漏物质性质分析　风险分析应确定每种泄漏事故中泄漏的物质性质，如相（气体、液体或两相）、压力、温度、易燃性、毒性。由上述性质结合的几种泄漏物在风险评价中特别重要。

(4) 风险定量分析　风险的定量分析是以实际经验和生产知识为基础、运用逻辑推理的过程去识别危险性并进行定量计算分析，其目的是对风险识别的主要危险源做进一步的分析、筛选，以确定最大可信灾害事故及其事故源项，为事故的风险评价提供依据。定量分析方法主要为指数法和概率法。指数法依据原料、产品、中间体物质特性、数量、工艺特征、操作过程、环境等指标计算危险性数值，进行危险级别的划分。

① 火灾、爆炸危险指数

$$F(\mathrm{FI})=M_{\mathrm{F}}\times\frac{100+P}{100}\times\frac{100+S}{100} \tag{6-14}$$

式中　$F(\mathrm{FI})$——火灾、爆炸危险指数；

M_{F}——单元中重要物质的物质系数；

P——一般工艺危险系数之和；

S——特殊工艺危险系数之和。

② 毒性危险指数

$$T_1=\frac{T_{\mathrm{h}}}{100}\times\frac{P+S+W}{10} \tag{6-15}$$

式中　T_1——毒性危险指数；

T_{h}——工艺中最危险物质的毒性系数；

P——一般工艺危险系数之和；

S——特殊工艺危险系数之和；

W——工艺过程毒性系数之和。

③ 根据项目所采取的安全措施和方法，确定火灾、爆炸、毒性危险指数补偿系数，降低和消除危险。

6.4.2.3 后果分析

后果分析就是通过对最大可信灾害事件的源项参数条件——事件所致的泄漏状况、泄出物质的相态和理化毒理特性、泄出物的转移方式和途径、泄出物可能造成灾害的类型的计算和事件发生后对环境、生物和人、财产的不利影响分析，为风险预测评价提供依据。通过最大可信灾害事件风险评价，可确定系统风险的可接受程度。如果最大可信灾害事件风险值超出可接受水平，需要采取降低系统风险的措施，否则是不可接受的。

以有毒有害化学物品的泄漏事件为例，其后果分析步骤如下：

（1）最大可信灾害事件分析；

（2）确定典型泄漏　通过最大可信灾害类型的分析，确定典型泄漏类型；

（3）确定泄漏物性质　泄漏物的相、压力、温度、易燃性和毒性；

（4）泄漏所致后果判断　采用事故情况判断图进行判断；

（5）泄漏后果分析　主要是对泄漏物质的排放速度、扩散性质和危害进行计算；

（6）直接释放特性分析　根据泄漏物质的特性和原有条件，确定泄漏物进入环境的初始源强和释放早期特点；

（7）后果危害分析　分析泄漏的有害物质在周围环境的水体、大气中的扩散，在土壤中的迁移转化或引起火灾、爆炸所造成的后果；

（8）扩散途径或危害类型；

（9）后果综述。

6.4.2.4 风险评价

（1）风险评价指标　风险评价常以风险判别指标（简称指标）或判别准则的目标值来确定，是用来衡量系统风险大小以及危险、危害性是否可接受的尺度。常用的指标有安全系数、安全指标或失效概率等。

衡量风险大小的指标是风险率（R），它等于事故发生的概率（P）与事故损失严重程度（S）的乘积：

$$R=PS \tag{6-16}$$

由于概率值难以取得，常用频率代替概率，这时上式可表示为：

$$风险率=\frac{事故次数}{单位时间}\times\frac{事故损失}{事故次数}=\frac{事故损失}{单位时间} \tag{6-17}$$

式中，单位时间可以是系统的运行周期，也可以是一年或几年；事故损失可以表示为死亡人数、事故次数、损失工作日数或经济损失等；风险率是二者之商，可以定量表示为百万工时死亡事故率、百万工时总事故率等，对于财产损失可以表示为千人经济损失率等。

在判别指标中，特别值得说明的是风险的可接受指标。在安全评价中不是以危险性、危害性为零作为可接受标准，而是以合理的、可接受的指标作为可接受标准。指标不是随意规定的，而是根据具体的经济、技术情况和对危险、危害后果，危险、危害发生的可能性（概率、频率）和安全投资水平进行综合分析、归纳和优化，通常依据统计数据，有时也依据相关标准，制定出的一系列有针对性的危险危害等级、指数，以此作为要实现的目标值，即可接受风险。

可接受风险是指在规定的性能、时间和成本范围内达到的最佳可接受风险程度。

随着与国际并轨的需要，在安全评价中经常采用一些国外的定量评价方法，其指标反映了评价方法制定国（或公司）的经济、技术和安全水平，一般是比较先进的。采用这类指标时必须考虑我国国情，对国外评价指标进行必要的修正，否则会得出不符合实际情况的评价结果。

（2）风险管理的评价　风险管理和风险防范与减缓措施的评价主要有以下几方面。

① 选址、总图布置和建筑安全防范措施　厂址与周围居民区、环境保护目标之间是否设置卫生防护距离，厂区周围工矿企业、车站、码头、交通干道等是否设置安全防护距离和防火间距。厂区总平面布置是否符合防范事故要求，有无应急救援设施及救援通道、应急疏散及避难所。

② 危险化学品储运安全防范及避难所　是否对储存危险化学品数量构成危险源的储存地点、设施和储存量提出要求，与保护目标的距离是否符合国家有关规定。

③ 工艺技术设计安全防范措施　是否设有自动监测、报警、紧急切断及紧急停车系统；有无防火、防爆、防中毒等事故处理系统；有无应急救援设施及救援通道；有无应急疏散通道及避难所。

④ 自动控制设计安全防范措施　有无可燃气体、有毒气体检测报警系统和在线分析系统。

⑤ 有无电气、电信安全防范措施。

⑥ 有无消防及火灾报警系统。

⑦ 有无紧急救援站或有毒气体防护站设计。

⑧ 有无事故应急预案　事故应急预案应根据全厂（或工程）布局、系统关联、岗位工序、毒害物性质和特点等要素，结合周边环境及特定条件以及环境风险评价结果制订。

6.5 职业卫生评价

危险品的生产、储存、运输、使用过程，可能发生各种人身伤害和财产损失的事故，同时，还可能发生因直接或间接接触人体而造成各种伤害。充分识别、评价和预测职业病危害因素的危害性质、程度、作用条件、作用方式、防护水平等，并对其远期影响的危险度进行估测，辨识和控制各种职业卫生危害因素，为提高职业卫生水平服务，是危险品安全评价的重要内容。涉及危险品操作的职业卫生评价的工作主要是分析、辨识职工在危险品生产、储存、运输、使用等环节中的有害因素，如中毒、窒息、粉尘、噪声、高温、低温、高处作业以及女职工保护等，根据检测数据，按照国家的相关标准分级评价其危害程度，提出控制和消除这些职业危害的安全措施，以保护职工的健康。

6.5.1 职业卫生评价依据

6.5.1.1 职业卫生评价的相关法律、法规规定

（1）针对建设项目的职业病危害评价　《中华人民共和国职业病防治法》规定：新建、扩建、改建建设项目和技术改造、技术引进项目可能产生职业病危害的，建设单位在可行性论证阶段应当向卫生行政部门提交职业病危害预评价报告。未提交预评价报告或者预评价报告未经卫生行政部门审核同意的，有关部门不得批准该建设项目。建设项目在竣工验收前，建设单位应当进行职业病危害控制效果评价。建设项目竣工验收时，其职业病防护设施经卫生行政部门验收合格后，方可投入正式生产和使用。职业病危害预评价、职业病危害控制效果评价由依法设立的取得省级以上人民政府卫生行政部门资质认证的职业卫生技术服务机构进行。并规定了相应的法律责任。

（2）针对生产过程中的职业病危害评价　《中华人民共和国职业病防治法》中规定：用人单位应当按照国务院卫生行政部门的规定，定期对工作场所进行职业病危害因素检测、评价。检测、评价结果存入用人单位职业卫生档案，定期向所在地卫生行政部门报告并向劳动者公布职业病危害因素检测、评价，由依法设立的取得省级以上人民政府卫生行政部门资质认证的职业卫生技术服务机构进行。国务院《使用有毒物品作业场所劳动保护条例》中规定：用人单位应当按照国务院卫生行政部门的规定，向卫生行政部门及时、如实申报存在职业中毒危害项目。从事使用高毒物品作业的用人单位，在申报使用高毒物品作业项目时，应当向卫生行政部门提交职业中毒危害控制效果评价报告等有关资料，用人单位应当按照国务院卫生行政部门的规定，定期对使用有毒物品作业场所职业中毒危害因素进行检测、评价。从事使用高毒物品作业的用人单位应当至少每一个月对高毒作业场所进行一次职业中毒危害因素检测；至少每半年进行一次职业中毒危害控制效果评价。

（3）针对职业病防护设施及防护用品的提供和使用　《中华人民共和国职业病防治法》中规定：用人单位必须采用有效的职业病防护设施，并为劳动者提供个人使用的职业病防护用品。用人单位为劳动者个人提供的职业病防护用品必须符合防治职业病的要求；不符合要求的，不得使用。国务院《使用有毒物品作业场所劳动保护条例》中规定：用人单位应当为从事使用有毒物品作业的劳动者提供符合国家职业卫生标准的防护用品并确保劳动者正确使用。

（4）针对职业病危害事故的调查　《中华人民共和国职业病防治法》中规定：发生或者可能发生急性职业病危害事故时，用人单位应当立即采取应急救援和控制措施，并及时报告所在地卫生行政部门和有关部门。卫生行政部门接到报告后，应当及时会同有关部门组织调查处理，必要时可以采取临时控制措施。《职业病危害事故调查处理办法》中规定：县级以上卫生行政部门负责本辖区内职业病危害事故的调查处理。重大和特大职业病危害事故由省级以上卫生行政部门会同有关部门和工会组织，按照规定的程序和职责进行调查处理。

（5）针对职业健康监护问题　《中华人民共和国职业病防治法》中规定：对从事接触职业病危害的作业的劳动者，用人单位应当按照国务院卫生行政部门的规定组织上岗前、在岗期间和离岗位时的职业健康检查，并将检查结果如实告知劳动者。用人单位不得安排未经上岗前职业健康检查的劳动者从事接触职业病危害的作业；不得安排有职业禁忌的劳动者从事其所禁忌的作业；对在职业健康检查中发现有与从事的职业相关的健康损害的劳动者，应当调离原工作岗位，并妥善安置；对未进行离岗前职业健康检查的劳动者不得解除或者终止与其订立的劳动合同。国务院《使用有毒物品作业场所劳动保护条例》中也做了相应规定。《职业健康监护管理办法》中对职业健康监护、职业健康检查项目及周期、职业健康检查表等均做了具体规定。

6.5.1.2　职业卫生评价的主要依据

职业卫生评价的主要法律法规依据有《中华人民共和国职业病防治法》（2011 年 12 月 31 日主席令第 52 号）、《使用有毒物品作业场所劳动保护条例》、《放射性同位素与射线装置放射防护条例》、《职业病危害项目申报管理办法》、《建设项目职业病危害分类管理办法》、《职业性健康监护管理办法》、《职业病危害事故调查处理办法》、《放射工作卫生防护管理办法》、《职业病目录》、《职业病危害因素分类目录》、《建设项目职业病危害评价规范》、《工业企业设计卫生标准》（GBZ 1—2010）、《工作场所有害因素职业接触限值》（GBZ 2—2007）、《职业性接触毒物危害程度分级》（GBZ 230—2010）、《有毒作业场所危害程度分级》（AQ/T

4208—2010)、《有毒作业分级》(GB 12331—1990)、《噪声作业分级》(LD 80—1995)、《粉尘作业场所危害程度分级》(GB/T 5817—2009)、《高温作业分级》(GB/T 4200—2008)等。

6.5.2 有毒作业职业卫生评价

国家标准《有毒作业分级》(GB 12331—1990)是有毒作业卫生评价的主要依据。

6.5.2.1 基本概念

(1) 生产性毒物　在生产中使用和产生、并在作业时以较少的量经呼吸道、皮肤、口进入人体，与人体发生化学作用，而对健康产生危害的物质。

(2) 工作地点　职工为观察、操作和管理生产过程而经常或定时停留的地点。

(3) 有毒作业　职工在存在生产性毒物工作地点从事生产劳动的作业。

(4) 有毒作业劳动时间　在一个工作日内，职工在工作地点实际接触生产性毒物的作业时间。

(5) 毒物浓度超标倍数　工作地点空气中毒物的浓度超过该种生产性毒物最高容许浓度的倍数。

(6) 职业接触限值　职业接触限值是职业性有害因素的接触限制量值，指劳动者在职业活动过程中，长期反复接触对机体不引起急性或慢性有害健康影响的容许接触水平。化学因素的职业接触限值可分为最高容许浓度、时间加权平均容许浓度和短时间接触极限容许浓度3类。

① 最高容许浓度　是指在工作地点、一个工作日内，任何时间均不应超过的有毒化学物质的浓度。

② 时间加权平均容许浓度　是指以时间为权数规定的8h工作日内的平均容许接触水平。

③ 短时间接触极限容许浓度　是指一个工作日内，任何一次接触不得超过的15min时间加权平均的容许接触水平。

(7) 工作场所　工作场所指劳动者进行职业活动的全部地点。

6.5.2.2 有毒作业分级标准

根据《有毒作业分级》规定，有毒作业分级标准见表6-24。

表6-24　有毒作业分级标准表

指数范围	级别	指数范围	级别
$C \leqslant 0$	零级(安全作业)	$24 < C \leqslant 96$	三级(高度危害作业)
$0 < C \leqslant 6$	一级(轻度危害作业)	$C > 96$	四级(极度危害作业)
$6 < C \leqslant 24$	二级(中度危害作业)		

表中，分级指数C的计算：

$$C = DLB \tag{6-18}$$

式中　D——毒物危害程度级别权系数，见表6-25；

L——有毒作业劳动时间权系数，见表6-26；

B——毒物浓度超标倍数。

$$B = \overline{M_c}/M_s - 1 \tag{6-19}$$

式中　$\overline{M_c}$——测定的毒物浓度均值，mg/m^3；

M_s——国家规定的毒物车间空气中的最高允许浓度，mg/m^3。

表 6-25 毒物危害程度级别权系数

毒物危害程度级别	D
Ⅰ(极度危害)	8
Ⅱ(高度危害)	4
Ⅲ(中度危害)	2
Ⅳ(轻度危害)	1

表 6-26 有毒作业劳动时间权系数

有毒作业劳动时间/h	L
≤2	1
>2～5	2
>5	3

6.5.2.3 有毒作业分级评价步骤

（1）根据分析、辨识的生产性毒物种类，了解它们的理化性质数据、毒性、对人体健康的危害、防护措施等。

（2）了解接触生产性毒物的工作场所、人员和接触时间。

（3）整理生产性毒物的检测数据（或同类装置的类比数据），查出生产性毒物的最高容许浓度 M_s，计算出实测浓度平均值$\overline{M}_c$。

（4）确定每一工作场所、每一岗位的毒物 D、L、B 值；根据计算出的 B 值，查表确定毒物危害程度的级别（表格法）；计算 C 值，确定毒物危害程度级别（指数法）。

（5）列出有毒作业分级表。

6.5.3 职业性接触毒物危害评价

职业性接触毒物系指工人在生产中接触以原料、成品、半成品、中间体、反应副产物和杂质等形式存在，并在操作时可经呼吸道、皮肤或经口进入人体而对健康产生危害的物质。《职业性接触毒物危害程度分级》（GBZ 230—2010），是职业性接触毒物危害程度评价的主要依据。

6.5.3.1 职业性接触毒物危害程度分级

（1）分级原则 职业性接触毒物危害程度分级，是以急性毒性、急性中毒发病状况、慢性中毒患病状况、慢性中毒后果、致癌性和最高容许浓度六项指标为基础的定级标准。分级原则是依据六项分级指标综合分析，全面权衡，以多数指标的归属定出危害程度的级别，但对某些特殊毒物，可按其急性、慢性或致癌性等突出危害程度定出级别。

（2）分级依据

① 急性毒性 以动物试验得出的呼吸道吸入半数致死浓度（LC_{50}）或经口、经皮半数致死量（LD_{50}）的资料为准，选择其中 LC_{50}或 LD_{50}最低值作为急性毒性指标。

② 急性中毒发病状况 是一项以急性中毒发病率与中毒后果为依据的定性指标；可分为易发生、可发生、偶尔发生中毒及不发生急性中毒四级。将易发生致死性中毒或致残定为中毒后果严重；易恢复的定为预后良好。

③ 慢性中毒患病状况 一般以接触毒物的主要行业中，工人的中毒患病率为依据；但在缺乏患病率资料时，可取中毒症状或中毒指标的发生率。

④ 慢性中毒后果 依据慢性中毒的结局，分为脱离接触后，继续进展或不能治愈、基本治愈、自行恢复四级。并可依据动物试验结果的受损病变性质（进行性、不可逆性、可逆性）、靶器官病理生理特性（修复、再生、功能储备能力），确定其慢性中毒后果。

⑤ 致癌性 主要依据国际肿瘤研究中心公布的或其他公认的有关该毒物的致癌性资料，确定为人体致癌物、可疑人体致癌物、动物致癌物及无致癌性。

⑥ 最高容许浓度　主要以 GBZ 1—2010《工业企业设计卫生标准》中表 4 车间空气中有害物质最高容许浓度值为准。

⑦ 按职业接触毒物危害程度分级依据见表 6-27，分为极度危害、高度危害、中度危害和轻度危害四级。

表 6-27　职业接触毒物危害程度分级依据

指　标		分　级			
		Ⅰ（极度危害）	Ⅱ（高度危害）	Ⅲ（中度危害）	Ⅳ（轻度危害）
急性中毒	吸入 LC_{50}/(mg/m^3)	＜200	200～2000	2000～20000	＞20000
	经皮 LD_{50}/(mg/kg)	＜100	100～500	500～2500	＞2500
	经口 LD_{50}/(mg/kg)	＜25	25～500	500～5000	＞5000
急性中毒发病状况		生产中易发生中毒，后果严重	生产中可发生中毒，预后良好	偶可发生中毒	迄今未见急性中毒，但有急性影响
慢性中毒患病状况		患病率(≥5%)	患病率较高(＜5%)或症状发生率高(≥20%)	偶有中毒病例发生或症状发生率较高(≥10%)	无慢性中毒，而有慢性影响
慢性中毒后果		脱离接触后，继续进展或不能治愈	脱离接触后，可基本治愈	脱离接触后，可恢复，不致严重后果	脱离接触后，自行恢复，无不良后果
致癌性		人体致癌物	可疑人体致癌物	试验动物致癌物	无致癌物
最高容许浓度/(mg/m^3)		＜0.1	0.1～1.0	1.0～10	＞10

6.5.3.2　职业性接触毒物危害行业

依据本分级标准，对我国接触的 56 种常见毒物的危害程度进行了分级，并列举了相关行业。见表 6-28。

表 6-28　职业性接触毒物危害程度分级及其行业举例

级　别	毒　物　名　称	行　业　举　例
Ⅰ级（极度危害）	汞及其化合物	汞冶炼、汞齐法生产氯碱
	苯	含苯黏合剂的生产和使用(制皮鞋)
	砷及其无机化合物(非致癌的无机砷化合物除外)	砷矿开采和冶炼、含砷金属矿(铜、锡)的开采和冶炼
	氯乙烯	聚氯乙烯树脂生产
	铬酸盐、重铬酸盐	铬酸盐和重铬酸盐生产
	黄磷	黄磷生产
	铍及其化合物	铍冶炼、铍化合物的制造
	对硫磷	生产及储运
	羰基镍	羰基镍制造
	八氟异丁烯	二氟一氯甲烷裂解及其残液处理
	氯甲醚	双氯甲醚、一氯甲醚生产、离子交换树脂制造
	锰及其无机化合物	锰矿开采和冶炼、锰铁和锰钢冶炼、高锰焊条制造
	氰化物	氰化钠制造、有机玻璃制造

续表

级　别	毒　物　名　称	行　业　举　例
Ⅱ级 （高度危害）	三硝基甲苯	三硝基甲苯制造和军火加工生产
	铅及其化合物	铅的冶炼、蓄电池的制造
	二硫化碳	二硫化碳制造、黏胶纤维制造
	氯	液氯烧碱生产、食盐电解
	丙烯腈	丙烯腈制造、聚丙烯腈制造
	四氯化碳	四氯化碳制造
	硫化氢	硫化染料的制造
	甲醛	酚醛和脲醛树脂生产
	苯胺	苯胺生产
	氟化氢	电解铝、氢氟酸制造
	五氯酚及其钠盐	五氯酚、五氯酚钠生产
	镉及其化合物	镉冶炼、镉化合物的生产
	敌百虫	敌百虫生产、储运
	氯丙烯	环氧氯丙烷制造、丙烯磺酸钠生产
	钒及其化合物	钒铁矿开采和冶炼
	溴甲烷	溴甲烷制造
	硫酸二甲酯	硫酸二甲酯的制造、储运
	金属镍	镍矿的开采和冶炼
	甲苯二异氰酸酯	聚氨酯塑料生产
	环氧氯丙烷	环氧氯丙烷生产
	砷化氢	含砷有色金属矿的冶炼
	敌敌畏	敌敌畏生产、储运
	光气	光气制造
	氯丁二烯	氯丁二烯制造、聚合
	一氧化碳	煤气制造、高炉炼铁、炼焦
	硝基苯	硝基苯生产
Ⅲ级 （中度危害）	苯乙烯	苯乙烯制造、玻璃钢制造
	甲醇	甲醇生产
	硝酸	硝酸制造、储运
	硫酸	硫酸制造、储运
	盐酸	盐酸制造、储运
	甲苯	甲苯制造
	二甲苯	喷漆
	三氯乙烯	三氯乙烯制造、金属清洗
	二甲基甲酰胺	二甲基甲酰胺制造、顺丁橡胶的合成
	六氟丙烯	六氟丙烯制造
	苯酚	酚醛树脂生产、苯酚生产
	氮氧化物	硝酸制造

续表

级 别	毒 物 名 称	行 业 举 例
Ⅳ级（轻度危害）	溶剂汽油	橡胶制品（轮胎、胶鞋等）生产
	丙酮	丙酮生产
	氢氧化钠	烧碱生产、造纸
	四氟乙烯	聚全氟乙丙烯生产
	氨	氨制造、氮肥生产

对接触同一毒物的其他作业（表 6-28 中未列出的）的危害程度，可依据车间空气中毒物浓度、中毒患病率、接触时间的长短划定级别。凡车间空气中毒物浓度经常达到 GBZ 1—2010《工业企业设计卫生标准》中所规定的最高容许浓度值，而其患病率或症状发生率低于本分级标准中相应的值，可降低一级。

当有多种毒物同在时，以产生危害程度最大的毒物的级别为准。

6.5.4 粉尘作业职业卫生评价

粉尘作业职业卫生评价是指工人在生产中接触生产性粉尘对健康的影响评价。生产性粉尘是指工农业生产过程中所形成的长时间浮游在空气中的固体微粒，长期吸入会引起人体病变。国家标准《粉尘作业场所危害程度分级》（GB 5817—2009），是粉尘作业职业卫生评价的主要依据。

粉尘作业环境质量评价方法分两种，即最高容许浓度法和有害作业分级法。

（1）最高容许浓度法　最高容许浓度法是以粉尘的最高容许浓度为基准，计算出粉尘限度超标倍数或粉尘合格率或粉尘浓度达标水平来衡量。

① 粉尘浓度超标倍数按下式计算：

$$B=\frac{\overline{M}_c}{M_s}-1 \tag{6-20}$$

式中　B——粉尘浓度超标倍数；

$\overline{M}_c$——粉尘实测浓度平均值，mg/m^3；

M_s——最高容许浓度，mg/m^3。

② 粉尘合格率按下式计算：

$$n=\frac{a_n}{a_n+b_n}\times 100\% \tag{6-21}$$

式中　n——粉尘达标点数占粉尘作业点数总比值；

a_n——粉尘浓度达到卫生标准的点数；

b_n——粉尘浓度未达到卫生标准的点数（每个采样点的样品数不得少于 5 份）。

根据作业场所粉尘的超标倍数，按表 6-29 划分粉尘作业场所危害程度等级。

表 6-29　粉尘作业场所危害程度分级表

超标倍数（B）	危害程度等级	备注
$B \leqslant 0$	0	达标
$0 < B \leqslant 3$	Ⅰ	超标
$B > 3$	Ⅱ	严重超标

（2）有害作业分级法　根据《粉尘作业场所危害程度分级》（GB 5817—2009）的规定，粉尘中游离的 SiO_2 含量、按工作场所粉尘浓度超标倍数、工人接触粉尘时间肺总通气量［L/(d·人)］三项指标，按表6-30确定该粉尘作业危害程度级别，其中0级为安全作业，Ⅰ级为轻度危害作业，Ⅱ级为中度危害作业，Ⅲ级为高度危害作业，Ⅳ级为极度危害作业。

表6-30　生产性粉尘作业危害程度分级表

生产性粉尘中游离 SiO_2 含量	工人接尘时间肺总通气量/[L/(d·人)]	生产性粉尘浓度超标倍数							
		0	约1	约2	约4	约8	约16	约32	约64
≤10%	4000								
	6000								
	>6000	0	Ⅰ		Ⅱ		Ⅲ		Ⅳ
10%～40%	4000								
	6000								
	>6000								
40%～70%	4000								
	6000								
	>6000								
>70%	4000								
	6000								
	>6000								

6.5.5　高温作业职业卫生评价

（1）高温作业的危险、危害

① 高温除能造成灼伤外，高温、高湿环境可影响劳动者的体温调节，水盐代谢及循环系统、消化系统、泌尿系统等。

② 温度急剧变化时，因热胀冷缩，造成材料变形或热应力过大，会导致材料破坏，在低温下金属会发生晶型转变，甚至引起破裂而引发事故。

③ 高温、高湿环境会加速材料的腐蚀。

④ 高温环境可使火灾危险性增大。

（2）高温作业的生产性热源　生产性热源主要有以下几种。

① 工业炉窑，如冶炼炉、焦炉、加热炉、锅炉等。

② 电热设备，如电阻炉、工频炉等。

③ 高温工件（如铸锻件）、高温液体（如导热油、热水）等。

④ 高温气体，如蒸汽、热风、热烟气等。

（3）高温作业的危险、危害的分析　温湿度危险、危害因素的识别应主要从以下几方面进行。

① 了解生产过程的热源、发热量、表面绝热层的有无，表面温度距离等情况。

② 是否采取了防灼伤、防暑、防冻措施，是否采取了空调措施。

③ 是否采取了通风（包括全面通风和局部通风）换气措施，是否有作业环境温度湿度的自动调节、控制。

（4）高温作业的职业卫生评价

① 高温作业分级　根据《高温作业分级》（GB/T 4200—2008），按照工作地点 WBGT 指数（WBGT 指数亦称为湿球黑球温度，是综合评价人体接触作业环境热负荷的一个基本参量，单位为℃）和接触高温作业的时间将高温作业分为四级，级别越高表示热强度越大，见表 6-31。

表 6-31　高温作业分级表

接触高温作业时间/min	WBGT 指数/℃									
	25～26	27～28	29～30	31～32	33～34	35～36	37～38	39～40	41～42	≥43
≤120	Ⅰ	Ⅰ	Ⅰ	Ⅰ	Ⅱ	Ⅱ	Ⅱ	Ⅲ	Ⅲ	Ⅲ
≥121	Ⅰ	Ⅰ	Ⅱ	Ⅱ	Ⅲ	Ⅲ	Ⅳ	Ⅳ	—	—
≥241	Ⅱ	Ⅱ	Ⅲ	Ⅲ	Ⅳ	Ⅳ	—	—	—	—
≥361	Ⅲ	Ⅲ	Ⅳ	Ⅳ	—	—	—	—	—	—

② 高温作业允许持续接触热时间限值　在已经确定为高温作业的工作地点，为便于用人单位管理和实际操作，提高劳动生产率，采用工作地点温度规定高温作业允许持续接触热时间限值，见表 6-32。

表 6-32　高温作业允许持续接触热时间限值

工作地点温度/℃	轻劳动	中等劳动	重劳动
30～32	80	70	60
＞32	70	60	50
＞34	60	50	40
＞36	50	40	30
＞38	40	30	20
＞40	30	20	15
＞40～44	20	10	10

注：轻劳动为Ⅰ级，中等劳动为Ⅱ级，重劳动为Ⅲ级和Ⅳ级。

a. 在不同工作地点温度、不同劳动强度条件下允许持续接触热时间不宜超过表 6-32 所列数值。

b. 持续接触热后必要休息时间不得少于 15min。休息时应脱离高温作业环境。

c. 凡高温作业工作地点空气湿度大于 75%时，空气湿度每增 10%，允许持续接触热时间相应降低一个档次，即采用高于工作地点温度 2℃的时间限值。

d. 各地区调整劳动期限应参考当地气候学的标准，即候平均气温（五天为一候）低于 10℃为冬季，高于 22℃为夏季，介于两者之间为春秋。

6.5.6　职业卫生综合评价

进行职业卫生综合评价时，职业卫生评价指标可分测试项目单项指数达标率及超标率、测试项目综合评价指标两部分。

6.5.6.1　单项指数达标率及超标率

当车间、工段、工部为单项职业及环境危害因素作用时，可采用单项指数作为卫生评价达标或超标指数。

（1）单项指数计算

$$P_i=\frac{C_i}{S_i} \tag{6-22}$$

式中　P_i——某测试点单项指数；

C_i——某测试点实测数据平均值；

S_i——某测试项目卫生标准。

除生产性粉尘、有毒物质外，其余职业、环境危害因素按各自属性，根据卫生标准计算 P_i 值。$P_i>1$ 即表示该测试点超标。

（2）测试项目单项指数

$$P_i=\frac{\sum P_i}{n} \tag{6-23}$$

式中　P_i——所有测试点的单项指数之和；

n——测试点总数。

（3）单项指数达标率

$$D=\frac{\text{测试点达标率}}{\text{测试点总数}}\times 100\% \tag{6-24}$$

$D>90\%$为合格（其中必须包含剧毒物质）。

（4）单项指数超标率

$$E_p=\frac{\text{测试点未达标数}}{\text{测试点总数}}\times 100\% \tag{6-25}$$

6.5.6.2　测试项目综合评价指标

当车间、工段、工部有数项环境危害因素对操作人员同时作用时，采用综合指数作为卫生评价指数。

（1）综合指数

$$I=\sqrt{(P_i)_{\max}\sum(P_i)/N} \tag{6-26}$$

式中　I——综合指数；

$(P_i)_{\max}$——最大单项指数（各 P_i 值中的最大值）；

$\sum(P_i)$——各测试项目单项指数之和；

N——同时作用的监测项目数。

（2）综合卫生评价级别　综合卫生评价级别，见表 6-33。

表 6-33　综合卫生评价级别

综合指数 I	评价分级	综合卫生评价标准	综合指数 I	评价分级	综合卫生评价标准
<1.0	Ⅰ	合格	1.2～1.5	Ⅲ	限期治理
1～1.2	Ⅱ	基本合格	>1.5	Ⅳ	不合格

（3）综合指数超标率

$$\mathrm{EI}=\frac{\text{限期治理}+\text{不合格总数}}{\text{检测项目总数}}\times 100\% \tag{6-27}$$

EI 可按车间、工段、工部分别统计，得出综合指数超标率。

【安全常识】　火场逃生十三诀

每个人都在祈求平安。但天有不测风云，人有旦夕祸福。一旦火灾降临，在浓烟毒气和烈焰包围下，不少人葬身火海，也有人死里逃生幸免于难。“只有绝望的人，没有绝望的处境，”面对滚滚浓烟和熊熊烈焰，只要冷静机智运用火场自救与逃生知识，就有极大可能拯救自己。因此，多掌握一些火场自救的要诀，困境中也许就能获得第二次生命。

第一诀　逃生预演，临危不乱——事前预演，将会事半功倍

每个人对自己工作、学习或居住所在的建筑物的结构及逃生路径要做到了然于胸，必要时可集中组织应急逃生预演，使大家熟悉建筑物内的消防设施及自救逃生的方法。这样，火灾发生时，就不会觉得走投无路了。

第二诀　熟悉环境，暗记出口——居安思危，预留通路

当你处在陌生的环境时，如入住酒店、商场购物、进入娱乐场所时，为了自身安全，务必留心疏散通道、安全出口及楼梯方位等，以便关键时候能尽快逃离现场。

第三诀　通道出口，畅通无阻——自断后路，身处险境

楼梯、通道、安全出口等是火灾发生时最重要的逃生之路，应保证畅通无阻，切不可堆放杂物或设闸上锁，以便紧急时能安全迅速通过。

第四诀　扑灭小火，惠及他人——争分夺秒，扑灭“初期火灾”

当发生火灾时，如果发现火势并不大，且尚未对人造成很大威胁时，当周围有足够的消防器材，如灭火器、消防栓等，应奋力将小火控制、扑灭；千万不要惊慌失措地乱叫乱窜，置小火于不顾而酿成大灾。

第五诀　保持镇静，明辨方向，迅速撤离——沉着镇静，设法脱险

突遇火灾，面对浓烟和烈火，首先要强令自己保持镇静，迅速判断危险地点和安全地点，决定逃生的办法，尽快撤离险地。千万不要盲目地跟从人流和相互拥挤、乱冲乱窜。撤离时要注意，朝明亮处或外面空旷地方跑，要尽量往楼层下面跑，若通道已被烟火封阻，则应背向烟火方向离开，通过阳台、气窗、天台等往室外逃生。

第六诀　不入险地，不贪财物——留得青山在，不怕没柴烧

在火场中，人的生命是最重要的。身处险境，应尽快撤离，不要因害羞或顾及贵重物品，而把宝贵的逃生时间浪费在穿衣或寻找、搬离贵重物品上。已经逃离险境的人员，切莫重返险地，自投罗网。

第七诀　简易防护，蒙鼻匍匐——预备防护工具，临危不乱

逃生时经过充满烟雾的路线，要防止烟雾中毒、预防窒息。为了防止火场浓烟呛入，可采用毛巾、口罩蒙鼻，匍匐撤离的办法。烟气较空气轻而飘于上部，贴近地面撤离是避免烟气吸入、滤去毒气的最佳方法。穿过烟火封锁区，应穿戴防毒面具、头盔、阻燃隔热服等护具，如果没有这些护具，那么可向头部、身上浇冷水或用湿毛巾、湿棉被、湿毯子等将头、身裹好，再冲出去。

第八诀　善用通道，莫入电梯——电梯逃生，极其危险

按规范标准设计建造的建筑物，都会有两条以上逃生楼梯、通道或安全出口。发生火灾时，要根据情况选择进入相对较为安全的楼梯通道。除可以利用楼梯外，还可以利用建筑物的阳台、窗台、屋顶等攀到周围的安全地点沿着落水管、避雷线等建筑结构中凸出物滑下楼也可脱险。在高层建筑中，电梯的供电系统在火灾时随时会断电或因热的作用电梯变形而使人被困在电梯内，同时由于电梯井犹如贯通的烟囱般直通各楼层，带毒的烟雾直接威胁被困人员的生命，因此，千万不要乘普通的电梯逃生。

第九诀 缓降逃生，滑绳自救——胆大心细，勇敢自救

高层、多层公共建筑内一般都设高空缓降器或救生绳，人员可以通过这些设施安全地离开危险的楼层。如果没有这些专门设施，而安全通道又已被堵，救援人员不能及时赶到的情况下，你可以迅速利用身边的绳索或床单、窗帘、衣服等自制简易救生绳，并用水打湿从窗台或阳台沿绳缓滑到下面楼层或地面；安全逃生。

第十诀 避难场所，固守待援——坚盾何惧利矛

假如用手摸房门已感到烫手，此时一旦开门；火焰与浓烟势必迎面扑来。逃生通道被切断且短时间内无人救援。这时候，可采取创造避难场所、固守待援的办法。首先应关紧迎火的门窗，打开背火的门窗，用湿毛巾、湿布塞堵门缝或用水浸湿棉被蒙上门窗，然后不停用水淋透房间，防止烟火渗入，固守在房内，直到救援人员到达。

第十一诀 缓晃轻抛，寻求援助——充分暴露自己，才能争取有效拯救自己

被烟火围困暂时无法逃离的人员，应尽量待在阳台、窗口等易于被人发现和能避免烟火近身的地方。在白天，可以向窗外晃动鲜艳衣物，或外抛轻型晃眼的东西；在晚上即可以用手电筒不停地在窗口闪动或者敲击东西，及时发出有效的求救信号，引起救援者的注意。因为消防人员进入室内都是沿墙壁摸索行进所以在被烟气窒息失去自救能力时，应努力滚到墙边或门边，便于消防人员寻找、营救；此外，滚到墙边也可防止房屋结构塌落砸伤自己。

第十二诀 火已及身，切勿惊跑——就地打滚虽狼狈，烈火焚身可免除

火场上的人如果发现身上着了火，千万不可惊跑或用手拍打，因为奔跑或拍打时会形成风势，加速氧气的补充，促旺火势。当身上衣服着火时，应赶紧设法脱掉衣服或就地打滚，压灭火苗；能及时跳进水中或让人向身上浇水、喷灭火剂就更有效了。

第十三诀 跳楼有术，虽损求生——跳楼不等于自杀，关键是要有办法

身处火灾烟气中的人，精神上往往陷于极端恐怖和接近崩溃，惊慌的心理极易导致不顾一切的伤害性行为如跳楼逃生。应该注意的是：只有消防队员准备好救生气垫并指挥跳楼时或楼层不高（一般 4 层以下），非跳楼即烧死的情况下，才采取跳楼的方法。即使已没有任何退路，若生命还未受到严重威胁，也要冷静地等待消防人员的救援。跳楼也要讲技巧，跳楼时应尽量往救生气垫中部跳或选择有水池、软雨篷、草地等方向跳；如有可能，要尽量抱些棉被、沙发垫等松软物品或打开大雨伞跳下，以减缓冲击力。如果徒手跳楼一定要扒窗台或阳台使身体自然下垂跳下，以尽量降低垂直距离，落地前要双手抱紧头部身体弯曲卷成一团，以减少伤害。跳楼虽可求生，但会对身体造成一定的伤害，所以要慎之又慎。

思考与练习

1. 填空题

（1）危险品安全评价标准，按标准来源可分为四类：由国家主管标准化作业的部门颁布的国家标准、________、地方政府制定发布的地方标准、国际标准和国外标准。

（2）危险品安全评价标准，按标准法律效率可分为两类：________和推荐性标准。

（3）危险品安全评价标准，按标准对象特征可分为两类：管理标准和________。

（4）系统中存在的、可能发生意外释放的能量或危险物质称为________。

（5）系统中，把导致约束、限制能量措施失效或破坏的各种不安全因素称为________。

（6）爆炸是物质的一种非常急剧的物理、化学变化，也是大量能量在短时间内迅速释放或急剧转化成________的现象。

（7）事故管理制度内容应包括：事故分类与管理、________、________、责任划分、调查与处理。

(8) 工艺操作与生产要害岗位管理制度内容应包括：________、________、________、紧急处理、生产要害岗位管理。

(9) 国家标准《建筑设计防火规范》中根据生产的火灾危险特性分为________、________、________、________、________。

(10) 事件树分析的英文缩写是________。

2. 选择题

(1) 危险品安全评价的目的是（　　）。

A. 促进实现本质安全化生产

B. 实现全过程安全控制

C. 为实现安全技术、安全管理的标准化和科学化创造条件

D. 建立系统安全的最优方案，为决策者提供依据

(2) 危险品安全评价的原则是（　　）。

A. 合法性　　B. 科学性　　C. 公正性　　D. 针对性

(3) 安全验收过程中的“三同时”是指（　　）。

A. 同时设计　　B. 同时施工

C. 同时投入生产和使用　　D. 同时研发

(4) 危险化学品安全评价报告的结论分为（　　）。

A. 符合安全要求　　B. 基本符合安全要求

C. 特别符合要求　　D. 不符合安全要求

(5) 一个完整的风险评价程序主要分为哪几个阶段（　　）。

A. 风险识别　　B. 频率及后果估算　　C. 风险评价　　D. 风险管理

(6) 构成危险源的三要素分别是（　　）。

A. 特殊因素　　B. 潜在危险性　　C. 存在条件　　D. 触发因素

(7) 危险源是可能造成人员伤害、（　　）、财产损失、作业环境破坏或其他损失的根源或状态。

A. 疾病　　B. 死亡　　C. 爆炸　　D. 火灾

(8) 暴露预评估因子包括（　　）。

A. 暴露因子　　B. 数量因子　　C. 时间因子　　D. 物资因子

(9) 可燃物遇到火源被点燃后的燃烧方式有（　　）。

A. 池火　　B. 喷射火　　C. 火球　　D. 突发火

(10) 定性安全评估法中安全检查包括哪三部分（　　）。

A. 检查的准备　　B. 实施的准备　　C. 实施检查　　D. 汇总结果

(11) 采用故障树分析的过程，评价的结果一般以表格的形式显示，主要内容包括（　　）。

A. 提出的问题　　B. 回答可能的后果

C. 降低可能的风险　　D. 安全措施、降低或消除危险性的安全措施

(12) 预先危险分析的目的是（　　）。

A. 大体识别与系统有关的主要危险　　B. 鉴别产生危险的原因

C. 预测事故发生对人员和系统的影响　　D. 判别危险等级，并提出消除或控制危险性的对策措施

(13) 安全检查表运用事先列出的问答提纲，对系统及其部件进行（　　）。

A. 安全预测　　B. 安全设计　　C. 安全检查　　D. 事故预测

(14) 岗位安全操作规程存在危险、有害因素的岗位作业应有（　　）。

A. 使用说明　　B. 操作规程　　C. 安全制度　　D. 巡检记录

(15) 防尘与防毒管理制度内容应包括（　　）。

A. 防护与治理　　B. 组织与抢救　　C. 体检与职业病管理　　D. 治疗与防护

(16) 电气安全管理制度内容应包括（　　）。

A. 电气安全说明　　B. 电气运行制度　　C. 电气检修管理　　D. 触电处置

(17) 安全检查制度内容应包括（　　）。

A. 任务与要求　　B. 形式与内容　　C. 奖惩细则　　D. 整改要求

(18) 经营危险化学品的企业必须具备的条件是（　　）。

A. 经营场所和储存设施符合国家标准

B. 主管人员和业务人员经过专业培训

C. 有健全的安全管理制度

D. 符合法律法规规定和国家标准要求的其他条件

(19) 依据国家颁布的《职业性接触毒物危害程度分级》，按其危害大小及对人体的危害程度分为（　　）。

A. 极度危害　　B. 高度危害　　C. 中度危害　　D. 轻度危害

(20) 下列不属于《建筑设计防火规范》中丙类危险的是（　　）。

A. 苯甲酸厂房　　B. 环氧乙烷厂房　　C. 苯乙酮厂房　　D. 甘油厂房

3. 简答题

(1) 危险品安全评价的意义是什么？

(2) 安全预评价的基本程序如何进行？

(3) 安全现状评价的主要内容有哪些？

(4) 简单叙述定量安全评价方法。

(5) 什么是故障类型和影响分析？

(6) 根据行业特点简要说明事故评价指标和等级。

7 危险品安全对策措施与安全管理

知识目标

1. 了解危险品安全对策措施基本要求；
2. 熟悉危险品安全管理法律法规要求；
3. 掌握危险品安全技术对策措施和安全管理措施。

能力目标

1. 能根据安全管理条例对危险品进行管理；
2. 能运用安全技术对策措施有效预防、控制或消除危险品的安全隐患。

在危险品的生产、储存、使用、经营和运输过程中，会出现各种危险、危害事故，为了避免事故所造成的人身伤害、财产损失、环境污染以及其他损失，要求危险品从业单位，在建设项目设计、生产经营和储运管理中，采取有效的安全技术对策和安全管理措施，坚持安全第一、预防为主、综合治理的方针，消除或减弱危险、有害因素，预防和减少危险品事故，保障整个生产、经营和储运过程的安全和人民群众生命财产安全，有效地保护环境。

7.1 危险品安全技术对策措施

7.1.1 安全技术对策措施的分类和原则

安全技术措施是指运用工程技术手段消除不安全因素，实现生产工艺和机械设备等生产条件本质安全而采取的举措与行动。

危险品安全技术对策措施是指应用无危险或危险性较小的工艺和物料，采用综合机械化、自动化生产装置（生产线）和自动化监测、报警、排除故障和安全联锁保护等装置，实现自动化控制、遥控或隔离操作。尽可能防止操作人员在生产过程中直接接触可能产生危险因素的设备、设施和物料，使系统在人员误操作或生产装置（系统）发生故障的情况下也不会造成事故的综合措施。

7.1.1.1 安全技术对策措施的分类

（1）按行业分类　安全技术对策措施按行业分为煤矿安全技术措施、非煤矿山安全技术措施、石油化工安全技术措施、冶金安全技术措施、建筑安全技术措施、水利水电安全技术措施、旅游安全技术措施等。

（2）按危险、有害因素的类别分类　安全技术对策措施按照危险、有害因素的类别分为防火防爆安全技术措施、锅炉与压力容器安全技术措施、起重与机械安全技术措施和电气安全技术措施等。

（3）按导致事故的原因分类　按照导致事故的原因可分为：防止事故发生的安全技术措

施、减小事故损失的安全技术措施等。

7.1.1.2　制定安全技术对策措施的原则

危险品安全技术对策措施，应能消除或减弱生产过程中产生的危险、危害；能有效处置危险和有害物，并降低到国家规定的限值内；能预防生产装置失灵和操作失误产生的危险、危害，有效地预防重大事故和职业危害的发生；能为遇险人员提供自救和互救条件。因此，制定危险品安全对策措施时，应遵循以下原则。

（1）明确安全技术措施等级优先顺序　当安全技术措施与经济效益发生矛盾时，应优先考虑安全技术措施上的要求，按下列安全技术措施等级顺序选择安全技术措施：

① 直接安全技术措施　生产设备本身应具有本质安全性能，不出现任何事故和危害。

② 间接安全技术措施　若不能或不完全能实现直接安全技术措施时，必须为生产设备设计出一种或多种安全防护装置，最大限度地预防、控制事故或危害的发生。

③ 指示性安全技术措施　间接安全技术措施也无法实现或实施时，须采用检测报警装置、警示标志等措施，警告、提醒作业人员注意，以便采取相应的对策措施或紧急撤离危险场所。

④ 若间接、指示性安全技术措施仍然不能避免事故、危害发生，则应采用安全操作规程、安全教育、培训和个体防护用品等措施来预防、减弱系统的危险、危害程度。

（2）根据等级顺序要求制定安全措施

① 消除　通过合理的设计和科学的管理，尽可能从根本上消除危险、危害因素。

② 预防　当消除危险、危害因素确有困难时，可采取预防性技术措施，预防危险、危害的发生，如使用安全阀、安全屏护、漏电保护装置、安全电压、熔断器、防爆膜装置等。

③ 减弱　在无法消除危险、危害因素和难以预防的情况下，可采取减小危险、危害的措施，如采用局部通风排毒装置、生产中以低毒性物质代替高毒性物质、降温措施等。

④ 隔离　在无法消除、预防、减弱的情况下，应将人员与危险、危害因素隔开，如使用安全罩、防护屏、隔离操作室及遥控作业等。

⑤ 联锁　当操作者失误或设备运行一旦达到危险状态时，应通过联锁装置终止危险、危害发生。

⑥ 警告　在易发生故障和危险性较大的地方，配置醒目的安全色、安全标志；必要时设置声、光或声光组合报警装置。

（3）安全对策措施应具有针对性、可操作性和经济合理性

① 针对性　是指针对不同行业的特点和评价中提出的主要危险、危害因素及其后果，提出对策措施。

② 可操作性　提出的对策措施是设计单位、建设单位、生产经营单位进行安全设计、生产、管理的重要依据，因而对策措施应在经济、技术、时间上是可行的，能够落实和实施的。此外，要尽可能具体指明对策措施所依据的法规、标准，说明应采取的具体的对策措施，以便于应用和操作。

③ 经济合理性　是指不应超越国家及建设项目生产经营单位的经济、技术水平，按过高的安全指标提出安全对策措施。即在采用先进技术的基础上，考虑到进一步发展的需要，以安全法规、标准和指标为依据，结合评价对象的经济、技术状况，使安全装备水平与工艺装备水平相适应，求得经济、技术、安全的合理统一。

7.1.2 危险品安全技术对策措施

7.1.2.1 厂址及厂区平面布局的对策措施

(1) 项目选址　选址时，除考虑建设项目的经济性和技术合理性并满足工业布局和城市规划要求外，在安全方面应重点考虑地质、地形、水文、气象等自然条件对企业安全生产的影响和企业与周边区域的相互影响。

(2) 厂区平面布置　在满足生产工艺流程、操作要求、使用功能需要和消防、环保要求的同时，主要从风向、安全（防火）距离、交通运输安全和各类作业、物料的危险、危害性出发，在平面布置方面采取对策措施。

① 功能分区　将生产区、辅助生产区（含动力区、储运区等）、管理区和生活区按功能相对集中分别布置，布置时应考虑生产流程、生产特点和火灾爆炸危险性，结合周边地形、风向等条件，以减小危险、有害因素的交叉影响。管理区、生活区一般应布置在全年或夏季主导风向的上风侧或全年最小风频风向的下风侧。

辅助生产设施的循环冷却水塔（池）不宜布置在变配电所、露天生产装置和铁路冬季主导风向的上风侧和怕受水雾影响设施全年主导风向的上风侧。

② 厂内运输和装卸　厂内运输和装卸包括厂内铁路、道路、输送机通廊及码头等的运输和装卸（含危险品的运输、装卸）。应根据工艺流程、货运量、货物性质和消防的需要，选用适当运输和运输衔接方式，合理组织车流、物流和人流。为保证运输、装卸作业安全，应从设计上对厂内的路和道路（包括人行道）的布局、宽度、坡度、转弯半径、净空高度、安全界线及安全视线、建筑物与道路间距和装卸（特别是危险品装卸）场所、堆场（仓库）布局等方面采取对策措施。

应根据满足工艺流程的需要和避免危险、有害因素交叉相互影响的原则，布置厂房内的生产装置、物料存放区和必要的运输、操作、安全、检修通道。

③ 危险设施/处理有害物质设施的布置　可能泄漏或散发易燃、易爆、腐蚀、有毒、有害介质（气体、液体、粉尘等）的生产、储存和装卸设施（包括锅炉房、污水处理设施等）、有害废弃物堆场等，应远离管理区、生活区、中央实（化）验室、仪表修理间，尽可能露天、半封闭布置。

有毒有害物质的设施应布置在地势平坦、自然通风良好地段，不得布置在窝风低洼地段。剧毒物品的设施还应布置在远离人员集中场所的单独地段内，宜以围墙与其他设施隔开。腐蚀性物质的有关设施应按地下水位和流向，布置在其他建筑物、构筑物和设备的下游。

易燃易爆区应与厂内外居住区、人员集中场所、主要人流出入口、铁路、道路干线和产生明火地点保持安全距离；辐射源（装置）应设在僻静的区域，与居住区、人员集中场所，交通主干道、主要人行道保持安全距离。

7.1.2.2 工艺防火、防爆对策措施

(1) 防火、防爆对策措施的原则

① 防止可燃可爆系统的形成　防止可燃物质、助燃物质（空气、强氧化剂）、引燃能源（明火、撞击、炽热物体、化学反应热等）同时存在；防止可燃物质、助燃物质混合形成的爆炸性混合物（在爆炸极限范围内）与引燃能源同时存在。可采取的方法有：取代或控制可燃可爆物质用量；使生产设备和容器尽可能密闭操作；通风排气；在可燃气体或蒸气与空气的混合气中充入惰性气体，以降低氧气含量，从而消除爆炸危险和阻止火焰的传播。

② 消除、控制引燃能源　为预防火灾及爆炸灾害，对点火源进行控制是消除燃烧三要素同时存在的一个重要措施。引起火灾爆炸事故的能源主要有明火、高温表面、摩擦和撞击、绝热压缩、化学反应热、电气火花、静电火花、雷击和光热射线等。在有火灾爆炸危险的生产场所，对这些着火源都应引起充分的注意，并采取严格的控制措施。

③ 有效监控，及时处理　早发现，早排除，早控制，防止事故发生和蔓延扩大。

在可燃气体、蒸气可能泄漏的区域设置检测报警仪，这是监测空气中易燃易爆物质含量的重要措施。当可燃气体或液体万一发生泄漏而操作人员尚未发现时，检测报警仪可在设定的安全浓度范围内发生警报，便于及时处理泄漏点，从而避免发生重大事故。

(2) 工艺过程的防火、防爆设计

① 工艺过程中使用和产生易燃易爆介质时，必须考虑防火、防爆等安全对策措施，并在工艺设计时加以实施。

② 工艺过程中有危险的反应过程，应设置必要的报警、自动控制及自动联锁停车的控制设施。

③ 工艺设计要确定工艺过程泄压措施及泄放量，明确排放系统的设计原则（排入全厂性火炬、排入装置内火炬、排入全厂性排气管网、排入装置的排气管道或直接放空)。

④ 工艺过程设计应提出保证供电、供水、供风及供汽系统可靠性的措施。

⑤ 生产装置出现紧急情况或发生火灾爆炸事故需要紧急停车时，应设置必要的自动紧急停车措施。

⑥ 采用新工艺、新技术进行工艺过程设计时，必须审查其防火、防爆设计技术文件资料，核实其技术在安全防火、防爆方面的可靠性，确定所需的防火、防爆设施。

⑦ 引进国外技术，国内自行设计时，生产工艺过程的防火、防爆设计，必须满足我国安全防火、防爆法规及标准的要求，应审查生产工艺的防火、防爆设计说明书。

⑧ 成套引进建设工程，国外提供初步设计，其生产过程的防火、防爆设计，除必须符合引进合同所规定的条款及确认的标准规范外，还应审查国外厂商提供的各种防火、防爆设计内容，不得低于我国现行防火、防爆规范、法规及标准的要求。

(3) 物料的防爆设计

① 对生产过程中所用的易发生火灾爆炸危险的原材料、中间物料及成品，应列出其主要的化学性能及物理化学性能（如爆炸极限、密度、闪点、自燃点、引燃能量等)。

② 对生产过程中的各种燃烧爆炸危险物料（包括各种杂质）的危险性（爆炸性、燃烧性、混合危险性等)，应综合分析研究，在设计时采取有效措施加以控制。

(4) 工艺流程防火、防爆设计

① 火灾爆炸危险性较大的工艺流程设计，应针对容易发生火灾爆炸事故的部位和一定时机（如开车、停车及操作切换等)，采取有效的安全措施，并在设计中组织各专业设计人员加以实施。

② 工艺流程设计，应考虑正常开停车、正常操作、异常操作处理及紧急事故处理时的安全对策措施和设施。

③ 工艺安全泄压系统设计，应考虑设备及管线的设计压力，允许最高工作压力与安全阀、防爆膜的设定压力的关系，并对火灾时的排放量，停水、停电及停汽等事故状态下的排放量进行计算及比较，选用可靠的安全泄压设备，以免发生爆炸。

④ 化工企业火炬系统的设计，应考虑进入火炬的物料处理量、物料压力、温度、堵塞、

爆炸等因素的影响。

⑤ 工艺流程设计，应全面考虑操作参数的监测仪表、自动控制回路，设计应正确可靠，吹扫应考虑周全。应尽量减少工艺流程中火灾爆炸危险物料的存量。

⑥ 控制室的设计，应考虑事故状态下的控制室结构及设施，不致受到破坏或倒塌，并能实施紧急停车、防止事故的蔓延和扩大。

⑦ 工艺操作的计算机控制设计，应考虑分散控制系统、计算机备用系统及计算机安全系统，确保发生火灾爆炸事故时能正常操作。

⑧ 对工艺生产装置的供电、供水、供风、供汽等公用设施的设计，必须满足正常生产和事故状态下的要求，并符合有关防火、防爆法规、标准的规定。

⑨ 应尽量消除产生静电和静电积聚的各种因素，采取静电接地等各种防静电措施。静电接地设计应遵守有关静电接地设计规程的要求。

⑩ 工艺流程设计中，应设置各种自控检测仪表、报警信号系统及自动和手动紧急泄压排放安全联锁设施。非常危险的部位，应设置常规检测系统和异常检测系统的双重检测体系。

（5）仪表及自控防火、防爆对策措施　尽可能提高系统自动化程度，采用自动控制技术、遥控技术，自动（或遥控）控制工艺操作程序和物料配比、温度、压力等工艺参数；在设备发生故障、人员误操作形成危险状态时，通过自动报警、自动切换备用设备、启动联锁保护装置和安全装置、实现事故性安全排放直至安全顺序停机等一系列的自动操作，保证系统的安全。

针对引发事故的原因和紧急情况下的需要，应设置故障的安全控制系统、特殊的联锁保护、安全装置和就地操作应急控制系统，以提高系统安全的可靠性。

（6）设备防火、防爆设计　材料的正确选择是设备与机器优化设计的关键，也是确保装置安全运行、防止火灾爆炸的重要手段。

设备与机器在设计时必须安全可靠，其选型、结构、技术参数等方面必须准确无误，并符合设计标准的要求；工艺提出的专业设计条件应正确无误（包括型式、结构、材料、压力、温度、介质、腐蚀性、安全附件、抗震、防静电、泄压、密封、接管、支座、保温、保冷、喷淋等设计参数）；对于易燃易爆、有毒介质的储运机械设备，应符合有关安全标准要求。

（7）工艺管线的防火、防爆设计

① 工艺管线必须安全可靠，且便于操作。设计中所选用的管线、管件及阀门的材料，应保证有足够的机械强度及使用期限。管线的设计、制造、安装及试压等技术条件应符合国家现行标准和规范。

② 工艺管线的设计应考虑抗震和管线振动、脆性破裂、温度应力、失稳、高温蠕变、腐蚀破裂及密封泄漏等因素，并采取相应的安全措施加以控制。

③ 工艺管线上安装的安全阀、防爆膜、泄压设施、自动控制检测仪表、报警系统、安全联锁装置及卫生检测设施，应设计合理且安全可靠。

④ 工艺管线的防雷电、暴雨、洪水、冰雹等自然灾害以及防静电等安全措施，应符合有关法规的要求。

⑤ 工艺管线的工艺取样、废液排放、废气排放等设计，必须安全可靠，且应设置有效的安全设施。

⑥ 工艺管线的绝热保温、保冷设计，应符合规范设计的要求。

（8）消防设施设计　在进行工厂设计时，必须同时进行消防设计。

① 消防用水　消防用水量应为同一时间内火灾次数与一次灭火用水量的乘积。在考虑消防用水时，首先应确定工厂在同一时间内的火灾次数。

一次灭火用水量应根据生产装置区、辅助设施区的火灾危险性、规模、占地面积、生产工艺的成熟性以及所采用的防火设施等情况，综合考虑确定。

② 消防给水设施　消防水池或天然水源，可作为消防供水源。消防给水管道是保证消防用水的给水管道，可与生活、生产用水的水道合并，如不经济或不可能，则设独立管道。消防给水管网应采用环状布置，其输水管不应少于两条，目的在于当其中一条发生事故时仍能保证供水。环状管道应用阀门分成若干段（此阀应常开），以便于检修。

③ 露天装置区消防给水　石油化工企业露天装置区有大量高温、高压（或负压）的可燃液体或气体、金属设备、塔器等，一旦出现火警，必须及时冷却防止火势扩大，故应设灭火、冷却消防给水设施。

④ 灭火器　厂内除设置全厂性的消防设施外，还应设置小型灭火机和其他简易的灭火器材。其种类及数量，应根据场所的火灾危险性、占地面积及有无其他消防设施等情况综合全面考虑。

⑤ 消防站　油田、石油化工厂、炼油厂及其他大型企业，应建立本厂的消防站。其布置应满足消防队接到火警后5min内消防车能到达消防管辖区（或厂区）最远点的甲、乙、丙类生产装置、厂房或库房；按行车距离计，消防站的保护半径不应大于2.5km，对于丁类、戊类火灾危险性场所，也不宜超过4km。消防车辆应按扑救工厂一处最大火灾的需要进行配备。消防站应装设不少于2处同时报警的受警电话和有关单位的联系电话。

⑥ 消防供电　消防供电应考虑建筑物的性质、火灾危险性、疏散和火灾扑救难度等因素，以保证消防设备不间断供电。

7.1.2.3　电气防火、防爆对策措施

（1）危险环境的划分　为正确选用电气设备、电气线路和各种防爆设施，必须正确划分所在环境危险区域的大小和级别。

① 气体、蒸气爆炸危险环境　根据爆炸性气体混合物出现的频繁程度和持续时间可将危险环境分为0区、1区和2区。通风状况是划分爆炸危险区域的重要因素。划分危险区域时，应综合考虑释放源和通风条件。

② 粉尘、纤维爆炸危险环境　粉尘、纤维爆炸危险区域是指生产设备周围环境中悬浮粉尘、纤维量足以引起爆炸。划分粉尘、纤维爆炸危险环境的等级时，应考虑粉尘量的大小、爆炸极限的高低和通风条件，并应特别注意加热表面形成的层积粉尘，划分邻近厂房的危险区域时，应根据粉尘或纤维扩散和沉积的具体情况划定其危险等级和范围。

③ 火灾危险环境　火灾危险环境分为可燃液体、有可燃粉尘或纤维、有可燃固体存在的火灾危险环境。

（2）爆炸危险环境中电气设备的选用　选择电气设备前，应掌握所在爆炸危险环境的有关资料。应根据电气设备使用环境的等级、电气设备的种类和使用条件选择电气设备。所选用的防爆电气设备的级别和组别不应低于该环境内爆炸性混合物的级别和组别。爆炸危险环境内的电气设备必须是符合现行国家标准并有国家检验部门防爆合格证的产品。

矿井用防爆电气设备的最高表面温度，无煤粉沉积时不得超过450℃，有煤粉沉积时不得超过150℃。粉尘、纤维爆炸危险环境中，一般电气设备的最高表面温度不得超过125℃，若沉积厚度5mm以下时，低于引燃温度75℃，或不超过引燃温度的2/3。

在爆炸危险环境中，应尽量少用携带式设备和移动式设备，应尽量少安装插销座。采用非防爆型设备隔墙机械传动时，隔墙必须是非燃烧材料的实体墙，穿轴孔洞应当封堵，安装电气设备的房间的出口只能通向非爆炸危险环境。

（3）防爆电气线路　在爆炸危险环境中，电气线路安装位置、敷设方式、导体材质、连接方法等的选择均应根据环境的危险等级进行。

① 气体、蒸气爆炸危险环境的电气线路　在爆炸危险性较小或距离释放源较远的位置，应当考虑敷设电气线路；电气线路宜沿有爆炸危险的建筑物的外墙敷设。爆炸危险环境中，电气线路主要有防爆钢管配线和电缆配线，其敷设方式应符合要求。

敷设电气线路的沟道以及保护管、电缆或钢管在穿过爆炸危险环境等级不同的区域之间的隔墙或楼板时，应用非燃性材料严密堵塞。

爆炸危险环境内的配线，一般采用交联聚乙烯、聚氯乙烯或合成橡胶绝缘的、有护套的电线或电缆。爆炸危险环境宜采用有耐热、阻燃、耐腐蚀绝缘的电线或电缆，不宜采用油浸纸绝缘电缆。

选用电气线路时还应该注意到：干燥无尘的场所可采用一般绝缘导线；潮湿、特别潮湿或多尘的场所应采用有保护绝缘导线；高温场所应采用有瓷管、石棉、瓷珠等耐热绝缘的耐热线；有腐蚀性气体或蒸气的场所可采用铅皮线或耐腐蚀的穿管线。

为避免可能的危险温度，爆炸危险环境的允许载流量不应高于非爆炸危险环境的允许载流量。

② 粉尘、纤维爆炸危险环境的电气线路　粉尘、纤维爆炸危险环境电气线路的技术要求与相应等级的气体、蒸气爆炸危险环境电气线路的技术要求基本一致。

③ 火灾危险环境的电气线路　火灾危险环境的电气线路应避开可燃物。当绝缘导线采用针式或鼓形绝缘子敷设时，应注意远离可燃物质。在火灾危险环境，移动式和携带式电气设备应采用移动式电缆。在火灾危险环境内，须采用裸铝、裸铜母线。

（4）电气防火防爆的基本措施

① 消除或减少爆炸性混合物　消除或减少爆炸性混合物属一般性防火防爆措施。在爆炸危险环境，如有良好的通风装置，能降低爆炸性混合物的浓度，从而降低环境的危险等级。

② 隔离和间距　隔离是将电气设备分室安装，并在隔墙上采取封堵措施，以防止爆炸性混合物进入。电动机隔墙传动时，应在轴与轴孔之间采取适当的密封措施；将工作时产生火花的开关设备装于危险环境范围以外（如墙外）；采用室外灯具通过玻璃窗给室内照明等，都属于隔离措施。

③ 消除引燃源　为了防止出现电气引燃源，应根据爆炸危险环境的特征和危险物的级别和组别选用电气设备和电气线路，并保持电气设备和电气线路安全运行。在爆炸危险环境，应尽量少用携带式电气设备，少装插销座和局部照明灯。

④ 爆炸危险环境接地和接零　整体性连接，保护导线，在不接地配电网中，必须装设一相接地时或严重漏电时能自动切断电源的保护装置或能发出声、光双重信号的报警装置。

（5）防静电对策措施　为预防静电妨碍生产、影响产品质量、引起静电电击和火灾爆炸，从消除、减弱静电的产生和积累着手采取对策措施。

7.1.2.4 储运安全对策措施

（1）厂内运输安全对策措施 厂内运输应着重就铁路、道路线路与建筑物、设备、大门边缘、电力线、管道等的安全距离和安全标志、信号、人行通道（含跨线地道、天桥）、防护栏杆，以及车辆、道口、装卸方式等方面的安全设施提出对策措施。

（2）危险品储运安全对策措施

① 危险品包装运输应按相应国际标准，编写危险品标签，设置危险品标志；危险品的储存应按《常用化学危险品贮存通则》的要求进行妥善储存，加强管理。

② 应按《化学品安全技术说明书》（GB 16483—2008）编写危险品安全技术说明书，内容包括：标识、成分、燃烧爆炸危险特性、毒性及健康危害性、急救、防护措施、包装与储运、泄漏处理与废弃八大部分。

③ 危险品必须储存在专用仓库内，储存方式、方法与储存数量必须符合国家标准，并由专人管理。危险化学品出入库，必须进行检查登记。库存危险化学品应当定期检查。

7.1.2.5 防腐蚀对策措施

（1）大气腐蚀 在大气中，由于氧的作用，雨水的作用，腐蚀性物质的作用，裸露的设备、管线、阀、泵及其他设施会产生严重腐蚀，设备、设施、泵、螺栓、阀等锈蚀，会诱发事故的发生。因此，设备、管线、阀、泵及其设施等，需要选择合适的材料及涂覆防腐涂层予以保护。

（2）全面腐蚀 在腐蚀介质及一定温度、压力下，金属表面会发生大面积均匀的腐蚀，如果腐蚀速率控制在0.05～0.5mm/a，金属材料耐蚀等级为良好，小于0.05mm/a为优良。

对于这种腐蚀，应考虑介质、温度、压力等因素，选择合适的耐腐蚀材料或在接触介质的内表面涂覆涂层，或加入缓蚀剂。

（3）电偶腐蚀 这是容器、设备中常见的一种腐蚀，亦称为“接触腐蚀”或“双金属腐蚀”。它是两种不同金属在溶液中直接接触，因其电极电位不同构成腐蚀电池，使电极电位较负的金属发生溶解腐蚀。

（4）缝隙腐蚀 在生产装置的管道连接处、衬板、垫片等处的金属与金属、金属与非金属间及金属涂层破损时，金属与涂层间所构成的窄缝于电解液中，会造成缝隙腐蚀。防止缝隙腐蚀的措施有：采用合适的抗缝隙腐蚀材料；采用合理的设计方案，如尽量减小缝隙宽度（1/40mm≤缝隙腐蚀≤8/25mm）、死角、腐蚀液（介质）的积存，法兰配合严密，垫片要适宜等；采用电化学保护；采用缓蚀剂等。

（5）孔蚀 由于金属表面露头、错位、介质不均匀等，使其表面膜完整性遭到破坏，成为点蚀源，腐蚀介质会集中于金属表面个别小点上形成深度较大的腐蚀。防止孔蚀的方法有：减小溶液中腐蚀性离子浓度；减少溶液中氧化性离子，降低溶液温度；采用阴极保护；采用点蚀合金。

如金属材料在腐蚀环境中会产生沿晶界间腐蚀的晶间腐蚀，它可以在外观无任何变化的情况下使金属强度完全丧失；金属及合金在拉应力和特定介质环境的共同作用下会产生应力腐蚀破坏，其外观见不到任何变化，裂纹发展迅速，危险性更大。

7.1.2.6 有害因素控制对策措施

有害因素控制对策措施主要针对物料和工艺、生产设备（装置）、控制及操作系统、有毒介质泄漏处理、抢险等采取相应的技术处理措施。

（1）物料和工艺 尽可能以无毒、低毒的工艺和物料代替有毒、高毒工艺和物料，是防毒的根本性措施。例如：应用水溶性涂料的电泳漆工艺、无铅字印刷工艺、无氰电镀工艺，用醇类、丙酮、乙酸乙酯、抽余油等低毒稀料取代含苯稀料，以锌钡白、钛白代替油漆颜料中的铅白，使用无汞仪表消除生产、维护、修理时的汞中毒等。

（2）工艺设备（装置） 生产装置应密闭化、管道化，尽可能实现负压生产，防止有毒物质泄漏、外逸。生产过程机械化、程序化和自动控制，可使作业人员不接触或少接触有毒物质，防止误操作造成的中毒事故。

（3）通风净化 受技术、经济条件限制，仍然存在有毒物质逸散且自然通风不能满足要求时，应设置必要的机械通风排毒、净化（排放）装置，使工作场所空气中有毒物质浓度限制到规定的最高容许浓度值以下。机械通风排毒方法主要有：

① 全面通风 在生产作业条件不能使用局部排风或有毒作业地点过于分散、流动时，采用全面通风换气。全面通风换气量应按机械通风除尘部分规定的原则计算。

② 局部排风 局部排风装置排风量较小、能耗较低、效果好，是最常用的通风排毒方法。机械通风排毒的气流组织和局部通风排毒的设计，参照局部机械通风排尘部分。

③ 局部送风 局部送风主要用于有毒物质浓度超标、作业空间有限的工作场所，新鲜空气往往直接送到人的呼吸带，以防止作业人员中毒、缺氧。

对排出的有毒气体、液体、固体应经过相应的净化装置处理，以达到环境保护排放标准。常用的净化方法有吸收法、吸附法、燃烧法、冷凝法、稀释法及化学处理法等。有关净化处理的要求，一般由环境保护行政部门进行管理。对有回收利用价值的有毒、有害物质应经回收装置处理，回收、利用。

（4）应急处理 对有毒物质泄漏可能造成重大事故的设备和工作场所，必须设置可靠的事故处理装置和应急防护设施。

应设置有毒物质事故安全排放装置（包括储罐）、自动检测报警装置、联锁事故排毒装置，还应配备事故泄漏时的解毒（含冲洗、稀释、降低毒性）装置。

大中型化工、石油企业及有毒气体危害严重的单位，应有专门的气体防护机构；接触Ⅰ级（极度危害）、Ⅱ级（高度危害）有毒物质的车间应设急救室；均应配备相应的抢救设施。

根据有毒物质的性质、有毒作业的特点和防护要求，在有毒作业工作环境中应配置事故柜、急救箱和个体防护用品（防毒服、手套、鞋、眼镜、过滤式防毒面具、长管面具、空气呼吸器、生氧面具等）。个体冲洗器、洗眼器等卫生防护设施的服务半径应小于15m。

急性中毒事故的发生，可能使大批人员受到毒害，病情往往较重。因此，现场及时有效的处理与急救，对挽救患者的生命，防止并发症起着关键作用。

在生产设备密闭和通风的基础上实现隔离（用隔离室将操作地点与可能发生重大事故的剧毒物质生产设备隔离）、遥控操作。

生产、储存、处理极度危害和高度危害毒物的厂房和仓库，其天棚、墙壁、地面均应光滑，便于清扫；必要时加设防水、防腐等特殊保护层及专门的负压清扫装置和清洗设施。

采取防毒教育、定期检测、定期体检、定期检查、监护作业、急性中毒及缺氧窒息抢救训练等管理措施。

7.1.2.7 防尘对策措施

（1）限制、抑制扬尘和粉尘扩散

① 采用密闭管道输送、密闭自动称量、密闭设备加工，防止粉尘外逸。

② 通过降低物料落差，适当降低溜槽倾斜度，隔绝气流，减少诱导空气量和设置空间

（通道）等方法，抑制由于正压造成的扬尘。

③ 对亲水性、弱黏性的物料和粉尘应尽量采用增湿、喷雾、喷蒸汽等措施，可有效地抑制物料在装卸、运转、破碎、筛分、混合和清扫等过程中粉尘的产生和扩散；厂房喷雾有助于室内漂尘的凝聚、降落。

④ 为消除二次尘源、防止二次扬尘，应在设计中合理布置，尽量减小积尘平面。

⑤ 对污染大的粉状辅料宜用小袋包装运输，连同包装一并加料和加工，限制粉尘扩散。

（2）通风除尘

① 全面机械通风　对整个厂房进行的通风、换气，是把清洁的新鲜空气不断地送入车间，将车间空气中的有害物质（包括粉尘）浓度稀释并将污染的空气排到室外，使室内空气中有害物质的浓度达到标准规定的最高容许浓度以下。

② 局部机械通风　对厂房内某些局部部位进行的通风、换气，使局部作业环境条件得到改善。局部机械通风包括局部送风和局部排风。

③ 通风气流　一般应使清洁、新鲜空气先经过工作地带，再流向有害物质产生部位，最后通过排风口排出；含有害物质的气流不应通过作业人员的呼吸带。

④ 局部通风　除尘系统的吸尘罩（形式、罩口风速、控制风速）、风管（形状尺寸、材料、布置、风速和阻力平衡）、除尘器（类型、适用范围、除尘效率、分级除尘效率、处理风量、漏风率、阻力、运行温度及条件、占用空间和经济性等）、风机（类型、风量、风压、效率、温度、特性曲线、输送有害气体性质、噪声）的设计和选用，应科学、经济、合理，使工作环境空气中粉尘浓度达到标准规定的要求。

⑤ 除尘器　收集的粉尘应根据工艺条件、粉尘性质、利用价值及粉尘量，采用就地回收、集中回收、湿法处理等方式，将粉尘回收利用或综合利用并防止二次扬尘。

由于工艺、技术上的原因，通风和除尘设施无法达到劳动卫生指标要求的有尘作业场所，操作人员必须佩戴防尘口罩等个体防护用品。

7.1.2.8 其他有害因素控制措施

（1）防辐射（电离辐射）对策措施　为防止非随机效应的发生和将随机效应的发生率降到可以接受的水平，遵守辐射防护三原则（屏蔽、防护距离和缩短照射时间），使各区域工作人员受到的辐射照射不得超过标准规定的个人剂量限制值，采取的对策措施如下。

① 外照射源应根据需要和有关标准的规定，设置永久性或临时性屏蔽。

② 设置与设备的电气控制回路联锁的辐射防护门。

③ 在可能发生空气污染的区域，必须设有全面或局部的送、排风装置。

④ 工作人员进入辐射工作场所时，必须佩戴相应的个人剂量计。

⑤ 开放型放射源工作场所入口处，一般应设置更衣室、淋浴室和污染检测装置。

⑥ 应有完善的监测系统和特殊需要的卫生设施。

⑦ 对有辐射照射危害的工作场所的选址、防护、监测、运输、管理等方面提出应采取的其他措施。

⑧ 核电厂的核岛区和其他控制的防护措施，依据《核电厂安全系统准则》、《核电厂环境辐射防护规定》以及国家核安全局的规定。

电焊等作业、灯具和炽热物体（达到1200℃以上）发射的紫外线，主要通过防护屏蔽（滤紫外线罩、挡板等）和保护眼睛、皮肤的个人防护用品（防紫外线面罩、眼镜、手套和工作服等）防护。

（2）防红外线（热辐射）措施　主要是尽可能采用机械化、遥控作业，避开热源；另外，应采用隔热保温层、反射性屏蔽（铝箔制品、铝挡板等）、吸收性屏蔽（通过对流、通风、水冷等方式冷却的屏蔽）和穿戴隔热服、防红外线眼镜、面具等个体防护用品。

（3）防激光辐射措施　为防止激光对眼睛、皮肤的灼伤和对身体的伤害，达到《作业场所激光辐射卫生标准》规定的眼直视激光束的最大容许照射量、激光照射皮肤的最大容许照射量，应采取下列措施：

① 优先采取用工业电视、安全观察孔监视的隔离操作。

② 作业场所的地、墙壁、天花板、门窗、工作台应采用暗色不反光材料和毛玻璃。

③ 整体光束通路应完全隔离，必要时设置密闭式防护罩。

④ 设局部通风装置，排除激光束与靶物相互作用时产生的有害气体。

⑤ 激光装置宜与所需高压电源分室布置。

⑥ 穿戴有边罩的激光防护镜和白色防护服。

（4）防电磁辐射对策措施　根据《电磁辐射防护规定》、《环境电磁波卫生标准》、《作业场所微波辐射卫生标准》、《作业场所超高频辐射卫生标准》，按辐射源的频率（波长）和功率分别或组合采取对策措施。

根据标准规定的限量值和防护限值（任意连续6min全身比吸收率）提出对策措施：

① 用金属板（网）制作接地或不接地的屏蔽（板、罩、室），近距离屏蔽辐射源，将电磁场限制在限定范围内是防护电磁辐射的主要方式。

② 敷设吸收材料层，吸收辐射能量。通常采用屏蔽-吸收组合方式，提高防护性能。

③ 使用滤波器防止电磁辐射通过贯穿屏蔽的线路传播和泄漏。

④ 增大辐射源与人体的距离。

⑤ 辐射源的屏蔽室（罩）门应与辐射源电源联锁，防止误打开门时人员受到伤害。

⑥ 当采取的防护措施不能达到规定的限值或需要不停机检修时，必须穿戴防微波服（眼镜、面具）等个体防护用品。

（5）高温作业的防护措施

① 尽可能实现自动化和远距离操作等隔热操作方式，设置热源隔热屏蔽。

② 通过合理组织自然通风气流，设置全面、局部送风装置或空调，降低工作环境的温度。

③ 依据《高温作业允许持续接触热时间限值》的规定，限制持续接触热时间。

④ 使用隔热服（面罩）等个体防护用品。

⑤ 注意补充营养及合理的膳食制度，供应防高温饮料，口渴饮水，少量多次为宜。

（6）低温作业、冷水作业防护措施

① 实现自动化、机械化作业。控制低温作业、冷水作业时间。

② 穿戴防寒服（手套、鞋）等个体防护用品。

③ 设置采暖操作室、休息室、待工室等。

④ 冷库等低温封闭场所应设置通信、报警装置，防止误将人员关锁。

7.2　危险品安全管理对策措施

7.2.1　安全管理对策措施的内容

（1）建立制度　建立危险品安全管理制度和安全生产责任制度，确保安全制度的落实。

建立并完善生产经营单位的安全管理组织机构和人员配置，保证各类安全生产管理制度能认真贯彻执行，各项安全生产责任制能落实到人。

（2）安全培训、教育和考核　在建立了各类安全生产管理制度和安全操作规程，落实机构和人员安全生产责任制后，安全管理对策措施所要涉及的内容是各类人员的安全教育和安全培训生产经营单位的主要负责人、安全生产管理人员和生产一线操作人员，都必须接受相应的安全教育和培训。

① 单位主要负责人和安全生产管理人员的安全培训教育　侧重面为国家有关安全生产的法律法规、行政规章和各种技术标准、规范，了解企业安全生产管理的基本脉络，掌握对整个企业进行安全生产管理的能力，取得安全管理岗位的资格证书。

② 从业人员的安全培训教育　在于了解安全生产知识，熟悉有关的安全生产规章制度和安全操作规程，掌握本岗位的安全操作技能。

③ 特种作业人员　必须按照国家有关规定经专门的安全作业培训，取得特种作业操作资格证书。

（3）安全投入与安全设施　建立健全生产经营单位安全生产投入的长效保障机制，从资金和设施装备等物质方面保障安全生产工作正常进行，也是安全管理对策措施的一项内容。

建设项目在可行性研究阶段和初步设计阶段都应该考虑投入用于安全生产的专项资金的预算。

（4）实施监督与日常检查　安全管理对策措施的动态表现就是监督与检查，对于有关安全生产方面国家法律法规、技术标准、规范和行政规章执行情况的监督与检查，对于本单位所制定的各类安全生产规章制度和责任制的落实情况的监督与检查。

（5）事故应急救援预案　事故应急救援在安全管理对策措施中占有非常重要的地位，《安全生产法》专门设置了“生产安全事故的应急救援与调查处理”。安全评价报告中对策措施必须要有应急救援预案的内容。

7.2.2 事故应急救援预案

7.2.2.1 事故应急救援预案的含义

事故应急救援预案，又叫“事故预防和应急处理预案”、“事故应急处理预案”、“应急计划”或“应急预案”。为了在重大事故发生后能及时予以控制，防止重大事故的蔓延，有效地组织抢险和救助，生产经营单位应对已初步认定的危险场所和部位进行重大事故危险源的评估。对所有被认定的重大危险源，应事先进行重大事故后果定量预测，估计在重大事故发生后的状态、人员伤亡情况、房屋及设备破坏和损失程度，以及由于物料的泄漏可能引起的爆炸、火灾、有毒有害物质扩散对生产经营单位及周边地区可能造成危害程度的预测。

（1）事故预防　通过危险辨识、事故后果分析，采用技术和管理手段降低事故发生的可能性且使可能发生的事故控制在局部，防止事故蔓延。

（2）应急处理　万一发生事故（或故障）有应急处理程序和方法，能快速反应处理故障或将事故消除在萌芽状态。

（3）抢险救援　采用预定现场抢险和抢救的方式，控制或减小事故造成的损失。“预防为主”是安全生产的原则，然而无论预防工作如何周密，事故和灾害总是难以根本避免的。为了避免或减小事故和灾害的损失，应付紧急情况，就应居安思危，常备不懈，才能在事故和灾害发生的紧急关头反应迅速、措施正确。

在重大事故发生时，应能够及时采取必要的措施，按照正确的方法和程序进行救助和疏散人员，有效地控制事故扩大，减小损失。

对以下三大类单位要加强检查和监控，制定切实可行的事故应急预案：①涉及易燃易爆和危险品生产的企业，如石化、油库、煤矿、烟花爆竹、小火药厂点等；②公共场所，如机场、车站、码头及大型商场、影剧院等；③要害设施，如飞机、火车、客运汽车、客运船舶等。

7.2.2.2 事故应急救援预案的编写

《中华人民共和国安全生产法》第六十八条规定“县级以上地方各级人民政府应当组织有关部门制定本行政区域内特大生产安全事故应急救援预案，建立应急救援体系。”

事故应急救援预案是在认识危险，了解事故发生的可能性，通过对事故后果的预测和估计，针对事故所制定的预防和应急处理对策。事故应急救援预案应由外部预案和内部预案构成，相互独立又协调一致。对同一种事故后果预计，政府部门根据当地安全状况制定外部预案，生产经营单位负责制定内部预案。

(1) 事故应急救援预案编写要求　编制事故应急救援预案要体现“预防为主、自救为主、统一指挥、分工负责”的要求。通常一个生产经营单位的事故应急救援预案应含：针对重大危险源的预案；针对易燃、易爆、有毒的关键生产装置的预案；针对重点生产部位的预案等子系统或单元的预案。

编写或制定事故应急救援预案时，应具体描述意外事故和紧急情况发生时所采取的措施，其基本要求是：

① 具体描述可能的意外事故和紧急情况及其后果。

② 确定应急期间负责人及所有人员在应急期间的职责。

③ 确定应急期间起特殊作用人员（例如消防员、急救人员、毒物泄漏处置人员）的职责、权限和义务。

④ 规定疏散程序。

⑤ 明确危险物料的识别和位置及其处置的应急措施。

⑥ 建立与外部应急机构的联系（消防部门、医院等）。

⑦ 定期与安全生产监督管理部门、公安部门、保险机构及相邻企业交流。

⑧ 做好重要记录和设备等保护。

(2) 事故应急救援预案编写内容　事故应急救援预案由外部预案和内部预案两部分构成。

① 外部预案　外部预案内容包括组织系统；应急通信；专业救援设施；专业和志愿救援组织；化学救援中心；气象与地理信息；预案评审。

② 内部预案　内部预案由相关生产经营单位制定，内部预案包含总体预案和各危险单元预案。内部预案的内容包括：组织落实、制定责任制、确定危险目标、警报及信号系统预防事故的措施、紧急状态下抢险救援的实施办法、救援器材设备储备、人员疏散等。

7.2.2.3 事故应急救援预案的检查

对于“事故应急救援预案的检查”一般可以分为三个层次：第一层次是检查预案程序，第二层次是检查预案内容，第三层次是检查预案配套的制度和方法。

(1) 危险源确定程序

① 找出可能引发事故的材料。

② 对危险辨识找出的因素进行分析。

③ 将危险分出层次，找出最危险的关键单元（少数）。

④ 确定是否属于“重大危险源”。

⑤ 对属于“重大危险源”以及危险度高的单元，进行“事故严重度评价”。

⑥ 确定危险源。

(2) 事故预防程序　遵循事故预防 PDCA 循环的基本过程，即计划（plan）、实施（do）、检查（check）、处置（action）。

① 通过安全检查掌握“危险源”的现状。

② 分析产生危险原因。

③ 拟订控制危险的对策。

④ 对策的实施。

⑤ 实施效果的确认。

⑥ 保持效果并将其标准化，防止反复。

⑦ 持续改进，提高安全水平。

(3) 应急救援程序

① 事故应急救援指挥部启动程序。

② 指挥部发布和解除应急救援命令和信号的程序及通信网络。

③ 抢险救灾程序（救援行动方案）。

④ 工程抢险抢修程序。

⑤ 现场医疗救护及伤员转送程序。

⑥ 人员紧急疏散程序。

⑦ 事故处理程序图。

⑧ 事故上报程序。

应急救援程序主要检查两个方面：一是程序所包含的内容是否遗漏；二是这些内容是否正确。重点掌握以下原则：组织方案检查，以生产经营单位为单位成立应急救援的组织机构和指导系统；建立责任制，主要是指挥系统和抢险分队责任制的建立；报警及信息系统，生产经营单位可依据本生产经营单位的具体情况，建立重大事故发生的报警信号系统；重大危险源的确认；紧急状态下抢险救援的实施。

为了能在事故发生后，迅速、准确、有效地进行处理，必须制定对“危险源”应配套“工程抢险抢修”的程序和方法。日常还要做好应急救援的各项准备工作，对全厂职工进行经常性的应急救援常识教育，落实岗位责任制和各项规章制度。

同时还应建立值班制度、检查制度、例会制度等，并针对存在的问题，积极采取有效措施，加以改进。

7.3 危险品安全管理

为了加强危险品的安全管理，预防和减少危险化学品事故，保障人民群众生命财产安全，保护环境，针对危险品生产、储存、使用、经营和运输的安全管理，中华人民共和国国务院令第 591 号《危险化学品安全管理条例》（2011 年修订，以下称“条例”），明确了与危险品相关的各方权利、义务和责任，规范了危险品安全管理工作，为防止和减少危险品事故提供了坚实的法律依据。

7.3.1 安全管理的主要特点

（1）监管职责明确　“条例”内容从总则、生产、储存安全、使用安全、经营安全、运输安全、危险化学品登记与事故应急救援到附则 8 个部分，由原“条例”的 74 条增加至 102 条。

“条例”明确规定了除安监部门以外，公安、质检、环保、交通运输、卫生、工商、邮政 7 个部门的监管职责。其中，公安机关负责危险化学品的公共安全管理，核发剧毒化学品购买许可证、剧毒化学品道路运输通行证，并负责危险化学品运输车辆的道路交通安全管理。质量监督检验检疫部门负责核发危险化学品及其包装物、容器（不包括储存危险化学品的固定式大型储罐）生产企业的工业产品生产许可证，并依法对其产品质量实施监督，负责对进出口危险化学品及其包装实施检验。

（2）管理制度完善　“条例”增加了落实企业主体责任、危险化学品管道输送安全管理规定、易致爆危险化学品管理制度等新条款及配套的部门规章制度；完善了危险化学品登记制度、危险化学品鉴定的相关规定；取消了危险化学品包装定点制度。同时，新规把危险化学品生产、储存企业设立审批制度，修改为危险化学品生产、储存建设项目安全条件审查制度。原“条例”对设立危险化学品生产、储存企业实行审批制度，规定由省级人民政府或者设区的市级人民政府负责审批，实践证明，企业设立审批制度的可操作性不强。修订后，把危险化学品生产、储存企业设立审批制度改成了生产、储存危险化学品的建设项目安全条件审查制度，规定新建、改建、扩建生产、储存危险化学品的建设项目，应当由安全生产监督管理部门进行安全条件审查。

在“条例”中，进一步明确了危险化学品安全生产许可证制度，建立了危险化学品安全使用许可制度并调整完善了危险化学品内河运输安全的管理制度。对于允许通过内河运输的危险化学品，条例修改时还从运输企业的资质条件，运输船舶和专用码头、泊位的安全条件，各类危险化学品的运输方式、包装规范和安全防护措施，运输危险化学品的船舶的警示标志悬挂和进出港管理等几个方面，补充规定了相关的安全保障措施，以从制度上确保通过内河运输危险化学品的安全。

（3）行政处罚力度加大　危险化学品存在有毒、易燃、易爆等特点，其安全隐患较大。而针对我国此前对于危险化学品的安全管理还存在管理制度不完善、处罚办法不明确等问题，新“条例”普遍加大了对危险化学品生产经营违法行为的行政处罚力度。

（4）有关部门职责分工变化　有关部门职责分工主要有三个方面的变化：

① 把现行“条例”中提到的“经济贸易综合管理部门”、“经济贸易管理部门”、“负责危险化学品安全监督管理综合工作的部门”统一改为“安全生产监督管理部门”。

② 把现行“条例”关于经济贸易管理部门负责危险化学品包装物、容器专业生产企业的审查和定点的规定，修改为质量监督检验检疫部门负责核发危险化学品包装物、容器生产企业的工业产品生产许可证。

③ 明确规定国务院工业和信息化主管部门以及其他有关部门依据各自职责，负责危险化学品生产、储存的行业规划和布局。

（5）确立危险品安全使用许可制度　使用危险化学品特别是使用危险化学品从事生产，其危险程度不亚于生产危险化学品，这方面的事故约占全部危险化学品事故的 1/4。为从源头上进一步强化使用危险化学品的安全管理，这次修改中确立了危险化学品安全使用许可制度。

但不是所有使用危险化学品的单位都需要取得危险化学品安全使用许可证。“条例”把危险化学品安全使用许可证的发放范围确定为使用危险化学品从事生产，并且使用量达到规定数量的化工企业。“条例”明确规定属于危险化学品生产企业的化工企业不需要取得危险化学品安全使用许可证。

(6) 下放经营许可证的审批权限　经营许可证的审批权限下放到市、县两级，是考虑到危险化学品经营企业数量很多，都集中到省级或者市级政府部门办证，有关部门负担重，企业办事也不方便，而且目前市、县两级安全生产监督管理部门在机构设置上也已经健全，能够承担起危险化学品经营许可证颁发管理的责任。

(7) 剧毒化学品道路运输通行证的办理　剧毒化学品道路运输通行证可在运输始发地公安机关办理。按照现行“条例”规定，托运人只能到运输目的地县级人民政府公安部门申请办理剧毒化学品公路运输通行证。这次修改“条例”时明确规定，托运人也可以向运输始发地公安机关办理通行证。

(8) 剧毒化学品的运输　绝大多数剧毒化学品，以及对水环境危害较大的危险化学品，严禁通过内河运输。“条例”建立了一个机制来确定禁止通过内河运输的危险化学品。对绝大多数剧毒化学品，以及不属于剧毒化学品但对水环境危害较大的危险化学品，严格禁止通过内河运输。

7.3.2 危险品的安全监督管理

危险化学品安全管理，应当坚持安全第一、预防为主、综合治理的方针，强化和落实企业的主体责任。

(1) 对危险品单位的要求

① 生产、储存、使用、经营、运输危险化学品的单位（以下统称危险化学品单位）的主要负责人对本单位的危险化学品安全管理工作全面负责。

② 危险化学品单位应当具备法律、行政法规规定和国家标准、行业标准要求的安全条件，建立、健全安全管理规章制度和岗位安全责任制度，对从业人员进行安全教育、法制教育和岗位技术培训。从业人员应当接受教育和培训，考核合格后上岗作业；对有资格要求的岗位，应当配备依法取得相应资格的人员。

③ 任何单位和个人不得生产、经营、使用国家禁止生产、经营、使用的危险化学品。国家对危险化学品的使用有限制性规定的，任何单位和个人不得违反限制性规定使用危险化学品。

(2) 对监督管理部门的要求　对危险化学品的生产、储存、使用、经营、运输实施安全监督管理的有关部门（以下统称负有危险化学品安全监督管理职责的部门），依照下列规定履行职责：

① 安全生产监督管理部门　负责危险化学品安全监督管理综合工作，组织确定、公布、调整危险化学品目录，对新建、改建、扩建生产、储存危险化学品（包括使用长输管道输送危险化学品，下同）的建设项目进行安全条件审查，核发危险化学品安全生产许可证、危险化学品安全使用许可证和危险化学品经营许可证，并负责危险化学品登记工作。

② 公安机关　负责危险化学品的公共安全管理，核发剧毒化学品购买许可证、剧毒化学品道路运输通行证，并负责危险化学品运输车辆的道路交通安全管理。

③ 质量监督检验检疫部门　负责核发危险化学品及其包装物、容器（不包括储存危险化学品的固定式大型储罐，下同）生产企业的工业产品生产许可证，并依法对其产品质量实

施监督，负责对进出口危险化学品及其包装实施检验。

④ 环境保护主管部门　负责废弃危险化学品处置的监督管理，组织危险化学品的环境危害性鉴定和环境风险程度评估，确定实施重点环境管理的危险化学品，负责危险化学品环境管理登记和新化学物质环境管理登记；依照职责分工调查相关危险化学品环境污染事故和生态破坏事件，负责危险化学品事故现场的应急环境监测。

⑤ 交通运输主管部门　负责危险化学品道路运输、水路运输的许可以及运输工具的安全管理，对危险化学品水路运输安全实施监督，负责危险化学品道路运输企业、水路运输企业驾驶人员、船员、装卸管理人员、押运人员、申报人员、集装箱装箱现场检查员的资格认定。铁路主管部门负责危险化学品铁路运输的安全管理，负责危险化学品铁路运输承运人、托运人的资质审批及其运输工具的安全管理。民用航空主管部门负责危险化学品航空运输以及航空运输企业及其运输工具的安全管理。

⑥ 卫生主管部门　负责危险化学品毒性鉴定的管理，负责组织、协调危险化学品事故受伤人员的医疗卫生救援工作。

⑦ 工商行政管理部门　依据有关部门的许可证件，核发危险化学品生产、储存、经营、运输企业营业执照，查处危险化学品经营企业违法采购危险化学品的行为。

⑧ 邮政管理部门　负责依法查处寄递危险化学品的行为。

（3）安全监督管理措施

① 进入危险化学品作业场所实施现场检查，向有关单位和人员了解情况，查阅、复制有关文件、资料。

② 发现危险化学品事故隐患，责令立即消除或者限期消除。

③ 对不符合法律、行政法规、规章规定或者国家标准、行业标准要求的设施、设备、装置、器材、运输工具，责令立即停止使用。

④ 经本部门主要负责人批准，查封违法生产、储存、使用、经营危险化学品的场所，扣押违法生产、储存、使用、经营、运输的危险化学品以及用于违法生产、使用、运输危险化学品的原材料、设备、运输工具。

⑤ 发现影响危险化学品安全的违法行为，当场予以纠正或者责令限期改正。

⑥ 负有危险化学品安全监督管理职责的部门依法进行监督检查，监督检查人员不得少于2人，并应当出示执法证件；有关单位和个人对依法进行的监督检查应当予以配合，不得拒绝、阻碍。

⑦ 任何单位和个人对违反本条例规定的行为，有权向负有危险化学品安全监督管理职责的部门举报。负有危险化学品安全监督管理职责的部门接到举报，应当及时依法处理；对不属于本部门职责的，应当及时移送有关部门处理。

7.3.3　危险品生产和储存的安全管理

国务院工业和信息化主管部门以及国务院其他有关部门依据各自职责，负责危险化学品生产、储存的行业规划和布局。地方人民政府组织编制城乡规划，应当根据本地区的实际情况，按照确保安全的原则，规划适当区域专门用于危险化学品的生产、储存。

（1）危险品生产、储存建设项目　新建、改建、扩建（以下简称建设项目），应当由安全生产监督管理部门进行安全条件审查。建设单位应当对建设项目进行安全条件论证，委托具备国家规定的资质条件的机构对建设项目进行安全评价，并将安全条件论证和安全评价的情况报告报建设项目所在地设区的市级以上人民政府安全生产监督管理部门；安全生产监督管理部门应当自收到报告之日起45日内做出审查决定，并书面通知建设单位。具体办法由国务院安全生产监督管理部门制定。

（2）危险品港口建设项目 新建、改建、扩建储存、装卸危险化学品的港口建设项目，由港口行政管理部门按照国务院交通运输主管部门的规定进行安全条件审查。

（3）危险品生产、储存的单位

① 危险品生产、储存的单位应当对其铺设的危险化学品管道设置明显标志，并对危险化学品管道定期检查、检测。储存危险化学品的单位应当建立危险化学品出入库核查、登记制度。

② 危险品生产企业进行生产前，应当依照《安全生产许可证条例》的规定，取得危险化学品安全生产许可证。生产列入国家实行生产许可证制度的工业产品目录的危险化学品的企业，应当依照《中华人民共和国工业产品生产许可证管理条例》的规定，取得工业产品生产许可证。

③ 生产、储存危险品的单位应当根据其生产、储存的危险化学品的种类和危险特性，在作业场所设置相应的监测、监控、通风、防晒、调温、防火、灭火、防爆、泄压、防毒、中和、防潮、防雷、防静电、防腐、防泄漏以及防护围堤或者隔离操作等安全设施、设备，并按照国家标准、行业标准或者国家有关规定对安全设施、设备进行经常性维护、保养，保证安全设施、设备的正常使用。

④ 生产、储存危险化学品的单位，还应当在其作业场所和安全设施、设备上设置明显的安全警示标志，在其作业场所设置通信、报警装置，并保证处于适用状态。

（4）危险品的包装

① 危险品的包装应当符合法律、行政法规、规章的规定以及国家标准、行业标准的要求。危险化学品包装物、容器的材质以及危险化学品包装的型式、规格、方法和单件质量（重量），应当与所包装的危险化学品的性质和用途相适应。

② 生产列入国家实行生产许可证制度的工业产品目录的危险化学品包装物、容器的企业，应当依照《中华人民共和国工业产品生产许可证管理条例》的规定，取得工业产品生产许可证；其生产的危险化学品包装物、容器经国务院质量监督检验检疫部门认定的检验机构检验合格，方可出厂销售。

（5）运输危险化学品的船舶及其配载的容器

① 运输危险化学品的船舶及其配载的容器应当按照国家船舶检验规范进行生产，并经海事管理机构认定的船舶检验机构检验合格，方可投入使用。对重复使用的危险化学品包装物、容器，使用单位在重复使用前应当进行检查；发现存在安全隐患的，应当维修或者更换。使用单位应当对检查情况做出记录，记录的保存期限不得少于2年。

② 危险品生产装置或者储存数量构成重大危险源的危险化学品储存设施（运输工具加油站、加气站除外），与下列场所、设施、区域的距离应当符合国家有关规定：

a. 居住区以及商业中心、公园等人员密集场所；

b. 学校、医院、影剧院、体育场（馆）等公共设施；

c. 饮用水源、水厂以及水源保护区；

d. 车站、码头（依法经许可从事危险化学品装卸作业的除外）、机场以及通信干线、通信枢纽、铁路线路、道路交通干线、水路交通干线、地铁风亭以及地铁站出入口；

e. 基本农田保护区、基本草原、畜禽遗传资源保护区、畜禽规模化养殖场（养殖小区)、渔业水域以及种子、种畜禽、水产苗种生产基地；

f. 河流、湖泊、风景名胜区、自然保护区；

g. 军事禁区、军事管理区；

h. 法律、行政法规规定的其他场所、设施、区域。

已建的危险化学品生产装置或者储存数量构成重大危险源的危险化学品储存设施不符合前款规定的，由所在地设区的市级人民政府安全生产监督管理部门会同有关部门监督其所属单位在规定期限内进行整改；需要转产、停产、搬迁、关闭的，由本级人民政府决定并组织实施。储存数量构成重大危险源的危险化学品储存设施的选址，应当避开地震活动断层和容易发生洪灾、地质灾害的区域。

(6) 生产、储存剧毒化学品单位

① 生产、储存剧毒化学品单位或者国务院公安部门规定的可用于制造爆炸物品的危险化学品（以下简称易制爆危险化学品）的单位，应当如实记录其生产、储存的剧毒化学品、易制爆危险化学品的数量、流向，并采取必要的安全防范措施，防止剧毒化学品、易制爆危险化学品丢失或者被盗；发现剧毒化学品、易制爆危险化学品丢失或者被盗的，应当立即向当地公安机关报告。

② 生产、储存剧毒化学品、易制爆危险品的单位，还应当设置治安保卫机构，配备专职治安保卫人员。危险化学品应当储存在专用仓库、专用场地或者专用储存室（以下统称专用仓库）内，并由专人负责管理；剧毒化学品以及储存数量构成重大危险源的其他危险化学品，应当在专用仓库内单独存放，并实行双人收发、双人保管制度。

③ 危险化学品的储存方式、方法以及储存数量应当符合国家标准或者国家有关规定。对剧毒化学品以及储存数量构成重大危险源的其他危险化学品，储存单位应当将其储存数量、储存地点以及管理人员的情况，报所在地县级人民政府安全生产监督管理部门（在港区内储存的，报港口行政管理部门）和公安机关备案。

(7) 危险品专用仓库　危险品专用仓库应当符合国家标准、行业标准的要求，并设置明显的标志。储存剧毒化学品、易制爆危险化学品的专用仓库，应当按照国家有关规定设置相应的技术防范设施。储存危险化学品的单位应当对其危险化学品专用仓库的安全设施、设备定期进行检测、检验。

7.3.4 危险品使用和经营的安全管理

(1) 危险品使用的安全管理　使用危险品的单位，其使用条件（包括工艺）应当符合法律、行政法规的规定和国家标准、行业标准的要求，并根据所使用的危险化学品的种类、危险特性以及使用量和使用方式，建立、健全使用危险化学品的安全管理规章制度和安全操作规程，保证危险化学品的安全使用。

使用危险品从事生产并且使用量达到规定数量的化工企业（属于危险化学品生产企业的除外，下同)，应当依照本条例的规定取得危险化学品安全使用许可证。

申请危险化学品安全使用许可证的化工企业应当具备下列条件：

① 有与所使用的危险化学品相适应的专业技术人员；

② 有安全管理机构和专职安全管理人员；

③ 有符合国家规定的危险化学品事故应急预案和必要的应急救援器材、设备；

④ 依法进行了安全评价。

安全生产监督管理部门应当将其颁发危险化学品安全使用许可证的情况及时向同级环境

保护主管部门和公安机关通报。

（2）危险品经营的安全管理

① 国家对危险化学品经营（包括仓储经营，下同）实行许可制度。未经许可，任何单位和个人不得经营危险化学品。

② 依法设立的危险化学品生产企业在其厂区范围内销售本企业生产的危险化学品，不需要取得危险化学品经营许可。

③ 依照《中华人民共和国港口法》的规定取得港口经营许可证的港口经营人，在港区内从事危险化学品仓储经营，不需要取得危险化学品经营许可。

④ 从事危险化学品经营的企业应当具备下列条件：

a. 有符合国家标准、行业标准的经营场所，储存危险化学品的，还应当有符合国家标准、行业标准的储存设施；

b. 从业人员经过专业技术培训并经考核合格；

c. 有健全的安全管理规章制度；

d. 有专职安全管理人员。

⑤ 危险化学品经营企业储存危险化学品的，应当遵守关于储存危险化学品的规定。危险化学品商店内只能存放民用小包装的危险化学品。

⑥ 危险化学品经营企业不得向未经许可从事危险化学品生产、经营活动的企业采购危险化学品，不得经营没有化学品安全技术说明书或者化学品安全标签的危险化学品。

⑦ 依法取得危险化学品安全生产许可证、危险化学品安全使用许可证、危险化学品经营许可证的企业，凭相应的许可证件购买剧毒化学品、易制爆危险化学品。民用爆炸物品生产企业凭民用爆炸物品生产许可证购买易制爆危险化学品。

⑧ 申请取得剧毒化学品购买许可证，申请人应当向所在地县级人民政府公安机关提交下列材料：

a. 营业执照或者法人证书（登记证书）的复印件；

b. 拟购买的剧毒化学品品种、数量的说明；

c. 购买剧毒化学品用途的说明；

d. 经办人的身份证明。

⑨ 危险化学品生产企业、经营企业销售剧毒化学品、易致爆危险化学品，应当如实记录购买单位的名称、地址、经办人的姓名、身份证号码以及所购买的剧毒化学品、易致爆危险化学品的品种、数量、用途。销售记录以及经办人的身份证明复印件、相关许可证件复印件或者证明文件的保存期限不得少于1年。

⑩ 使用剧毒化学品、易致爆危险化学品的单位不得出借、转让其购买的剧毒化学品、易致爆危险化学品；因转产、停产、搬迁、关闭等确需转让的，应当向具有本条例第三十八条第一款、第二款规定的相关许可证件或者证明文件的单位转让，并在转让后将有关情况及时向所在地县级人民政府公安机关报告。

7.3.5　危险品运输的安全管理

从事危险品道路运输、水路运输的，应当分别依照有关道路运输、水路运输的法律、行政法规的规定，取得危险货物道路运输许可、危险货物水路运输许可，并向工商行政管理部门办理登记手续。危险品道路运输企业、水路运输企业应当配备专职安全管理人员。

（1）危险品的道路运输管理

① 危险化学品道路运输企业、水路运输企业的驾驶人员、船员、装卸管理人员、押运人员、申报人员、集装箱装箱现场检查员应当经交通运输主管部门考核合格，取得从业资格。具体办法由国务院交通运输主管部门制定。

② 运输危险化学品，应当根据危险化学品的危险特性采取相应的安全防护措施，并配备必要的防护用品和应急救援器材。

③ 用于运输危险化学品的槽罐以及其他容器应当封口严密，能够防止危险化学品在运输过程中因温度、湿度或者压力的变化发生渗漏、洒漏；槽罐以及其他容器的溢流和泄压装置应当设置准确、启闭灵活。

④ 运输危险化学品的驾驶人员、船员、装卸管理人员、押运人员、申报人员、集装箱装箱现场检查员，应当了解所运输的危险化学品的危险特性及其包装物、容器的使用要求和出现危险情况时的应急处置方法。

⑤ 通过道路运输危险化学品的，托运人应当委托依法取得危险货物道路运输许可的企业承运。运输单位应符合国家标准要求的安全技术条件，并按照国家有关规定定期进行安全技术检验。应按照运输车辆的核定载重量装载危险化学品，不得超载。危险化学品运输车辆应当悬挂或者喷涂符合国家标准要求的警示标志。

⑥ 危险化学品的装卸作业应当遵守安全作业标准、规程和制度，并在装卸管理人员的现场指挥或者监控下进行。装箱作业完毕后，集装箱装箱现场检查员应当签署装箱证明书。

⑦ 通过道路运输剧毒化学品的，托运人应当向运输始发地或者目的地县级人民政府公安机关申请剧毒化学品道路运输通行证。

申请剧毒化学品道路运输通行证，托运人应当向县级人民政府公安机关提交下列材料：

a. 拟运输的剧毒化学品品种、数量的说明；

b. 运输始发地、目的地、运输时间和运输路线的说明；

c. 承运人取得危险货物道路运输许可、运输车辆取得营运证以及驾驶人员、押运人员取得上岗资格的证明文件；

d. 本条例第三十八条第一款、第二款规定的购买剧毒化学品的相关许可证件，或者海关出具的进出口证明文件。

⑧ 剧毒化学品、易致爆危险化学品在道路运输途中丢失、被盗、被抢或者出现流散、泄漏等情况的，驾驶人员、押运人员应当立即采取相应的警示措施和安全措施，并向当地公安机关报告。公安机关接到报告后，应当根据实际情况立即向安全生产监督管理部门、环境保护主管部门、卫生主管部门通报。有关部门应当采取必要的应急处置措施。

(2) 危险品的水路运输管理

① 通过水路运输危险化学品的，应当遵守法律、行政法规以及国务院交通运输主管部门关于危险货物水路运输安全的规定。

② 海事管理机构应当根据危险化学品的种类和危险特性，确定船舶运输危险化学品的相关安全运输条件。

③ 拟交付船舶运输的化学品的相关安全运输条件不明确的，应当经国家海事管理机构认定的机构进行评估，明确相关安全运输条件并经海事管理机构确认后，方可交付船舶运输。

④ 禁止通过内河封闭水域运输剧毒化学品。

a. 通过内河运输危险化学品，应当由依法取得危险货物水路运输许可的水路运输企业承运，其他单位和个人不得承运。托运人应当委托依法取得危险货物水路运输许可的水路运输企业承运，不得委托其他单位和个人承运。

b. 通过内河运输危险化学品，应当使用依法取得危险货物适装证书的运输船舶。水路运输企业应当针对所运输的危险化学品的危险特性，制定运输船舶危险化学品事故应急救援预案，并为运输船舶配备充足、有效的应急救援器材和设备。

c. 通过内河运输危险化学品的船舶，其所有人或者经营人应当取得船舶污染损害责任保险证书或者财务担保证明。船舶污染损害责任保险证书或者财务担保证明的副本应当随船携带。

d. 通过内河运输危险化学品，危险化学品包装物的材质、型式、强度以及包装方法应当符合水路运输危险化学品包装规范的要求。国务院交通运输主管部门对单船运输的危险化学品数量有限制性规定的，承运人应当按照规定安排运输数量。

⑤ 船舶载运危险化学品进出内河港口，应当将危险化学品的名称、危险特性、包装以及进出港时间等事项，事先报告海事管理机构。海事管理机构接到报告后，应当在国务院交通运输主管部门规定的时间内作出是否同意的决定，通知报告人，同时通报港口行政管理部门。定船舶、定航线、定货种的船舶可以定期报告。

a. 在内河港口内进行危险化学品的装卸、过驳作业，应当将危险化学品的名称、危险特性、包装和作业的时间、地点等事项报告港口行政管理部门。港口行政管理部门接到报告后，应当在国务院交通运输主管部门规定的时间内作出是否同意的决定，通知报告人，同时通报海事管理机构。

b. 载运危险化学品的船舶在内河航行，通过过船建筑物的，应当提前向交通运输主管部门申报，并接受交通运输主管部门的管理。

c. 载运危险化学品的船舶在内河航行、装卸或者停泊，应当悬挂专用的警示标志，按照规定显示专用信号。水路运输危险化学品的集装箱装箱作业应当在集装箱装箱现场检查员的指挥或者监控下进行，并符合积载、隔离的规范和要求。

d. 载运危险化学品的船舶在内河航行，按照国务院交通运输主管部门的规定需要引航的，应当申请引航。

e. 载运危险化学品的船舶在内河航行，应当遵守法律、行政法规和国家其他有关饮用水水源保护的规定。内河航道发展规划应当与依法经批准的饮用水水源保护区划定方案相协调。

(3) 危险品的铁路、航空运输管理 通过铁路、航空运输危险化学品的安全管理，依照有关铁路、航空运输的法律、行政法规、规章的规定执行。

7.3.6 危险品登记与事故应急救援

国家实行危险化学品登记制度，为危险化学品安全管理以及危险化学品事故预防和应急救援提供技术、信息支持。

(1) 危险品登记 危险化学品生产企业、进口企业，应当向国务院安全生产监督管理部门负责危险化学品登记的机构（以下简称危险化学品登记机构）办理危险化学品登记。

① 危险化学品登记包括下列内容：

a. 分类和标签信息；

b. 物理、化学性质；

c. 主要用途；

d. 危险特性；

e. 储存、使用、运输的安全要求；

f. 出现危险情况的应急处置措施。

对同一企业生产、进口的同一品种的危险化学品，不进行重复登记。危险化学品生产企业、进口企业发现其生产、进口的危险化学品有新的危险特性的，应当及时向危险化学品登记机构办理登记内容变更手续。

② 危险化学品登记机构应当定期向工业和信息化、环境保护、公安、卫生、交通运输、铁路、质量监督检验检疫等部门提供危险化学品登记的有关信息和资料。

(2) 危险品事故应急救援　危险化学品生产企业应当制定本单位危险化学品事故应急预案，并将其上报所在地设区的市级人民政府安全生产监督管理部门备案。还应配备应急救援人员和必要的应急救援器材、设备，并定期组织应急救援演练。

发生危险化学品事故，事故单位主要负责人应当立即按照本单位危险化学品应急预案组织救援，并向当地安全生产监督管理部门和环境保护、公安、卫生主管部门报告；道路运输、水路运输过程中发生危险化学品事故的，驾驶人员、船员或者押运人员还应当向事故发生地交通运输主管部门报告。有关地方人民政府应当立即组织安全生产监督管理、环境保护、公安、卫生、交通运输等有关部门，按照本地区危险化学品事故应急预案组织实施救援，不得拖延、推诿。

有关地方人民政府及其有关部门应当按照规定，采取以下必要的应急处置措施，减小事故损失，防止事故蔓延、扩大：

① 立即组织营救和救治受害人员，疏散、撤离或者采取其他措施保护危害区域内的其他人员；

② 迅速控制危害源，测定危险化学品的性质、事故的危害区域及危害程度；

③ 针对事故对人体、动植物、土壤、水源、大气造成的现实危害和可能产生的危害，迅速采取封闭、隔离、洗消等措施；

④ 对危险化学品事故造成的环境污染和生态破坏状况进行监测、评估，并采取相应的环境污染治理和生态修复措施。

有关危险化学品单位应当为危险化学品事故应急救援提供技术指导和必要的协助。危险化学品事故造成环境污染的，由设区的市级以上人民政府环境保护主管部门统一发布有关信息。

安全常识　**危险品试验实训场所安全管理制度**

为了加强对危险品的安全管理，保证教学、科研的顺利进行，保障师生生命、财产安全，保护环境，根据国务院《危险化学品安全管理条例》的规定，对危险品试验实训场所的安全管理应做到以下几点：

1. 危险品的使用

(1) 危险品的使用和储存　使用和储存危险物品的试验实训场所，必须建立健全危险品的安全管理制度。使用和储存危险品的负责人，负责制定危险品安全使用操作规程，明确安全使用注意事项，并严格督促按照规定操作。教学负责人、项目负责人对试验实训过程中危险品的使用安全负直接责任。

（2）危险品的领用　危险品的领用要有专人负责，持危险品使用申请报告和使用单位负责人签字的领料单，到危险品仓库办理领料手续，并严格做好详细的领料和使用记录。试验使用的易燃易爆危险品，应随用随领，不得在实验室现场存放。

（3）危险品试验　在试验和实训过程中使用危险品，应配备专职或兼职的安全员，安全员应熟悉危险品的安全管理知识，危险品试验实训指导教师应熟悉本岗位的操作规程。

（4）试验实训防护　试验实训过程中，要采取必要的劳动保护与安全措施，对危险品及其存放地点要经常检查，及时排除安全隐患，防止因变质分解造成自燃、爆炸事故。

（5）废弃危险品的处理　实验室必须有专人负责废弃危险品的处理工作。处置废弃危险品，一定要依照固体废物污染环境防治法和国家有关规定执行，不得随意排放，污染环境。

2. 压力气瓶的使用

（1）使用单位必须有专人负责气瓶的安全工作，定期对使用人员进行技术安全教育。

（2）使用单位不得擅自更改气瓶的钢印和颜色标记。

（3）气瓶的放置地点，不得靠近热源，应距明火10m以外。易燃气体气瓶和助燃气体气瓶不得放在一起，易燃气体及有毒气体气瓶，必须安放在室外规范安全的地方，盛装易起聚合反应或分解反应气体的气瓶，应避开放射性物品的放射源。

（4）气瓶竖直放置时，应采取防止倾倒措施。

（5）气瓶使用前应进行安全状况检查，对盛装气体进行确认。

（6）在可能造成回流的使用场合，使用设备上必须配置防止倒灌的装置，如单向阀、止回阀、缓冲罐等。

（7）严禁敲击、碰撞压力气瓶、严禁在气瓶上进行电焊引弧，不得进行挖补、焊接修理。

（8）压力气瓶夏季防止暴晒，严禁用温度超过40℃的热源对气瓶加热。

（9）气瓶内气体不得用尽，必须留有剩余压力，永久气体的剩余压力，应不小于0.05MPa，液化气体气瓶应留有不少于0.5%～1.0%规定充装量的剩余气体。

（10）使用液化石油气瓶，不得将气瓶内的液化石油气向其他气瓶倒装，不得自行处理气瓶内的残液。

思考与练习

1. 填空题

（1）国家对危险化学品经营销售实行________。未经许可，任何单位和个人都不得经营销售危险化学品。

（2）危险化学品零售业务的店面应与繁华商业或居民人口稠密区保持________以上距离。

（3）运输危险化学品的车辆应________（“条例”只能委托有危险化学品运输资质的运输企业承运），并有明显标志。

（4）________国家明令禁止的危险化学品和用剧毒危险化学品生产的灭鼠药及其他可能进入人民日常生活的化学品和日用化学品。

（5）剧毒化学品以及储存数量构成重大危险源的其他危险化学品必须在专用仓库内单独存放，实行________、________。

（6）使用单位企业应当对检查情况做出记录，记录的保存期限不得少于________年。

（7）危险化学品安全管理，应当坚持________、________、________的方针，强化和落实企业的主体责任。

(8) 生产、储存的危险化学品的单位，应当委托具备国家规定的资质条件的机构，对本企业的安全生产条件每________年进行一次安全评价提出安全评价报告。

(9) 危险化学品生产企业是指依法设立且取得工商营业执照或者工商核准文件从事________或者________列入《危险化学品目录》的企业。

(10)《危险化学品安全管理条例》中所称的重大危险源，是指________、________、________或者搬运危险化学品，且危险化学品的数量等于或者超过临界量的单元（包括场所和设施）。

2. 选择题

(1)《危险化学品安全管理条例》规定，危险化学品出入库，必须进行（　　）。

A. 核查登记　B. 成分测定　C. 质量检验　D. 重新包装

(2)《危险化学品安全管理条例》规定，生产、科研、医疗等单位经常使用剧毒化学品的，应当向设区的市级人民政府（　　）申请领取购买凭证，凭购买凭证购买。

A. 安全生产监督管理部门　B. 卫生行政部门

C. 公安部门　D. 产品质量监督管理部门

(3)《危险化学品安全管理条例》规定，依法设立的危险化学品生产企业，必须向国务院质检部门申请领取危险化学品（　　）。

A. 生产合格证　B. 生产资格证　C. 生产许可证　D. 生产开工证

(4)《危险化学品安全管理条例》规定，生产、储存、使用剧毒化学品的单位，应当（　　）对本单位的生产、储存装置进行一次安全评价。

A. 每半年　B. 每两年　C. 每年　D. 每三年

(5)《危险化学品安全管理条例》规定，禁止利用内河以及其他封闭水域等航运渠道运输（　　）。

A. 易燃液体　B. 爆炸品　C. 压缩气体和液化气体　D. 剧毒化学品

(6)《危险化学品安全管理条例》规定，生产危险化学品的，应在危险化学品的包装内附有与危险化学品完全一致的化学品（　　）。

A. 生产单位许可证书　B. 安全技术说明书　C. 质量合格证书　D. 产品认证证书

(7) 扑救危险化学物品是一项比较科学、复杂的灭火战斗。关于（　　）禁止使用砂土覆盖。

A. 碳化钙（电石）　B. 三丁基硼　C. 氧化钠　D. 爆炸物品

(8) 在有害物质发源地点不固定，或有害物质的扩散不能控制在车间内一定范围的工作场所，宜采用（　　）的方法控制有害物质积累。

A. 自然通风　B. 局部送风　C. 局部排风　D. 全面通风

(9) 公路运送易燃易爆物品的专用车，除应在驾驶室上方安装红色标志灯外，还需在车身上喷涂（　　）的标记。

A. “安全第一”　B. “禁止烟火”　C. “礼让三先”　D. “小心碰撞”

(10) 在工业生产过程中，监测的物理参数的变化直接反映了危险场所的危险性大小和预警级别。反映连续预警信息趋势的预警信号输出属于（　　）预警。

A. 安全风险　B. 时序性　C. 概率性　D. 严重性

(11) 国家对危险化学品的生产和储存实行（　　），并对危险化学品生产、储存实行审批制度；未经审批，任何单位和个人都不得生产、储存危险化学品。

A. 统一规划　B. 合理布局　C. 严格控制　D. 自由经营

(12) 危险化学品经营企业，必须具备（　　）条件。

A. 经营场所和储存设施符合国家标准

B. 主管人员和业务人员经过专业培训，并取得上岗资格

C. 有健全的安全管理制度

D. 符合法律、法规规定和国家标准要求的其他条件

(13) 危险化学品生产企业发现其生产的危险化学品有新的危害特性时，应当立即公告，并及时修订

（　　）。

A. 产品质量说明书　　B. 安全技术说明书　　C. 产品标签　　D. 安全标签

（14）需要进行危险化学品登记的单位为（　　）。

A. 生产危险化学品的单位

B. 使用其他危险化学品数量构成重大危险源的单位

C. 经营危险化学品的单位

D. 使用剧毒化学品的单位

（15）危险化学品的储存设施必须与以下（　　）场所、区域之间符合国家规定的距离标准。

A. 居民区、商业中心、公园等人口密集地区　　B. 学校、医院、影剧院等公共设施

C. 风景名胜区、自然保护区　　D. 军事禁区、军事管理区

3. 简答题

（1）制定安全对策措施应遵循哪些原则？

（2）危险化学品储存的三种方式是什么？

（3）申请危险化学品安全使用许可证的企业应当具备哪些条件？

（4）从事危险化学品经营的企业应当具备哪些条件？

（5）控制作业场所中有害化学品的原则是什么？

附　　录

附录1　常见可燃性气体爆炸极限

（GB/T 12474—2008）

序号	名称	化学式	在空气中爆炸限（体积分数）/%		序号	名称	化学式	在空气中爆炸限（体积分数）/%	
			下限	上限				下限	上限
1	乙烷	C_2H_6	3.0	15.5	29	苯甲醛	C_6H_5CHO	1.4	
2	乙醇	C_2H_5OH	3.4	19	30	苄基氯	$C_6H_5CH_2Cl$	1.1	
3	乙烯	C_2H_4	2.8	32	31	溴丁烷	$C_3H_7CH_2Br$	2.5	
4	氢	H_2	4.0	75	32	溴乙烷	CH_3CH_2Br	6.7	11.3
5	甲烷	CH_4	5.0	15	33	丁二烯	$CH_2CHCHCH_2$	2.0	11.5
6	甲醇	CH_3OH	5.5	44	34	丁烷	C_4H_{10}	1.9	8.5
7	乙炔	C_2H_2	2.5	100	35	丁醇	C_4H_9OH	1.8	11.3
8	丙醇	C_3H_7OH	2.5	13.5	36	丁烯	C_4H_8	1.6	9.3
9	丙烷	C_3H_8	2.2	9.5	37	丁醛	C_3H_7CHO	1.4	12.5
10	丙烯	C_3H_6	2.4	10.3	38	丁酸丁酯	$C_3H_7COOC_4H_9$	1.2	8.0
11	甲苯	$C_6H_5CH_3$	1.2	7	39	丁基甲基酮	$C_4H_9COCH_3$	1.2	8
12	二甲苯	$C_6H_4(CH_3)_2$	1.0	7.6	40	二硫化碳	CS_2	1.0	60
13	二氯乙烷	$C_2H_4Cl_2$	5.6	16	41	氯苯	C_6H_5Cl	1.3	11
14	二氯乙烯	$C_2H_2Cl_2$	6.5	15	42	氯丁烷	$C_3H_7CH_2Cl$	1.8	10.1
15	二氯丙烷	$C_3H_6Cl_2$	3.4	14.5	43	氯乙烷	CH_3CH_2Cl	3.8	15.4
16	乙醚	$C_2H_5OC_2H_5$	1.7	36	44	氯乙烯	CH_2CHCl	3.8	31
17	二甲醚	CH_3OCH_3	3.0	27.0	45	氯代甲烷	CH_3Cl	8.1	17.4
18	乙醛	CH_3CHO	4.0	57	46	2-氯丙烷	$CH_3CHClCH_3$	2.6	11.1
19	乙酸	CH_3COOH	4.0	17	47	苯酚	C_6H_5OH	1.1	
20	丙酮	CH_3COCH_3	2.3	13	48	环丁烷	$CH_2CH_2CH_2CH_2$	1.8	
21	乙酰丙酮	$(CH_3CO)_2CH_2$	1.7		49	环己烷	$CH_2(CH_2)_4CH_2$	1.2	8.3
22	乙酰氯	CH_3COCl	5.0	19	50	环己醇	$CH_2(CH_2)_3CHOHCH_2$	1.2	
23	丙烯腈	CH_2CHCN	2.8	28	51	环己酮	$CH_2(CH_2)_3COCH_3$	1.3	9.4
24	烯丙基氯	CH_2CHCH_2Cl	3.2	11.2	52	环丙烷	$CH_2CH_2CH_2$	2.4	10.4
25	甲基乙炔	CH_3CCH	1.7		53	萘烷	$C_{10}H_{18}$	0.7	4.9
26	乙酸戊酯	$CH_3CO_2C_5H_{11}$	1.0	7.5	54	环己烯	$CH_2(CH_2)_2CHCHCH_2$	1.2	
27	苯胺	$C_6H_5NH_2$	1.2	11	55	双丙酮醇	$(CH_3)_2COHCH_2COCH_3$	1.8	6.9
28	苯	C_6H_6	1.2	8	56	二丁醚	$C_4H_9OC_4H_9$	0.9	8.5

续表

序号	名称	化学式	在空气中爆炸限（体积分数）/%		序号	名称	化学式	在空气中爆炸限（体积分数）/%	
			下限	上限				下限	上限
57	二氯(代)苯	$C_6H_4Cl_2$	2.2	9.2	91	吡啶	C_5H_5N	1.7	12.0
58	二乙胺	$(C_2H_5)_2NH$	1.7	10.1	92	四氢呋喃	C_4H_8O	2.0	12.4
59	二甲胺	$(CH_3)_2NH$	2.8	14.4	93	四氢糠醇	$C_4H_7OCH_2OH$	1.5	9.7
60	二甲苯胺	$(CH_3)_2C_6H_3NH_2$	1.2	7	94	三乙胺	$(C_2H_5)_3N$	1.2	8
61	二氧杂环己烷	$(CH_2)_4O_2$	1.9	22.5	95	三甲胺	$(CH_3)_3N$	2.0	11.6
62	环氧丙烷	$OCH_2CH_2CH_2$	1.9	37	96	三氧杂环己烷	$C_3H_6O_3$	3.0	29
63	乙氧基乙醇	$C_2H_5OCH_2CH_2OH$	1.8	15.7	97	己烷	C_6H_{14}	1.2	7.4
64	乙酸乙酯	$CH_3COOC_2H_5$	2.1	11.5	98	己醇	$C_6H_{13}OH$	1.2	
65	丙烯酸乙酯	$CH_2CHCO_2C_2H_5$	1.7	13	99	庚烷	$CH_3(CH_2)_5CH_3$	1.1	6.7
66	苯乙烷	$C_6H_5C_2H_5$	1.0	7.8	100	甲氧乙醇	$CH_3OC_2H_4OH$	2.5	14
67	环氧乙烷	CH_2CH_2O	2.6	100	101	乙酸甲酯	$CH_3CO_2CH_3$	3.1	16
68	乙硫醇	C_2H_6S	2.8	18	102	丙烯酸甲酯	$CH_2CHCO_2CH_3$	2.4	25
69	乙基甲基醚	$C_2H_5OCH_3$	2.0	10.1	103	甲胺	CH_3NH_2	4.9	20.7
70	乙基甲基酮	$C_2H_5COCH_3$	1.8	11.5	104	甲基环己烷	$CH_3C_6H_{11}$	1.15	6.7
71	乙胺	C_2H_7N	3.5	14.0	105	甲酸甲酯	HCO_2CH_3	5	23
72	轻油		0.9	6	106	乙腈	C_2H_3N	4.4	16.0
73	煤油		0.7	5	107	乙酸酐	$C_4H_6O_3$	2.9	10.3
74	松节油		1.8		108	(正)癸烷	$C_{10}H_{22}$	0.8	5.4
75	硝基苯	$C_6H_5NO_2$	1.8		109	丙醛	C_3H_6O	2.9	17
76	硝基甲烷	CH_3NO_2	7.1	63	110	丙烯醛	C_3H_4O	2.8	31
77	苯酚	C_6H_5OH	1.3	9.5	111	甲醚	C_2H_6O	3.4	18
78	苯乙烯	$C_6H_5CHCH_2$	1.1	8.0	112	甲硫醇	CH_4S	3.9	21.8
79	乙苯	$C_6H_5C_2H_5$	1.0	78	113	二甲基亚砜	$(CH_3)_2SO$	2.6	28.5
80	甲酸乙酯	$HCOOC_2H_5$	2.7	16.5	114	异丙醇	C_3H_8O	2.3	12.7
81	对二噁烷	$C_4H_8O_2$	2.0	22	115	异丁醇	$C_4H_{10}O$	1.7	10.9
82	异丁烷	$i\text{-}C_4H_{10}$	1.8	8.4	116	异丙醚	$C_4H_{14}O$	1.4	21
83	萘	$C_{10}H_8$	1.9	5.9	117	异丙胺	C_3H_9N	2.0	10.4
84	壬烷	$CH_3(CH_2)_7CH_3$	0.7	5.6	118	(正)辛烷	C_8H_{18}	1.0	4.66
85	壬醇	$CH_3(CH_2)_7CH_2OH$	0.8	6.1	119	肼	N_2H_4	4.7	100
86	仲醛(三聚乙醛)	$C_6H_{12}O_3$	1.3		120	硫化羰	COS	12	29
87	戊烷	C_5H_{12}	1.1	8.0	121	氯丙烷	C_3H_7Cl	2.6	11.1
88	戊醇	$C_5H_{11}OH$	1.2	10.5	122	3-氯丙烯	C_3H_5Cl	3.3	11.1
89	丙胺	$C_3H_7NH_2$	2.0	10.4	123	溴甲烷	CH_3Br	10	16
90	丙基甲基酮	$C_3H_7COCH_3$	1.5	8.2					

附录 2 建筑材料及制品燃烧性能分级

（GB 8624—2006）

A. 建筑材料及制品（铺地材料除外）燃烧性能分级

等级	试验标准	分级判据	附加分级
A1	GB/T 5464① 且	ΔT≤30℃且 Δm≤50%且 t_f=0(无持续燃烧)	
	GB/T 14402	PCS≤2.0MJ/kg① 且 PCS≤2.0MJ/kg② 且 PCS≤1.4MJ/$m^2$③ 且 PCS≤2.0MJ/kg ④	
A2	GB/T 5464 ①或	ΔT≤30℃且 Δm≤50%且 t_f≤20s	
	GB/T 14402 且	PCS≤3.0MJ/kg① 且 PCS≤4.0MJ/kg② 且 PCS≤4.0MJ/$m^2$③ 且 PCS≤3.0MJ/kg④	
	GB/T 20284	FIGRA≤120W/s 且 LFS<试样边缘且 THR_{600s}≤7.5MJ	产烟量⑤且 燃烧滴落物/微粒⑥
	GB/T 20285		产烟毒性⑨
B	GB/T 20284 且	FIGRA≤120W/s 且 LFS<试样边缘 且 THR_{600s}≤7.5MJ	产烟量⑤且 燃烧滴落物/微粒⑥
	GB/T 8626 ⑧ 点火时间=30s 且	60s 内 F_s≤150mm	
	GB/T 20285		产烟毒性⑨
C	GB/T 20284 且	FIGRA≤250W/s 且 LFS<试样边缘 且 THR_{600s}≤15MJ	产烟量⑤且 燃烧滴落物/微粒⑥
	GB/T 8626 ⑧ 点火时间=30s 且	60s 内 F_s≤150mm	
	GB/T 20285		产烟毒性⑨
D	GB/T 20284 且	FIGRA≤750W/s	产烟量⑤且 燃烧滴落物/微粒⑥
	GB/T 8626 ⑧ 点火时间=30s 且	60s 内 F_s≤150mm	
E	GB/T 8626 ⑧ 点火时间=15s	20s 内 F_s≤150mm	燃烧滴落物/微粒⑦
F	无性能要求		

① 匀质制品和非匀质制品的主要组分。

② 非匀质制品的外部次要组分；另一个可选择的判据是：对 PCS≤2.0MJ/m^2 的外部次要组分，则要求满足 FIGRA≤20W/s、LFS<试样边缘、THR_{600s}≤4.0MJ、s1 和 d0。

③ 非匀质制品的任一内部次要组分。

④ 整体制品。

⑤ 在试验程序的最后阶段，需对烟气测量系统进行调整，烟气测量系数的影响需进一步研究。由此导致评价产烟量的参数或极限值的调整。

s1=SMOGRA≤30m^2/s^2 且 TSP600s≤50m^2；s2=SMOGRA≤180m^2/s^2 且 TSP600s≤200m^2；s3 为未达到 s1 或 s2。

⑥ d0=按 GB/T 20284 规定，600s 内无燃烧滴落物/微粒；d1=按 GB/T 20284 规定，600s 内燃烧滴落物/微粒持续时间不超过 10s；d2=未达到 d0 或 d1。

按照 GB/T 8626 规定，过滤纸被引燃，则该制品为 d2 级。

⑦ 通过=过滤纸未被引燃；未通过=过滤纸被引燃（d2 级）。

⑧ 火焰轰击制品的表面和（如果适合该制品的最终应用）边缘。

⑨ t0=按 GB/T 20285 规定的试验方法，达到 ZA1 级。

t1=按 GB/T 20285 规定的试验方法，达到 ZA3 级。

t2=未达到 t0 或 t1。

B. 铺地材料燃烧性能分级

等级	试 验 标 准	分 级 判 据	附 加 分 级
$A1_{fl}$	GB/T 5464①且	ΔT≤30℃且 Δm≤50%且 t_f=0(无持续燃烧)	
	GB/T 14402	PCS≤2.0MJ/kg①且 PCS≤2.0MJ/kg②且 PCS≤1.4MJ/$m^2$③且 PCS≤2.0MJ/kg④	
$A2_{fl}$	GB/T 5464 ①或	ΔT≤50℃且 Δm≤50%且 t_f≤20s	
	GB/T 14402 且	PCS≤3.0MJ/kg①且 PCS≤4.0MJ/kg②且 PCS≤4.0MJ/$m^2$③且 PCS≤3.0MJ/kg④	
	GB/T 11785⑤	临界热辐射量 CHF⑥≥8.0kW/m^2	产烟量⑦
	GB/T 20285		产烟毒性⑨
B_{fl}	GB/T 11785⑤且	临界热辐射量 CHF⑥≥8.0kW/m^2	产烟量⑦
	GB/T 8626⑧ 点火时间=15s	20s 内 F_s≤150mm	
	GB/T 20285		产烟毒性⑨
C_{fl}	GB/T 11785⑤且	临界热辐射量 CHF⑥≥4.5kW/m^2	产烟量⑦
	GB/T 8626⑧ 点火时间=15s	20s 内 F_s≤150mm	
	GB/T 20285		产烟毒性⑨
D_{fl}	GB/T 11785⑤且	临界热辐射量 CHF⑥≥3.0kW/m^2	产烟量⑦
	GB/T 8626⑧ 点火时间=15s	20s 内 F_s≤150mm	
E_{fl}	GB/T 8626⑧ 点火时间=15s	20s 内 F_s≤150mm	
F_{fl}	无性能要求		

① 匀质制品和非匀质制品的主要组分。

② 非匀质制品的外部次要组分。

③ 非匀质制品的任一内部次要组分。

④ 整体制品。

⑤ 试验时间=30min。

⑥ 临界热辐射通量是指火焰熄灭时的热辐射通量或试验进行 30min 后的热辐射通量，取二者较低值（该辐射通量对应于火焰传播的最远距离处）。

⑦ s1=产烟≤75%×min。

⑧ 火焰轰击制品的表面和（如果适合该制品的最终应用）边缘。

⑨ t0=按 GB/T 20285 规定的试验方法，达到 ZA1 级；

t1=按 GB/T 20285 规定的试验方法，达到 ZA3 级；

t2=未达到 t0 或 t1。

附录3 火灾危险性分类

A. 生产的火灾危险性分类

(GB 50016—2010)

类别	项别	使用或生产物质的火灾危险性特征及举例
甲类	1	闪点小于28℃的液体,如:闪点小于28℃的油品和有机溶剂的提炼、回收或洗涤部位及其泵房,橡胶制品的涂胶和胶浆部位,二硫化碳的粗馏、精馏工段及其应用部位,甲醇、乙醇、丙酮、丁酮异丙醇、乙酸乙酯、苯等的合成或精制厂房,集成电路工厂的化学清洗间(使用闪点小于28℃的液体),植物油加工厂的浸出厂房
	2	爆炸下限小于10%的气体,如:乙炔站,氢气站,石油气体分馏(或分离)厂房,氯乙烯厂房,乙烯聚合厂房,天然气、石油伴生气、矿井气、水煤气或焦炉煤气的净化(如脱硫)厂房压缩机室及鼓风机室,液化石油气灌瓶间,丁二烯及其聚合厂房,乙酸乙烯厂房,电解水或电解食盐厂房,环己酮厂房,乙基苯和苯乙烯厂房,化肥厂的氢氮气压缩厂房,半导体材料厂使用氢气的拉晶间,硅烷热分解室
	3	常温下能自行分解或在空气中氧化能导致迅速自燃或爆炸的物质,如:硝化棉厂房及其应用部位,赛璐珞厂房,黄磷制备厂房及其应用部位,三乙基铝厂房,染化厂某些能自行分解的重氮化合物生产,甲胺厂房,丙烯腈厂房
	4	常温下受到水或空气中水蒸气的作用,能产生可燃气体并引起燃烧或爆炸的物质,如:金属钠、钾加工厂房及其应用部位,聚乙烯厂房的一氧二乙基铝部位,三氯化磷厂房,多晶硅车间三氯氢硅部位,五氧化二磷厂房
	5	遇酸、受热、撞击、摩擦、催化以及遇有机物或硫黄等易燃的无机物,极易引起燃烧或爆炸的强氧化剂,如:氯酸钠厂房及其应用部位,过氧化氢厂房,过氧化钠、过氧化钾厂房,次氯酸钙厂房
	6	受撞击、摩擦或与氧化剂、有机物接触时能引起燃烧或爆炸的物质,如:赤磷制备厂房及其应用部位,五硫化二磷厂房及其应用部位
	7	在密闭设备内操作温度大于等于物质本身自燃点的生产,如:洗涤剂厂房石蜡裂解部位,冰醋酸裂解厂房
乙类	1	闪点大于等于28℃,但小于60℃的液体,如:油品和有机溶剂的提炼、回收、洗涤部位及其泵房,松节油或松香蒸馏厂房及其应用部位,醋酸酐精馏厂房,己内酰胺厂房,甲酚厂房,氯丙醇厂房,樟脑油提取部位,环氧氯丙烷厂房,松针油精制部位,煤油灌桶间
	2	爆炸下限大于等于10%的气体,如:一氧化碳压缩机室及净化部位,发生炉煤气或鼓风炉煤气净化部位,氨压缩机房
	3	不属于甲类的氧化剂,如:发烟硫酸或发烟硝酸浓缩部位,高锰酸钾厂房,重铬酸钠(红钒钠)厂房
	4	不属于甲类的化学易燃危险固体,如:樟脑或松香提炼厂房,硫黄回收厂房,焦化厂精萘厂房
	5	助燃气体,如:氧气站,空分厂房
	6	能与空气形成爆炸性混合物的浮游状态的粉尘、纤维、闪点大于等于60℃的液体雾滴,如:铝粉或镁粉厂房,金属制品抛光部位,煤粉厂房、面粉厂的碾磨部位、活性炭制造及再生厂房,谷物筒仓的工作塔,亚麻厂的除尘器和过滤器室
丙类	1	闪点大于等于60℃的液体,如:油品和有机液体的提炼、回收工段及其抽送泵房,香料厂的松油醇部位和乙酸松油脂部位,苯甲酸厂房,苯乙酮厂房,焦化厂焦油厂房,甘油、桐油的制备厂房,油浸变压器室,机器油或变压油灌桶间,润滑油再生部位,配电室(每台装油量大于60kg的设备),沥青加工厂房,植物油加工厂的精炼部位
	2	可燃固体,如:煤、焦炭、油母页岩的筛分、转运工段和栈桥或储仓,木工厂房,竹、藤加工厂房,橡胶制品的压延、成型和硫化厂房,针织品厂房,纺织、印染、化纤生产的干燥部位,服装加工厂房,棉花加工和打包厂房,造纸厂备料、干燥厂房,印染厂成品厂房,麻纺厂粗加工厂房,谷物加工房,卷烟厂的切丝、卷制、包装厂房,印刷厂的印刷厂房,毛涤厂选毛厂房,电视机、收音机装配厂房,显像管厂装配工段烧枪间,磁带装配厂房,集成电路工厂的氧化扩散间、光刻间,泡沫塑料厂的发泡、成型、印片压花部位,饲料加工厂房

续表

类别	项别	使用或生产物质的火灾危险性特征及举例
丁类	1	对不燃烧物质进行加工，并在高温或熔化状态下经常产生强辐射热、火花或火焰的生产，如：金属冶炼、锻造、铆焊、热轧、铸造、热处理厂房
	2	利用气体、液体、固体作为燃料或将气体、液体进行燃烧作其他用的各种生产，如：锅炉房，玻璃原料熔化厂房，灯丝烧拉部位，保温瓶胆厂房，陶瓷制品的烘干、烧成厂房，蒸汽机车库，石灰焙烧厂房，电石炉部位，耐火材料烧成部位，转炉厂房，硫酸车间焙烧部位，电极煅烧工段配电室（每台装油量小于等于60kg的设备）
	3	常温下使用或加工难燃烧物质的生产，如：铝塑料材料的加工厂房，酚醛泡沫塑料的加工厂房，印染厂的漂炼部位，化纤厂后加工润湿部位
戊类		常温下使用或加工不燃烧物质的生产，如：制砖车间，石棉加工车间，卷扬机室，不燃液体的泵房和阀门室，不燃液体的净化处理工段，除镁合金外的金属冷加工车间，电动车库，钙镁磷肥车间（焙烧炉除外），造纸厂或化学纤维厂的浆粕蒸煮工段，仪表、器械或车辆装配车间，氟里昂厂房，水泥厂的轮窑厂房，加气混凝土厂的材料准备、构件制作厂房

B. 储存物品的火灾危险性分类

类别	项别	使用或生产物质的火灾危险性特征及举例
甲类	1	闪点小于28℃的液体，如：已烷，戊烷，环戊烷，石脑油，二硫化碳，苯，甲苯，甲醇，乙醇，乙醚，甲酸甲酯，乙酸甲酯，硝酸乙酯，汽油，丙酮，丙烯
	2	爆炸下限小于10%的气体，以及受到水或空气中水蒸气的作用，能产生爆炸下限小于10%气体的固体物质，如：乙炔，氢，甲烷，环氧乙烷，水煤气，液化石油气，乙烯、丙烯、丁二烯，硫化氢，氯乙烯，电石，碳化铝
	3	常温下能自行分解或在空气中氧化能导致迅速自燃或爆炸的物质，如：硝化棉，硝化纤维胶片，喷漆棉，火胶棉，赛璐珞棉，黄磷
	4	常温下受到水或空气中水蒸气的作用，能产生可燃气体并引起燃烧或爆炸的物质，如：金属钾、钠、锂、钙、锶，氢化锂，氢化钠，四氢化锂铝
	5	遇酸、受热、撞击、摩擦、催化以及遇有机物或硫黄等易燃的无机物，极易引起燃烧或爆炸的强氧化剂，如：氯酸钾，氯酸钠，过氧化钾，过氧化钠，硝酸铵
	6	受撞击、摩擦或与氧化剂、有机物接触时能引起燃烧或爆炸的物质，如：赤磷，五硫化磷，三硫化磷
乙类	1	闪点大于等于28℃，但小于60℃的液体，如：煤油，松节油，丁烯醇，异戊醇，丁醚，乙酸丁酯，硝酸戊酯，乙酰丙酮，环己胺，溶剂油，冰醋酸，樟脑油，甲酸
	2	爆炸下限大于等于10%的气体，如：氨气、液氯
	3	不属于甲类的氧化剂，如：硝酸铜，铬酸，亚硝酸钾，重铬酸钠，铬酸钾，硝酸，硝酸汞，硝酸钴，发烟硫酸，漂白粉
	4	不属于甲类的化学易燃危险固体，如：硫黄，镁粉，铝粉，赛璐珞板（片），樟脑，萘，生松香，硝化纤维漆布，硝化纤维色片
	5	助燃气体，如：氧气，氟气
	6	常温下与空气接触能缓慢氧化，积热不散引起自燃的物品，如：漆布及其制品，油布及其制品，油纸及其制品，油绸及其制品
丙类	1	闪点大于等于60℃的液体，如：动物油，植物油，沥青，蜡，润滑油，机油，重油，闪点大于等于60℃的柴油，糖醛，大于50°至小于60°的白酒
	2	可燃固体，如：化学、人造纤维及其织物，纸张，棉、毛、丝、麻及其织物，谷物，面粉，天然橡胶及其制品，竹、木及其制品，中药材，电视机、收音机等电子产品，计算机房已录数据的磁盘储存间，冷库中的鱼、肉间
丁类		难燃烧物品，如：自熄性塑料及其制品，酚醛泡沫塑料及其制品，水泥刨花板
戊类		不燃烧物品，如：钢材、铝材、玻璃及其制品，搪瓷制品，陶瓷制品，不燃气体，玻璃棉，岩棉，陶瓷棉，硅酸铝纤维、矿棉，石膏及其无纸制品，水泥，石，膨胀珍珠岩

附录4 化学事故的应急救援

化学事故应急救援是指化学危险物品由于各种原因造成或可能造成众多人员伤亡及其他较大社会危害时，为及时控制危害源，抢救受害人员，指导群众防护和组织撤离，清除危害后果而组织的救援活动。随着化学工业的发展，生产规模日益扩大，一旦发生事故，其危害波及范围将越来越大，危害程度将越来越深，事故初期，如不及时控制，小事故将会演变成大灾难，将会给生命和财产造成巨大损失。

1. 化学事故应急救援的基本任务

化学事故应急救援是近几年国内开展的一项社会性减灾救灾工作。其基本任务是：

(1) 控制危险源　及时控制造成事故的危险源，是应急救援工作的首要任务，只有及时控制住危险源，防止事故的继续扩展，才能及时、有效地进行救援。

(2) 抢救受害人员　抢救受害人员是应急救援的重要任务。在应急救援行动中，及时、有序、有效地实施现场急救与安全转送伤员是降低伤亡率，减小事故损失的关键。

(3) 指导群众防护，组织群众撤离　由于化学事故发生突然、扩散迅速、涉及面广，危害大，应及时指导和组织群众采取各种措施进行自身防护，并向上风向迅速撤离出危险区或可能受到危害的区域。在撤离过程中应积极组织群众开展自救和互救工作。

(4) 做好现场清洁，消除危害后果　对事故外逸的有毒有害物质和可能对人和环境继续造成危害的物质，应及时组织人员予以清除，消除危害后果，防止对人的继续危害和对环境的污染。对发生的火灾，要及时组织力量洗消。

2. 化学事故应急救援的基本形式、分级和应急网络

化学事故应急救援按事故波及范围及其危害程度，可采取单位自救和社会救援两种形式。

(1) 事故单位自救　事故单位自救是化学事故应急救援最基本、最重要的救援形式，这是因为事故单位最了解事故的现场情况，即使事故危害已经扩大到事故单位以外区域，事故单位仍需全力组织自救，特别是尽快控制危险源。

化学品生产、使用、储存、运输等单位必须成立应急救援专业队伍，负责事故时的应急救援。同时，生产单位对本企业产品必须提供应急服务，一旦产品在国内外任何地方发生事故，通过提供的应急电话能及时与生产厂取得联系，获取紧急处理信息或得到其应急救援人员的帮助。

(2) 社会救援　目前，国家经贸委已成立国家化学事故应急救援系统，成立了化学事故应急救援指挥中心并按区域组建起了化学事故应急急救抢救中心，开通了化学事故应急咨询热线0532-3889090，负责化学事故应急救援工作。

化学事故应急救援按救援内容不同分四级。

0级：8h内提供化学事故应急救援信息咨询。

Ⅰ级：24h内提供化学事故应急救援信息咨询。

Ⅱ级：提供24h化学事故应急救援信息咨询的同时，派专家赴现场指导救援。

Ⅲ级：在Ⅱ级基础上，出动应急救援队伍和装备参与现场救援。

目前，我国已建立8大应急救援抢救中心，主要分布于我国化工发达地区，随着化学品登记注册的开展，各地区相继成立化学品地方登记办公室，将担负起各地区的应急救援工

作，使应急网络更加完善，响应时间更短，事故危害将会得到更有效的控制。

3. 化学事故应急救援的组织与实施

化学事故应急救援一般包括报警与接警、应急救援队伍的出动、实施应急处理即紧急疏散、现场急救、逸出或泄漏处理和火灾控制几个方面，如下所示。

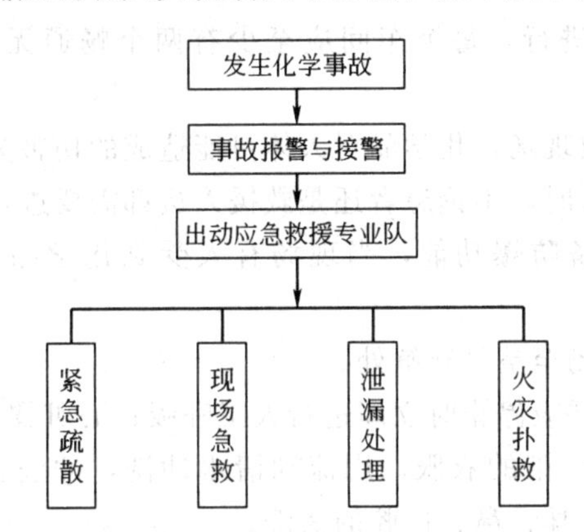

（1）事故报警与接警　事故报警的及时与准确是能否及时控制事故的关键环节。当发生化学事故时，现场人员必须根据各自企业制定的事故预案采取抑制措施，尽量减缓事故的蔓延，同时向有关部门报告。事故主管领导人应根据事故地点、事态的发展决定应急救援形式：是单位自救还是采取社会救援。对于那些重大的或灾难性的化学事故，以及依靠本单位力量不能控制或不能及时消除事故后果的化学事故，应尽早争取社会支援，以便尽快控制事故的发展。

为了做好事故的报警工作，各企业应做好以下方面的工作：

① 建立合适的报警反应系统；

② 各种通信工具应加强日常维护，使其处于良好状态；

③ 制定标准的报警方法和程序；

④ 联络图和联络号码要置于明显位置，以便值班人员熟练掌握；

⑤ 对工人进行紧急事态时的报警培训，包括报警程序与报警内容。

（2）出动应急救援队伍　各主管单位在接到事故报警后，应迅速组织应急救援专业队，赶赴现场，在做好自身防护的基础上，快速实施救援，控制事故发展，并将伤员救出危险区域和组织群众撤离、疏散，做好危险化学品的清除工作。

（3）紧急疏散

① 建立警戒区域　事故发生后，应根据化学品泄漏的扩散情况或火焰辐射热所涉及的范围建立警戒区，并在通往事故现场的主要干道上实行交通管制。建立警戒区域时应注意以下几项：

a. 警戒区域的边界应设警示标志并有专人警戒；

b. 除消防、应急处理人员以及必须坚守岗位人员外，其他人员禁止进入警戒区；

c. 泄漏逸出的化学品为易燃品时，区域内应严禁火种。

② 紧急疏散　迅速将警戒区及污染区内与事故应急处理无关的人员撤离，以减少不必要的人员伤亡。紧急疏散时应注意：

a. 如事故物质有毒时，需要佩戴个体防护用品或采用简易有效的防护措施，并有相应的监护措施。

b. 应向上风方向转移；明确专人引导和护送疏散人员到安全区，并在疏散或撤离的路线上设立哨位，指明方向。

c. 不要在低洼处滞留。

d. 要查清是否有人留在污染区与着火区。

e. 为使疏散工作顺利进行，每个车间应至少有两个畅通无阻的紧急出口，并有明显标志。

（4）现场急救　在事故现场，化学品对人体可能造成的伤害为：中毒、窒息、冻伤、化学灼伤、烧伤等，进行急救时，不论患者还是救援人员都需要进行适当的防护。

所用的救援器材需具备防爆功能，当现场有人受到化学品伤害时，应立即进行以下处理：

① 迅速将患者脱离现场至空气新鲜处。

② 呼吸困难时给氧；呼吸停止时立即进行人工呼吸；心脏骤停，立即进行心脏按压。

③ 皮肤污染时，脱去污染的衣服，用流动清水冲洗，冲洗要及时、彻底、反复多次；头面部灼伤时，要注意眼、耳、鼻、口腔的清洗。

④ 当人员发生冻伤时，应迅速复温。复温的方法是采用40～42℃恒温热水浸泡，使其温度提高至接近正常；在对冻伤的部位进行轻柔按摩时，应注意不要将伤处的皮肤擦破，以防感染。

⑤ 当人员发生烧伤时，应迅速将患者衣服脱去，用流动清水冲洗降温，用清洁布覆盖创伤面，避免伤面污染；不要任意把水疱弄破。患者口渴时，可适量饮水或含盐饮料。

⑥ 口服者，可根据物料性质，对症处理。

⑦ 经现场处理后，应迅速护送至医院救治。

注意：急救之前，救援人员应确信受伤者所在环境是安全的。另外，口对口的人工呼吸及冲洗污染的皮肤或眼睛时，要避免进一步受伤。

（5）泄漏处理　危险化学品泄漏后，不仅污染环境，对人体造成伤害，对可燃物质，还有引发火灾爆炸的可能。因此，对泄漏事故应及时、正确处理，防止事故扩大。

泄漏处理一般包括泄漏源控制及泄漏物处理两大部分。

① 泄漏处理注意事项　进入泄漏现场进行处理时，应注意进入现场人员必须配备必要的个人防护器具；如果泄漏物是易燃易爆的，应严禁火种；应急处理时严禁单独行动，要有监护人，必要时用水枪、水炮掩护。

② 泄漏源控制　如果有可能的话，可通过控制泄漏源来消除化学品的逸出或泄漏。可通过以下方法：在厂调度室的指令下进行，通过关闭有关阀门、停止作业或通过采取改变工艺流程、物料走副线、局部停车、打循环、减负荷运行等方法。

容器发生泄漏后，应采取措施修补和堵塞裂口，制止化学品的进一步泄漏，对整个应急处理是非常关键的。能否成功进行堵漏取决于几个因素：接近泄漏点的危险程度、泄漏孔的尺寸、泄漏点处实际的或潜在的压力、泄漏物质的特性。

③ 泄漏物处理　现场泄漏物要及时进行覆盖、收容、稀释、处理，使泄漏物得到安全可靠的处置，防止二次事故的发生。

（6）火灾扑救　扑救危险化学品火灾绝不可盲目行动，应针对每一类化学品，选择正确的灭火剂和灭火方法。必要时采取堵漏或隔离措施，预防次生灾害扩大。当火消灭以后，仍然要派人监护，清理现场，消灭余火。

几种特殊化学品的火灾扑救注意事项如下：

扑救液化气体类火灾，切忌盲目扑灭火势，在没有采取堵漏措施的情况下，必须保持稳定燃烧。否则，大量可燃气体泄漏出来与空气混合，遇着火源就会发生爆炸，后果将不堪设想。

对于爆炸物品火灾，切忌用砂土盖压，以免增强爆炸物品爆炸时的威力；另外扑救爆炸物品堆垛火灾时，水流应采用吊射，避免强力水流直接冲击堆垛，以免堆垛倒塌引起再次爆炸。

对于遇湿易燃物品火灾，绝对禁止用水、泡沫、酸碱等湿性灭火剂扑救。

氧化剂和有机过氧化物的灭火比较复杂，应针对具体物质具体分析。

扑救毒害品和腐蚀品的火灾时，应尽量使用低压水流或雾状水，避免腐蚀品、毒害品溅出；遇酸类或碱类腐蚀品最好调制相应的中和剂稀释中和。

易燃固体、自燃物品一般都可用水和泡沫扑救，只要控制住燃烧范围，逐步扑灭即可。但有少数易燃固体、自燃物品的扑救方法比较特殊。如 2，4-二硝基苯甲醚、二硝基萘、萘等是易升华的易燃固体，受热放出易燃蒸气，能与空气形成爆炸性混合物，尤其在室内，易发生爆燃。在扑救过程中应不时向燃烧区域上空及周围喷射雾状水，并消除周围一切火源。

应急处理过程并非是按部就班地按以上顺序进行，而是根据实际情况尽可能同时进行，如危险化学品泄漏，应在报警的同时尽可能切断泄漏源等。

化学事故的特点是发生突然，扩散迅速，持续时间长，涉及面广。一旦发生化学事故，往往会引起人们的慌乱，若处理不当，会引起二次灾害。因此，各企业应制订和完善化学事故应急计划。让每一个职工都知道应急方案，定期进行培训教育，提高广大职工对付突发性灾害的应变能力，做到遇灾不慌，临阵不乱，正确判断，正确处理，增强人员自我保护意识，减少伤亡。

附录 5　危险品安全评价报告示例

1. 油品概述

（1）中文名：汽油；英文名：gasoline，petrol。

（2）危险性类别：低闪点易燃液体。

（3）化学类别：烷烃。

（4）主要成分：C_4～C_{12}脂肪烃和环烷烃。

（5）外观与性状：无色或淡黄色易挥发液体，具有特殊臭味。

（6）主要用途：主要用作汽油机的燃料，用于橡胶、制鞋、印刷、制革、颜料等行业，也可用作机械零件的去污剂。

2. 性能检测

燃烧性：易燃；闪点（℃）：－50；

爆炸下限（%）：1.3；

引燃温度（℃）：415～530；

爆炸上限（%）：6.0；

最大爆炸压力（MPa）：0.813；

熔点（℃）：＜－60；

沸点（℃）：40～200；

相对密度（水＝1）：0.7～0.79；

相对密度（空气＝1）：3.5；

不溶于水，易溶于苯、二硫化碳、醇、脂肪。

3. 健康危害

（1）侵入途径及毒性　通过吸入、食入、经皮吸收。急性中毒：对中枢神经系统有麻醉作用。轻度中毒：症状有头晕、头痛、恶心、呕吐、步态不稳、共济失调。高浓度吸入出现中毒性脑病。极高浓度吸入引起意识突然丧失、反射性呼吸停止。可伴有中毒性周围神经病及化学性肺炎。部分患者出现中毒性精神病。液体吸入呼吸道可引起吸入性肺炎。溅入眼内可致角膜溃疡、穿孔，甚至失明。皮肤接触致急性接触性皮炎，甚至灼伤。吞咽引起急性胃肠炎，重者出现类似急性吸入中毒症状，并可引起肝、肾损害。慢性中毒：神经衰弱综合征、植物神经功能紊乱、周围神经病。严重中毒出现中毒性脑病，症状类似精神分裂症。皮肤损害。

（2）急救措施　皮肤接触：立即脱去被污染的衣着，用肥皂水和清水彻底冲洗皮肤。就医。眼睛接触：立即提起眼睑，用大量流动清水或生理盐水彻底冲洗至少 15min。就医。吸入：迅速脱离现场至空气新鲜处。保持呼吸道通畅、呼吸困难、呼吸停止，立即进行人工呼吸。就医。给饮牛奶或用植物油洗胃和灌肠。就医。

4. 危险特性及处理措施

其蒸气与空气可形成爆炸性混合物。遇明火、高热极易燃烧爆炸。与氧化剂能发生强烈反应。其蒸气比空气重，能在较低处扩散到相当远的地方，遇明火会引着回燃。

灭火方法：喷水冷却容器，可能的话将容器从火场移至空旷处。灭火剂：泡沫、干粉、二氧化碳。用水灭火无效。

5. 储运注意事项

储存于阴凉、通风仓间内。远离火种、热源。仓内温度不宜超过 30℃，防止阳光直射。保持容器密封。应与氧化剂分开存放。储存间内的照明、通风等设施应采用防爆型，开关设在仓外。桶装堆垛不可过大，应留墙距、顶距、柱距及必要的防火检查走道。罐储时要有防火防爆技术措施。禁止使用易产生火花的机械设备和工具。灌装时应注意流速（不超过 3m/s），且有接地装置，防止静电积聚。搬运时要轻装轻卸，防止包装及容器损坏。

6. 废弃处理

处置前应参阅国家和地方有关法规。在专用废弃场所掩埋，或用焚烧法处置。

7. 附危险品性能检测报告（略）

思考与练习参考答案

第1章

1. 填空题

（1）爆炸品，易燃液体，氧化剂和有机过氧化物，放射性物品；（2）六；（3）45；（4）第1类第2项顺号为120的爆炸品；（5）是一个剧烈的氧化还原反应，放出大量的热，发出光；（6）可燃物，助燃物，着火源；（7）着火，闪燃，自燃；（8）燃烧速率，热传导系数，可燃气在可燃气与空气（或氧）系混合气中的浓度（体积分数），混合气的温度和压力以及电极间隙和形状；（9）明火焰，赤热体，火星和火花，物理和化学能；（10）绿，禁止，指令，警告，安全。

2. 选择题

（1）ABC；（2）A；（3）ABC；（4）AC；（5）B；（6）ABCD；（7）B；（8）D；（9）A；（10）D；（11）A；（12）C；（13）A；（14）A；（15）C；（16）ABCD；（17）B；（18）A；（19）B；（20）A。

3. 简答题（略）

第2章

1. 填空题

（1）闪点＜28℃的液体，28℃≤闪点＜60℃的液体，闪点高于60℃的液体；（2）扩散燃烧，蒸发燃烧，分解燃烧，表面燃烧；（3）爆炸下限＜10%，闪点低于−18°C；（4）最小火花能量，小；（5）最大不传爆间隙；（6）报警点；（7）清洁空气；（8）爆炸极限；（9）气瓶颜色标志；（10）固定式。

2. 选择题

（1）B；（2）A；（3）C；（4）C；（5）B；（6）D；（7）B；（8）B；（9）A；（10）A；（11）B；（12）A；（13）A；（14）B；（15）C。

3. 简答题（略）。

第3章

1. 填空题

（1）20，9，3；（2）垂直；（3）20，20；（4）脱水；（5）黏滞力，种类，温度，浓度；（6）0.1，水平；（7）运动黏度；（8）闪燃；（9）室温（20℃±5℃）；（10）最低温度；（11）小于；（12）60.5，65.5；（13）危险性；（14）大；（15）化学抑制；（16）燃点；（17）易燃液体密度的大小，能否溶于水，灭火剂；（18）推车式；（19）化学反应式；（20）A类。

2. 选择题

（1）A；（2）C；（3）B；（4）D；（5）C；（6）A；（7）B；（8）A；（9）C；（10）B；（11）B；（12）D；（13）A；（14）B；（15）B；（16）B；（17）C；（18）A；（19）D；（20）D。

3. 简答题（略）。

第 4 章

1. 填空题

（1）表面燃烧，阴燃；（2）热释放速率；（3）点着温度；（4）最低氧浓度；（5）蒸发；（6）分解；（7）显微熔点测定法；（8）定性和定量；（9）自燃点；（10）烟密度。

2. 选择题

（1）B；（2）A；（3）A；（4）B；（5）B；（6）A；（7）C；（8）C；（9）A；（10）C；（11）B；（12）C；（13）C；（14）A；（15）B；（16）A；（17）A；（18）C；（19）B；（20）C。

3. 简答题（略）。

第 5 章

1. 填空题

（1）化学；（2）粉尘云；（3）点火敏感度；（4）湍流度，粉尘浓度，粉尘分散状态（粉尘分散质量）；（5）粒径，密度，温度；（6）表面和氧；（7）表面积大，化学活性强；（8）爆炸浓度下限；（9）生成气态产物，气态产物被加热到高温。

2. 选择题

（1）D；（2）D；（3）A；（4）A；（5）D；（6）B；（7）ABCE；（8）ABC。

3. 简答题（略）。

第 6 章

1. 填空题

（1）国务院各部委发布的行业标准；（2）强制性标准；（3）技术标准；（4）第二类危险源；（5）第一类危险源；（6）机械功；（7）抢险与救护，事故报告程序；（8）运行操作，开车，停车；（9）戊类危险，乙类危险，丙类危险，丁类危险，甲类危险；（10）ETA。

2. 选择题

（1）ABCD；（2）ABCD；（3）ABC；（4）ABD；（5）ABCD；（6）BCD；（7）A；（8）AB；（9）ABCD；（10）ACD；（11）ABD；（12）ABCD；（13）BCD；（14）B；（15）ABC；（16）BCD；（17）ABD；（18）ABCD；（19）ACD；（20）ABCD。

3. 简答题（略）。

第 7 章

1. 填空题

（1）许可制度；（2）500m；（3）专车专用；（4）不得经营；（5）双人收发，双人保管制度；（6）2；（7）安全第一，预防为主，综合治理；（8）3；（9）生产最终产品，中间产品；（10）生产，储存，使用。

2. 选择题

（1）A；（2）C；（3）C；（4）B；（5）D；（6）B；（7）D；（8）D；（9）B；（10）B；（11）ABC；（12）ABC；（13）BD；（14）ABCD；（15）ABCD。

3. 简答题（略）。

参 考 文 献

[1] 李景惠. 化工安全技术基础. 北京：化学工业出版社，1995.

[2] 赵衡阳. 气体和粉尘爆炸原理. 北京：北京理工大学出版社，1996.

[3] 范振勤. 实验技术员手册. 太原：山西科学教育出版社，1987.

[4] 冀和平等. 防火防爆技术. 北京：化学工业出版社，2004.

[5] 王凯全等. 危险化学品安全评介方法. 北京：中国石化出版社，2005.

[6] 袁昌明等. 工业防毒技术. 北京：冶金工业出版社，2006.

[7] 董洪艳. 消防安全. 北京：中国社会出版社，2007.

[8] 马红梅等. 消防管理学. 北京：中国人民公安大学出版社，2003.

[9] 郑端文. 危险品物流消防安全. 北京：中国石化出版社，2008.

[10] 张先福. 危险物品管理. 北京：群众出版社，2009.

[11] 郑端文. 危险品防火. 北京：化学工业出版社，2002.

[12] 徐晓楠. 消防基础知识. 北京：化学工业出版社，2006.

[13] 孙绍玉等. 火灾防范与火场逃生概率. 北京：中国人民公安大学出版社，2001.

[14] 王凯全等. 危险化学品安全经营、储运与使用. 北京：中国石化出版社，2005.

[15] 邵辉等. 危险化学品生产安全. 北京：中国石化出版社，2005.

[16] 袁昌明. 安全管理技术. 北京：冶金工业出版社，2009.

[17] 东北大学工业爆炸及防护研究所. 粉尘爆炸性参数测定. 2010.

[18] GB 6944—2012《危险货物分类和品名编号》.

[19] GB 13690—2009《化学品分类和危险性公示通则》.

[20] GB 18218—2009《危险化学品重大危险源辨识》.

[21] 联合国《关于危险货物运输的建议书规章范本》(第16修订版).

[22] 联合国《关于危险货物运输的建议书试验和标准手册》(第5修订版).